计算机应用基础

（第二版）

李丽萍　潘战生
杨智业　吕文丰　王添财　编

科学出版社
北　京

内 容 简 介

本书是根据国家教育部全国高校网络教育考试委员会制定的“计算机应用基础”考试大纲(2013年修订版)要求，由长期工作在计算机基础教学第一线的优秀老师编写而成的。“计算机应用基础”是现代远程教育试点高校网络教育实行全国统一考试的4门公共基础课之一。

本书涵盖了课程考试大纲中规定的9个章节。每一章节包括了知识要点和内容详解。课后习题全部选用全国统一考试采用的单项选择题和操作题两大类题型。为了便于学生练习，本书提供了供学生自测的习题测试及评判系统，并给出了操作题参考答案，还提供了教师上课需要使用的课件。请按封底所述方式自行下载。

本书是全国高校网络教育本科层次所有专业的学生自主学习、应考复习的首选用书。

图书在版编目(CIP)数据

计算机应用基础 / 李丽萍等编. —2版. —北京：科学出版社, 2014.7

ISBN 978-7-03-041369-7

Ⅰ. ①计… Ⅱ. ①李… Ⅲ. ①电子计算机-基本知识 Ⅳ. ①TP3

中国版本图书馆CIP数据核字(2014)第149536号

责任编辑：于海云 / 责任校对：胡小洁

责任印制：张 伟 / 封面设计：迷底书装

科学出版社 出版

北京东黄城根北街16号

邮政编码：100717

http://www.sciencep.com

固安县铭成印刷有限公司 印刷

科学出版社发行 各地新华书店经销

*

2009年9月第 一 版 开本：787×1092 1/16

2014年9月第 二 版 印张：23

2022年8月第二十三次印刷 字数：545 000

定价：69.80元

(如有印装质量问题，我社负责调换)

前　言

“计算机应用基础”是现代远程教育试点高校网络教育实行全国统一考试的 4 门公共基础课之一。本教材是根据国家教育部全国高校网络教育考试委员会制定的“计算机应用基础”考试大纲(2013 年修订版)要求编写而成的。

本教材的特点：

(1) 包括计算机基础知识、Windows 操作系统及其应用、Word 2010 文字编辑、Excel 2010 电子表格、PowerPoint 2010 电子演示文稿、计算机网络基础、Internet 的应用、计算机安全及计算机多媒体技术 9 部分内容，紧扣考试大纲要求。

(2) 每一章节包括了知识要点和内容详解，通过范例加强对知识点的理解。

(3) 本书提供了教师授课课件、课后习题测试及评判系统，并给出操作题参考答案等内容。在测试环节，学生完成测试提交结果后能自动给出评判；操作题给出原始操作文档和完成结果文档。这种资源的设计非常适合现代远程教育的需要，学生可自主进行学习。

本教材由长期工作在网络教育第一线，从事计算机基础教学的优秀教师编写，可作为全国高校网络教育本科层次所有专业的学生应考的学习用书。

由于时间仓促，教材内容涉及面广，其中难免有不足之处，敬请读者提出宝贵意见。谢谢！

提示：请访问 http://www.sciencereading.cn，选择“网上书店”，检索图书名称，在图书详情页“资源下载”栏目中获取本书配套资源库。

编　者

2014 年 7 月

目　录

第 1 章　计算机基础知识

学习目标

- 了解计算机的发展史及各代计算机的特点
- 了解计算机的分类
- 了解计算机的主要特点及用途
- 掌握计算机系统的组成原理，理解硬件系统及软件系统的概念
- 了解信息的基本概念，理解十进制、二进制、八进制及十六进制的概念及它们之间的转换关系，了解 ASCII 字符以及中文字符编码
- 了解微型计算机的硬件组成，包括 CPU、内存、主板、总线及常用外部设备

电子计算机是一种具有极快的处理速度、很强的存储能力、精确的计算和逻辑判断能力，由程序自动控制操作过程的电子装置。

1.1　计算机的基本概念

1.1.1　计算机的发展史

世界上第一台真正意义上的电子计算机于 1946 年在美国宾夕法尼亚大学诞生，取名为“电子数值积分器及计算机”(Electronic Numerical Integrator And Computer)，简称 ENIAC。它是为美国军方的弹道研究实验室(Ballistic Research Laboratory)进行火炮的“射击图表”(artillery firing tables)计算而设计的，是第一台通用的、可编程的数字电子计算机。ENIAC 的设计及建造由美国军方在第二次世界大战期间资助，合同于 1943 年 6 月 5 日签署，具体工作由宾夕法尼亚大学的 Moore 电子工程学院秘密进行，机器于 1946 年 2 月 14 日完成并向外界公布，整个研究项目花费约 50 万美元。ENIAC 共用了 18000 个电子管，重约 30 吨，占地约 150 平方米，耗电 150kW，如图 1-1 所示。

图 1-1　第一台电子计算机 ENIAC

ENIAC 的结构在很大程度上还是依照机电系统设计的，要计算一个新的题目，就得将线路重新搭接一次。ENIAC 的运算速度是每秒进行 5000 次加法运算，功能远不如今天最普通的微型计算机，但在当时它已是运算速度的绝对冠军，并且其运算的精度和准确度也是史无前例的。ENIAC 奠定了电子计算机的发展基础，在计算机发展史上具有划时代的意义，它的问世标志着电子计算机时代的到来。

从 ENIAC 诞生至今已有 60 多年的历史，

计算机也有了飞速的发展，根据其基本构成元件的不同，计算机经历了电子管、晶体管、集成电路、大规模集成电路和超大规模集成电路 4 个发展时代。

1. 第一代电子计算机

第一代电子计算机(1946～1957 年)使用电子管作为主要电子器件；用穿孔卡片机作为数据和指令的输入设备；主存储器采用汞延迟线和磁鼓；外存储器采用磁带机；使用机器语言或汇编语言编写程序。其主要特点是体积大、重量大、性能低、能耗大、成本高，主要应用于军事和科学研究领域。这一代的计算机的重要标志如下：

- 形成了以“冯・诺依曼原理”为基础的电子计算机的基本结构。
- 确定了程序设计的基本方法，采用机器语言和汇编语言进行程序设计。
- 首次采用 CRT 作为计算机的输出显示。

2. 第二代电子计算机

第二代电子计算机(1958～1964 年)使用晶体管作为主要电子器件；主存储器采用磁芯；外存储器开始使用硬盘。第二代电子计算机的主要特点是体积相对较小、功能强、可靠性高，除用于军事和科学研究外，还用于数据处理和事务处理。这一代计算机的主要标志如下：

- 开创了计算机处理文字和图形的新阶段。
- 开始有了系统软件，提出了操作系统的概念。
- 程序设计开始使用高级语言，如 ALGOL、FORTRAN 等。
- 开始使用鼠标(1963 年)作为输入设备。
- 开始有了通用机和专用机之分。

3. 第三代电子计算机

第三代电子计算机(1965～1970 年)使用小规模集成电路(Small Scale Integration，SSI)和中规模集成电路(Medium Scale Integration，MSI)作为主要电子器件，主存储器开始使用半导体器件，存储容量进一步增大，而体积、重量、功耗则大幅降低。计算机开始广泛应用于企业管理、辅助设计制造等多个领域。这一代计算机的主要标志如下：

- 运算速度高达几百万次。
- 出现分时操作系统。
- 出现结构化程序设计方法，使程序设计功能增强。
- 根据其性能将机器分为巨型机、大型机、中型机和小型机。

4. 第四代电子计算机

第四代电子计算机(1970 年至今)采用大规模集成电路(Large Scale Integration，LSI)和超大规模集成电路(Very Large Scale Integration，VLSI)作为主要电子器件，使得计算机更加小型化、微型化。其主存储器采用半导体存储器；中央处理器(CPU)高度集成化；外存储器进一步向容量大、体积小方向发展。在这期间，1971 年美国 Intel 公司研制成功 Intel 4004 微处理器，并在此基础上公布了世界上第一台微型计算机 MCS-4；1981 年，IBM 公司推出的 16 位 IBM PC 微型计算机，使得微型计算机开始大量进入家庭，也使得 PC 成了个人计算机的代名词。这一代计算机的主要标志如下：

- 操作系统不断完善，应用软件的开发成为现代工业的一部分。
- 多媒体技术的发展，使计算机的应用渗透到更多的领域。
- 计算机的发展进入了以网络为特征的时代。

1.1.2　计算机的分类

计算机分类的方法有以下几种。

1. 按计算机处理数据的方式分

(1) 数字计算机：参与运算的数值用断续(不连续)的数字量表示，其运算过程按数字位进行计算，速度快、精确度高。现代计算机一般就是指数字计算机。

(2) 模拟计算机：参与运算的数值由不间断的连续量表示，其运算过程是连续的。模拟计算机由于受元器件质量影响，计算精度较低，应用范围较窄，目前已很少生产。

(3) 数模混合计算机：既可以接收、处理和输出模拟量，也可以接收、处理和输出数字量。

2. 按计算机使用范围分

(1) 通用计算机：通用计算机适应性很强，应用面很广，但其运行效率、速度和经济性依据不同的应用对象会受到不同程度的影响。

(2) 专用计算机：针对某类问题能体现出最有效、最快速和最经济的特性，但它的适应性较差，不适用于其他方面的应用。一般在导弹和火箭上使用的计算机很多是专用计算机。

3. 按计算机规模分

(1) 巨型机：巨型计算机是一种超大型电子计算机。具有很强的计算和处理数据的能力，主要特点为高速度和大容量，配有多种外部和外围设备及丰富的、高功能的软件系统，主要用于大型科学与工程计算和大规模数据处理。著名的机器有美国的 CM-Z、CM-5、nCUBE 等机器。中国的银河系列计算机也属于此类。

(2) 大中型机：大中型机具有很高的运算速度和很大的存储容量，主要应用于大中型企业、计算中心和计算机网络。

(3) 小型机：一般是指介于 PC 服务器和大型机(Mainframe)之间、拥有 8 路～32 路处理器能力的服务器产品。小型机是封闭专用的计算机系统，一般每个厂家的小型机的处理器、I/O 总线、网卡、显示卡、SCSI 卡和软件都是特别设计的，并有各个厂家的专利技术,所以一般不能通用。

(4) 微型机：一般来说，微型计算机是使用微处理器作为 CPU 的计算机。这类计算机的另一个主要特征就是占用很少的空间。桌面计算机、游戏机、笔记本电脑、Tablet PC，以及种类众多的手持设备都属于微型计算机。

(5) 工作站：工作站是介于微机和小型机之间的高档微型计算机，其运算速度比微型机快，配备有大容量存储器和大屏幕显示器，具有较强的图形图像处理能力及较强的通信功能，主要用于图像处理、计算机辅助设计等。

1.1.3　计算机的主要特点

1. 自动控制能力

计算机可以在程序的控制下自动完成预定任务。

2. 高速运算的能力

现代计算机的运算速度最高可达每秒几万亿次，远远高于人类手工的运算速度。

3. 强大的记忆能力

计算机拥有容量很大的存储设备(内存和外存)，不但可以存储程序，也可以存储数据，这些数据可以用于进行各种分析处理，以满足不同的需求。

4. 计算精度高

计算机的计算精度与CPU的字长有关，字长越长，计算机能处理的有效数字越多，计算精度也就越高。目前，微型计算机的CPU 字长已经达到64位，通过运用计算技巧等技术手段，可以获得千分之一、百万分之一甚至更高的精度。

5. 逻辑判断能力

计算机可以依靠软件的功能进行逻辑判断，因此具有逻辑判断能力。

6. 通用性

计算机能够在各行各业得到广泛的应用，具有很强的通用性。这主要体现在软件上，只要安装(或使用)不同的软件，就可以解决不同的问题。

1.1.4 计算机的主要用途

1. 科学计算

科学计算是指应用计算机处理科学研究和工程技术中所遇到的数学计算。应用计算机进行科学计算，如人造卫星轨道的计算、航天飞机飞行、天气预报、地质勘探和建筑设计等，可为问题求解带来极高的速度，需要几百名专家几周、几月甚至几年才能完成的计算，使用计算机只要很短的时间就可得到正确结果。

2. 数据处理(信息处理)

信息处理是对原始数据进行收集、整理、分类、选择、存储、制表、检索、输出等加工的过程。信息处理是计算机应用的一个重要方面，涉及的范围和内容十分广泛。如自动阅卷、图书检索、财务管理、生产管理、医疗诊断、编辑排版、情报分析等。

3. 实时控制

实时控制是指及时搜集检测数据，按最佳值对事务进行的调节控制，如工业生产的自动控制。利用计算机进行实时控制，既可提高自动化水平，保证产品质量，也可降低成本，减轻劳动强度。

4. 计算机辅助系统

计算机辅助系统可帮助人们更好地完成各种任务。例如，计算机辅助设计CAD(Computer Aided Design)、计算机辅助制造CAM(Computer Aided Manufacturing)、计算机辅助工程CAE(Computer Aided Engineering)、计算机集成制造系统CIMS(Computer Integrated Manufacturing System)、计算机辅助教学CAI(Computer Aided Instruction)等。

5. 人工智能

利用计算机模拟人类智力活动，以替代人类部分脑力活动，这是一个很有发展前途的学科方向。第五代计算机的开发将成为智能模拟研究成果的集中体现。具有一定“学习、推理和联想”能力的机器人的不断出现，正是智能模拟研究工作取得进展的标志。智能计算机作为人类智能的辅助工具，将被越来越多地用到人类社会的各个领域。

6. 计算机网络

计算机技术和通信技术相结合产生了计算机网络，使计算机从独立的单机进入了相互连接的网络化时代，实现了所连接的计算机之间相互通信和资源共享。网络进一步强化了计算机的功能，网络中应用的多样化使计算机的使用更加广泛。

7. 多媒体计算机系统

多媒体技术就是计算机综合处理文字、图形、图像、声音、视频等多种媒体的技术，使

多种信息建立逻辑连接，集成为一个系统，具有集成性、实时性和交互性的特点。多媒体技术以计算机技术为核心，将现代声像技术和通信技术融为一体，其应用领域十分广泛。近年来，多媒体技术得到迅速发展，多媒体系统的应用更以极强的渗透力进入社会生活的各个领域，如游戏、教育、档案、图书、娱乐、艺术、股票债券、金融交易、建筑设计、家庭、通信等。

1.2　计算机系统的组成

虽然计算机的种类繁多，在规模、价格、复杂程度及设计技术等方面有很大的差别，但各种计算机的基本原理都是一样的。美籍匈牙利数学家冯・诺依曼于 1946 年提出了 3 个计算机设计的基本思想(冯・诺依曼原理)：

- 采用二进制形式表示计算机的指令和数据。
- 将程序(由一系列指令组成)和数据存放在存储器中(内存)，并让计算机自动地执行程序。
- 计算机由运算器、控制器、存储器、输入设备和输出设备 5 个基本部分组成。

依照冯・诺依曼原理制造的计算机系统由硬件系统和软件系统组成，如图 1-2 所示。

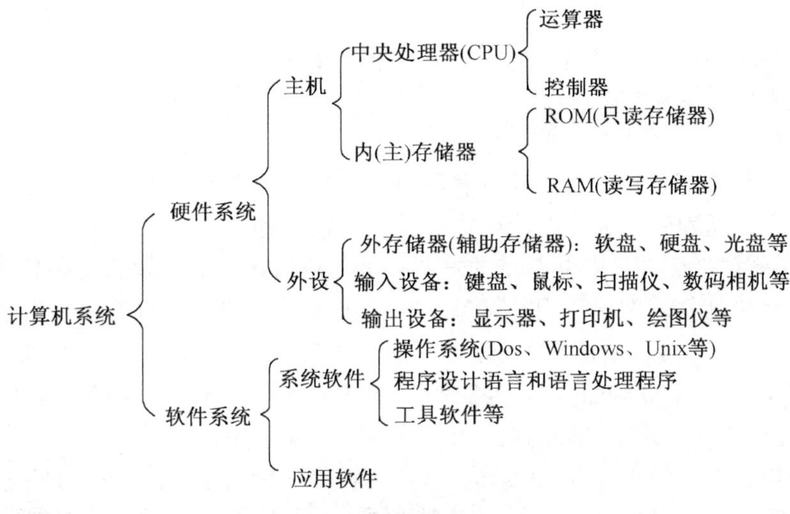

图 1-2　计算机系统的组成

1. 计算机硬件系统

硬件是指计算机系统中所使用的电子线路和物理设备，是看得见、摸得着的实体，如中央处理器(CPU)、存储器、外部设备(输入输出设备)等。计算机的硬件系统由运算器、控制器、存储器、输入设备和输出设备五大部分组成，如图 1-3 所示。控制器和运算器合称为中央处理器(CPU)，存储器分为内存储器(内存)和外存储器(外存)，输入、输出设备合称为外部设备(外设)。

1) 运算器

通常由算术逻辑部件 ALU (Arithmetic Logic Unit) 和一系列寄存器组成。它的功能是在控制器的控制下对内存或内部寄存器中的数据进行算术运算和逻辑运算(与、或、非、比较、移位)，运算结果保存在内存中。

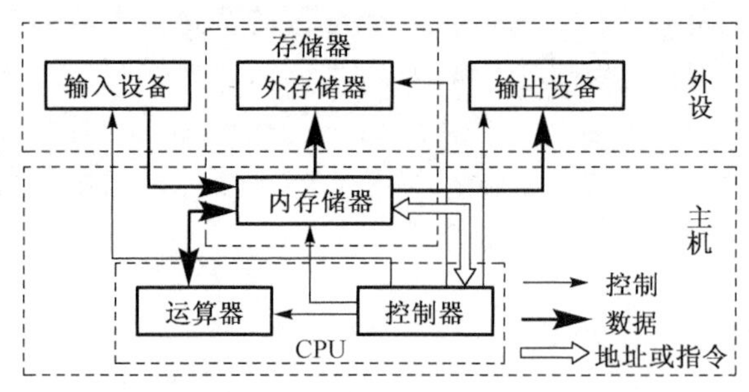

图 1-3　计算机硬件组成

2）控制器

控制器是计算机的指挥控制中心。它负责从内存储器中逐条取出指令，并对指令进行分析，然后根据指令的要求，向各部件发出控制信号，使之自动、连续并协调动作，完成数据和程序的输入、运算并输出结果。

3）存储器

存储器是用于保存程序、数据及运算中间及最终结果的记忆设备。分为内存储器（主存储器，内存）及外存储器（辅助存储器，外存）。内存中存放程序指令和数据，外存中存放需要长期保存的程序和数据，外存中的程序和数据必须读到内存后，才能被计算机处理。

4）输入设备

向计算机输入程序、数据及各种信息的设备，如键盘、鼠标、磁盘驱动器等。

5）输出设备

将计算机工作的中间及最终结果从内存送出的设备，如显示器、打印机等。

2. 计算机软件系统

计算机软件是指能使计算机硬件系统顺利和有效工作的程序及其数据集合的总称。分为系统软件及应用软件两大类。

1）系统软件

系统软件是负责管理计算机系统中各种独立的硬件，使得它们可以协调工作。一般分为操作系统、语言处理程序、数据库管理系统及工具软件等。

（1）操作系统：是计算机软件系统的核心，是用户与计算机之间的桥梁和接口，是最贴近计算机硬件的系统软件。主要作用是管理计算机中的所有硬件资源和软件资源，控制计算机中程序的执行，为用户提供功能完备且操作灵活方便的应用环境。如目前广泛在 PC 中使用的桌面操作系统 Windows XP/Vista、服务器使用的 Windows Server 2003/2008、UNIX 等。

（2）语言处理程序：计算机只能执行用二进制数表示的机器代码（即机器语言程序），用汇编语言或高级语言编写的程序（称为源程序）计算机是不能直接识别和执行的。因此，必须配备一种工具，它的任务是把用汇编语言或高级语言编写的源程序翻译成机器可执行的机器语言程序，这种工具就是“语言处理程序”。语言处理程序包括汇编程序、解释程序和翻译程序。汇编程序是把用汇编语言写的汇编语言源程序翻译成机器可执行的由机器语言表示的目标程序的翻译程序，其翻译过程叫汇编。解释程序接受用某种程序设计语言（如 BASIC 语言）编写的源程序，然后对源程序中的每一个语句进行解释并执行，最后得出结果。也就是说，解释程序对源程序是一边翻译，一边执行。所以，它是直接执行源程序或源程序的内部形式的，它并不产生目标程序。解释程序执行的速度要比编译程序慢得多，但占用内存较少，对源程序错误的修改也较方便。编译程序是将用高级语言所编写的源程序翻译成与之等价的用机器语言表示的目标程序的翻译程序，其翻译过程称为编译。编译程序与解释程序的区别在于，前者首先将源程序翻译成目标代码，计算机再执行由此生成的目标程序；而后者则是检查高级语言书写的源程序，然后直接执行源程序所指定的动作。一般而言，建立在编译基础上的系统在执行速度上都优于建立在解释基础上的系统。但是，编译程序比较复杂，这使得开发和维护费用较大；相反，解释程序比较简单，可移植性也好，缺点是执行速度慢。

(3) 数据库系统：数据库系统(Data Base System，DBS)主要包括数据库(Data Base，DB)和数据库管理系统(Data Base Management System，DBMS)。数据库是按一定的组织结构保存于某种存储介质的一批相关数据的集合。数据库管理系统是管理数据库的软件，用于控制数据库中数据的建立、存取、管理和维护，以实现数据库系统的各种功能。数据库存在多种模型。关系数据库(Relational Database)是其中使用最为广泛的一种，例如桌面型的 ACCESS、企业级的 MS SQL Server、Oracle 等。

(4) 工具软件：主要指系统支持及服务程序，例如文件系统管理、网络连接管理、机器的调试、故障检查和诊断程序等程序。

2) 应用软件

应用软件是用户利用计算机硬件和系统软件，为解决各种实际应用问题而编制的程序。分为用户程序和应用软件包。

(1) 用户程序：是用户为解决自己的特定问题而开发的应用软件。

(2) 应用软件包：为实现某种特殊功能而设计的独立软件系统，如 Microsoft Office、图像处理软件 Photoshop 等。

1.3　信 息 编 码

1.3.1　数值在计算机中的表示形式

在计算机内部，数据都是采用二进制的形式进行存储、运算、处理和传输的。这主要是因为计算机所使用的电子器件(晶体管)具有两种稳定的状态(导通和截止)，正好可以用二进制数的 1 和 0 表示。

数制是人们用一组统一规定的符号和规则来表示数的方法。数制通常使用的是进位计数制，即按进位的规则进行计数。在进位计数制中有“基数”和“位权”两个基本概念。

基数是进位计数制中所用的数字符号的个数。假设以 b 为基数进行计数，其规则是“逢 b 进一”，则称为 b 进制。例如，十进制的基数为 10，逢十进一；二进制的基数为 2，逢二进一。

在进位计数制中，把基数的若干次幂称为位权，幂的方次随该位数字所在的位置而变化，整数部分从最低位开始依次为 0，1，2，3，4…；小数部分从最高位开始依次为–1，–2，–3，–4…。举例如图 1-4 所示。

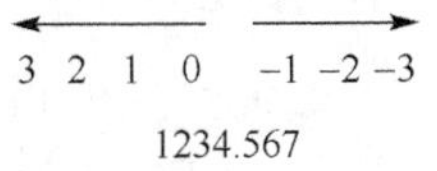

3 2 1 0　–1 –2 –3

1234.567

图 1-4　数制和位权

任何一种用进位计数制表示的数，其数值都可以写成以下按位权展开的多项式之和的形式：

$$N=\pm\,(a_{n-1}\times b^{n-1}+a_{n-2}\times b^{n-2}+\cdots+a_1\times b^1+a_0\times b^0+a_{-1}\times b^{-1}+a_{-2}\times b^{-2}+\cdots+a_{-m}\times b^{-m})=\sum_{i=n-1}^{-m}a_i\times b^i$$

其中，b 是基数；a_i 是第 i 位上的数字符号(或称系数)；b^i 是位权；n 和 m 分别是数的整数部分和小数部分的位数。

例如，十进制数 1234.567 可以写成：

$$1234.567=1\times10^3+2\times10^2+3\times10^1+4\times10^0+5\times10^{-1}+6\times10^{-2}+7\times10^{-3}$$

常用数制及其特点如表 1-1 所示。

表 1-1 常用数制及其特点

数制	基数	数 码	进位规则
十进制	10	0，1，2，3，4，5，6，7，8，9	逢十进一
二进制	2	0，1	逢二进一
八进制	8	0，1，2，3，4，5，6，7	逢八进一
十六进制	16	0，1，2，3，4，5，6，7，8，9，A，B，C，D，E，F	逢十六进一

十进制、二进制、八进制和十六进制对照表如表 1-2 所示。

表 1-2 十进制、二进制、八进制和十六进制对照表

十进制	二进制	八进制	十六进制
0	0	0	0
1	1	1	1
2	10	2	2
3	11	3	3
4	100	4	4
5	101	5	5
6	110	6	6
7	111	7	7
8	1000	10	8
9	1001	11	9
10	1010	12	A
11	1011	13	B
12	1100	14	C
13	1101	15	D
14	1110	16	E
15	1111	17	F
16	10000	20	10

1. 十进制

十进制是人们日常生活中使用的进制，它有 10 个数码：0、1、2、3、4、5、6、7、8、9，逢十进一。任何一个十进制数都可以展开成以 10 为底的多项式之和的形式：

$$(169)_{10}=1\times10^2+6\times10^1+9\times10^0$$

2. 二进制

计算机内部采用二进制进行运算、存储和控制。二进制有 2 个数码：0、1，每位数逢二进一。任何一个二进制数可按如下规则展开成对应的十进制数：

$$(10110)_2=1\times2^4+0\times2^3+1\times2^2+1\times2^1+0\times2^0=22$$

3. 八进制

由于二进制在表示较大的数时书写不方便，因此计算机中(尤其是在编程语言中)也经常使用与二进制关系密切的八进制及十六进制，它们之间可以很方便地转换。八进制有 8 个数码：0、1、2、3、4、5、6、7，各位数逢八进一。八进制与十进制的转换方法如下：

$$(127)_8=1\times8^2+2\times8^1+7\times8^0=87$$

4. 十六进制

十六进制有 16 个数码：0、1、2、3、4、5、6、7、8、9、A、B、C、D、E、F，9 以上的数码 10、11、12、13、14、15 分别用 A、B、C、D、E、F 表示(大小写均可)，逢十六进一。十六进制数与十进制的转换方法如下：

$$(5FA)_{16}=5\times16^2+15\times16^1+10\times16^0=1530$$

1.3.2 数制转换

计算机内部使用二进制，而人们日常又使用十进制，这就涉及数制之间的转换问题。二进制、八进制及十六进制转换为十进制按多项式展开即可，见以上示例。下面来看看十进制转换为二进制、八进制、十六进制以及二进制、八进制、十六进制之间的转换方法。

1. 十进制转换为二进制

十进制数转换成二进制时，先将十进制分成整数和纯小数两部分，整数和纯小数分别转换。例如：$(123.45)_{10}=(123)_{10}+(0.45)_{10}$，可以预见，转换结果应为：$(\cdots B_3B_2B_1B_0)+(0.B_{-1}B_{-2}B_{-3}B_{-4}B_{-5}\cdots)$

1) 整数部分

整数部分的转换用“除以 2 取余”法，将待转换的十进制整数用 2 除，得到的商再除以 2，如此反复，直到商为 0 时止。每次除得的余数按反次序排列(即首先得到的余数为二进制数的最低位，最后得到的余数为二进制数的最高位)即为相应的二进制数。例如：

$$(123)_{10}=(\ ?\ )_2$$

除以 2	商	余数	二进制位
123÷2	61	1	B_0
61÷2	30	1	B_1
30÷2	15	0	B_2
15÷2	7	1	B_3
7÷2	3	1	B_4
3÷2	1	1	B_5
1÷2	0	1	B_6

因此

$$(123)_{10}=(1111011)_2$$

2) 纯小数部分

纯小数部分的转换采用“乘 2 取整”法，将被转换的十进制纯小数反复乘以 2，由高位向低位逐次进行，每次相乘乘积的整数部分若为 1，则 2 进制数的相应位为 1；若整数部分为 0，则相应位为 0，再用积的纯小数部分乘以 2，直到剩下的纯小数部分为 0 或达到所要求的精度为止。

乘以 2	积	积的整数部分	积的纯小数部分	二进制位
0.45×2	0.9	0	0.9	B_{-1}
0.9×2	1.8	1	0.8	B_{-2}
0.8×2	1.6	1	0.6	B_{-3}
0.6×2	1.2	1	0.2	B_{-4}
0.2×2	0.4	0	0.4	B_{-5}

因此，若转换结果保留 5 位小数，则转换结果为

$$(0.45)_{10}=(0.01110)_2$$

故

$$(123.45)_{10}=(1111011.01110)_2$$

2. 十进制转换为八进制

十进制转换成八进制的算法与十进制转换成二进制类似，只是将“除 2 取余”法改成“除 8 取余”法、“乘 2 取整”法改成“乘 8 取整”法即可。例如：

$$(123.45)_{10}=(?\ )_8$$

1) 整数部分

除以 8	商	余数	八进制位
123÷8	15	3	O_0
15÷8	1	7	O_1
1÷8	0	1	O_2

因此

$$(123)_{10}=(173)_8$$

2) 纯小数部分

乘以 8	积	积的整数部分	积的纯小数部分	八进制位
0.45×8	3.6	3	0.6	O_{-1}
0.6×8	4.8	4	0.8	O_{-2}
0.8×8	6.4	6	0.4	O_{-3}
0.4×8	3.2	3	0.2	O_{-4}
0.2×8	1.6	1	0.6	O_{-5}

因此

$$(0.45)_{10}=(0.34631)_8 \qquad \text{（小数部分要求保留 5 位）}$$

故

$$(123.45)_{10}=(173.34631)_8$$

3. 十进制转换为十六进制

十进制转换成十六进制的算法与十进制转换成二进制类似，只是将“除 2 取余”法改成“除 16 取余”法、“乘 2 取整”法改成“乘 16 取整”法即可。需要注意的是，十六进制的 10、11、12、13、14、15 分别用 A、B、C、D、E、F 表示。例如：

$$(123.45)_{10}=(?\ )_{16}$$

1) 整数部分

除以 16	商	余数	十六进制位
123÷16	7	11	H_0
7÷16	0	7	H_1

因此

$$(123)_{10}=(7B)_{16}$$

2) 纯小数部分

乘以 16	积	积的整数部分	积的纯小数部分	十六进制位
0.45×16	7.2	7	0.2	H_{-1}
0.2×16	3.2	3	0.2	H_{-2}
0.2×16	3.2	3	0.2	H_{-3}
0.2×16	3.2	3	0.2	H_{-4}
0.2×16	3.2	3	0.2	H_{-5}

因此

$$(.45)_{10}=(0.73333)_{16}$$

故

$$(123.45)_{10}=(7B.73333)_{16}$$

4．二进制与八、十六进制间的转换

由于 $8=2^3$，$16=2^4$，所以 1 位八进制数相当于 3 位二进制数，1 位十六进制数相当于 4 位二进制数。二进制与八、十六进制间的转换，正是基于这个原理。

1) 二进制转换成八进制、十六进制

以小数点为界向左和向右划分，小数点左边(整数部分)从右向左每 3 位(八进制)或每 4 位(十六进制)一组构成 1 位八进制或十六进制数，位数不足 3 位或 4 位时最左边补 0；小数点右边(小数部分)从左向右每 3 位(八进制)或每 4 位(十六进制)一组构成 1 位八进制或十六进制数，位数不足 3 位或 4 位时最右边补 0。

【例 1】 $(10010.0111)_2=(?)_8$

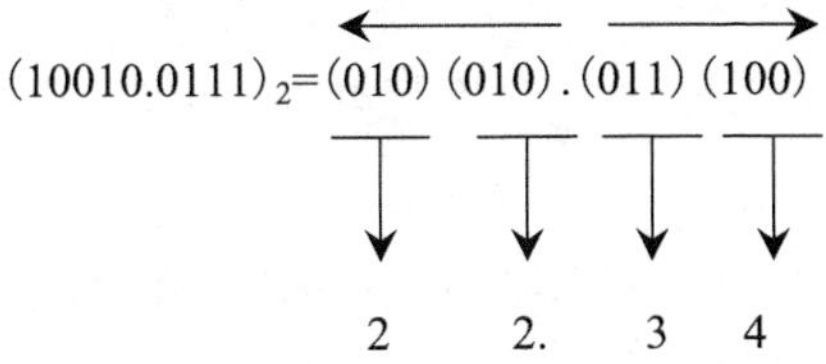

因此

$$(10010.0111)_2=(22.34)_8$$

【例 2】 $(10010.0111)_2=(?)_{16}$

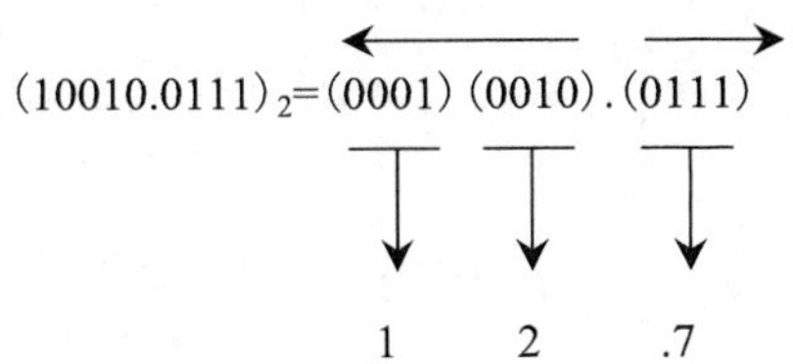

因此

$$(10010.0111)_2=(12.7)_{16}$$

2) 八进制、十六进制转换成二进制

转换过程与上述相反，把 1 位八进制数用 3 位二进制数表示，把 1 位十六进制数用 4 位二进制数表示。

【例 3】 $(22.34)_8=(?)_2$

$$
\begin{array}{cccc}
(22.34)_8= 2 & 2 & .3 & 4 \\
\downarrow & \downarrow & \downarrow & \downarrow \\
010 & 010 & .011 & 100
\end{array}
$$

因此

$$(22.34)_8=(10010.011100)_2$$

【例 4】 $(12.B)_{16}=(?)_2$

$$
\begin{array}{ccc}
(12.B)_{16} = 1 & 2 & .\ B \\
\downarrow & \downarrow & \downarrow \\
0001 & 0010. & 1011
\end{array}
$$

因此

$$(12.B)_{16}=(10010.1011)_2$$

5. 八进制与十六进制间的转换

八进制与十六进制间没有简便的直接转换方法。可以将一种进制数先转换为二进制数，再将二进制数转换为另一种进制的数。

【例 5】 $(22.34)_8=(?)_{16}$

步骤 1：八进制转换成二进制。

$$
\begin{array}{cccc}
(22.34)_8= 2 & 2 & .3 & 4 \\
\downarrow & \downarrow & \downarrow & \downarrow \\
010 & 010 & .011 & 100
\end{array}
$$

中间结果

$$(22.34)_8=(10010.011100)_2$$

步骤 2：二进制转换成十六进制。

$(10010.0111)_2=(?)_{16}$

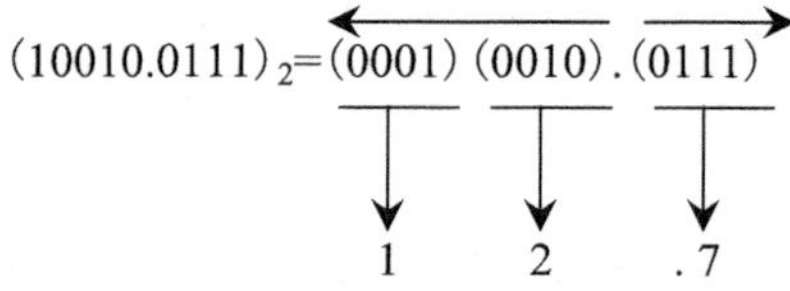

中间结果

$$(10010.0111)_2=(12.7)_{16}$$

因此

$$(22.34)_8=(12.7)_{16}$$

1.3.3 计算机中数据存储的单位

在计算机内部，数据都是采用二进制的形式进行存储、运算、处理和传输的，数据存储的单位有位、字节、字等。

(1) 位(bit)：二进制数的一个位，可为 1 或 0，用小写字母 b 表示。

(2) 字节(byte)：8 个二进制位组成一个字节，用大写字母 B 表示。

(3) 字(word)：计算机一次存取、运算、加工和传送的数据长度，是处理信息的基本单位。一个字由若干个字节组成，其中所包含的二进制位数称为字长。如，某 CPU 字长由 8 个字节组成，则称其字长为 64 位。

字长是 CPU 一次能直接传输、处理的二进制数据位数，是计算机性能的一个重要指标。字长代表计算机的计算精度、处理数据的大小范围。字长越长，可以表示的有效位数就越多，运算精度就越高，处理能力就越强。

(4) 存储容量单位：存储容量以字节 B 为基本单位，另外还有 KB(Kilo Byte，千字节)、MB(Mega Byte，兆字节)、GB(Giga Byte，吉字节)、TB(Tera Byte，太字节)等单位，它们的换算关系如下：

$$1B=8bit$$
$$1KB=1024B=2^{10}B$$
$$1MB=1024KB=2^{10}KB$$
$$1GB=1024MB=2^{10}MB$$
$$1TB=1024GB=2^{10}GB$$

1.3.4　字符编码

编码是指对输入计算机中的非数值型数据(如字符、标点符号等)用二进制数来表示的转换规则。例如，字符 A 在计算机中是以某个二进制数值来存储的，由于编码涉及世界范围内的信息交换、存储问题，因此必须使用国际标准编码。目前广泛使用的字符编码的国际标准为“美国标准信息交换码”(American Standard Code for Information Interchange，ASCII 码)。ASCII 码由 7 位二进制数对字符进行编码，即用 0000000～1111111 共 128 种不同的二进制数值分别表示常用的 128 个字符，其中包括 10 个数字、英文大小写字母各 26 个、32 个标点和运算符号、34 个控制符等，如表 1-3 所示。

表 1-3　ASCII 码表示的 128 个常用字符

$b_6b_5b_4$ / $b_3b_2b_1b_0$	000	001	010	011	100	101	110	111
0000	NUL	DLE	SP	0	@	P	`	p
0001	SOH	DC1	!	1	A	Q	a	q
0010	STX	DC2	“	2	B	R	b	r
0011	ETX	DC3	#	3	C	S	c	s
0100	EOT	DC4	$	4	D	T	d	t
0101	ENQ	NAK	%	5	E	U	e	u
0110	ACK	SYN	&	6	F	V	f	v
0111	BEL	ETB	‘	7	G	W	g	w
1000	BS	CAN	(	8	H	X	h	x
1001	HT	EM	)	9	I	Y	i	y
1010	LF	SUB	*	:	J	Z	j	Z
1011	VT	ESC	+	;	K	[	k	{
1100	FF	FS	,	<	L	\	l	|
1101	CR	GS	_	=	M	]	m	}

续表

$b_6b_5b_4$ \ $b_3b_2b_1b_0$	000	001	010	011	100	101	110	111
1110	SO	RS	.	>	N	^	n	～
1111	SI	US	/	?	O	_	o	DEL

注：

(1)表中任何一个字符 ASCII 值的查找方法是，从该字符横向左查出其 ASCII 码二进制的低 4 位 $b_3b_2b_1b_0$，再纵向上查出其二进制的高 3 位 $b_6b_5b_4$，排列成 $b_6b_5b_4b_3b_2b_1b_0$，即为该字符对应的二进制 ASCII 值。例如：字符 A，查表得知 $b_3b_2b_1b_0$ 为 0001，$b_6b_5b_4$ 为 100，则其 ASCII 值为二进制 1000001，即十进制 65。

(2)表中值 0000000～0011111(十进制 0～31)之间的字符为控制字符，代表一定的控制功能，为不可显示字符。

(3)SP 为空格符(Space)。

(4)DEL 为控制字符。

1.3.5 汉字编码

与英文字符用 ASCII 码进行编码类似，计算机在处理汉字时也要进行编码。汉字的编码有多种形式，分为输入码、交换码及机内码等。计算机处理汉字的过程是，通过汉字输入码将汉字信息输入计算机内部，以机内码的形式保存在计算机中，而在进行汉字传输时(即计算机间交换汉字信息时)，又都以交换码的形式发送和接收。

1. 汉字输入码

汉字输入码是为从键盘输入汉字而编制的汉字编码，也称汉字外部码，简称外码。英文字母只有 26 个，可以把所有的字符都放到键盘上，而使用这种办法把所有的汉字都放到键盘上，是不可能的。所以汉字系统需要有自己的输入码体系，使汉字与键盘能建立对应关系。目前常用的输入码有拼音码、五笔字型码、自然码、表形码、认知码、区位码和电报码等。输入码就是使用某种输入法输入汉字时的编码。例如，用智能 ABC 输入法输入汉字“张”时的编码就是 zhang，而使用五笔字型输入法输入“张”时，其编码(五笔字型码)就是 xtay。一种好的编码应该具有编码规则简单、易学好记、操作方便、重码率低、输入速度快等优点，每个人可根据自己的需要选择输入法。

2. 汉字交换码

1) GB2312□1980 国标码

我国早在 1980 年制定了“中华人民共和国国家标准信息交换汉字编码”，标准代号为 GB2312□1980，这种编码又称为国标码。在国标码的字符集中共收录了一级汉字 3755 个，二级汉字 3008 个，图形符号 682 个，3 项字符总计 7445 个。

在国标 GB2312□1980 中规定，所有的国标汉字及符号分配在一个 94 行、94 列的方阵中，方阵的每一行称为一个“区”，编号为 01 区到 94 区，每一列称为一个“位”，编号为 01 位到 94 位，方阵中的每一个汉字和符号所在的区号和位号组合在一起形成的 4 个阿拉伯数字就是它们的“区位码”。区位码的前两位是它的区号，后两位是它的位号。用区位码就可以唯一地确定一个汉字或符号，反过来说，任何一个汉字或符号也都对应着一个唯一的区位码。汉字“张”字的区位码是 5337，表明它在方阵的 53 区 37 位，汉字“阿”的区位码为 1602，则它在 16 区 02 位，如图 1-5 所示。

所有的汉字和符号所在的区分为以下 4 个组。

(1) 01 区到 15 区。图形符号区，其中 01 区到 09 区为标准符号区，10 区到 15 区为自定义符号区。01 区到 09 区的具体内容如下：

01 区：一般符号 202 个，如间隔符、标点、运算符、单位符号及制表符。

啊(1601)	阿(1602)	埃(1603)	挨(1604)	哎(1605)	唉(1606)	哀(1607)	皑(1608)	癌(1609)	蔼(1610)
矮(1611)	艾(1612)	碍(1613)	爱(1614)	隘(1615)	鞍(1616)	氨(1617)	安(1618)	俺(1619)	按(1620)
暗(1621)	岸(1622)	胺(1623)	案(1624)	肮(1625)	昂(1626)	盎(1627)	凹(1628)	敖(1629)	熬(1630)
翱(1631)	袄(1632)	傲(1633)	奥(1634)	懊(1635)	澳(1636)	芭(1637)	捌(1638)	扒(1639)	叭(1640)
吧(1641)	笆(1642)	八(1643)	疤(1644)	巴(1645)	拔(1646)	跋(1647)	靶(1648)	把(1649)	耙(1650)
坝(1651)	霸(1652)	罢(1653)	爸(1654)	白(1655)	柏(1656)	百(1657)	摆(1658)	佰(1659)	败(1660)
拜(1661)	稗(1662)	斑(1663)	班(1664)	搬(1665)	扳(1666)	般(1667)	颁(1668)	板(1669)	版(1670)
扮(1671)	拌(1672)	伴(1673)	瓣(1674)	半(1675)	办(1676)	绊(1677)	邦(1678)	帮(1679)	梆(1680)
榜(1681)	膀(1682)	绑(1683)	棒(1684)	磅(1685)	蚌(1686)	镑(1687)	傍(1688)	谤(1689)	苞(1690)
胞(1691)	包(1692)	褒(1693)	剥(1694)	薄(1701)	雹(1702)	保(1703)	堡(1704)	饱(1705)	宝(1706)

图 1-5　部分汉字的区位码表

02 区：序号 60 个，如 1.～20.、(1)～(20)、①～⑩及(一)～(十)。

03 区：数字 22 个，如 0～9 及 X～XII，英文字母 52 个，其中大写 A～Z、小写 a～z 各 26 个。

04 区：日文平假名 83 个。

05 区：日文片假名 86 个。

06 区：希腊字母 48 个。

07 区：俄文字母 66 个。

08 区：汉语拼音符号 a～z 26 个。

09 区：汉语拼音字母 37 个。

(2) 16 区到 55 区。一级常用汉字区，包括了 3755 个一级汉字。这 40 个区中的汉字是按汉语拼音排序的，同音字按笔划顺序排序。其中 55 区的 90～94 位未定义汉字。

(3) 56 区到 87 区。二级汉字区，包括了 3008 个二级汉字，按部首排序。

(4) 88 区到 94 区。自定义汉字区。

第 10 区到第 15 区的自定义符号区和第 88 区到第 94 区的自定义汉字区可由用户自行定义国标码中未定义的符号和汉字。

2) GBK 汉字编码

由于 GB2312—1980 只收录了 6763 个汉字，有不少汉字，如部分在 GB2312—1980 推出以后才简化的汉字(如“啰”)，部分人名用字(如朱镕基的“镕”字)，中国台湾及香港地区使用的繁体字，日语及朝鲜语中的汉字等，并未收录在内。于是中文计算机开发商利用了 GB2312—1980 中未使用的编码空间，收录了所有出现在 Unicode 1.1 及 GB13000.1—1993 中的汉字，制定了与 GB2312—1980 兼容的 GBK 编码。GBK 来自中国国家标准代码 GB13000.1—1993，仅仅是 GB2312—1980 到 GB13000.1—1993 之间的过渡方案。

3) GB18030—2000 汉字编码

国家标准 GB18030—2000《信息交换用汉字编码字符集基本集的扩充》是我国继 GB2312—

1980 和 GB13000—1993 之后最重要的汉字编码标准，是当前我国计算机系统必须遵循的基础性标准之一。GB 18030 收录了 27484 个汉字，总编码空间超过 150 万个码位，目前已编码的字符约 2.6 万，并与 GB2312 及 GB13000 兼容。

3. 汉字机内码

汉字的机内码是指在计算机中表示一个汉字的编码。机内码用 2 个字节表示一个汉字，它与区位码稍有区别。如上所述，汉字区位码的区码和位码的取值均在 1～94 之间，如直接用区位码作为机内码，就会与基本 ASCII 码混淆。为了避免机内码与基本 ASCII 码的冲突，需要避开基本 ASCII 码中的控制码(00H～1FH)，还需与基本 ASCII 码中的字符相区别。为了实现这两点，可以先在区码和位码上分别加 20H，在此基础上再加 80H(此处“H”表示前两位数字为十六进制数)。经过这些处理，用机内码表示一个汉字需要占两个字节，分别称为高位字节和低位字节，这两位字节的机内码按如下规则表示：

高位字节 = 区码 + 20H + 80H(或区码 + A0H)

低位字节 = 位码 + 20H + 80H(或位码 + A0H)

由于汉字的区码与位码的取值范围的十六进制数均为 01H～5EH(即十进制的 01～94)，所以汉字机内码的高位字节与低位字节的取值范围则为 A1H～FEH(即十进制的 161～254)。例如，汉字“啊”的区位码为 1601，区码和位码分别用十六进制表示即为 1001H，它的机内码的高位字节为 B0H，低位字节为 A1H，机内码就是 B0A1H。

1.4 微型计算机系统的硬件组成

1.4.1 CPU、内存、接口和总线

1. 微型计算机的结构

微型计算机是指由大规模集成电路组成的、体积较小的电子计算机。其特点是体积小、灵活性大、价格便宜、使用方便，又称为个人电脑(PC)。其结构如图 1-6 所示。

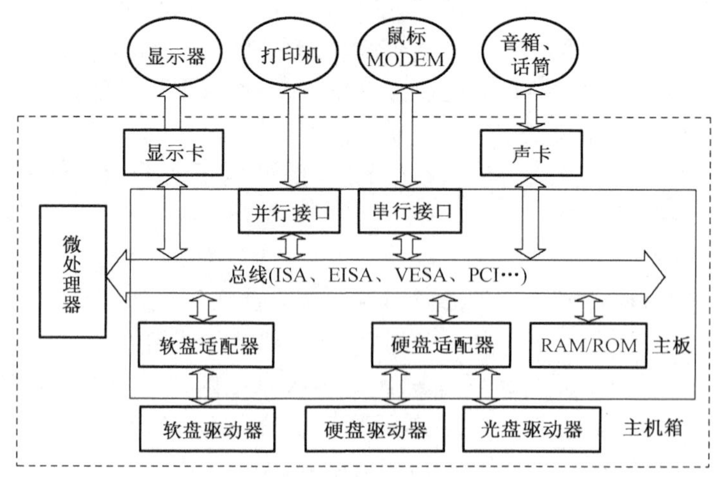

图 1-6 微型计算机的结构

2. 主板

主板是固定在计算机主机箱内的一块电路板，是连接 CPU、内存、外存、各种扩展卡和外部设备的中心枢纽。主板上布满了各种电子元件、插槽和接口等，主要分为以下几个主要部件：CPU、内存、芯片组、BIOS、CMOS、插槽(硬盘、软驱、光驱、总线扩展插槽)、外设接口(键盘、鼠标、串行口、并行口)等。计算机通过主板将 CPU 等各种器件和外部设备有机地结合起来，形成一套完整的系统。

主板芯片组几乎决定着主板的全部功能，其中 CPU 的类型、主板的系统总线频率，内存的类型、容量和性能，显卡插槽规格是由芯片组中的北桥芯片决定的；而扩展槽的种类与数量、扩展接口的类型和数量(如 USB2.0/1.1、IEEE1394、串口、并口、笔记本的 VGA 输出接口)等，是由芯片组的南桥决定的。

主板的规格是指主板上 CPU、内存、芯片组、扩充插槽等组件在电路板上的位置、电路的布局，同时还包括使用何种电源供应器、计算机机箱搭配等。主板规格按其历史发展过程主要分 AT、ATX、BTX 等，如图 1-7 所示。

图 1-7　AT 主板(左)与 ATX 主板(右)

3. 中央处理器

中央处理器(Central Processing Unit，CPU)是整个计算机系统的核心，也是整个系统最高的执行单位。它负责整个计算机系统指令的执行、数学与逻辑运算、数据的存储与传送，以及输入与输出的控制。CPU 由运算器、控制器组成，在运算和控制器中包括一些寄存器，用于 CPU 在处理数据过程中数据的暂时保存。CPU 的主要参数如下。

• 字长：字长是计算机性能的一个重要指标。字长代表计算机的计算精度、处理数据的大小范围。字长越长，可以表示的有效位数就越多，运算精度越高，处理能力越强。目前，微机的字长一般为 32 位或 64 位。

• 主频：主频是指计算机的 CPU 时钟频率，即每秒所发出的脉冲数，现在一般以兆赫(MHz)、吉赫(GHz)为单位。主频越大，运算速度越快。

• 运算速度：运算速度是指 CPU 每秒钟所能执行的指令数目，常用的衡量单位是 MIPS(Millions of Instruction Per Second，MIPS)，即每秒钟执行的百万条指令数。

4. 内存储器

存储器分为内存储器和外存储器，是用来存储程序和数据的部件。CPU 能直接存取内存中的数据，而外存中的数据必须调入内存后才能为 CPU 所用。构成存储器的存储介质目前主要采用半导体器件和磁性材料。存储器中最小的存储单位就是一个双稳态半导体电路或一个 CMOS 晶体管或磁性材料的存储元，它可存储一个二进制代码(0 或 1)。由若干个存储元组成一个存储单元(一个字节 Byte，由 8 个存储元组成)，然后再由许多存储单元组成一个存储器。

存储器以字节(B)为单位。容量通常用 KB、MB、GB、TB 来表示，它们之间的关系是：1KB=1024B，1MB=1024KB，1GB=1024MB，1TB=1024GB，其中 $1024=2^{10}$。

内存储器用来存放计算机运行期间所需要的程序和数据，它是计算机的重要部件，是衡量计算机性能的重要指标之一，内存的大小及其性能的优劣直接影响程序的运行。微型计算机的内存目前一般为 512MB、1GB、2GB 等。内存储器可以直接跟 CPU 进行数据交换，存取速度比外存快。内存储器主要有随机存取存储器(Random-Access Memory，RAM)和只读存储器(Read-Only Memory，ROM)。

1)只读存储器(ROM)

ROM 通过特别手段可将信息存入其中，并能长期保存被存储的信息。一般的情况，CPU 只能对它进行读出操作，当断电后，ROM 中所存储的信息不会消失。ROM 中保存的一般是为计算机提供最低级最直接的硬件控制的程序，如 BIOS(基本输入输出系统)及开机自检程序(Power On Self Test，POST)等。

2)随机存取存储器(RAM)

随机存储器(RAM)主要用来临时存放正在运行的用户程序和数据。RAM 中的数据可以读出和写入，在计算机断电后，RAM 中的数据或信息将会全部丢失。

5. 接口

接口作为计算机主机与外部设备之间的桥梁，实现计算机与外部设备之间的信息交换。其作用如下：

• 匹配主机与外设之间的数据形式。一般来说，数据在不同介质上存储的形式不一定完全相同，接口可担负起它们之间的协调任务。

• 匹配主机与外设之间的工作速度。主机与外设之间、外设与外设之间的工作速度相差悬殊。为了提高系统效率，接口在它们之间起到了平衡的作用。

• 在主机与外设之间传递控制信息。为使主机能对外设起到很好的控制作用，主机控制信息或外设的某些状态信息，需要相互交流，接口便在其间协助完成这种交流。

计算机的主板上内置多种设备的接口，如键盘、鼠标、硬盘、软驱、光驱、声卡、打印机等，也可通过板上扩展槽的插卡提供额外的接口，用于连接各种类型的外部设备，如数字显示器、以太网接口、视频压缩卡等。外部设备通过不同的连接器与对应的接口连接，如图 1-8 所示。以下简述各种常用的外部设备的接口及连接器。

主板上的接口

主板通过扩展槽上的插卡提供额外的接口

图 1-8 计算机主板上的接口

1) 硬盘

硬盘接口分为 IDE(PATA)、SATA、SCSI、SAS 和光纤通道 5 种。

• ATA 接口：为硬盘的早期接口类型，又称为 IDE 或并行 ATA(Parallel ATA，PATA) 接口，它使用一条 40 或 80 针脚的数据线以并行方式传输数据，传输速度为 100MB/s 或 133MB/s。Ultra ATA、DMA、Ultra DMA 等接口都属于此种类型。

•SATA (Serial ATA) 串口硬盘：是一种完全不同于并行 ATA(PATA) 的新型硬盘接口类型，由于采用串行方式传输数据而知名。相对于并行 ATA 来说，它具有非常多的优势。首先，Serial ATA 以连续串行的方式传送数据，一次只会传送 1 位数据。这样能减少 SATA 接口的针脚数目，使连接电缆数目变少，效率也会更高。实际上，Serial ATA 仅用 4 支针脚就能完成所有的工作，分别用于连接电缆、连接地线、发送数据和接收数据，同时这样的架构还能降低系统能耗和减小系统复杂性。其次，Serial ATA 的起点更高、发展潜力更大，Serial ATA 1.0 定义的数据传输率可达 150MB/s，这比目前最新的并行 ATA(即 ATA/133) 所能达到 133MB/s 的最高数据传输率还高，而在 Serial ATA 2.0 的数据传输率将达到 300MB/s，最终 SATA 将实现 600MB/s 的最高数据传输率。SATA 接口是目前硬盘、光驱等设备的主要接口形式，如图 1-9 所示。

• SCSI 的英文全称为 Small Computer System Interface(小型计算机系统接口)，是与 IDE(PATA) 完全不同的接口。IDE 接口是普通 PC 的标准接口，而 SCSI 并不是专门为硬盘设计的接口，是一种广泛应用于小型机上的高速数据传输技术。SCSI 接口具有应用范围广、多任务、带宽大、CPU 占用率低及热插拔等优点，但较高的价格使得它很难如 IDE 硬盘般普及，因此 SCSI 硬盘主要应用于中、高端服务器和高档工作站中，如图 1-10 所示。SCSI 接口的发展也经历了几代，目前传输最快的 Ultra 320 SCSI 速度为 320MB/s。

图 1-9　SATA 接口和 PATA 接口电缆

图 1-10　SCSI 设备及 68 针脚线缆

• SAS 是 Serial Attached SCSI 的缩写，即串行连接 SCSI。和现在流行的 Serial ATA 硬盘相同，都是采用串行技术以获得更高的传输速度，并通过缩短连结线改善内部空间等。SAS 是新一代的 SCSI 技术，它在 SCSI 的基础上引入了扩展器的概念，使之可以连接更多的设备。每个扩展器可以连接 128 个物理连接，可以方便地支持多点集群。目前，SAS 接口速率为 3Gbit/s，其 SAS 扩展器多为 12 端口。6Gbit/s 甚至 12Gbit/s 的高速接口也会相继出现，并且会有 28 或 36 端口的 SAS 扩展器，以适应不同的应用需求。其实际使用性能足以与光纤通道媲美。

• 光纤通道：英文全称是 Fiber Channel(FC)，和 SCIS 接口一样光纤通道最初也不是为硬盘设计开发的接口技术，是专门为网络系统设计的，但随着存储系统对速度的需求，才逐渐应用到硬盘系统中。光纤通道硬盘是为提高多硬盘存储系统的速度和灵活性才开发的，这

种接口的硬盘主要用于存储网络(Storage Area Network，SAN)中，它的出现大大提高了多硬盘系统的通信速度。光纤通道的主要特性有：热插拔性、高速带宽、远程连接、连接设备数量大等。作为串行接口 FC-AL 峰值可以达到 2Gbits/s 甚至 4Gbits/s，而且通过光学连接设备最大传输距离可以达到 10km。

2) 光驱

内置光盘驱动器早期使用 IDE 接口，如图 1-11 所示，目前多使用 SATA 接口。外置光驱多采用 USB 接口。

USB (Universal Serial Bus) 接口是最为通用的计算机外部设备的连接接口。它有 3 种不同的尺寸：A 型(最常用)、B 型及 mini-B 型，如图 1-12 所示。B 型 USB 连接器的尺寸较大，因此不会用于连接小型的设备如数码相机上，它用于 USB 连接线中连接设备的一端，一般不会出现在计算机主机箱上。USB 的特点是热插拔，另外，许多外设通过 USB 线获取电源，省去了设备另外的电源线。USB 1.0 标准的传输速度是 1.5Mbit/s；USB 1.1 的传输速度为 12Mbit/s；USB 2.0 传输速度为 480Mbit/s。

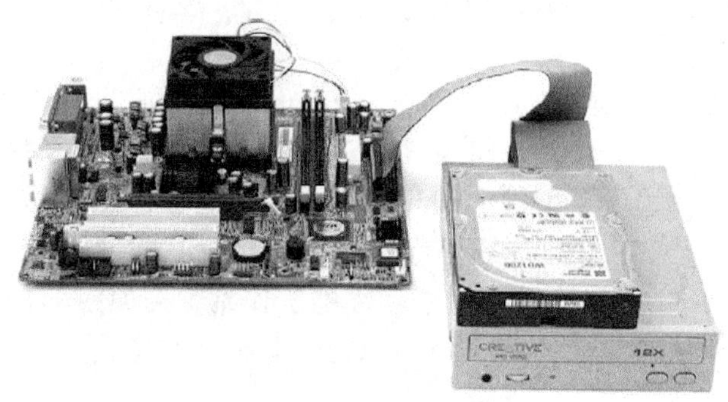

图 1-11　IDE 接口的内置光驱及其电缆线

A 型　　B 型　　mini-B 型

图 1-12　USB 接口类型

3) 鼠标、键盘

鼠标及键盘早期使用 mini-DIN (PS/2) 接口，如图 1-13 所示。目前也有使用 USB 接口的。

4) 显卡、显示器

传统的显卡和显示器的连接使用 VESA 接口 (Video Electronics Standards Association，15 针脚的 DB 连接端口/连接器)，也称 VGA 接口，如图 1-14 所示。

VESA 接口的显示器需要的是模拟信号，因此计算机中的数字信号需要进行数模转换后才能输出到显示器。目前，新一代的显示卡带有数字 DVI 接口，它省去了数模转换过程，显示的

信息更加清晰，如图 1-15 所示。最新的显卡接口为 HDMI(High-Definition Multimedia Interface)，它集成了视频和音频信号，主要用于家庭影院系统，在未来几年将会得到广泛应用。

图 1-13　键盘及鼠标的 Mini-DIN 接口

图 1-14　显卡上白色 DVI 和蓝色 VESA(VGA)端口

5) 打印机

早期的打印机使用并行接口(即 25 针脚的 DB 连接器)，如图 1-16 所示。目前打印机较多地使用 USB 接口。

图 1-15　显示器上 VESA 和 DVI 接头

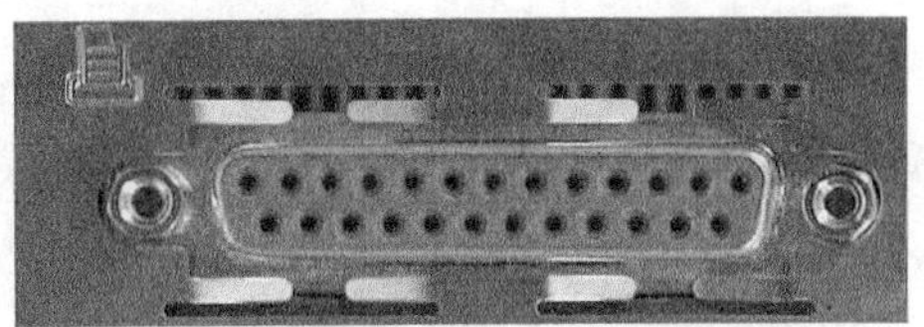

图 1-16　25 针脚的 DB 接口

6) 网卡

主板上内置的以太网接口为 RJ45，如图 1-17 所示。

7) 声卡

声卡的作用有两个：一是将计算机中的数字信息转换为声音信息并输出到扬声器发声；二是通过麦克风将声音信号转换成数字信息进入计算机中处理。声卡的接口为 3.5 寸的插孔和插头(音频输出、麦克风输入 Line in 输入)，如图 1-18 所示。

图 1-17　计算机网络的 RJ45 接口

图 1-18　声卡的接口

高级的声卡还提供 S/PDIF(Sony/Philips Digital Interface Format)接口。

6. 系统总线

CPU 要与一定数量的部件和外部设备连接，但如果将各部件和每一种外部设备都分别用一组线路与CPU直接连接，那么连线将会错综复杂，甚至难以实现。为了简化硬件电路设计和系统结构，常用一组线路，配置以适当的接口电路，与各部件和外围设备连接，这组主板与各插件板间共用的连接线路被称为系统总线。采用总线结构便于部件和设备的扩充，只要制定总线的标准则可以使不同设备间实现互连。

ISA（Industrial Standard Architecture）总线标准是IBM公司1984年为推出PC/AT机而建立的系统总线标准，所以也叫AT总线。它是对XT总线的扩展，以适应8位或16位数据总线要求。它在80286至80486时代应用非常广泛，现在的主板已经基本上不使用ISA总线了。ISA总线有98个引脚。

EISA总线是1988年由Compaq等9家公司联合推出的总线标准。它是在ISA总线的基础上使用双层插座，在原来ISA总线的98条信号线上又增加了98条信号线，也就是在两条ISA信号线之间添加一条EISA信号线。在实用中，EISA总线完全兼容ISA总线信号。

PCI（Peripheral Component Interconnect）总线是当前最流行的总线之一，它是由Intel公司推出的一种局部总线。它定义了32位数据总线，且可扩展为64位。PCI总线主板插槽的体积比原ISA总线插槽还小，其功能比VESA、ISA有极大的改善，支持突发读写操作，最大传输速率可达132～264MB/s，可同时支持多组外围设备。

1.4.2 常用的外部设备

外部设备包括了外存储器、输入和输出设备。外部设备通过线缆与计算机的主板相连，接口有多种，如鼠标、键盘、打印机、扫描仪等目前多用USB接口；显示器通过VGA或DVI接口与主板上的显卡连接；硬盘通过ATA或SATA 等与主板连接。目前，操作系统（如Windows XP/7）都能自动识别大多数外部设备（即插即用Plug and Play），否则，必须在操作系统中手工安装设备驱动程序，外部设备才能在操作系统中使用。

1. 外存储器

外存储器又称外存或辅助存储器，用于长期保存数据，外存中的数据CPU不能直接访问，要被载入内存后才能被使用，计算机通过内外存之间不断地交换信息来使用外存中的信息。与内存相比，外存容量大、读写速度低、价格便宜。目前常用的外存储器主要有以下几种。

1）硬盘

硬盘是重要的外部存储设备，容量大，读写速度快。硬盘内部的主要组成部分有：记录数据的刚性磁片、马达、磁头及定位系统、电子线路。磁片被固定在马达的转轴上，由马达带动它们一起转动。每个磁片的上下两面各有一个磁头，它们与磁片并不接触。与软盘一样，硬盘片的每个面上有若干个磁道，每个磁道分成若干个扇区，每个扇区有512个字节。硬盘尺寸目前常见的有3.5英寸、2.5英寸、1.8英寸等。

硬盘与计算机主板的接口有多种，大致分为ATA、SATA、SCSI和SAS。ATA英文全称为Advanced Technology Attachment，是用传统的40-pin并口数据线与主板连接，外部接口速度最大为133MB/s，因为并口线的抗干扰性太差，且排线占空间，不利于计算机散热，将逐渐被SATA所取代。SATA，全称Serial ATA，也就是使用串口的ATA接口，因抗干扰性强，且对数据线的长度要求比ATA低很多，支持热插拔等功能，已越来越为人所接受。SATA-I的外部接口速度已达到150MB/s，SATA-II更将升至300MB/s，SATA的前景很广阔。而SATA的传输线比ATA的细得多，有利于机箱内的空气流通。SCSI，英文全称为Small Computer System Interface（小型机系统接口），历经多世代的发展，从早期的SCSI-II，到目前的Ultra320

SCSI 及 Fiber-Channel（光纤通道），接口形式也有多种。SCSI 硬盘广为工作站级个人计算机及服务器所使用，因为它的转速快，可达 15000r/min，且数据传输时占用 CPU 资源较低，但是单价也比同样容量的 ATA 及 SATA 硬盘昂贵。SAS（Serial Attached SCSI）是新一代的 SCSI 技术，和 SATA 硬盘相同，都是采取序列式技术以获得更高的传输速度，可达到 3Gbit/s。通过缩小连接线改善系统内部空间。此外，由于 SAS 硬盘可以与 SATA 硬盘共享同样的背板，因此在同一个 SAS 存储系统 中，可以用 SATA 硬盘来取代部分昂贵的 SCSI 硬盘，节省整体的存储成本。

普通的硬盘是固定在计算机的机箱内的，如图 1-19 所示。硬盘主要技术参数如表 1-4 所示。目前，移动硬盘的使用越来越广泛，移动硬盘置于计算机机箱外，通过连线与主机连接，便于移动，使用方便。移动硬盘是普通硬盘外套一个硬盘盒，硬盘盒主要起到接口转换的作用，将 ATA、SATA 等转换为便于与计算机连接的 USB 或 IEEE 1394 接口。

图 1-19　固定硬盘的外部与内部

表 1-4　硬盘的主要技术参数

参数	描　述
容量	目前硬盘的容量有 36GB、40GB、73GB、80GB、120GB、150GB、160GB、200GB、250GB、300GB、320GB、400GB、500GB、750GB、1024GB（1TB）等多种规格
转数	是硬盘内电机主轴的旋转速度，也就是硬盘盘片在一分钟内所能完成的最大转数。转速的快慢是标识硬盘档次的重要参数，它是决定硬盘内部传输率的关键因素之一，在很大程度上直接影响硬盘的速度。硬盘的转速越快，硬盘寻找文件的速度也就越快，相对的硬盘的传输速度也就得到了提高。转数单位是 rpm（每分钟的转动数），主要有 4200rpm、5400rpm、7200rpm、10000rpm、15000rpm 等
缓存	缓存英文名为 Cache，它也是内存的一种（主要是 SDRAM），其数据交换速度快且运算频率高。硬盘的缓存是硬盘与外部总线交换数据的场所。硬盘的读数据的过程是将磁信号转化为电信号后，通过缓存一次次地填充与清空，再填充，再清空，一步步按照 PCI 总线的周期送出，可见，缓存的作用是相当重要的。缓存可以提高硬盘数据读写的效率，大小主要有 2MB、8MB、16MB、32MB 等
平均寻道时间	单位是 ms（毫秒），有 5.2ms、8.5ms、8.9ms、12ms 等

2）光盘

在玻璃或片基表面真空镀一薄层碲而成一圆盘，将影像或音响变为调频信号，再将此信号调制成几个毫瓦的激光束，此激光束照射在高速旋转的圆盘上时，在碲膜表面形成由椭圆形凹痕信息坑构成的螺旋形轨迹。每一凹痕的直径为 0.5～1μm，间距为 1.2μm，凹痕的长度和间距随信号而异，由此构成光盘。用另一低功率激光束照射在旋转的光盘上时，激光束被凹痕反射后即携带光盘中已记录的信息，可用来播放被记录的信息。

光盘按读写方式可分只读光盘、一次写入光盘和可擦除光盘 3 类。只读光盘就是只能读、不能写的光盘。这种光盘是一次成型的产品，在工厂生产中，通常先制作一张母盘，再由母盘压制出和其内容相同的光盘。这类光盘成本很低，但只可以反复读，不能写入。一般我们用来听音乐的 CD 盘、看电影的 VCD 盘，还有在计算机上用来安装程序或游戏的 CD～ROM，都属于只读光盘。以上 3 种光盘的直径都是 12 厘米，存储量都在 650MB 左右。在只读光盘

的家族中，还有一个堪称重量级的角色，那就是 DVD 盘。DVD 的直径也是 12 厘米，但存储量惊人——单面容量 4.7GB，双面容量更可达 8.5GB。可读写光盘不仅可读还可以写入数据，它又分为两类。一类是只可以写一次，但可以重复读的光盘，如 CD、R。这种光盘一旦写好，就不可以修改，但可以添加、删除文件。另一类是可以反复擦写的光盘，如 CD、RW，用起来就像软盘一样方便，其容量大得多，可储存 650MB。可读写光盘在写入的时候需要一台刻录机，刻录好的光盘可以在普通的光驱里读出，若使用音乐 CD 格式刻录的光盘，则可以在 CD 唱机中直接播放。

光盘及光盘驱动器如图 1-20 所示。

3) 闪存(U)盘

闪存盘又称 U 盘或 USB 盘(因其通过 USB 电缆线与计算机连接)。其特点为：小巧、便于携带、存储容量大、价格便宜。是移动存储设备之一。一般的 U 盘容量有 64M、128M、256M、512M、1G、2G、4G、8G 等，如图 1-21 所示。

图 1-20　光盘及光盘驱动器

图 1-21　SanDisk Cruzer Micro U3 (4G) U 盘

闪存盘工作的原理是：计算机把二进制数字信号转为复合二进制数字信号(加入分配、核对、堆栈等指令)读写到 U 盘芯片适配接口，通过芯片处理信号分配给 EPROM2 存储芯片的相应地址存储二进制数据，实现数据的存储。EPROM2 为数据存储器，其控制原理是电压控制栅晶体管的电压高低值(高低电位)，栅晶体管的结电容可长时间保存电压值，也就是 U 盘在断电后能保存数据的原因。

2. 键盘

键盘是是计算机最主要的输入设备，可用来输入数据、文本、程序和命令等。在键盘内部有专门的控制电路，当用户按下键盘上的任意一个键时，键盘内部的控制电路会产生一个相应的二进制代码，并把这个代码传入计算机。

键盘的按键数目有 83、101、103 不等，一般把整个键盘分成：功能键区、打字键区、编辑键区和数字小键盘区，如图 1-22 所示。

图 1-22　计算机键盘图

打字键区如图 1-23 所示。

图 1-23　打字键区

键盘主要功能键和控制键如表 1-5 所示。

表 1-5　键盘主要功能键和控制键说明

键号	键　名	功　能
1	Ctrl	功能键，为英文 Control(控制)的缩写。有多种功能，如在 Windows 中拖动图标时，按其不放可复制文件。也可用鼠标+Ctrl 来进行多选
2	Windows 图标键	可用这个键来打开“开始”菜单（相当于鼠标左键单击左下角的[开始]） Windows 图标+D 全屏最小化 Windows 图标+F 查找文件
3	Alt	功能键，是英文单词 Alter(改变)的缩写，可用它来拉下菜单，按下对应菜单的字母+Alt 即可，如在 IE 中，按 Alt+F 相当于鼠标左键单击[文件]，按 Alt+F4 可进行关闭操作 Alt+Tab　切换任务栏上的任务 Alt+Shift+Tab　倒退切换任务栏上的任务 Alt+Space+C　倒出当前窗口 Alt+Space+X　最大化当前窗口
4	Shift	功能键，Shift，转变、转换的意思，也叫上档键，与其他键组合产生功能。按住该键不放，再打对应的字母键盘即为大写字母；与 Caps Lock 不同的是，这个功能键适用于少量大写字母时。也可打数字键的第二功能，例如：@#$
5	Caps Lock	大小写切换键，为 Capital Letters 的缩写，即大写字母的意思。可激活第二个指示灯，灯亮为大写，灯灭为小写，当在输入大量大写字母时，很实用
6	Tab	是英文 tabwidth 的缩写，用来进行切换功能，是一个快速操作的功能键，在 Word 中也可用于大纲的升降级。Tab 键的宽度设为 4 个字符宽度 按 Alt+Tab 可在任务栏上的任务切换。Tab 切换焦点，Shift+Tab，上移焦点也可用于表格的切换，跳到下一表格。在 IE 中也有此功能
7	空格键	即 Space 键，可进行空格的输入，也可与组合键组合成新的功能，如按 Ctrl+空格可进行语言的切换
8	Enter(回车键)	可进行换行的操作或确认的操作等
9	Back space	删除功能，与 Delete 键功能不同的是，是删除左边的字符，即光标前方的字符
	F1～F12	特殊功能键，不同软件中用法不同
	Print Screen	即打印屏幕。结合画图功能，可用于屏幕的抓图。获取屏幕后要新建文件，可建立图像文件，或写字板文件，进入后粘贴即可 剪贴板：系统缓存关机消失 保存与另存为不同 路径：文件的位置问题

续表

键号	键 名	功 能
	Delete	删除功能，与上述 Back space 键删除功能不同，是删除右边的字符。即光标后方的字符。若位于行末，可将下一行提前
	Pause Break	暂停键，通常用于屏幕显示结果滚动时的暂停
	PageUp PageDown Home End	分别为上翻页、下翻页、回到行首、回到行尾
	Num Lock	数字键锁定，键盘指示灯的第一个灯亮，指示小键盘中的数字键可用

3. 鼠标

“鼠标”的标准称呼应该是“鼠标器”，英文名为 Mouse，从它出现到现在已经有 38 年的历史了。鼠标的使用是为了使计算机的操作更加简便，在图形化的程序界面中，使用鼠标键的点选来代替以前通过键盘输入烦琐指令的操作。

1) 鼠标的接口类型

鼠标按接口类型可分为串行鼠标、PS/2 鼠标、总线鼠标、USB 鼠标、无线鼠标等多种。串行鼠标是通过串行口与计算机相连，有 9 针接口和 25 针接口两种。PS/2 鼠标通过一个 6 针微型 DIN 接口与计算机相连，它与键盘的接口非常相似，使用时应注意区分。总线鼠标的接口在总线接口卡上。USB 鼠标通过 USB 接口与计算机连接。

2) 鼠标的工作原理

鼠标按其工作原理的不同可以分为机械鼠标、光电鼠标和无线鼠标。机械鼠标主要由滚球、辊柱和光栅信号传感器组成。当拖动鼠标时，带动滚球转动，滚球又带动辊柱转动，装在辊柱端部的光栅信号传感器产生的光电脉冲信号反映出鼠标器在垂直和水平方向的位移变化，再通过计算机程序的处理和转换来控制屏幕上光标箭头的移动。光电鼠标器是通过检测鼠标器的位移，将位移信号转换为电脉冲信号，再通过程序的处理和转换来控制屏幕上的光标箭头的移动。光电鼠标用光电传感器代替了滚球。这类传感器需要特制的、带有条纹或点状图案的垫板配合使用。无线鼠标则是通过红外线或蓝牙与计算机连接使用，此时无线鼠标配有一个与计算机连接(通常为 USB 接口)的接收器，鼠标移动的信息通过红外线或蓝牙传输到接收器上，再进入计算机进行处理。红外线的传输距离较短，一般为 3m 以内，而蓝牙的传输距离可以在 10m 以内。

3) 鼠标的性能指标

鼠标的主要性能指标有两个：①分辨率，即鼠标每移动 1 英寸所经过的点数，分辨率越高，鼠标的移动距离就越短。②传送速率。目前，鼠标的分辨率一般为 200～400 ppi，传送速率一般为 1200bit/s，最高可达 9600bit/s。

4. 显示器

显示器是计算机最基本的输出设备，能以数字、字符、图形或图像等形式将数据、程序运行结果等显示出来。显示器主要分为 CRT 显示器和液晶显示器，与计算机主板显卡上的 VGA 或 DVI 接口连接。

1) CRT 显示器

CRT 显示器是一种使用阴极射线管(Cathode Ray Tube)的显示器(图 1-24)，阴极射线管主要由 5 部分组成：电子枪(Electron Gun)，偏转线圈(Deflection coils)，荫罩(Shadow mask)，荧光粉层(Phosphor)及玻璃外壳。它是应用最广泛的显示器之一，CRT 纯平显示器具有可视角度大、无坏点、色彩还原度高、色度均匀、可调节的多分辨率模式、响应时间极短等优点。

CRT（阴极射线管）显示器的核心部件是 CRT 显像管，其工作原理和我们家中电视机的显像管基本一样，可以把它看作是一个图像更加精细的电视机。经典的 CRT 显像管使用电子枪发射高速电子，经过垂直和水平的偏转线圈控制高速电子的偏转角度，最后高速电子击打屏幕上的磷光物质使其发光，通过电压来调节电子束的功率，就会在屏幕上形成明暗不同的光点形成各种图案和文字。

图 1-24　CRT 显示器和 LCD 显示器

2）液晶（LCD）显示器

LCD 液晶显示器是 Liquid Crystal Display 的简称，LCD 的构造是在两片平行的玻璃当中放置液态的晶体，两片玻璃中间有许多垂直和水平的细小电线，通过通电与否来控制杆状水晶分子改变方向，将光线折射出来产生画面。LCD 显示器具有显示质量高、没有电磁辐射、可视面积大、数字式接口、“身材”匀称小巧等特点，目前已经逐步取代了 CRT 显示器。

显示器的主要技术指标如表 1-6 所示。

表 1-6　显示器的主要技术指标

指标名称	描　述
显示器尺寸	CRT 显示器的尺寸是指显像管的对角线尺寸。LCD 显示器的尺寸是指液晶面板的对角线尺寸，以英寸为单位（1 英寸=2.54cm）。目前常用的显示器尺寸为 17 英寸、19 英寸、21 英寸等
可视面积	一般习惯用多少寸来表示显示器的大小，实际上指的是显像管的对角线长度，而可视面积指的是显像管的长与宽的乘积。因此同样是 15 英寸的显示器，采用纯平的显像管，其可视面积大大多于采用球面的显像管。液晶显示器所标示的尺寸与实际可以使用的屏幕范围一致。例如，一个 15.1 英寸的液晶显示器约等于 17 英寸 CRT 屏幕的可视范围
分辨率	分辨率是显示器的显像管上所有像素点的一个量化指标，定义了显示器的画面解析度，其通常用水平方向的像素点数与垂直方向的像素点数的乘积来表示。每台显示器通常都有多种分辨率模式，如 640×480、800×600、1024×768 等，但其最大分辨率是由点距和显像管面积决定的。如在一台点 28 的 15 英寸 CRT 显示器上，其水平方向最多只有 1155 个像素点，垂直方向有 866 个像素点，因此其最大分辨率只能达到 1024×768
点距	点距是我们最常见的一个显示器术语之一。它是指显示器的显像管上，相邻的两个同色荧光像素点之间的间距。从某种意义上讲，点距决定了一台显示器的显示效果。点距越小，显示效果越好
刷新率	刷新率通常以赫兹（Hz）表示，刷新率足够高时，人眼就能看到持续、稳定的画面，否则就会感觉到明显的闪烁和抖动，闪烁情况越明显，眼睛就越疲劳。一般刷新率应在 50Hz 以上
亮度值	液晶显示器的最大亮度，通常由冷阴极射线管（背光源）来决定，亮度值一般都在 200～250cd/m^2 间。液晶显示器的亮度略低，会觉得屏幕发暗。虽然技术上可以达到更高亮度，但是这并不代表亮度值越高越好，因为太高亮度的显示器有可能使观看者眼睛受伤
对比值	对比值是定义最大亮度值（全白）除以最小亮度值（全黑）的比值。CRT 显示器的对比值通常高达 500:1，在 CRT 显示器上呈现真正全黑的画面是很容易的。但对 LCD 来说就不是很容易了，由冷阴极射线管所构成的背光源很难快速地开关，因此背光源始终处于点亮的状态。为了得到全黑画面，液晶模块必须完全把由背光源而来的光完全挡住，但在物理特性上，这些元件无法完全达到这样的要求，总是会有一些漏光发生。一般来说，人眼可以接受的对比值约为 250:1

5. 扫描仪

扫描仪是一种计算机外部设备，通过捕获图像并将之转换成计算机可以显示、编辑、存储和输出的数字化输入设备。扫描仪可分为 3 类型：滚筒式扫描仪和平面扫描仪，以及近几年才有的笔式扫描仪，其与计算机的接口多为 USB 接口。其工作原理是利用光源照射原稿或者图片上产生高亮度反射光线，光线通过反射镜、透射镜，由分光镜进行色彩分离，照射到 CCD(电荷耦合器件，Charge Coupled Device)元件上，CCD 元件将光信号转换为电信号，传送到计算机中，如图 1-25 所示。

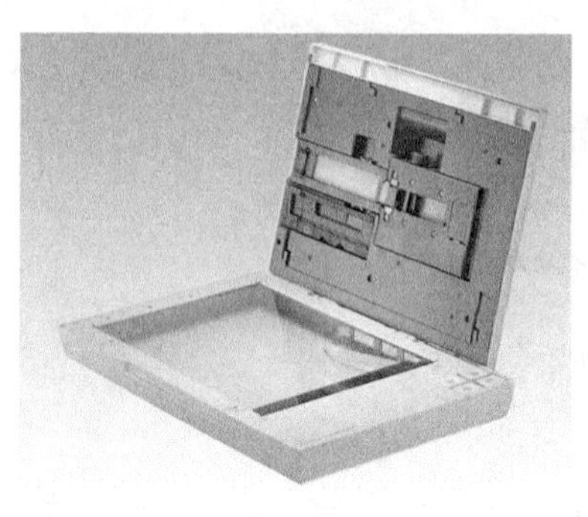
图 1-25　Epson Perfection V350 彩色扫描仪

扫描仪的主要技术参数如下。

1)分辨率

分辨率是扫描仪最主要的技术指标，它表示扫描仪对图像细节上的表现能力，即决定了扫描仪所记录图像的细致度，其单位为 DPI(Dots Per Inch)。通常用每英寸长度上扫描图像所含有像素点的个数来表示。目前大多数扫描的分辨率为 300～2400DPI。DPI 数值越大，扫描的分辨率越高，扫描图像的品质越好。

2)灰度级

灰度级表示图像的亮度层次范围。级数越多扫描仪图像亮度范围越大、层次越丰富，目前多数扫描仪的灰度为 256 级。

3)色彩数

就如显示卡输出图像有 16BIT、24BIT 色的分别一样，扫描仪也有自己的色彩深度值，较高的色彩深度位数可以保证扫描仪反映的图像色彩与实物的真实色彩尽可能的一致，而且图像色彩会更加丰富。扫描仪的色彩深度值一般有 24BIT、30BIT、32BIT、36BIT 几种。

4)扫描幅面

表示扫描图稿尺寸的大小，常见的有 A4、A3、A5 幅面等。

6. 打印机

打印机是能将计算机的处理结果打印在纸上的常用输出设备，一般通过电缆线连接在主机箱的并行口或 USB 接口上。打印机按打印颜色可分为单色打印机和彩色打印机；按工作方式可分为击打式打印机和非击打式打印机，击打式打印机用得最多的是针式打印机，非击打式打印机用得最多的是喷墨打印机和激光打印机。打印机代表厂商有很多家，爱普生、佳能、惠普以及 Lexmark 公司都有产品系列完整的各类型打印机，如图 1-26 所示。打印机的主要技术参数如表 1-7 所示。

表 1-7　打印机的主要技术参数

参　数	描　　述
分辨率	打印机分辨率又称为输出分辨率，是指在打印输出时横向和纵向两个方向上每英寸最多能够打印的点数，通常以“点/英寸”即 dpi (dot per inch)表示。而所谓最高分辨率就是指打印机所能打印的最大分辨率，也就是所说的打印输出的极限分辨率。平时所说的打印机分辨率一般指打印机的最大分辨率
打印速度	打印速度是指打印机每分钟打印输出的纸张(A4)页数，单位用 PPM(Pages Per Minute)表示。目前所有打印机厂商为用户所提供的标识速度都以打印速度作为标准衡量单位
打印幅面	就是打印机可打印输出的面积。而所谓的最大打印幅面就是指打印机所能打印的最大纸张幅面。目前，打印机的打印幅面主要有为 A3、A4、A5 等幅面。打印机的打印幅面越大，打印的范围越大

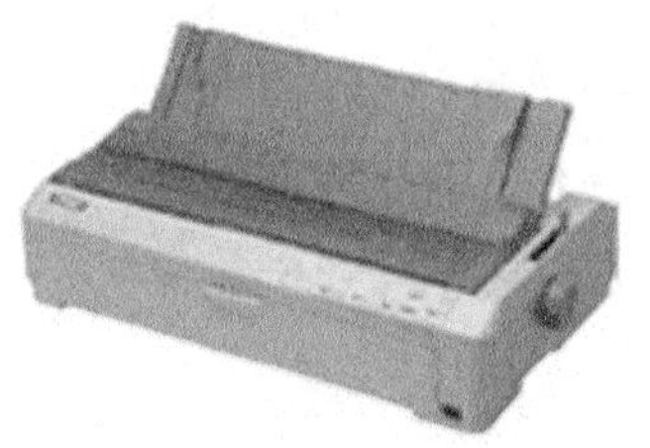

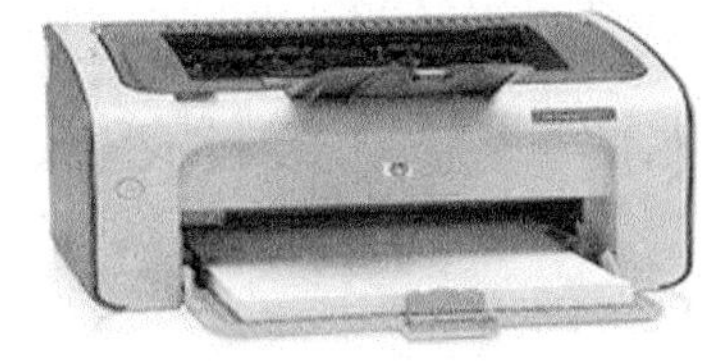

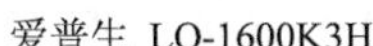

爱普生 LQ-1600K3H　　爱普生 Stylus C110　　惠普 LaserJet P1007

图 1-26　针式、喷墨及激光打印机

1）针式打印机

针式打印机主要是由打印头、字车结构、色带、输纸机构和控制电路组成。打印头是针式打印机的核心部件，它包括打印针、电磁铁等。这些钢针在纵向排成单列或双列构成打印头，某列钢针在电磁铁的带动下，先击打色带（色带多数是由尼龙丝绸制成，带上浸涂有打印用的色料。装色带的机构有盒式和盘式两种，由于盒式色带结构比较简单，更好用也更方便，所以我们平时的针式打印机上一般都用盒式色带），色带后面是同步旋转的打印纸，从而打印出字符点阵，而整个字符就是由数根钢针打印出来的点拼凑而成的。针式打印机的打印头钢针数有 9 针、16 针及 24 针多种，针数越多打印效果越好。针式打印机的优点是价格低廉，缺点是打印噪声大、打印效果较差。

2）喷墨打印机

喷墨打印机按工作原理可分为固态喷墨和液态喷墨两种。固态喷墨是美国泰克公司的专利技术，它使用的相变墨在常温下为固态，打印时墨被加热液化后喷射到纸张上，并渗透其中，因此墨汁的附着性相当好，色彩极为鲜艳。缺点是图像打印难以完美，打印成本较高（主要是更换墨盒的费用）。

3）激光打印机

激光打印机是由激光器、声光调制器、高频驱动、扫描器、同步器及光偏转器等组成。它将来自计算机的数据转换成光，射向充有正电的旋转的感光鼓上。感光鼓的表面上镀有一层感光材料硒，因此又称为硒鼓。硒鼓上被照射的部分便带上负电，并能吸引带色粉末。硒鼓与纸接触后把粉末印在纸上，接着在一定压力和温度的作用下，色粉熔化固定在纸面上。激光打印机的优点是打印速度快，效果好，使用成本低。

1.4.3　微型计算机的主要性能指标及配置

微型计算机性能的技术指标主要有以下几个方面。

1. 运算速度

运算速度是指 CPU 每秒钟所能执行的指令数目，常用的衡量单位是 MIPS（Millions of Instruction Per Second），即每秒钟执行的百万条指令数。

2. 主频

主频是指计算机的 CPU 时钟频率，即每秒所发出的脉冲数，现在一般以兆赫（MHz）、吉兆赫（GHz）为单位。主频越大，运算速度越快。目前，主流 CPU 的主频可达 2.66GHz。

3. 字长

字长是 CPU 一次能直接传输、处理的二进制数据位数，是计算机性能的一个重要指标。字长代表计算机的计算精度、处理数据的大小范围。字长越长，可以表示的有效位数就越多，运算精度越高，处理能力越强。目前，微型计算机 CPU 的字长一般为 32 位或 64 位。

4. 内存容量

内存容量是衡量计算机存储、记忆能力的指标，一般指随机存储器的存储容量的大小。内存容量越大，所能存储的数据和运行的程序就越多，程序运行速度也越快，计算机处理信息的能力越强。目前，计算机的内存容量以 MB、GB 为单位。

5. 外部设备的配置及扩展能力

外部设备的配置及扩展能力是指计算机配接各种外部设备的可能性、灵活性和适应性。

第 2 章　Windows 操作系统及其应用

学习目标

- 了解和掌握 Windows 的基础知识与基本操作
- 掌握汉字的输入
- 了解资源管理器的窗口组成
- 掌握文件、文件夹的使用及管理
- 掌握控制面板的使用
- 了解常用系统工具的使用
- 掌握记事本、计算器、画图等基本工具的简单使用

Windows 操作系统是美国微软公司(Microsoft Corporation)开发的具有图形用户界面 GUI(Graphical User Interface)的多任务操作系统。在 20 多年的发展历程中，Windows 操作系统经历了多个版本的更新换代，从版本 1.0、2.0、3.x、Windows 95、Windows 98、Windows ME、Windows 2000、Windows XP、Windows Vista、Windows 7 到最新的 Windows 8，它已经成为一个完全独立、多任务、功能强大的图形化操作系统，并几乎垄断了个人计算机的操作系统市场。本章以 Windows 7 企业版为例，讲述 Windows 操作系统的使用方法。

2.1　Windows 基本知识

2.1.1　操作系统概述

操作系统 OS(Operating System)是配置在计算机硬件上的第一层软件，是对硬件系统的第一次扩充。操作系统是最基本最重要的系统软件，它负责管理计算机系统的各种硬件(CPU、存储器、I/O 设备)及软件(数据和程序)资源，并负责解释用户对机器的管理命令，使它转换为机器实际的操作。操作系统为用户提供了一个使用方便、可扩展的工作环境，是整个计算机系统的控制和管理中心，是用户与计算机联系的桥梁。

按照操作系统所提供的功能进行分类，可以分为批处理操作系统、分时操作系统、实时操作系统、单用户操作系统、网络操作系统和分布式操作系统等。使用比较广泛的操作系统有 Windows、Linux、UNIX、Mac OS、OS/2 等。其中 Windows 目前有针对个人计算机的 Windows 7 和针对服务器的 Windows Server 2008。

2.1.2　Windows 7 概述

1. Windows 7 简介

Microsoft 公司于 2009 年 10 月 22 日正式发布了基于 Windows NT 6.1 内核的桌面操作系统 Windows 7。Windows 7 发布的常见版本有家庭版、专业版、旗舰版、企业版，其中家庭版

又分家庭基本版和家庭高级版两个版本，各个版本的区别体现在功能上、价格上、授权方式等各个方面。截至 2013 年 3 月底，PC 市场份额方面，Windows 操作系统的全球占有率为 91.89%，其中 Windows 7 和 Windows XP 的占有率分布是 44.73%、37.73%。而在中国市场，Windows 操作系统的总占有率是 96.37%，其中依然有一半以上的 Windows 用户在使用 Windows XP(65.47%)，Windows 7 占有率则逐渐上升到 29.6%。Windows 7 除了具有图形用户界面操作系统的多任务、即插即用、多用户账户等特点外，比以往版本有更友好的窗口设计、更方便快捷的操作环境，如跳转列表和改进的任务栏预览，方便的文件和文件夹查找与管理等。Windows 7 在用户的个性化、计算机的安全性、视听娱乐的优化、设置家庭及办公网络等方面都有很大改进，这些技术使得计算机的运行更有效率而且更加可靠。

本章以 Windows 7 企业版为例，阐述 Windows 操作系统的使用方法，如果没有特别指出，文中提到的 Windows 均指 Windows 7 企业版。

2. *Windows 的运行环境*

Windows 7 是目前 Microsoft 最全面、最强大的操作系统之一，其拥有极佳的多媒体性能、网络性能和极高的安全性和稳定性，同时也具备良好的硬件兼容性。作为主流操作系统，它对硬件配置的要求指标如表 2-1 所示。

表 2-1 Windows 7 硬件配置要求指标

硬件模块	最低配置要求	实际使用最低配置要求	理想配置要求
处理器	1GHz 处理器	1.6GHz 及以上处理器	2GHz 及以上处理器，如果需要使用 Windows 7 的 XP Mode，需要使用 Intel-VT 或 AMD-V 处理器
内存容量	512MB	1GB	2GB 或以上
硬盘可用空间	>16GB	>20GB	>40GB
显卡	128MB 及以上显存并支持 DirectX 9 的显卡，带 WDDM 1.0 或更高版本的驱动		
显示器	支持 1024×768 及以上分辨率		
光盘驱动器	CD-ROM 或 DVD-ROM 驱动器		
光标定位设备	Microsoft 的鼠标或与其兼容的定位设备		

表 2-1 中最低配置要求是可运行 Windows 操作系统的最低指标，如果系统需要运行更多的任务或更大型的软件，更高的硬件配置可以明显提高系统运行性能。如需要连入计算机网络和增加多媒体功能，则需配置网卡、声卡等附属设备。

2.2 Windows 的基本概念及操作

2.2.1 Windows 的启动和退出

1. *启动 Windows*

在计算机上成功安装 Windows 7 后，只需打开计算机电源，计算机首先执行硬件检测，检测无误后开始引导 Windows 7。正常引导是自动完成的，当系统出现故障时，用户可以中断正常引导过程，让系统按指定的模式引导。在屏幕显示完检测硬件画面后按键盘上的 F8 键，屏幕将显示一个包含以下启动方式的菜单：安全模式、带网络连接的安全模式、带命令行提示的安全模式、启用启动日志、启用 VGA 模式、最后一次正确的配置、目录服务恢复模式、调试模式等。这些启动方式是针对系统出现故障而设计的，用于系统出现相应问题时对其进行修复。Windows 7 成功启动后屏幕上将显示如图 2-1 所示的 Windows 7 的登录界面。

图 2-1　Windows 7 登录界面

如果系统有多个用户，单击相应的用户名图标后，输入该用户的密码，按回车键即可登录 Windows 7 系统。如果系统只有一个登录用户并且该用户的密码为空，则系统启动完毕后会自动登录为该用户。

2. 注销或更改用户

Windows 7 可让多个用户更加容易地共用一台计算机。每个使用计算机的用户都可以根据个人喜好自定义桌面和主题等设置。

单击“开始”按钮，在弹出的“开始”菜单中把鼠标移到“关机”按钮右边的箭头，系统会自动弹出如图 2-2 所示的“切换或注销用户”菜单，在该菜单中用户可选择执行“切换用户”、“注销”、“锁定”、“重新启动”或“睡眠”命令，执行相应的操作。

切换用户(W)
注销(L)
锁定(O)
重新启动(R)
睡眠(S)

图 2-2　切换或注销用户

(1) 切换用户：在不关闭当前登录用户打开的应用程序的情况下切换到另一个用户，当再次切换回来时系统会回复到原来的状态。

(2) 注销：保存设置并关闭当前登录用户，用户不必重新启动计算机就可以选择其他用户登录。

(3) 锁定：锁定计算机可以防止他人于用户不在计算机旁的时候擅自使用计算机。如果锁定计算机，则只有用户或管理员才能将其解除锁定。

(4) 重新启动：将重新启动计算机。当安装完系统补丁、驱动程序或更改了某些系统设置后系统提示需要重新启动计算机以应用设置时可选择该项重新启动计算机。

(5) 睡眠：睡眠模式主要用于节省电源，该功能使用户无需重新启动计算机就可返回睡眠前的工作状态。睡眠模式会关闭监视器、硬盘和风扇之类的设备，使整个系统处于低能耗状态。在用户重新使用计算机时，它会迅速退出待机模式，而且将桌面(包括打开的文档和程序)

恢复到进入睡眠时的状态。如要解除睡眠状态并重新使用计算机，可移动一下鼠标或按键盘上的任意键，或快速按一下计算机上的电源按钮即可。

3. 关闭 Windows

单击“开始”按钮，在弹出的“开始”菜单中选择“关机”命令关闭计算机。如果用户将计算机设置为接收自动更新，并且已经准备安装更新，“关机”按钮的外观会显示为如图 2-3 所示。在这种情况下，单击“关机”按钮时，Windows 会先安装更新，然后自动关闭计算机。警告，安装更新的过程中切勿关闭电源，请耐心等候，此时断电会导致 Windows 系统出现难以修复的故障。

关机

图 2-3 “关机”按钮

2.2.2 Windows 中鼠标的使用

鼠标是 Windows 环境下的主要特色之一，它打破了 DOS 系统下只用键盘执行操作的常规，使常用操作更简单、容易，具有快捷、准确、直观的屏幕定位和选择能力。鼠标控制屏幕上的指针( )。当鼠标移动时，指针就会随着鼠标的移动在屏幕上移动。鼠标有 5 种基本操作，可以用来实现不同的功能，如表 2-2 所示。

表 2-2 鼠标的基本操作

操作名	操作方法
左键单击	将指针指向某一对象，快速按一下鼠标左键，又称左击、单击或单击
右键单击	将指针指向某一对象，快速按一下鼠标右键，又称右击
左键双击	快速地连续两次按下鼠标左键，又称双击
指向	移动鼠标指针到屏幕的一个特定位置或指定对象
拖曳	选定拖曳对象，按住鼠标左键不放，移动鼠标指针到目的地松开左键

当用户进行不同的操作或系统处于不同的运行状态时，鼠标指针将会随之变为不同的形状。Windows 7 为鼠标形状设置了多种方案，用户可以通过“控制面板”定义自己喜欢的鼠标图标方案。表 2-3 列出了默认方案中几种常见的光标形状及它们代表的含义。

表 2-3 常见鼠标指针形状及意义

形 状	含 义	形 状	含 义
	正常选择	↕	垂直调整
?	帮助选择	↔	水平调整
	后台运行	↗	沿对角线调整 1
	忙	↘	沿对角线调整 2
+	精确选择	✥	移动
I	文本选择	↑	候选
	手写		链接选择
⊘	不可用		

2.2.3 Windows 中汉字的输入

1. 添加或删除中文输入法

中文版的 Windows 7 在安装时预装了 Microsoft 拼音中文输入法。用户也可以根据自己的需要添加或删除其他中文输入法。

要添加新的输入法，执行如下操作：

(1) 单击“开始”菜单中的“控制面板”选项，打开“控制面板”。

(2) 单击“时钟、语言和区域”图标下的“更改键盘和其他输入法”，打开“区域和语言”对话框，然后单击“键盘和语言”选项卡。

(3) 单击“更改键盘”按钮，打开“文本服务和输入语言”对话框。

(4) 单击已安装的服务中的“添加”按钮，打开“添加输入语言”对话框。

(5) 找到并展开“中文(简体，中国)”列表并选择需要添加的输入法，接着单击“确定”按钮保存设置就能够添加选中的输入法了。

要添加非 Windows 系统自带的第三方输入法，一般是到互联网上下载相应的安装文件再运行安装文件，即可成功添加到输入法栏中。

如果用户要删除某个输入法，只需在“文本服务和输入语言”对话框中的“已安装的服务”栏里选择已经添加的输入法，再单击“删除”按钮，就能够删除这个输入法了。

2. 切换输入法

在 Windows 7 中，对应不同的窗口可以使用不同的输入法，其默认的输入法是英文。要切换输入法，可执行如下操作：

在键盘上按 Ctrl+Space 组合键，可以在中英文输入法之间切换；按 Ctrl+Shift 组合键，可以依次在“文本服务和输入语言”对话框中的“已安装的服务”栏里列出的输入法之间切换。

也可以用鼠标单击语言栏上当前显示的输入法的图标，然后在菜单中选择打算使用的输入法，如图 2-4 所示。

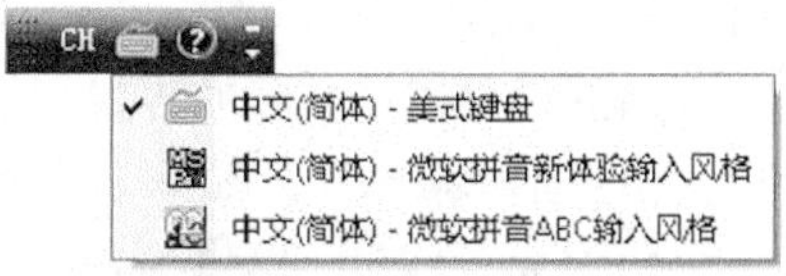

图 2-4　鼠标选择输入法

3. Microsoft 拼音输入法的使用

Microsoft 拼音输入法是一种基于语句的智能型的拼音输入法，它采用拼音作为汉字的录入方式，用户连续输入整句话的拼音，不必人工分词、挑选候选词语，就可以方便使用并熟练掌握这种汉字输入技术。

Microsoft 拼音输入法考虑到一些地区说话带口音的用户需求，提供了模糊音设置，使用户不必担心自己的非标准普通话。Microsoft 拼音输入法还为用户提供了许多特性，如自学习和自造词功能。使用这两种功能，经过与用户短时间的交流，Microsoft 拼音输入法能够学会用户的专业术语和用词习惯。从而，Microsoft 拼音输入法的输入准确率会更高，用户的使用起来也更加得心应手。

Windows 7 中自带的 Microsoft 拼音输入法采用新开发的语言模型及大量的训练语料。新的语言模型包括统计和规则两个部分，用户能以最小的系统资源开销获得最高的准确率。此外，Microsoft 拼音输入法还为用户提供了以下新的或改进的特征：

• 中英文混合输入：在新增的中英文混合输入模式下，用户可以连续地输入英文单词和汉语拼音，而不必切换中英文输入状态。Microsoft 拼音输入法会根据上下文来判断用户输入的是英文还是中文，然后作相应的转换。

• 词语模式：全新设计的词语转换方式采用嵌入式拼音窗口，拼音和转换后的汉字都显示在这个窗口中。

• 逐键提示：改进的逐键提示设计，候选窗口中列出了 Microsoft 拼音输入法根据上文预测的用户即将键入的内容。

• 候选窗口：改进的候选窗口设计，提供了“单字优先”和“长词优先”两种排序方式，以及“横排”或“竖排” 两种显示样式。

1) 输入法设置

切换到 Microsoft 拼音输入法后，显示的输入法状态栏如图 2-5 所示。

图 2-5 Microsoft 拼音输入法状态栏

输入法状态栏表示当前的输入状态，可以通过单击相应的按钮来切换状态，从左到右其含义如表 2-4 所示。

表 2-4 Microsoft 拼音输入法输入状态

按钮	功能	快捷键	按钮	功能	快捷键
中	切换中英文输入模式	Shift		功能菜单	无
	切换中英文标点模式	CTRL+.		打开帮助文件	无
	打开/关闭输入板				

要对输入法进行设置，应执行如下操作：

(1) 单击输入法状态栏的“功能菜单”按钮，弹出一个快捷菜单。

(2) 单击“输入选项”命令，打开“Microsoft 拼音输入法设置选项”对话框。

(3) 用户可以在这个对话框中对“输入风格”、“拼音方式”、“候选设置”等选项进行设置。

2) 输入过程

在这里以输入“大家喜欢和她去打球”这 9 个字为例，介绍输入过程。

(1) 将光标定位到需要输入文字的地方，把输入法切换到“Microsoft 拼音输入法”。

(2) 以全拼的方式输入“大家喜欢和她去打球”这几个字的拼音。在输入过程中，会看到如图 2-6 所示的组字/拼音窗口，虚线上的汉字是输入拼音的转换结果，下划线上的字母是正在键入的拼音。可以按左右方向键定位光标来编辑拼音和汉字。拼音下面是候选窗口，列出了当前拼音可能对应的全部汉字或词组。在候选窗口中找到需要输入的汉字或词组后，按相应的数字键来确认输入，如图 2-6 所示。如果在候选窗口中没有找到需要输入的汉字或词组，可以按 PageDown 和 PageUp 翻页来查看更多的候选汉字或词组。

(3) 对于错误转换，可以在输入过程中进行更正，挑选出正确的候选；也可以在输入整句话之后进行修改。继续上一步的操作，在整个句子输入完之后，将“他”修改成“她”。按左右方向键将光标移到“他”的前面，如图 2-7 所示。这时的候选窗口与第二步的略有不同，出现了 0 号拼音候选，它是光标右边汉字或词组的拼音。如果一开始用户敲错了拼音，现在可以选 0 号候选重新编辑拼音字母。在这个例子中选择 2 号候选。

太家喜欢和他 qudaqiu
1去打球 2去 3取 4娶 5曲 6区 7趋 8屈

图 2-6 用 Microsoft 拼音输入法输入汉字

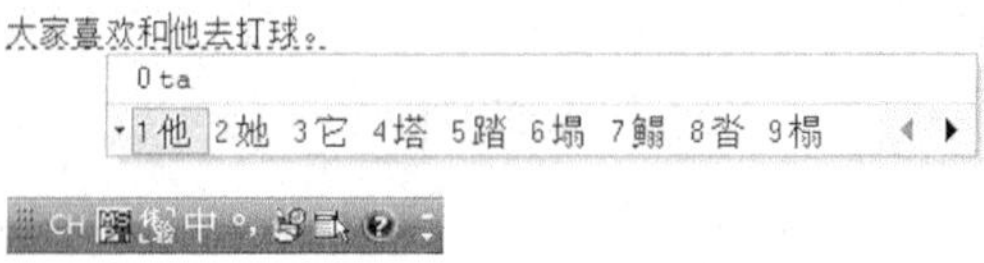

太家喜欢和他去打球。
0 ta
1他 2她 3它 4塔 5踏 6塌 7鳎 8沓 9榻

图 2-7 更改输入

(4) 如果组字窗口和拼音窗口中的转换内容全都正确，按空格键或者回车键确认。

2.2.4　Windows 桌面的组成

启动并登录 Windows 后，显示在屏幕上的画面我们称为桌面，如图 2-8 所示。Windows 桌面由桌面图标、“开始”按钮、桌面背景、任务栏组成。

图 2-8　Windows 桌面

默认情况下，Windows 桌面上只有“回收站”一个快捷方式，要把“计算机”等常用快捷方式显示在桌面上，可以在桌面空白处右击，在弹出的菜单中选择“个性化”命令，在打开的窗口中单击左上方的“更改桌面图标”，然后在 “桌面图标设置”对话框中把经常使用而又没有选上的桌面图标项都选上，然后单击“确定”按钮保存设置。下面介绍几个常用的桌面图标。

• “用户的文件夹”是 Windows 为用户创建的个人文件夹。它默认包含几个特殊的文件夹，即“收藏夹”、“我的视频”、“我的图片”、“我的文档”、“我的音乐”、“下载”和“桌面”等。默认情况下，这些个人文件夹设置为专用，也可以设置为此计算机上的所有用户都可以访问。“用户的文件夹”中的各个目录默认都位于系统安装盘下的“Users\用户名”目录中，其中“用户名”为登录的用户名，用登录系统的用户名替换即可。

• “计算机”是用户访问计算机资源的一个入口，双击此图标，实际是打开了资源管理器，其中显示了硬盘、软盘、光盘和网络驱动器中的内容。也可以搜索和打开文件及文件夹，或者访问控制面板中的选项以修改计算机设置。

• “网络”显示指向共享计算机、打印机和网络上其他资源的快捷方式。只要打开共享网络资源(如打印机或共享文件夹)，快捷方式就会自动创建在“网上邻居”上。“网上邻居”文件夹还包含指向计算机上的任务和位置的超级链接。这些链接可以帮助用户查看网络连接，将快捷方式添加到网络位置，以及查看网络域中或工作组中的计算机。

• “回收站”是硬盘中的特殊文件夹，Windows 将已经被用户逻辑删除的文件和文件夹暂时存放在回收站中。回收站中保留了被删除文件的名字、原位置、删除日期、类型和大小等信息，用户可以从回收站还原文件，也可以永久删除文件，被永久删除的文件就不能再通过回收站恢复了。

2.2.5 Windows 任务栏

Windows 7 的任务栏比起之前版本的 Windows，添加了很多特效，任务栏从左至右可分为“开始”按钮、快速启动区、程序按钮区、语言栏、通知区域和显示桌面按钮等几部分，如图 2-9 所示。

图 2-9 任务栏

- “开始”按钮：单击此按钮，可以打开“开始”菜单，在用户操作过程中，会用它打开大多数的应用软件，在以后的章节中再详细介绍“开始”菜单。
- 快速启动区：它由一些小型的按钮组成，单击可以快速启动程序。默认情况下，包括 Internet Explorer、Windows 资源管理器和 Windows Media Player 图标。用户可以为经常使用的应用软件在该处创建快捷方式，做到一键启动。该方式比从开始菜单或桌面快捷方式启动应用软件便捷很多。
- 程序按钮区：程序按钮区中显示正在运行的应用程序和文件的按钮图标。在打开很多文档和程序窗口时，任务栏组合功能可以在任务栏上创建更多的可用空间。例如，如果打开了 10 个窗口，其中 3 个是写字板文档，则这 3 个写字板文档的任务栏按钮将组合在一起成为一个名为“写字板”的按钮。单击该按钮然后选择某个文档，即可查看该文档。
- 语言栏：在这里用户可以选择各种已添加的输入法，单击“ ”按钮，在弹出的菜单中进行选择可以切换为中文输入法。语言栏可以最小化以按钮的形式在任务栏显示，单击右上角的还原小按钮，它也可以独立于任务栏之外。
- 通知区域：在任务栏的通知区域可以查看当前时间。该区域中也会显示一些系统事件的通知图标(如提示有新的系统补丁或检测到新硬件)。一些应用程序窗口最小化后也会出现在该区域，双击该区域的图标可以打开相应的窗口。在“任务栏和「开始」菜单属性”对话框的“任务栏”选项卡里，可以对通知图标的行为进行自定义。如果通知区域里的图标在一段时间内未被使用，它们会自动隐藏起来。如果图标被隐藏，单击通知区域左边的箭头可以临时显示隐藏的图标。
- 显示桌面按钮：位于任务栏最右边的显示桌面按钮可以达到快捷显示桌面的目的，特别是在计算机当前打开很多窗口而又要打开桌面资源的时候特别有用。除了单击“显示桌面”按钮显示桌面，还可以通过将鼠标指向“显示桌面”按钮(不用单击)来临时快速查看桌面。指向“显示桌面”按钮时，所有打开的窗口都会淡出视图，以显示桌面。若要再次显示这些窗口，只需将鼠标移开“显示桌面”按钮即可。

任务栏在非锁定状态时，把鼠标指针移动到任务栏上的非按钮区并按住鼠标左键拖动，到桌面其他边缘再放手，这样任务栏可以被拖动到桌面的任意边缘处。也可以改变任务栏的宽度和调节任务栏各组成部分所占的比例。

2.2.6 Windows“开始”菜单

通过“开始”菜单可以轻松执行以下这些常见的 Windows 操作：启动程序、打开常用的文件夹、搜索文件和程序、调整计算机设置、获取有关 Windows 操作系统的帮助信息、关

闭计算机、注销 Windows 或切换到其他用户账户。单击任务栏最左边的“开始”菜单按钮，或者按键盘上的 Windows 徽标键，可打开如图 2-10 所示的“开始”菜单。

“开始”菜单由以下 4 个主要部分组成：

(1) 左边的大窗格显示计算机上程序的列表。计算机制造商可以自定义此列表，所以其确切外观会有所不同。单击“所有程序”可显示程序的完整列表。

(2) 左边窗格的底部是搜索框，可以使用“开始”菜单上的搜索框来查找存储在计算机上的文件、文件夹、程序和电子邮件。

(3) 右边窗格提供对常用文件夹、文件、控制面板和帮助功能的快捷访问。

(4) 右边底部是“关机”按钮，用来切换用户、注销 Windows 和关闭计算机。

图 2-10　“开始”菜单

用户可以自定义“开始”菜单上显示的项目。例如，用户可以将常用的程序的图标添加到“开始”菜单以便于访问，也可从列表中移除程序。用户还可以在右边窗格中隐藏或显示某些项目。

下面通过讲解将“最近使用的项目”添加到“开始”菜单的步骤讲解自定义“开始”菜单。

(1) 通过依次单击“开始”按钮、“控制面板”、“外观和个性化”，然后单击“任务栏和「开始」菜单”，打开“任务栏和「开始」菜单属性”对话框。

(2) 单击“「开始」菜单”选项卡。在“隐私”选项下，选中“存储并显示最近在「开始」菜单和任务栏中打开的项目”复选框。

(3) 单击“自定义”。在“自定义「开始」菜单”对话框中，滚动选项列表找到并选中“最近使用的项目”复选框，单击“确定”按钮保存设置。

2.2.7　Windows 窗口的操作方法

当用户打开一个文件或者应用程序时，都会出现一个窗口。窗口是用户进行操作时的重要组成部分，应熟练地掌握对窗口的各项操作。

1. 窗口的组成

在 Windows 中有文件夹窗口、应用程序窗口、对话窗口等多种窗口，其中大部分窗口都包括了相同的组件。如图 2-11 所示是一个标准的文件夹窗口，它由标题栏、导航窗格、“后退”和“前进”按钮、工具栏、地址栏、库窗格、列标题、文件列表、“搜索”框、细节窗格、预览窗格等几部分组成。

(1) 标题栏：位于窗口的最上部，它标明了当前窗口的名称，左侧有控制菜单按钮，右侧有最小化、最大化或还原以及关闭按钮。

(2) 导航窗格：位于窗口的左边，导航窗格可以访问库、文件夹、保存的搜索结果，甚至可以访问整个硬盘。使用“收藏夹”部分可以打开最常用的文件夹和搜索；使用“库”部分可以访问库。用户还可以展开“计算机”浏览每个磁盘下的文件夹和文件。

(3)“后退”和“前进”按钮：使用“后退”按钮和“前进”按钮可以导航至已

打开的其他文件夹或库，而无需关闭当前窗口。这些按钮可与地址栏一起使用，例如，使用地址栏更改文件夹后，可以使用“后退”按钮返回到上一文件夹。

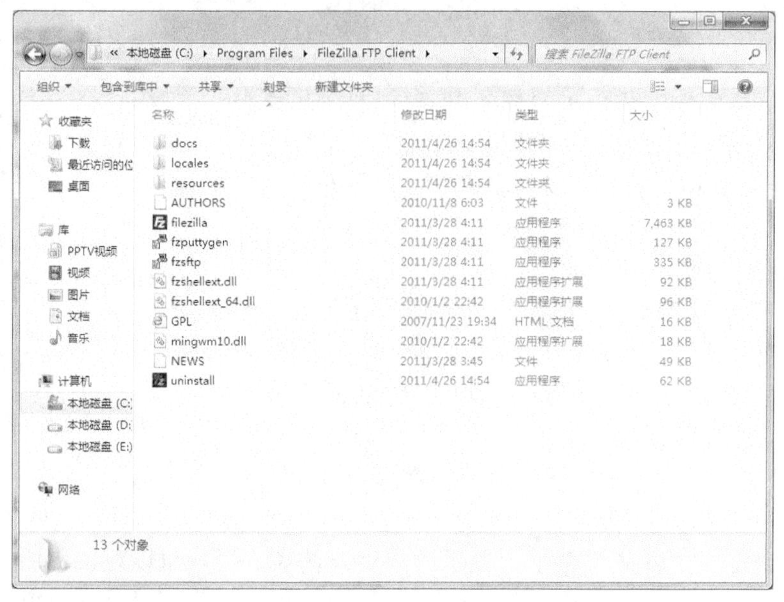

图 2-11　文件夹窗口

(4) 工具栏：使用工具栏可以执行一些常见任务，如更改文件和文件夹的外观、将文件刻录到 CD 或启动数字图片的幻灯片放映。工具栏的按钮可更改为仅显示相关的任务。例如，如果单击图片文件，则工具栏显示的按钮与单击音乐文件时不同。

(5) 地址栏：使用地址栏可以导航至不同的文件夹或库，或返回上一文件夹或库。

(6) 库窗格：仅当用户打开某个库(如文档库)时，库窗格才会出现，如图 2-12 所示。使用库窗格可以自定义库或按不同的属性排列库中文件。

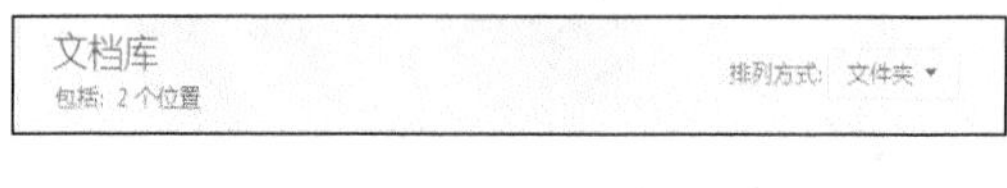

图 2-12　库窗格

(7) 列标题：使用列标题可以更改文件列表中文件的整理方式。例如，用户可以单击列标题的左侧以更改显示文件和文件夹的顺序，也可以单击右侧以采用不同的方法筛选文件(注意，只有在“详细信息”视图中才有列标题)。

(8) 文件列表：此为显示当前文件夹或库内容的位置。如果用户通过在搜索框中键入内容来查找文件，则仅显示与当前搜索条件相匹配的文件(包括子文件夹中的文件)。

(9) “搜索”框：在搜索框中键入词或短语可查找当前文件夹或库中的内容。一开始键入内容，搜索就开始了。例如，当用户键入“B”时，所有名称中含有字母 B 的文件都将显示在文件列表中。

(10) 细节窗格：使用细节窗格可以查看与选定文件关联的最常见属性。文件属性是关于文件的信息，如作者、上一次更改文件的日期，以及可能已添加到文件中的所有描述性标记。

(11) 预览窗格：使用预览窗格可以查看大多数文件的内容。例如，如果选择电子邮件、文本文件或图片，则无需在程序中打开即可查看其内容。如果看不到预览窗格，可以单击工具栏中的“预览窗格”按钮 打开预览窗格。

在 Windows 7 系统中，有的窗口左侧新增加了链接区域，这是以往版本的 Windows 所不具有的，它以超级链接的形式为用户提供了各种操作的便捷途径。

2. 窗口的操作

窗口操作在 Windows 系统中是很重要的，不但可以通过鼠标使用窗口上的各种命令来操作，而且可以通过键盘的快捷键操作。基本的操作包括打开、缩放、移动等。

1) 打开窗口

当需要打开一个窗口时，可以通过下面两种方式来实现：

(1) 选中要打开的窗口图标，然后双击打开。

(2) 在选中的图标上右击，在其快捷菜单中选择“打开”命令。

2) 移动窗口

用户在打开一个窗口后，不但可以通过鼠标来移动窗口，而且可以通过鼠标和键盘的配合来完成。

移动窗口时用户只需要在标题栏上按住鼠标左键拖动，移动到合适的位置后再松开，即可完成移动的操作。

如果需要精确地移动窗口，可以在标题栏上右击，在打开的快捷菜单中选择“移动”命令，当屏幕上出现“✥”标志时，再通过按键盘上的方向键来移动，到合适的位置后用鼠标单击或者按回车键确认。

3) 缩放窗口

窗口不但可以移动到桌面上的任何位置，还可以随意改变大小将其调整到合适的尺寸。

(1) 当用户只需要改变窗口的宽度时，可把鼠标放在窗口的垂直边框上，当鼠标指针变成双向的箭头时，可以任意左右拖动。如果只需要改变窗口的高度时，可以把鼠标放在水平边框上，当指针变成双向箭头时进行上下拖动。当需要对窗口进行等比缩放时，可以把鼠标放在边框的任意角上进行拖动。

(2) 用户也可以用鼠标和键盘的配合来完成。在标题栏上右击，在打开的快捷菜单中选择“大小”命令，屏幕上出现“✥”标志时，通过键盘上的方向键来调整窗口的高度和宽度，调整至合适大小时，用鼠标单击或者按回车键结束。

4) 最大化、最小化窗口

当用户在对窗口进行操作的过程中，可以根据自己的需要，把窗口最小化、最大化等。

(1) 最小化按钮：在暂时不需要对窗口操作时，可以把它最小化以节省桌面空间。用户直接在标题栏上单击此按钮，窗口会以按钮的形式缩小到任务栏。

(2) 最大化按钮：窗口最大化时铺满整个桌面，这时不能再移动或者缩放窗口。用户在标题栏上单击此按钮即可使窗口最大化。

(3) 还原按钮：当把窗口最大化后想恢复原来打开时的初始状态，单击此按钮即可实现对窗口的还原。

用户在标题栏上双击可以进行最大化与还原两种状态的切换。

每个窗口标题栏的左方都会有一个表示当前程序或者文件特征的控制菜单按钮，单击即可打开控制菜单，它和在标题栏上右击所弹出的快捷菜单的内容是一样的，如图 2-13 所示。

用户也可以通过快捷键来完成以上的操作。用 Alt+空格键来打开控制菜单，然后根据菜单中的提示，在键盘上输入相应的字母，如最小化输入字母 N，通过这种方式可以快速完成相应的操作。

5) 切换窗口

当用户打开多个窗口时，需要在各个窗口之间进行切换，下面是几种切换的方式。

(1) 当窗口处于最小化状态时，用户在任务栏上选择所要操作窗口的按钮，然后单击即可完成切换。当窗口处于非最小化状态时，可以在所选窗口的任意位置单击，当标题栏的颜色变深时，表明完成对窗口的切换。

(2) 用 Alt+Tab 组合键来完成切换。先按下 Alt 键，然后按 Tab 键，屏幕上会出现切换任务栏，在其中列出了当前正在运行的窗口，用户这时可以按住 Alt 键，然后在键盘上按 Tab 键从“切换任务栏”中选择所要打开的窗口，选中后再松开两个键，选择的窗口即可成为当前窗口，如图 2-14 所示。

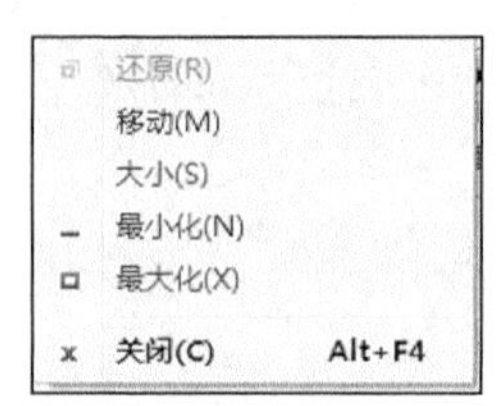

图 2-13 控制菜单

图 2-14 切换窗口

(3) 用户也可以使用 Alt+Esc 组合键，先按下 Alt 键，然后通过按 Esc 键来选择所需要打开的窗口。但是它只能改变激活窗口的顺序，而不能使最小化窗口放大，所以，多用于切换已打开的多个窗口。

6) 关闭窗口

用户完成对窗口的操作后，在关闭窗口时有下面几种方式。

(1) 在标题栏上单击“关闭”按钮。

(2) 双击控制菜单按钮。

(3) 单击控制菜单按钮，在弹出的控制菜单中选择“关闭”命令。

(4) 使用 Alt+F4 组合键。

如果用户打开的窗口是应用程序，可以在“文件”菜单中选择“退出”命令，同样也能关闭窗口。

如果所要关闭的窗口处于最小化状态，可以在任务栏上选择该窗口的按钮，然后在右击弹出的快捷菜单中选择“关闭窗口”命令。

用户在关闭窗口之前要保存所创建的文档或者所做的修改。如果忘记保存，当执行了“关闭”命令后，会弹出一个对话框，询问是否要保存所做的修改，选择“是”后保存且关闭，选择“否”后不保存且关闭，选择“取消”则不会关闭窗口，可以继续使用该窗口。

3. 窗口的排列

当用户在对窗口进行操作时打开了多个窗口，而且需要全部处于全显示状态，这就涉及窗口排列的问题。在 Windows 7 中为用户提供了 3 种排列的方案可供选择。

在任务栏上的非按钮区右击，弹出一个任务栏快捷菜单，如图 2-15 所示。

(1) 层叠窗口：把窗口按先后的顺序依次排列在桌面上。当用户在任务栏快捷菜单中选择“层叠窗口”命令后，桌面上会出现排列的结果，其中每个窗口的标题栏和左侧边缘是可见的，用户可以任意切换各窗口之间的顺序，如图 2-16 所示。

(2) 堆叠显示窗口：各窗口并排显示，在保证每个窗口大小相当的情况下，使窗口尽可能

往水平方向伸展。用户在任务栏快捷菜单中执行“堆叠显示窗口”命令后，在桌面上即可出现排列后的结果，如图 2-17 所示。

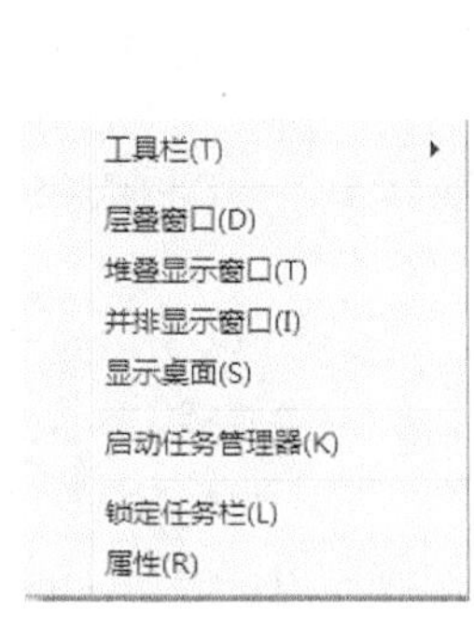

图 2-15　任务栏快捷菜单

图 2-16　层叠窗口

(3) 并排显示窗口：在排列的过程中，在保证每个窗口都显示的情况下，使窗口尽可能往垂直方向伸展。用户选择相应的“并排显示窗口”命令即可完成对窗口的排列，如图 2-18 所示。

图 2-17　堆叠显示窗口

图 2-18　并排显示窗口

在选择了某项排列方式后，在任务栏快捷菜单中会出现相应的撤销该选项的命令。例如，用户执行了“层叠窗口”命令后，任务栏的快捷菜单会增加一项“撤销层叠”命令，当用户执行此命令后，窗口恢复原状。

2.2.8　Windows 菜单的基本操作

菜单是将命令用列表的形式组织起来，当用户需要执行某种操作时，只要从中选择对应的菜单项，即可完成相应的操作。

为了叙述方便，当连续选择多级菜单的菜单项时，用“一级菜单”→“二级菜单”来表示。例如，叙述：选择“文件”→“关闭”命令就表示选择“文件”菜单的子菜单“关闭”选项。

Windows 7 的菜单主要有下拉式菜单和弹出式快捷菜单两种类型。出现在菜单中的选项形态是各种各样的，菜单的不同形态代表不同的含义。

• 右端带省略号(…)，表示选中该菜单项时，将弹出一个对话框，要求用户指定一些必要的信息，如图 2-19 中左边的菜单项“属性”。

• 右端带箭头(▸)，表示该菜单项还有下一级菜单，选中该菜单项将自动弹出子菜单，如图 2-19 所示的菜单项“新建”。

• 呈灰色显示的菜单，表示该菜单项目前不能使用，原因是执行这个菜单项的条件不具备，如图 2-19 中的菜单项“粘贴快捷方式”。

• 左侧带选中标记的菜单项是以选中和去掉选中进行切换的。Windows 7 中选中标记常见的有✔或●。✔的作用像开关，有✔时表示该项正在起作用，无✔时表示不起作用，如图 2-20 中的菜单项自动排列。●的作用是互斥的，在一组选项中，只有带●的选项有效。所以图 2-20 中的“名称”、“大小”、“类型”、“修改时间”4 个选项中只能有一个被选中。

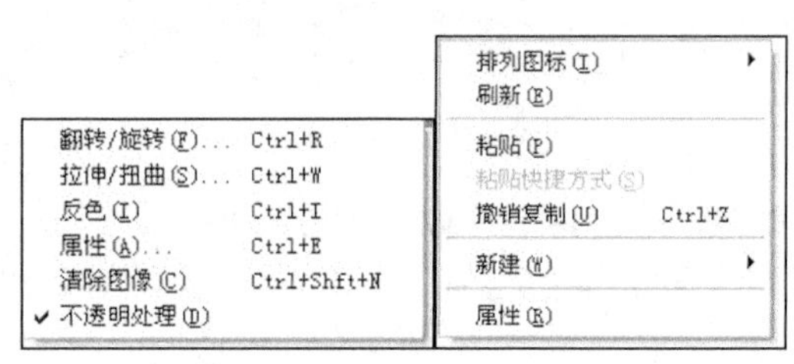

图 2-19　菜单示例

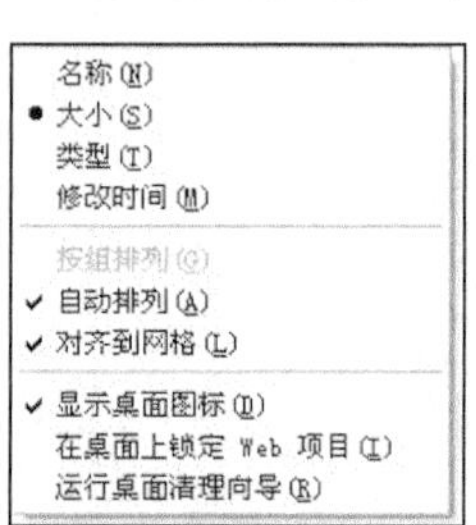

图 2-20　带选中标记的菜单

• 菜单项后面的字母和组合键。紧跟菜单名后的括号中的单个字母表示当菜单被打开时，可通过键盘键入该字母执行菜单项。如图 2-19 中，当下拉式菜单已经弹出时，按 A 键或用鼠标单击“属性”项都可以执行“属性”菜单项。菜单后面的组合键是在菜单没有打开时执行该菜单项的快捷操作键，如图 2-19 中，在菜单尚未弹出时，按“属性”菜单的组合键 Ctrl+E，就可以执行“属性”菜单项。

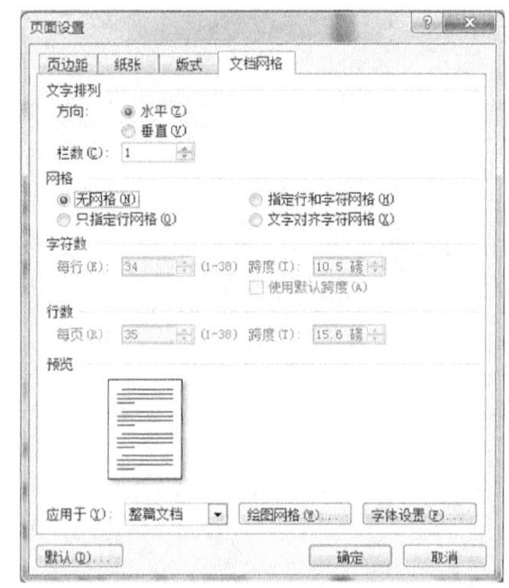

图 2-21　对话框示例

2.2.9　Windows 对话框的操作

对话框是 Windows 的一种特殊窗口，是人机交互的基本手段。用户可以在对话框中设置选项，使程序按指定方式执行。对话框与一般窗口有许多共同之处，如系统菜单和标题栏等，但它有自己的特点，如对话框不能最大化和最小化，一个应用程序一旦弹出对话框，用户则不能忽略对话框而在该应用程序中进行其他操作。在 Windows 系统中，对话框的形态有很多种，复杂程度也各不相同，如图 2-21 所示是一个比较复杂的对话框。

下面介绍在对话框中经常出现的对象。

(1) 标题栏：标题栏中给出对话框的名称。

(2) 命令按钮：命令按钮常用来确定输入项或打开一个辅助的对话框，常见的命令按钮有如下。

【确定】：确认对话框中的设置并关闭对话框。

【取消】：取消对话框中的设置并关闭对话框。

【应用】：使对话框中的设置生效。视不同的对话框而不同，可能关闭或不关闭。

(3) 列表框：用户可通过滚动条或下拉箭头在列表框中查看列表内容，然后选择需要的项目。

(4) 复选框：复选框是一个正方形的框，一个或多个同时出现。可以选中其中的一个或同时选中多个。当复选框中出现标记☑时，表示该选项将被使用；复选框没有选中时是□，表示该选项将不起作用。

(5) 单选框：单选框是圆形的，通常以成组的形式出现，各选项之间互斥，在一组单选框中，每次只能选中其中的一个，选中的项目前有◉标记

(6) 文本框：在文本框中单击鼠标左键后，出现编辑光标“|”，此时可以直接从键盘输入内容。

(7) 游标：拖曳游标中的滑块，可以在两个极限值之间设定某一个值。

2.2.10　Windows 中剪贴板的操作

剪贴板实际上是 Windows 在计算机内存中开辟的一个临时存储区，用于在 Windows 程序之间、文件之间和文件内部传递信息。当对选定的内容进行复制、剪切或粘贴时就要用到剪贴板。

剪贴板内置在 Windows 中，使用系统的内存资源 RAM 或虚拟内存来临时保存剪切和复制的信息(文件、文件夹、文本信息、图片等)。剪切或复制时保存在剪贴板上的信息只有再剪切或复制其他的信息、断电、退出 Windows，或有意地清除时，才可能更新或清除其内容，而且剪切或复制一次，可以粘贴多次。

Windows 在复制文件时，剪贴板中存放的只是文件的信息而已，并非整个文件本身；只有在复制非文件，诸如文本、图片等时，剪贴板中存放的才是源数据本身。所以粘贴前删除原文件，粘贴操作将不能进行。

剪贴板上存放的信息量较大时，将严重影响系统运行的速度，必要时采用复制一个字符来更新系统剪贴板里的信息，或清空剪贴板上的信息，以清除 RAM 中被剪贴板占用的空间。

可使用 Print Screen 键抓取当前屏幕内容，然后粘贴到“画图”或 Photoshop 之类的图像处理程序中进行后期的处理。当按下 Print Screen 键时，屏幕画面就被临时存放在剪贴板中。但通常只需要抓取当前活动窗口的内容，为了避免在每次截屏后都要进行适当的裁剪，可以在按住 Alt 键的同时按下 Print Screen 进行屏幕截图，这样截下来的图像仅仅是当前活动窗口的内容。

2.2.11　Windows 快捷方式的创建、使用及删除

Windows 7 向用户提供了一种称为快捷方式的资源访问形式。快捷方式指的是快速启动程序或打开文件/文件夹的手段。无论应用程序实际存储在磁盘的什么位置，相应的快捷方式都只是作为该应用程序的一个指针，通过双击快捷方式图标即可快速打开其指向的文件或文件夹。

创建快捷方式的方法如下：

• 快捷方式图标一般放在桌面上，以方便用户快速访问磁盘中任意位置的文件或文件夹。要把对象快捷图标创建在桌面上，可以在“资源管理器”窗口中，选定要创建快捷方式的文件或文件夹对象，右键单击打开快捷菜单，执行快捷菜单中的“发送到”→“桌面快捷方式”命令，便可以在桌面上创建了一个选定对象的快捷方式。

• 快捷方式也可以放在文件夹中，在资源管理器中选定文件后，单击鼠标右键，选择“创建快捷方式”，便在当前文件夹中为文件创建一个快捷方式，然后可以把该快捷方式复制到其他地方，如桌面上。

• 将鼠标指向桌面的空白区域，单击右键，在弹出的快捷菜单中选“新建”→“快捷方式”项，弹出“创建快捷方式”对话框；在“请键入对象的位置”框中输入对象的路径和文件名；或单击“浏览”按钮查找需要创建快捷方式的文件；单击“下一步”按钮，在“键入该快捷方式的名称”框中输入新创建的快捷方式的名称，单击“完成”按钮。

删除快捷方式的方法与删除文件方法相同，删除对象的快捷方式并不会删除对象本身。

2.2.12 Windows 中的命令行方式

要打开命令提示符，依次执行“开始”→“所有程序”→“附件”，然后单击“命令提示符”。或者打开“开始”菜单，输入 cmd，然后按 Enter 键打开“命令提示符”窗口。其中后面这种方法我们使用了 Windows 7 的 Windows Search 这种搜索方法快速查找应用程序。命令提示符窗口如图 2-22 所示。

在命令提示符下执行的最多的应该要算 ping（检测网络连通性）和 ipconfig（查看网卡设置）这两个命令。大多数命令在应用中都会与一些定义好的参数配合使用。要在命令行查看相关命令的使用帮助，请在命令提示符下输入“命令名称 /？”，然后按 Enter 键。

当需要复制命令的输出内容时，可以在要执行的命令后面添加定向符号>和“指定一个文本文件的路径”，把命令的输出重定向到指定的文本文件中。例如，要把“ipconfig /all”命令的输出保存到 D 盘根目录下的 output.txt 文本文件中，可以执行“ipconfig /all >d:\output.txt”。

2.2.13 获取系统的帮助信息

Windows 7 自带的“帮助和支持”为我们了解系统功能、查看配置说明、解决有关故障提供了最直接方法。

要打开“Windows 帮助和支持”，可在开始菜单中单击“帮助和支持”，打开如图 2-23 所示的“Windows 帮助和支持”界面。

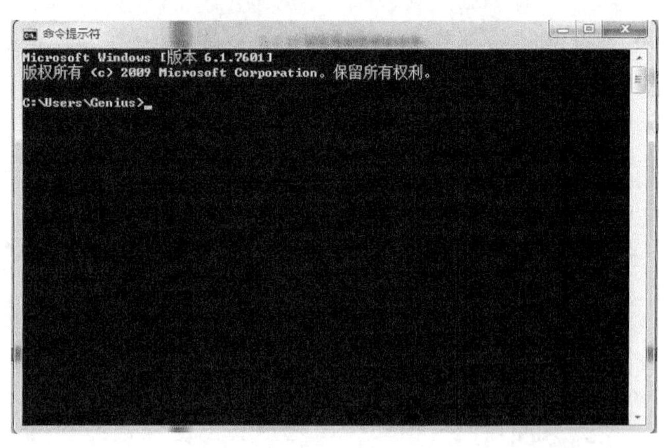

图 2-22　命令提示符窗口

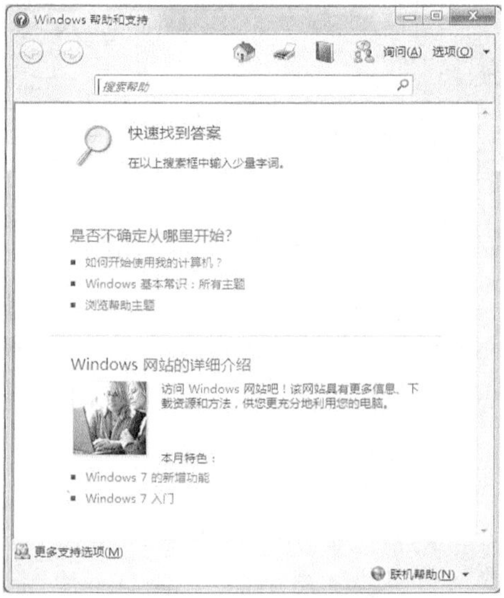

图 2-23　“Windows 帮助和支持”界面

Windows 7 针对操作系统中的所有功能提供了广泛的帮助。获得帮助的最快方法是在帮助和支持中心的搜索框中输入相应的关键字以查找相关的帮助信息。例如，若要获得无线网络有关的信息，在搜索框中输入“无线网络”，然后按 Enter 键开始查找与“无线网络”相关的帮助信息。一般最有用的结果将显示在最前面，可以单击标题内容最符合自己遇到的问题的结果以阅读主题。

2.3　管理 Windows 的文件和文件夹

2.3.1　使用 Windows 资源管理器

Windows 资源管理器显示了本地计算机上文件、文件夹和其他资源的分层结构。同时也可以浏览映射到用户计算机上的所有网络驱动器中的内容。使用 Windows 资源管理器，用户可以复制、移动、重新命名及搜索文件和文件夹。例如，用户可以打开要复制或移动其中文件的文件夹，然后将该文件拖动到其他文件夹或驱动器。

1. 资源管理器的启动

启动“资源管理器”的常用方法有以下 3 种：

- 单击“开始”按钮，选“所有程序”→“附件”→“Windows 资源管理器”。
- 在任务栏的快速启动区中，单击“Windows 资源管理器”按钮 。
- 右键单击“开始”按钮，选择快捷菜单中的“打开 Windows 资源管理器”。

资源管理器窗口如图 2-24 所示。

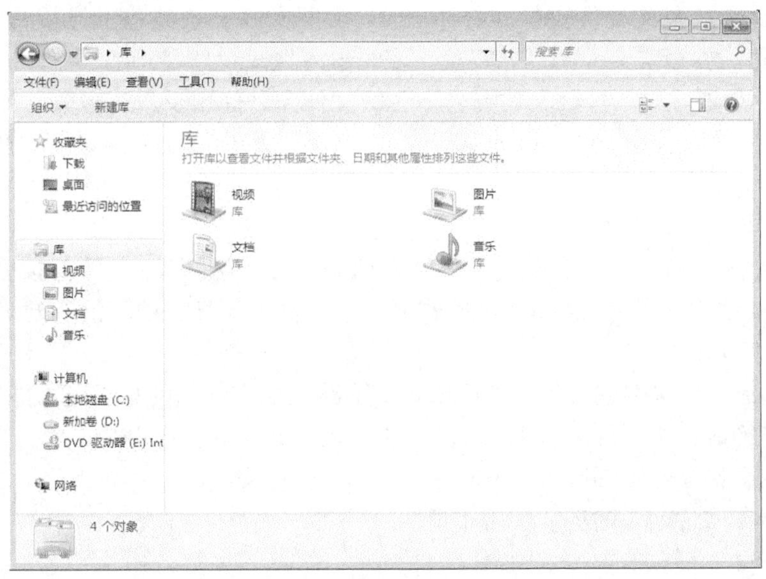

图 2-24　资源管理器窗口

2. Windows 资源管理器窗口组成

“资源管理器”也是窗口，其各组成部分与文件夹窗口大同小异，其特别的窗口包括文件夹窗口和文件夹内容窗口。左边的文件夹窗口以树形目录的形式显示所有磁盘和文件夹的列表，右边的文件夹内容窗口显示左边窗口中所选定的文件夹中的内容。

把鼠标移动至左边的窗格中，若驱动器或文件夹前面有▷号，表明该驱动器或文件夹有下一级子文件夹，单击该▷号可展开其所包含的子文件夹。当展开驱动器或文件夹后，▷号会变成◢号，表明该驱动器或文件夹已展开。单击◢号，可折叠已展开的内容。例如，单击左边窗格中“计算机”前面的▷号，将显示“计算机”中所有的磁盘信息，选择需要的磁盘前面的▷号，将显示该磁盘中所有的内容。

在资源管理器窗口的左窗口和右窗口之间，将鼠标指针置于窗口分隔条上，当鼠标指针变为水平调整样式时按住鼠标左键左右拖曳，窗口分隔条将随之移动，从而改变左右窗口的相对大小。

3. 创建资源管理器的快捷方式

默认情况下，Windows 的桌面上没有资源管理器的图标，可以通过以下方法为其在桌面上创建快捷图标。其操作步骤如下：

(1) 单击“开始”按钮，用鼠标单击“所有程序”→“附件”。

(2) 在“Windows 资源管理器”图标上单击鼠标右键，在弹出的快捷菜单中选择“发送到”→“桌面快捷方式”命令。

2.3.2 Windows 的文件、文件夹(目录)、路径的概念

文件是操作系统用来存储和管理外存上信息的基本单位。计算机中的所有信息都是存放在文件中的。文件是按名存取的，每个文件必须有一个确定的名字，一个完整的文件名由“主文件名”加“.”加“扩展名”组成，如：filename.exe。文件夹也叫目录，是文件的集合体，文件夹中可以包含多个文件和/或子文件夹。

文件路径就是文件在计算机中的具体位置，是操作系统在磁盘上寻找文件时，所经历的各级文件夹线路。要指定文件的完整路径，应先输入逻辑盘符号，后面紧跟一个冒号“：”和反斜杠“\”，然后依次输入各级文件夹名，各级文件夹之间用反斜杠分隔，如 C 盘 Windows 文件夹下的子文件夹 system 下有一个文件 file.exe，那么此文件所在目录的完整路径为：C:\Windows\system。

1. 文件和文件夹的命名

计算机中的信息是以文件的形式存储在磁盘上的，所有的文件都按文件名访问。在 Windows 中文件结构采用树型目录结构。在同一级的同一文件夹中不能有同名文件或文件夹。

文件命名规则如下。

(1) 文件名或文件夹名的长度：Windows 7 下路径加文件名的总长度不能超过 260 字符。

(2) 文件名构成：主文件名.扩展名(其中扩展名用来标识文件类型)。

(3) 文件或文件夹名中不能含有 9 种字符：\ / : * ? ″ < > |。

(4) Windows 文件名中的英文字母不区分大小写。

2. 文件类型

(1) 程序文件，扩展名常为.COM、.BAT 和.EXE。双击文件名或图标可直接运行。

(2) 文本文件，扩展名常为.TXT、.DOC、.DOCX。

(3) 图像文件，扩展名常为.BMP、.TIF、.GIF、.JPG 等。

(4) 多媒体文件，扩展名常为.WAV、.MID、.MP3、.AVI、.MPG 等。

(5) 其他类型文件。电子表格文件扩展名为.XLS 或.XLSX，演示文稿扩展名为.PPT 或.PPTX，Internet 网页所用的超文本标识语言文件扩展名是.HTM 或.HTML 等。

2.3.3　管理文件和文件夹

1. 新建文件或文件夹

可以创建新的文件夹来存放文件或文件夹，创建新文件夹的操作步骤如下：

(1) 双击桌面上“计算机”图标，打开“计算机”窗口。

(2) 双击要新建文件夹的磁盘，打开该磁盘。

(3) 选择“文件”→“新建”→“文件夹”命令，或在空白处单击右键，在弹出的快捷菜单中选择“新建”→“文件夹”命令即可新建一个文件夹。

Tips

默认情况下，Windows 7 文件夹窗口的命令菜单是隐藏的，在窗口为选中状态下按 ALT 键，命令菜单会临时出现供用户使用。但如果用户在窗口菜单栏外的其他地方单击一下鼠标，菜单栏又会自动隐藏。如果需要让菜单栏一直显示，可以单击“组织”→“文件夹和搜索选项”，在“文件夹选项”对话框中的“查看”选项卡中，选中其中高级设置项中的“始终显示菜单”选项并保存设置。

(4) 在新建的文件夹名称文本框中输入文件夹的名称，按 Enter 键或用鼠标单击其他地方即可。

在创建文件夹的第 3 步中，如果不选择“文件夹”命令，而是选择分隔线下面的某个命令，可以新建所选类型的文件。当系统中安装了编辑类的应用软件后(如 Microsoft 的 Office 应用软件)，在新建文件命令列表中会增加相应类型的新建文件命令。

2. 选定文件或文件夹

对文件和文件夹的选定、重命名、移动、复制、删除等操作是一样的，所以下述相关小节不再区别对待。选定操作分以下几种情况。

(1) 选择单个文件或文件夹：单击该文件或文件夹。

(2) 选择多个连续的文件或文件夹： 按住 Shift 键不放，单击第一个文件或文件夹和最后一个文件或文件夹。

(3) 选择处于同一矩形区域内的多个文件或文件夹：在想要选定的区域的 4 个顶点之一按住鼠标左键并向矩形区域的对顶角拖动鼠标，则鼠标经过的区域内的文件或文件夹将被选中。

(4) 选择多个不连续的文件或文件夹：单击第一个文件或文件夹，按住 Ctrl 键，单击其余要选择的文件或文件夹。当选择完后发现选错了，同样可以按住 Ctrl 键，单击选错的那个文件或文件夹取消其选择。

(5) 选择所有文件或文件夹：按下快捷键 Ctrl+A，或单击菜单栏的“编辑”→“全选”命令。

当然也可以根据需要综合应用以上 5 种选定操作中的某几个，选定更加复杂情况下的文件或文件夹组合。

3. 重命名文件或文件夹

重命名操作一般都是针对单个文件或文件夹的，但用户也可以同时对选定的多个文件和/或文件夹实施重命名操作。重命名的具体操作步骤如下。

(1) 选定想要重命名的文件或文件夹。

(2) 进入重命名编辑状态。进入该状态有以下 4 种常用方法：

· 直接按下快捷键 F2。

· 选择“文件”→“重命名”命令。

· 右击已选择的文件或文件夹，在弹出的菜单中选择“重命名”命令。

· 在已选定的文件或文件夹的名称处单击。注意：是在名称处单击而不是在图标处单击。

(3) 输入文件或文件夹的新名称。

(4) 按 Enter 键让新名称生效。

4. 移动、复制文件或文件夹

移动文件或文件夹就是将文件或文件夹放到其他地方，执行移动命令后，原位置的文件或文件夹消失，出现在目标位置；复制文件或文件夹就是将文件或文件夹复制一份，放到其他地方，执行复制命令后，原位置和目标位置均有该文件或文件夹的相同拷贝。移动和复制文件或文件夹的操作步骤如下。

(1) 选择要进行移动或复制的文件或文件夹。

(2) 单击“编辑”→“剪切”或“复制”命令；或单击右键，在弹出的快捷菜单中选择“剪切”或“复制”命令。

(3) 选择目标位置。

(4) 选择“编辑”→“粘贴”命令。或单击右键，在弹出的快捷菜单中选择“粘贴”命令即可。

5. 删除文件或文件夹

删除磁盘中不再有用的文件和文件夹，可以释放磁盘空间。被删除的文件和文件夹通常只是被放入回收站，只要回收站没有清空，这些文件还可以被恢复。只有当回收站中的文件和文件夹被清空后，文件和文件夹才真正被删除。

常用删除文件和文件夹的方法有下面几种：

(1) 选定要删除的文件和文件夹，选“文件”→“删除”菜单，屏幕上弹出“文件删除确认”对话框，单击“是”确认删除，单击“否”则不删除。

(2) 将选中的文件或文件夹直接拖曳到桌面上的“回收站”图标上，松开鼠标，也可以实现文件的删除。

(3) 选定文件后，按键盘上的 Delete 键，可以将文件放入回收站；按组合键 Shift+Delete，则直接将文件从 Windows 中永久删除。

6. 搜索文件或文件夹

当需要使用计算机磁盘中的某个文件或文件夹，却忘记了该文件或文件夹存放的具体位置和名称时，可以使用资源管理器窗口右上角的搜索框查找文件和文件夹。在搜索框中输入要搜索的对象名称后，就会在资源管理器右边的“文件列表”区域中显示出对象名中包含此关键字的所有文件和文件夹。当文件或文件夹的名称不确定时可以用通配符代替，Windows 中常用“*”代表任意多个字符，用“？”代表任意单个字符。如果要更快速地搜索到所需要的对象，可以在输入关键字前单击搜索框，在弹出的菜单中按需添加种类、修改日期、类型、名称等搜索筛选器。如图 2-25 所示的搜索结果窗口中，就是在图片库中搜索类型是“jpg”，文件名中含有“092”的所有图片。

注意：在资源管理器窗口左边的“导航窗格”中选择不同的库或目录，可供使用的搜索筛选器也会随着变化。

也可以使用“开始”菜单中的“搜索”框来快速查找存储在计算机上的文件、文件夹、

程序和电子邮件。从“开始”菜单搜索时，搜索结果中仅显示已建立索引的文件。计算机上的大多数文件会自动建立索引。例如，包含在库中的所有内容都会自动建立索引。

图 2-25　“搜索结果”窗口

7. 更改文件或文件夹属性

选定某个文件或文件夹后，右击该对象并在弹出的快捷菜单中选择最下面的“属性”命令，在打开的“属性”窗口中显示有关文件或文件夹的信息，如大小、位置以及创建日期，文件是否为只读、隐藏等。若将文件或文件夹设置为“只读”，则该文件或文件夹不允许更改和删除；若将文件或文件夹设置为“隐藏”，则在常规显示方式中将看不到该文件或文件夹；若将文件或文件夹设置为“存档”，则表示该文件或文件夹已存档，有些程序用该选项来确定哪些文件需要做备份。

8. 设置文件夹查看属性

可以设置资源管理器中是否显示文件的扩展名和那些被设置为隐藏属性的文件，选择菜单“工具”→“文件夹选项”，弹出如图 2-26 所示的“文件夹选项”对话框。选择其中的“查看”标签，在“隐藏文件和文件夹”下面选中“显示隐藏的文件、文件夹和驱动器”，再取消选择“隐藏已知文件类型的扩展名”选项，按“确定”按钮退出对话框，就可以显示隐藏文件和全部文件的扩展名了。其他选项也都是与资源管理器的显示内容有关的，用户可根据需要设置。

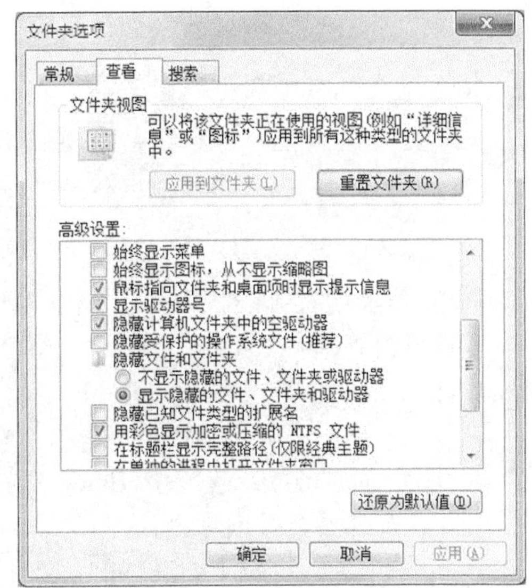

图 2-26　“文件夹选项”对话框

2.3.4 库的使用及管理

库是 Windows 7 的新增功能，用于管理视频、图片、文档、音乐和其他文件的位置。库实际上不存储项目，它只是将位于不同位置的文件夹包含到同一个库中，然后以一个集合的形式查看和排列这些文件夹中的文件。例如，如果在外部硬盘驱动器上保存了一些图片，则可以在图片库中包含该硬盘驱动器中的文件夹，然后在该硬盘驱动器连接到计算机时，可随时在图片库中访问该文件夹中的文件。如图 2-27 所示的图片库包含了 3 个位于不同位置的文件夹。

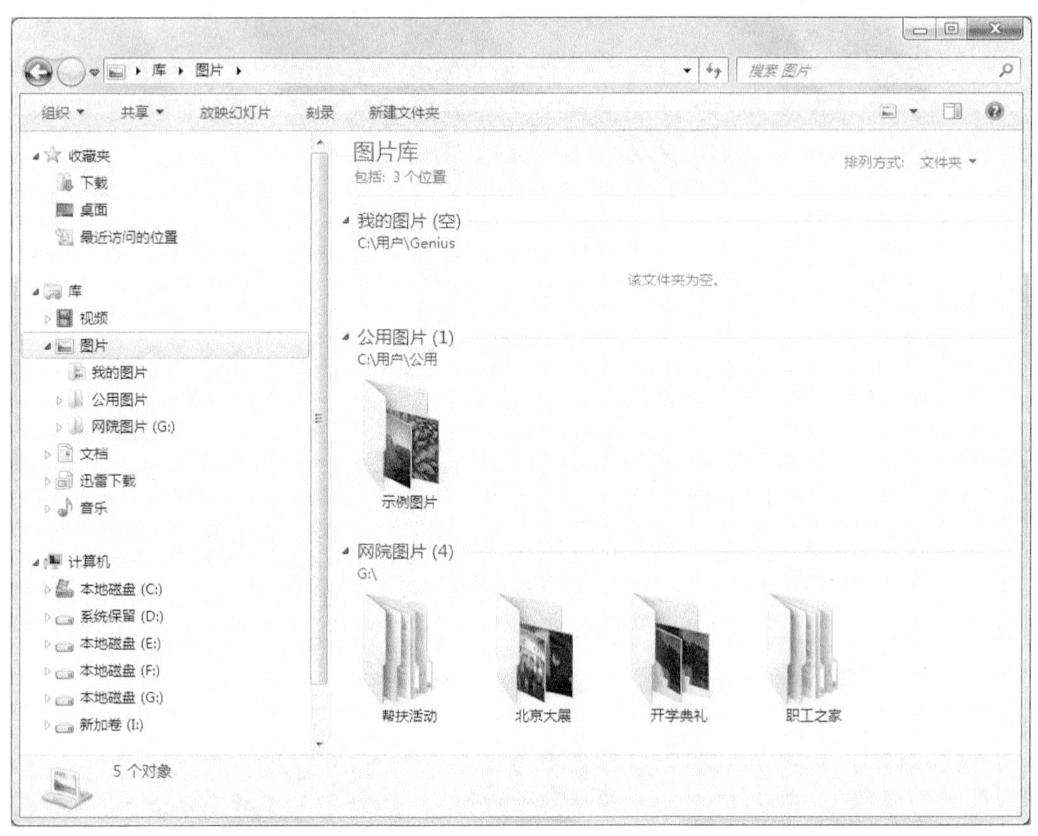

图 2-27 包含 3 个文件夹的图片库

1. 新建库

Windows 具有 4 个默认库：文档、音乐、图片和视频。用户也可以新建库，步骤如下：

(1) 单击“开始”按钮，单击“开始”菜单右上角的用户名，打开个人文件夹，然后单击导航窗格中的“库”选项。

(2) 在“库”中的工具栏上，单击“新建库”选项。

(3) 输入库的名称，然后按 Enter 键完成库的创建。

2. 将文件夹包含到库中

可以将本地计算机上的文件夹、外部硬盘驱动器上的文件夹、网络文件夹包含到已有库中，一个库最多可以包含 50 个文件夹。将本地计算机上的文件夹包含到库中的步骤如下：

(1) 单击“开始”按钮，然后单击“开始”菜单右上角的用户名，打开个人文件夹。

(2) 右键单击要包含到库中的文件夹，指向“包含到库中”，在弹出菜单中选择想要加入的库，如图 2-28 所示。

3. 从库中删除文件夹

不再需要监视库中的某个文件夹时，可以将其删除。从库中删除文件夹时，不会从原始位置中删除该文件夹及其内容。

(1) 在任务栏中，单击“ Windows 资源管理器”按钮。

(2) 在导航窗格中，单击要从中删除文件夹的库。

(3) 在库窗格中，单击“包括”旁边的 “N 个位置”链接(N 为库中实际包含的文件夹数量)。

(4) 在打开的对话框中，选中要删除的文件夹，单击“删除”按钮，然后单击“确定”按钮。

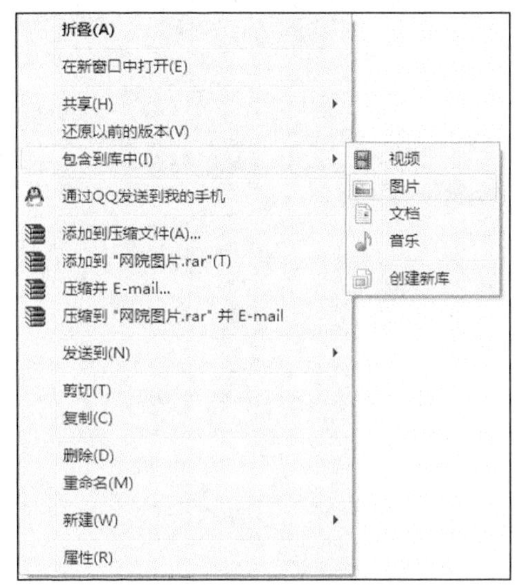

图 2-28　将文件夹包含到库中

2.4　控制面板与系统环境设置

2.4.1　Windows 的控制面板

Windows 在系统安装时，一般都给出了系统环境的最佳设置，但也允许用户对其系统环境中的各个对象的参数进行调整和重新设置。Windows 的控制面板提供了丰富的用于更改 Windows 的外观和行为方式的工具。用户可以使用它们对 Windows 进行设置，使其更适合用户的需要。例如，可以通过“鼠标”将标准鼠标指针替换为可以在屏幕上移动的动画图标，或通过“声音”将标准的系统声音替换为自己喜欢的声音。其他工具可以帮用户将 Windows 设置得更容易使用。例如，如果用户习惯使用左手，则可以利用“鼠标”更改鼠标按钮，以便利用右按钮执行选择和拖放等主要功能。

以下 3 种方法可以打开控制面板窗口：

· 单击“开始”，然后单击“控制面板”选项。

· 双击桌面上的“控制面板”图标(注意：默认情况下，桌面上没有“控制面板”图标)。

· 打开资源管理器窗口后，单击左边导航窗格中的“计算机”，单击“工具栏”中的“打开控制面板”按钮。

首次打开“控制面板”时，用户将看到如图 2-29 所示的“控制面板”分类视图窗口，这些项目按照功能类别进行组织。要打开某个项目，单击该项目图标或类别名即可。

如果不习惯使用控制面板的“分类视图”，可以单击右上角查看方式中的“大图标”或“小图标”选项，打开“控制面板”的经典视图，如图 2-30 所示。要打开某个项目，单击它的图标即可。要查看“控制面板”中某一项目的详细信息，可以把鼠标指针指向该图标，会自动出现该项目的简要说明文本。为了叙述方便，以下涉及控制面板的操作，都以经典视图为例。

图 2-29　控制面板分类视图窗口

图 2-30　控制面板经典视图窗口

2.4.2　Windows 中时间与日期的设置

在“控制面板”窗口中单击“日期和时间”图标可以打开“日期和时间属性”对话框，调整本地日期、时间及时区。

注意：若想快速找到需要设置的对象，可以在控制面板窗口右上角的搜索框中键入单词或短语。例如，输入“时间”会把与时间设置有关的所有控制面板设置项目都筛选出来。

1) 日期和时间设置

在“日期和时间”选项卡中，单击“更改日期和时间”按钮打开“日期和时间设置”对话框，通过用鼠标点选和键盘输入相结合的方式可以轻松地设置好时间和日期，单击“确定”按钮保存设置。

2) 时区的设置

在“日期和时间”选项卡中，单击“更改时区”按钮打开时区设置选项卡，单击下拉列表中用户当前所在的时区，国内一般选“(UTC+08:00) 北京，重庆，香港特别行政区，乌鲁木齐”，然后单击“确定”按钮保存设置。

3) 附加时钟的设置

通过对“附加时钟”选项卡的设置，可以让 Windows 最多显示 3 种时钟，第一种是本地时间，另外两种是其他时区时间。设置其他时钟之后，用户可以通过单击或指向任务栏时钟来查看。通过该功能可以轻松地查看在其他国家和地区旅游或工作的亲人或朋友所在地的时间和日期。

单击“附加时钟”选项卡，对于每种时钟，选中“显示此时钟”旁的复选框。从下拉列表中选择时区，键入时钟的名称(最多可以键入 15 个字符)，然后单击“确定”按钮保存设置。

4) Internet 时间的设置

为了确保计算机上的时钟是准确的，可通过对“Internet 时间”选项卡的设置，使计算机时钟与 Internet 时间服务器同步。时钟通常每周更新一次，前提是计算机已经接入 Internet。

单击“Internet 时间”选项卡，然后单击“更改设置”按钮打开“Internet 时间设置”对话框。选中“与 Internet 时间服务器同步”旁边的复选框，选择时间服务器，然后单击“确定”按钮保存设置。

2.4.3　Windows 中添加和删除程序

Windows 作为操作系统，它的职责主要是对硬件的直接监管，对各种计算资源(如内存、处理器时间等)的管理，以及提供诸如作业管理之类的面向应用软件的服务等。如果不在其上安装其他应用软件，那么只能利用 Windows 自带的一些应用软件，如 Internet Explorer、记事本、画图等做一些很有限的事情。

1. 添加程序

在 Windows 中添加程序的方法取决于程序的安装文件所处的位置。通常，应用程序可以从安装光盘、Internet 或本地磁盘安装。

从安装光盘安装的大多数程序会自动打开程序的安装向导。在这种情况下，将显示“自动播放”对话框，然后用户可以选择运行该向导，并按照安装向导完成应用程序的安装。在安装的过程中如果出现“软件许可协议”对话框，一定要选择“我同意此协议”，否则无法继续安装软件。其他步骤按照向导的默认设置，一直按“下一步”按钮即可完成应用软件的安装。安装过程中，可以选择应用软件安装的位置，默认是安装在系统盘下的 Program Files 目录中。如果安装向导没有自动打开，可以尝试浏览光盘，看里面是否有安装说明。也可以浏览整张光盘，找到类似 setup.exe 或 install.exe 的安装文件，并双击执行该文件，启动程序的安装向导。

从 Internet 下载的程序安装文件的扩展名可能是.exe、.msi、.rar、.zip 或.iso 等。如果是后面 3 种，则需要用解压缩软件(如 WinRAR) 解压后再找到安装文件执行安装操作。如果是前面两种则直接双击即可打开安装向导。

2. 删除程序(又称卸载程序)

在计算机中安装了应用软件，经过一段时间的使用后，可以删除那些不再使用的应用软件呢。有些应用软件提供了快捷卸载功能，可以通过执行“开始”→“所有程序”→“要删除的应用软件名称”→Uninstall或“卸载××”（××代表要删除的应用软件名称）命令直接删除相应的应用软件；而对于没有提供卸载功能的应用软件，可以利用系统提供的删除程序进行删除。删除程序只需在控制面板的经典视图中找到“程序和功能”图标并单击，打开如图2-31所示的“卸载或更改程序”窗口，然后在已安装程序列表中选择需要卸载的

图2-31 卸载或更改程序窗口

程序，并单击程序列表表头上方的“卸载”或“卸载/更改”命令。如果弹出如图2-32所示对话框，确认是否卸载所选应用软件，单击“是”命令按钮开始程序的卸载。注意，卸载程序和之前所述的“删除文件”不同，“删除文件”仅仅是删除了用户选中的文件或文件夹本身，而卸载程序则会将程序安装使用过程中产生的相关配置信息从系统盘中清除并同时删除Program Files目录中的相应文件或文件夹。简言之，通过控制面板卸载程序更加彻底和安全，删除类似Setup.exe或Install.exe的程序安装文件并没有成功“卸载了”程序。

图2-32 是否删除应用软件对话框

2.4.4 显示属性的设置

1. Windows 7主题的设置

主题是计算机上的图片、颜色和声音的组合，它包括桌面背景、屏幕保护程序、窗口边框颜色和声音方案。某些主题也可能包括桌面图标和鼠标指针。Windows 7提供了多个主题。可以选择Aero主题对用户的计算机进行个性化设置，如果计算机在应用Aero主题时运行缓慢，可以选择Windows 7基本主题。

更改主题的步骤如下：

(1)用以下两种方法之一打开主题设置窗口，如图 2-33 所示。

• 右击桌面空白处，在弹出的快捷菜单中执行“个性化”命令。

• 打开“控制面板”窗口，然后单击“个性化”选项。

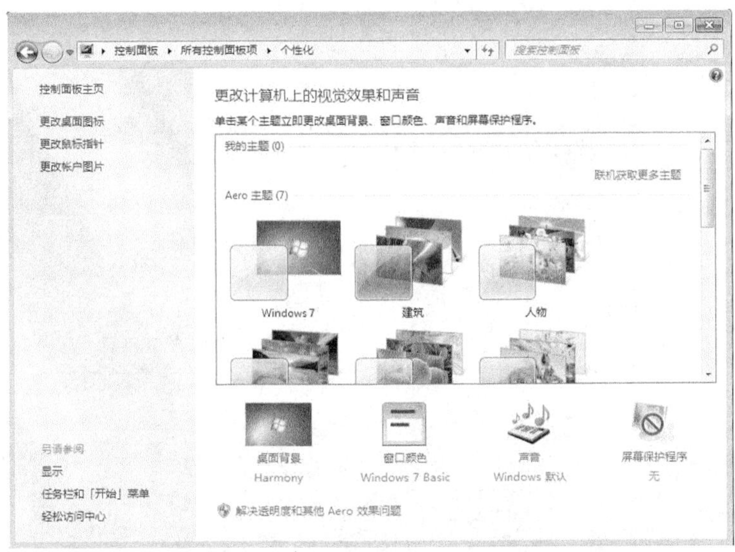

图 2-33　主题设置窗口

(2)在主题设置窗口中单击其中一个主题，可以看到 Windows 的桌面背景、窗口颜色等相关内容立即更改了。

在 Windows 7 中，可以使用整个主题，也可以仅使用其中一部分。选择最符合自己喜好的主题后，可以分别点击“个性化”窗口底部的桌面背景、窗口颜色、声音和屏幕保护程序 4 个按钮更改主题的某一部分，然后单击“保存修改”按钮保存所做的修改。如果要保存主题以供将来使用(或将主题共享给朋友)，可在“我的主题”列表中单击“保存主题”按钮。也可以单击“我的主题”右下方的“联机获取更多主题”按钮，访问 Microsoft 的主题网站，下载更多精美的主题。以下详细讲述自定义主题的 4 个方面。

1)桌面背景

在 Windows 7 中，桌面背景将不再是单一的图片，可以使用幻灯片(一系列不停变换的图片)作为桌面背景。可以使用个人图片集创建自己的幻灯片，也可以使用 Windows 自带主题中的一部分图片。使用 Windows 某个主题中的一部分图片自定义幻灯片方法如下：

(1)在“个性化”窗口中单击要应用于桌面的 Aero 主题，如“中国”，然后单击“桌面背景”打开如图 2-34 所示的“选择桌面背景”窗口。

(2)默认情况下，与选定主题关联的所有图片都处于选中状态并将作为幻灯片的一部分。通过单击图片左上角的复选框可以更改图片的选中状态，如图 2-35 所示。也可以把其他主题中的图片添加到幻灯片中。

(3)若要更改幻灯片的设置，从“图片位置(P)”列表项中选择一项：填充、适应、拉伸、平铺、居中；单击“更改图片时间间隔”列表中的定义好的时间间隔作为幻灯片变换图片的时间间隔；选中“无序播放”复选框使选中的图片随机显示。

(4)单击“保存修改”保存自定义设置，用户的幻灯片将作为未保存主题显示在“我的主题”下。

图 2-34 “选择桌面背景”窗口

图 2-35 选择桌面背景幻灯片图片

2) 窗口颜色和外观

选择某个新主题后，如果不希望使用与当前主题关联的颜色，可以手动更改计算机上的颜色。单击“个性化”窗口下面的“窗口颜色”，打开“窗口颜色和外观”设置窗口，如图 2-36 所示。单击系统提供的颜色之一，或使用颜色混合器创建自己的自定义颜色，然后单击“保存修改”按钮。

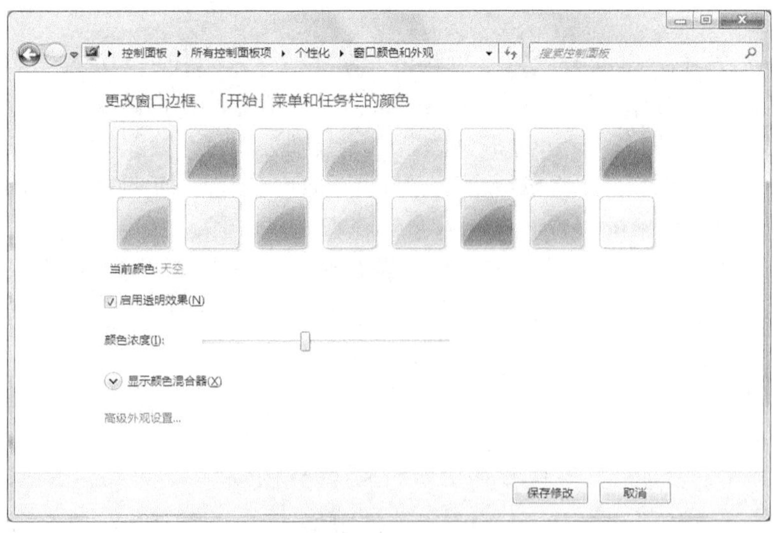

图 2-36 更改窗口颜色和外观

注意：如果看到的是“窗口颜色和外观”对话框，而不是“窗口颜色和外观”窗口，则用户可能没有使用 Aero 主题，或用户的计算机可能不满足运行 Aero 的最低硬件要求。

3) 声音方案

可以让计算机在系统发生某些事件(如登录或注销 Windows)时播放声音。Windows 附带多种针对常见事件的声音方案。某些桌面主题也有它们自己的声音方案。更改声音方案的方法如下：

(1) 单击“个性化”窗口下面的“声音”选项，打开如图 2-37 所示的“声音”设置窗口。

(2) 在“声音方案”列表中，选择想要使用的声音方案。

(3) 选定某个声音方案后，若要更改声音方案中某个事件的默认声音，可以在“程序事件”列表中，单击要为其分配新声音的事件。

(4) 在“声音”列表中，单击要与事件关联的声音，然后单击“应用”按钮。如果要使用的声音没有列出，则可单击“浏览”进行查找。

(5) 若要更改多个声音，请按照上面的步骤操作。但是在单击每个声音之后要单击“应用”按钮，直到完成所需的所有更改，然后单击“确定”按钮。

4) 屏幕保护程序

当在指定的一段时间内没有使用鼠标或键盘后，屏幕保护程序就会出现在计算机的屏幕上，此程序为移动的图片或动画。屏幕保护程序最初设计用于保护显示器免遭损坏，但现在它们主要是个性化计算机或通过提供密码保护来增强计算机安全性的一种方式。Windows 7 默认有变换线、彩带、气泡、三维文字等多种屏幕保护程序。用户还可以使用保存在计算机上的个人图片来创建自己的屏幕保护程序，也可以从 Internet 下载屏幕保护程序。

(1) 单击“个性化”窗口下面的“屏幕保护程序”选项，打开如图 2-38 所示的“屏幕保护程序设置”对话框。

图 2-37　“声音”设置窗口

图 2-38　屏幕保护程序设置对话框

(2)在“屏幕保护程序”列表中，选择想要使用的屏幕保护程序。

(3)设置希望启动屏幕保护程序的时间，并选中“在恢复时显示登录屏幕”复选框。设置的等待时间不能太长，以免未经授权的人员在用户离开时有机会擅自使用计算机。但是也不能过短，以避免屏幕保护程序不必要地频繁锁定计算机。

(4)单击“确定”按钮。

注意：若要查看屏幕保护程序的外观，可在单击“确定”按钮之前单击“预览”按钮。若要结束屏幕保护程序预览，请移动鼠标或按任意键即可。

2. 设置 Windows 显示属性

1)更改屏幕上的文本和其他项目大小

在 Windows 7 中，无需更改屏幕分辨率就可以让屏幕上的文本或其他项目(如图标)变得更大，更易于查看。这样便允许用户在保持显示器设置为其最佳分辨率的同时增加或减小屏幕上文本和其他项目的大小。

(1)在控制面板经典视图中单击“显示”图标，打开如图 2-39 所示的“显示”设置窗口。

(2)选择下列选项之一：

• “较小 - 100%(默认)”，该选项使文本和其他项目保持正常大小。

• “中等 - 125%”，该选项将文本和其他项目设置为正常大小的 125%。

• “较大 - 150%”，该选项将文本和其他项目设置为正常大小的 150%。仅当监视器支持的分辨率至少为 1200×900 时才显示该选项。

(3)单击“应用”按钮保存设置，该更改将在下次登录 Windows 时才生效。

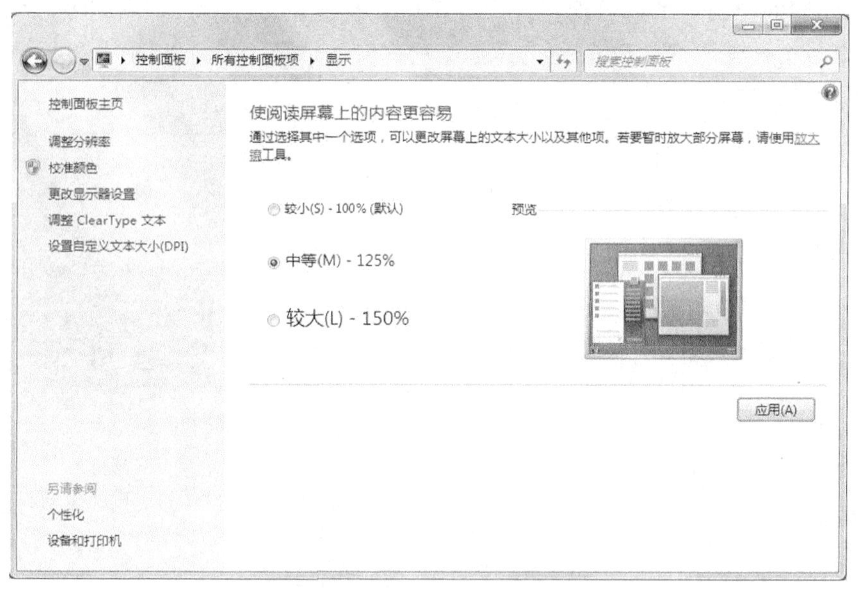

图 2-39 更改屏幕上的文本和其他项目大小

2)屏幕分辨率

屏幕分辨率指的是屏幕上显示的文本和图像的清晰度。分辨率越高(如 1600×1200)，项目显示越清晰，同时屏幕上的项目越小，因此屏幕可以容纳越多的项目。分辨率越低(如 800×600)，在屏幕上显示的项目越少，但图标尺寸越大。可以使用的分辨率取决于显示器的大小和功能及显卡的类型。

(1)在控制面板经典视图中单击“显示”图标打开“显示”设置窗口，单击左边的“调整分辨率”链接打开“屏幕分辨率”设置窗口，如图 2-40 所示。

(2)单击“分辨率”旁边的下拉列表，选择所需的分辨率。建议选择标记为“推荐”的分辨率，然后单击“应用”按钮。

(3)单击“保留更改”按钮使用新的分辨率，或单击“还原”按钮回到以前的分辨率。如果将监视器设置为它不支持的屏幕分辨率，那么屏幕会变为黑色并在几秒后还原到原始分辨率下。

图 2-40 调整屏幕分辨率

3) ClearType 技术

Windows 包含一种名为 ClearType 的技术，默认情况下，该技术处于打开状态。ClearType 允许用户的监视器尽可能清晰、平滑地显示字体。这有助于长时间阅读文本，而不会导致眼睛疲劳。它尤其适合于 LCD 设备。单击“显示”设置窗口左边的“调整 ClearType 文本”链接，启动“ClearType 文本调谐器”向导，按向导提示选择“看起来最清晰的文本示例”选项，即完成 ClearType 的设置。

2.4.5 用户账户管理

Windows 7 默认有 3 种类型的账户。每种类型的账户为用户提供不同的计算机使用权限。

(1)标准账户：适用于日常工作中使用。标准账户可防止用户做出会对该计算机的所有用户造成影响的更改(如删除计算机工作所需要的文件)，从而帮助保护用户的计算机。建议为每个用户创建一个标准账户。当用户使用标准账户登录 Windows 时，可以执行管理员账户下的几乎所有的操作，但是如果要执行影响该计算机其他用户的操作(如安装软件或更改安全设置)，则 Windows 可能要求用户提供管理员账户的密码。

(2)管理员账户：该类型用户拥有对计算机的完全控制和访问权限。计算机管理员账户可以创建和删除计算机上的其他用户账户，可以为计算机上其他用户账户创建账户密码，可以更改其他人的账户名、图片、密码和账户类型。但是无法将自己的账户类型更改为受限制账户类型，除非至少有一个其他用户在该计算机上拥有计算机管理员账户类型，以确保计算机上总是至少有一个人拥有计算机管理员账户。

(3)来宾账户：主要针对需要临时使用计算机的用户。在计算机上没有账户的用户可以使用来宾账户。来宾账户没有密码，所以可以快速登录，以检查电子邮件或者浏览 Internet。登录到来宾账户的用户无法安装软件或硬件，无法更改来宾账户类型，但可以访问已经安装在计算机上的程序，可以更改来宾账户图片。

1. 用户账户的设置

在控制面板经典视图窗口中，单击“用户账户”图标，打开如图 2-41 所示的“用户账户”窗口。在“用户账户”窗口中，如果当前登录用户没有设置密码，单击“为您的账户创建密码”选项，可打开“创建密码”窗口为用户创建登录密码；对设置了登录密码的用户，单击“更改密码”选项，可更改用户账户的密码；单击“删除密码”选项可以清空该用户的登录密码，该步骤需要用户输入正确的当前密码；单击“更改图片”选项可以更改用户账户的登录图标；单击“更改账户名称”选项，可更改用户账户的登录名；单击“更改账户类型”选项可以更改用户的账户类型。

图 2-41 “用户账户”窗口

2. 用户账户的删除

当系统中的某一用户不再使用系统时，可从“用户账户”窗口中单击“管理其他账户”选项(如果目前登录 Windows 的用户不是管理员账户，系统会提示用户输入管理员密码)，在“管理账户”窗口的用户列表中选择想要删除的用户，然后单击“删除账户”选项，在紧接出现的窗口中选择是否保留删除账户的文件，如果保留选“保留文件”，不保留选“删除文件”。在最后出现的确认删除窗口中，选择“删除账户”选项，即可删除该用户。

3. 创建新账户

在“用户账户” 窗口中，单击“管理其他账户”选项打开“管理账户”窗口。单击“创

建一个新账户”，在打开的“创建新账户”窗口中输入新账户的名称，并选择指派给新用户的账户类型，然后单击“创建账户”即可。

注意：第一个添加到计算机的用户会被系统自动指派为计算机管理员账户。指派给账户的名称就是将出现在登录界面和“开始”菜单上的名称。

2.5　Windows 的系统维护和常用基本工具

Windows 系统中带有一些常用系统工具和实用软件，在“开始”菜单中“所有程序”下的“附件”中可以方便地启动这些工具。

2.5.1　系统维护工具

在附件中的“系统工具”目录里，包括多个维护系统的强大功能程序，常用功能程序如下。

1. 磁盘清理程序

磁盘清理程序帮助释放硬盘空间。磁盘清理程序搜索计算机上的硬盘驱动器，然后列出临时文件、Internet 缓存文件和可以安全删除的不需要的程序文件。使用磁盘清理程序可以选择删除部分或全部这些文件。

2. 磁盘碎片整理程序

磁盘碎片整理程序可以将计算机硬盘上的碎片文件或文件夹合并在一起，以便每一项在卷上分别占据单个和连续的空间。这样，系统就可以更有效地访问文件和文件夹，更有效地保存新的文件和文件夹。通过合并文件和文件夹，磁盘碎片整理程序还将合并卷上的可用空间，以减少新文件出现碎片的可能性。要执行磁盘碎片整理任务，需要有计算机管理员的权限。磁盘碎片整理可以提高磁盘读写速度，改进文件系统性能。

3. 系统还原

“系统还原”是 Windows 7 中的一个组件。利用它可以在计算机发生故障时恢复到以前的状态，而不会丢失个人数据文件。“系统还原”可以监视系统及某些应用程序文件的改变，并自动创建易于识别的还原点。这些还原点允许将系统恢复到还原点处的状态。在发生重大系统事件(如安装应用程序或者驱动程序)时，都会创建还原点。用户也可以在任何时候创建并命名自己的还原点。

4. 系统信息

“系统信息”收集并显示本地和远程计算机的系统配置信息，包括硬件配置、计算机组件和软件(包括签名的驱动程序和没有签名的驱动程序)的信息。

2.5.2　记事本

记事本是 Windows 自带的一个用于创建纯文本文档的编辑器，适于编写一些篇幅短小的文件。它跟 Microsoft 的 Word 相比，功能确实显得单薄了点，只有新建、保存、打印、查找、替换等几个功能。但是记事本却拥有打开速度快、程序文件小的优势。记事本另一项不可取代的功能是：可以保存无格式文件。可以把记事本编辑的文件保存为.bat、.html、.java、.asp 等任意格式，这使得“记事本”可以作为程序语言的简单编辑器。注意：在记事本中，设置文本的字体、字形、字号等属性时，只能一视同仁地为所有文字指定同样的属性，并且这些文本属性的显示效果仅在本地计算机的记事本中打开才有效，将这些文本文件复制到其他计算机中再打开，显示效果会根据他人计算机的设置而发生变化。若需要保留各种排版效果则必须使用 Word 等其他专用文字处理工具。

1. 打开记事本

单击“开始”按钮，在打开的“开始”菜单中执行“所有程序”→“附件”→“记事本”命令，就可以打开“记事本”，界面如图 2-42 所示。

图 2-42　记事本

2. 编辑文档

在记事本中，可以通过复制、剪切、粘贴等操作，满足用户快速编辑文档的需要。下面简单介绍几种常用的操作。

(1) 选择：按下鼠标左键不放，在所需要操作的文字上拖动，当文字呈反白显示时，说明已经选中了该文字。当需要选择全文时，可执行“编辑”→“全选”命令，或者使用快捷键 Ctrl+A，即可选定文档中的所有内容。

(2) 删除：当用户选定不再需要的文字进行删除时，可以在键盘上按 Delete 键，也可以在“编辑”菜单中执行“删除”命令，即可删除所选内容。

(3) 复制：如要对文档内容进行复制时，可以先选定对象，使用“编辑”菜单中的“复制”命令，或使用快捷键 Ctrl+C 把选定的内容先复制到剪贴板，然后把光标定位到目标位置，再执行“编辑”菜单中的“粘贴”命令，或使用快捷键 Ctrl+V 把剪贴板中的内容粘贴到目标位置。

(4) 查找：当需要在文档中寻找一些相关的字词时，利用“查找”功能就能轻松地找到想要的内容。要进行“查找”时，可选择“编辑”→“查找”命令，在弹出的“查找”对话框中输入要查找的内容，单击“查找下一个”按钮即会定位并反白显示查找到的内容。当文档中没有匹配的内容时，会弹出一个“找不到”的确认框。

(5) 区分大小写：当选择后，在查找的过程中，会严格地区分大小写。该项一般默认为不选择，用户如需要时，可选择该复选框。

(6) 替换：当需要把某些内容替换为其他内容时，可以选择“编辑”→“替换”命令，出现“替换”对话框，如图 2-43 所示。

在“查找内容”中输入文档中将要被替换掉的内容，在“替换为”输入框中输入替换后的内容，输入完成后，单击“查找下一处”按钮，即可查找到相关内容。单击“替换”只替换目前反白显示处的内容，单击“全部替换”则把文档中所有匹配的内容都替换掉。

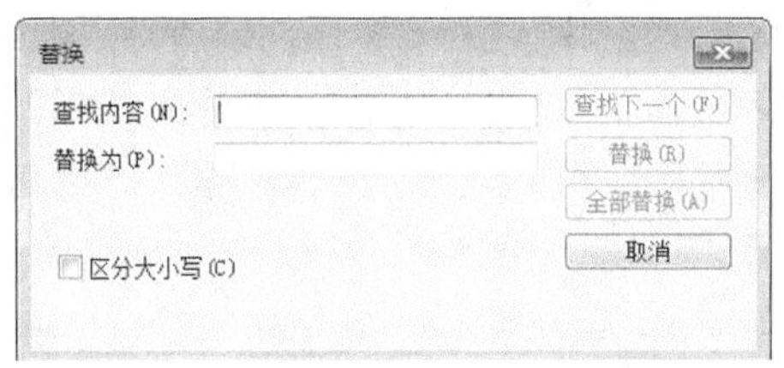

图 2-43　“替换”对话框

2.5.3　写字板

写字板是一个可用来创建和编辑文档的文本编辑程序。与记事本不同的是，写字板文档可以包括复杂的格式和图形，并且可以在写字板内链接或嵌入对象(如图片或其他文档)。

用户可以在“开始”菜单中执行“所有程序”→“附件”→“写字板”命令，打开“写字板”程序，如图 2-44 所示。

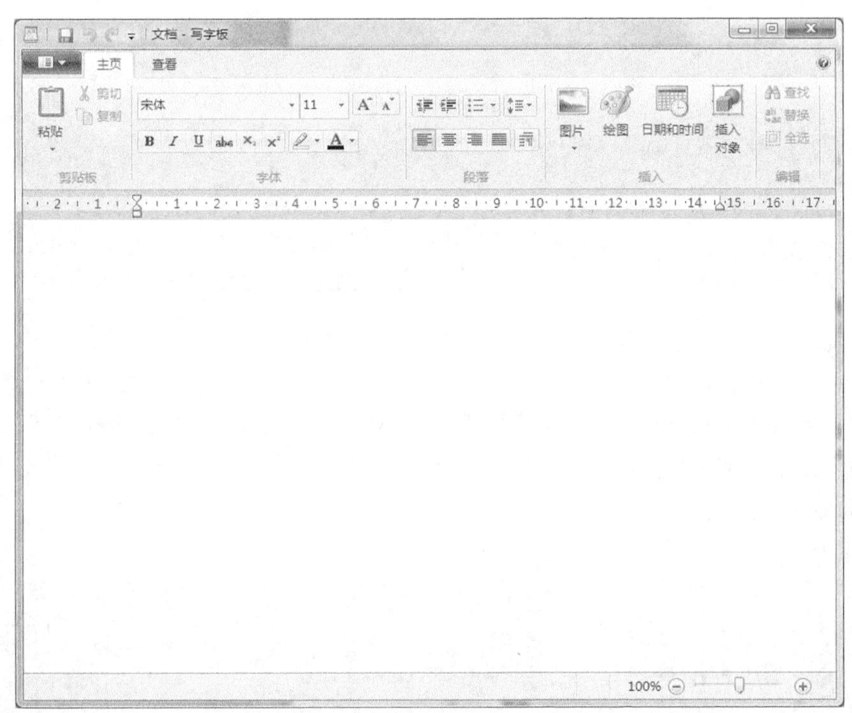

图 2-44　“写字板”界面

从图 2-44 中用户可以看到，“写字板”由标题栏、快速访问工具栏、“写字板”按钮、功能区、水平标尺、工作区和状态栏几部分组成。

位于标题栏左边的快速访问工具栏默认只显示了保存、撤销、重做 3 个命令图标，可以单击快速访问工具栏右边的倒三角按钮打开“自定义快速访问工具栏”菜单，选取新建、打开、快速打印、打印预览等功能，以让其显示出来。

单击“写字板”按钮可以看到如图 2-45 所示的文件菜单，在该菜单中可以执行新建、打开、保存、另存为、打印、页面设置、退出等操作。

与之前版本的写字板不同的是，Windows 7 的写字板用直观的功能区替换了工具栏和菜单，以帮助用户快速找到完成任务所需的命令。新建或打开写字板文档后，默认显示“主页”功能区，该功能区分为剪贴板、字体、段落、插入、编辑 5 个组，用户可以把鼠标停留在各个功能图标上以查看该功能的详细描述，如图 2-46 所示。可以为选定的文字单独设置不同的字体、字号等属性，也可以用“插入”组中的“插入图片”功能在文档中插入图片。

图 2-45　写字板文件菜单

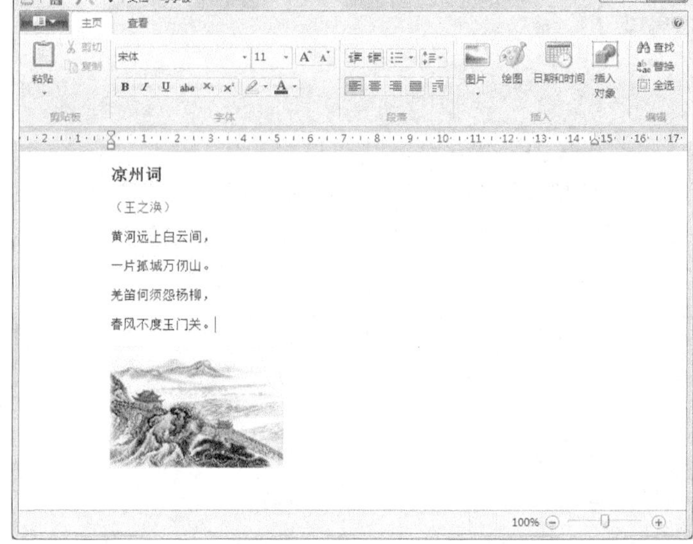

图 2-46　编辑写字板文档

2.5.4　计算器

除了“标准型”和“科学型”计算模式外，Windows 7 的计算器还提供了“程序员”、“统计信息”这些高级的运算模式，并且还增加了单位转换、日期计算、工作表(抵押、汽车租赁、油耗)这些实用的计算工具。

1. 标准计算器

进行诸如加、减、乘、除这些简单的算术计算时，使用“标准计算器”就可以满足需要了。单击“开始”按钮，选择“所有程序”→“附件”→“计算器”命令，即可打开“计算器”窗口，默认为“标准计算器”，如图 2-47 所示。

计算器窗口包括标题栏、菜单栏、数字显示区和工作区几部分。工作区由数字按钮、运算符按钮、存储按钮和操作按钮组成，当用户使用时先输入所要运算的算式的第一个数，在数字显示区内会显示相应的数字，然后选择运算符，再输入第二个数，最后单击“=”按钮，即可得到运算后的结果。在键盘上输入时，也是按照同样的方法，到最后按回车键即可得到运算结果。

当用户在进行数值输入过程中出现错误时，可以单击“←”键逐个删除；当需要清除当前用户所输入的整行数字时，可以单击 CE 按钮；当一次运算完成后，单击 C 按钮即可清除当前的运算结果，再次输入时可开始新的运算。

计算器的运算结果可以导入别的应用软件中，用户可以选择“编辑”→“复制”命令把运算结果粘贴到别处，也可以从别的地方复制好运算算式后，选择“编辑”→“粘贴”命令，计算器会自动运算并在数字显示区显示计算的结果。

2. 实用计算器

有时候需要计算两个日期间隔的天数，即从现在起到某月某日，中间相隔了几月几周几天，利用日期计算功能即可轻松实现。计算器的单位转换功能也非常实用。例如，我们经常听到 1 克拉、1 盎司等说法，但是未必每个人都很清楚这些计重单位等于多少克，这时单位转换计算器就派上用场了。

Windows 7 的计算器甚至还能帮助我们计算房贷的每月还款额，以确定应该选择哪个还款年限和贷款额度。假设我们需要购买一套价值 100 万元的房子，首付款为 30 万元，其他的费用采用公积金贷款。假设家庭月收入是 8000 元，现在想计算一下如果还款年限为 20 年的话，能否满足公积金贷款中心关于“月还款额度不超过家庭月收入一半”的硬性要求。

有了 Windows 7 计算器，我们只需在计算器的“查看”菜单中依次选择“工作表”→“抵押”命令，打开贷款抵押计算器，如图 2-48 所示。在右侧窗格里选择“按月付款”，然后在“采购价”文本框里输入房子的购买总金额 1000000，在“定金”文本框里输入房子的首付款 300000，在“期限”文本框里输入还款年限 20，在“利率(%)”文本框里输入公积金贷款利率 4.5，然后单击“计算”按钮，即可计算出每月还款额约 4428.5 元，超出家庭月收入的一半。

图 2-47　标准型计算器窗口

图 2-48　抵押贷款计算器

2.5.5　画图程序

在处理图像时，经常用到 Windows 画图程序，虽然目前市面上专业图像处理软件很多，但从处理方法和功能来看，Windows 画图程序仍不失为一种简单快捷的图像处理工具。Windows 画图程序具备一般绘图软件所必需的基本功能。

单击“开始”→“所有程序”→“附件”→“画图”命令，可以启动画图程序，如图 2-49 所示。画图程序除了有标题栏、状态栏、滚动条等普通窗口的元素外，全新的功能区(横跨窗口顶部的条带，显示画图程序可执行的操作)可使画图更加简单易用，其选项均已展开显示，而不是隐藏在菜单中。它集中了最常用的特性，以便用户更加直接地访问它们，从而减少菜单查找操作。

利用画图程序可以编辑、处理图片，为图片加上文字说明，对图片进行挖、补、裁剪，还支持翻转、拉伸等操作。它包括画笔、点、线框及橡皮擦、喷枪、刷子等一系列工具，具有完成一些常见的图片编辑器的基本功能。还可以把用画图软件编辑好的图片另存为 bmp、jpg、gif、png 等格式来实现图形格式的转换。

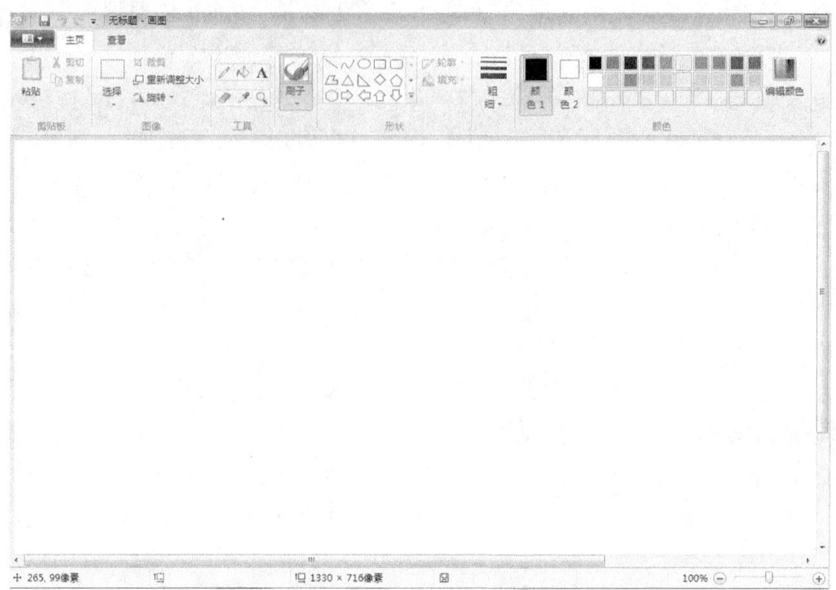

图 2-49 “画图”窗口

第 3 章　Word 2010 文字编辑

学习目标

- 了解和掌握 Word 2010 的基础知识与基本操作
- 掌握文档的建立、编辑以及格式化操作
- 掌握样式和模板的应用
- 掌握表格的创建
- 掌握图表处理的方法
- 掌握文档中对象的插入
- 掌握打印文档方法

Word 2010 是 Microsoft 公司开发的 Office 2010 办公组件之一，主要用于文字处理工作。它适合于制作各种文档，如公文、信函、报告、传真和简历等，并且能在文档中插入表格、图片等，是一个功能强大、界面友好的文字处理和编辑软件。

3.1　简　　述

通常将由 Word 编排的文件称为 Word 文档，扩展名是.docx，它可以是文章、信函、通知、简历等。要灵活掌握和运用 Word 2010，就要对它的基本操作知识和功能有所了解。本节主要介绍 Word 2010 的启动、工作环境及各功能区的作用等。

用户从 Word 2003 升级到 Word 2010，需要适应其操作界面和操作方式的变化。

3.1.1　Word 的工作窗口

1. *启动 Word 2010*

通过执行“开始”→“所有程序”→Microsoft Office →Microsoft Office Word 2010 命令，或直接双击桌面的 Word 快捷图标，即可启动 Word。

2. *Word 2010 的用户界面*

启动 Word 后，Word 窗口打开，默认情况下，系统新建一个空白 word 文档，如图 3-1 所示。组成 Word 窗口的主要元素包括：标题栏、选项卡、功能区、文档窗口、滚动条、标尺、视图栏、状态栏、窗口控制按钮等。

3. *Word 2010 的功能区*

Word 2010 取消了传统的菜单操作方式，而代之的是各种功能区。在 Word 2010 窗口上方看起来像菜单的名称其实是功能区的名称，当单击这些名称时并不会打开菜单，而是切换到与之相对应的功能区面板。每个功能区根据功能的不同又分为若干个组，每个功能区所拥有的功能如下。

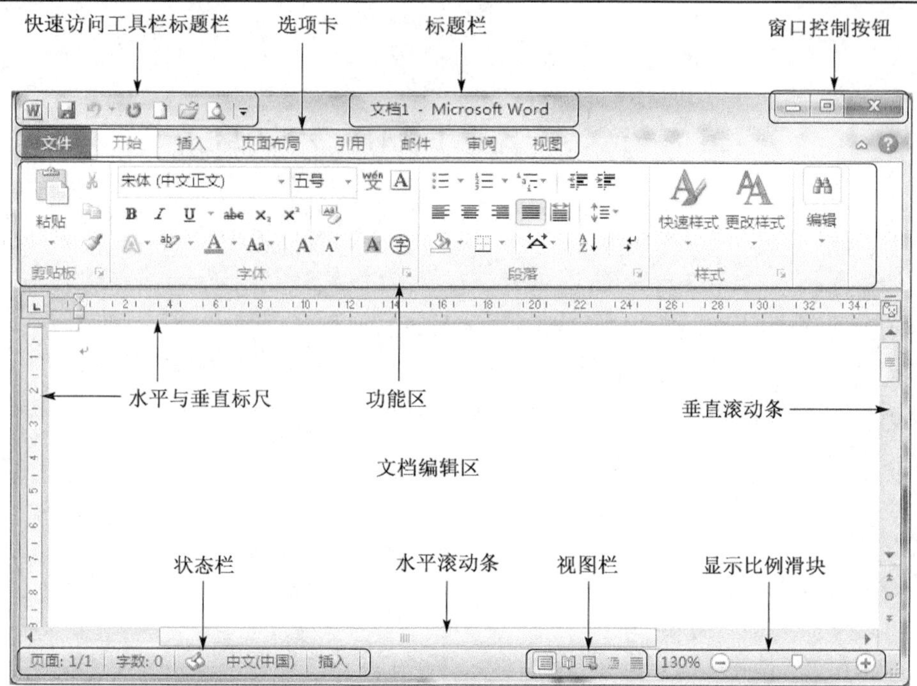

图 3-1　Word 2010 工作界面

1) 开始功能区

“开始”功能区中包括剪贴板、字体、段落、样式和编辑 5 个组，对应 Word 2003 的“编辑”和“段落”菜单部分命令。该功能区主要帮助用户对 Word 2010 文档进行文字编辑和格式设置，是用户最常用的功能区。

2) 插入功能区

“插入”功能区包括页、表格、插图、链接、页眉和页脚、文本、符号和特殊符号几个组，对应 Word 2003 中“插入”菜单中的部分命令，主要用于向 Word 2010 文档中插入各种元素。

3) 页面布局功能区

“页面布局”功能区包括主题、页面设置、稿纸、页面背景、段落、排列几个组，对应 Word 2003 的“页面设置”菜单命令和“段落”菜单中的部分命令，用于帮助用户设置 Word 2010 文档页面样式。

4) 引用功能区

“引用”功能区包括目录、脚注、引文与书目、题注、索引和引文目录几个组，用于实现在 Word 2010 文档中插入目录等比较高级的功能。

5) 邮件功能区

“邮件”功能区包括创建、开始邮件合并、编写和插入域、预览结果和完成几个组，该功能区的作用比较专一，专门用于在 Word 2010 文档中进行邮件合并方面的操作。

6) 审阅功能区

“审阅”功能区包括校对、语言、中文简繁转换、批注、修订、更改、比较和保护几个组，主要用于对 Word 2010 文档进行校对和修订等操作，适用于多人协作处理 Word 2010 长文档的情况。

7) 视图功能区

“视图”功能区包括文档视图、显示、显示比例、窗口和宏几个组，主要用于帮助用户设置 Word 2010 操作窗口的视图类型，以方便操作。

8) 加载项功能区

“加载项”功能区包括菜单命令一个分组，加载项是可以为 Word 2010 安装的附加属性，如自定义的工具栏或其他命令扩展。“加载项”功能区则可以在 Word 2010 中添加或删除加载项。

4. 退出 Word 2010

当用户结束 Word 操作时，可用下列方法之一退出 Word：

- 执行“文件”→“退出”命令。
- 按 Alt+F4 键。
- 双击 Word 标题栏左上角的控制菜单按钮。
- 单击 Word 标题栏右上角的“关闭”按钮。

如果对文档进行了操作，且在退出之前没有保存文件时，Word 会显示一个消息框，询问是否在退出之前保存文件。单击“是”按钮，保存所进行的修改(如果没有给文档命名，还会出现“另存为”对话框，让用户给文档命名。在“另存为”对话框中键入新名字之后，单击“保存”按钮)；单击“否”按钮，不保存所进行的修改直接退出 Word。

3.1.2 视图方式

所谓视图方式，指的是浏览文档的模式。Word 2010 提供了多种在屏幕上显示文档的视图方式，目的是为了让用户能更好、更方便地浏览文档的内容、格式、段落等效果，从而更好地完成不同的操作。Word 2010 为用户提供了“页面视图”、“阅读版式视图”、“Web 版式视图”、“大纲视图”和“草稿视图”5 种视图模式，如图 3-2 所示。用户可以在“视图”功能区中选择需要的文档视图模式，也可以在 Word 2010 文档窗口的右下方单击“视图”按钮选择视图。

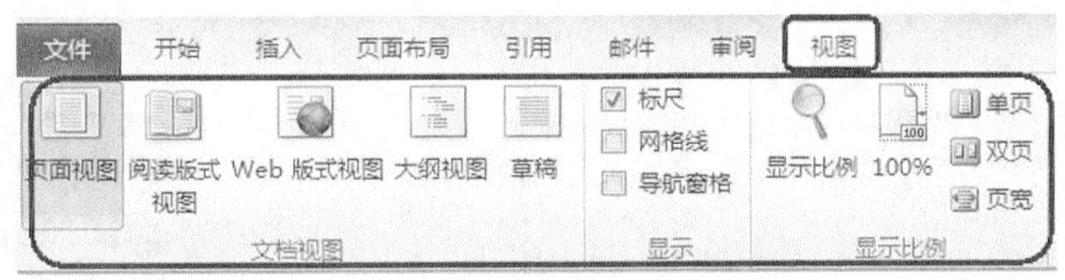

图 3-2　Word 2010 视图方式

1. 页面视图

“页面视图”适用于概览整个文章的总体效果。它可以显示出页面大小、布局，编辑页眉和页脚，查看、调整页边距，处理分栏及图形对象。“页面视图”能够在屏幕上模拟打印文档的效果，是真正体现“所见即所得”功能，如图 3-3 所示。

要快速切换到“页面视图”，可在窗口右下方的视图栏进行切换。

2. 阅读版式视图

“阅读版式视图”以图书的分栏样式显示 Word 2010 文档，将“文件”按钮、功能区等窗口元素隐藏起来，如图 3-4 所示。

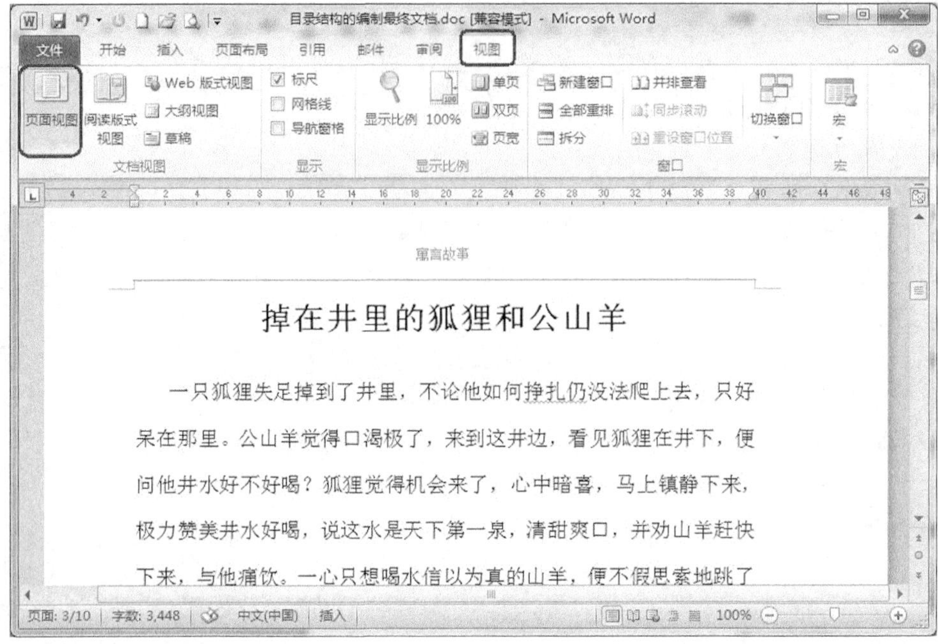

图 3-3　页面视图

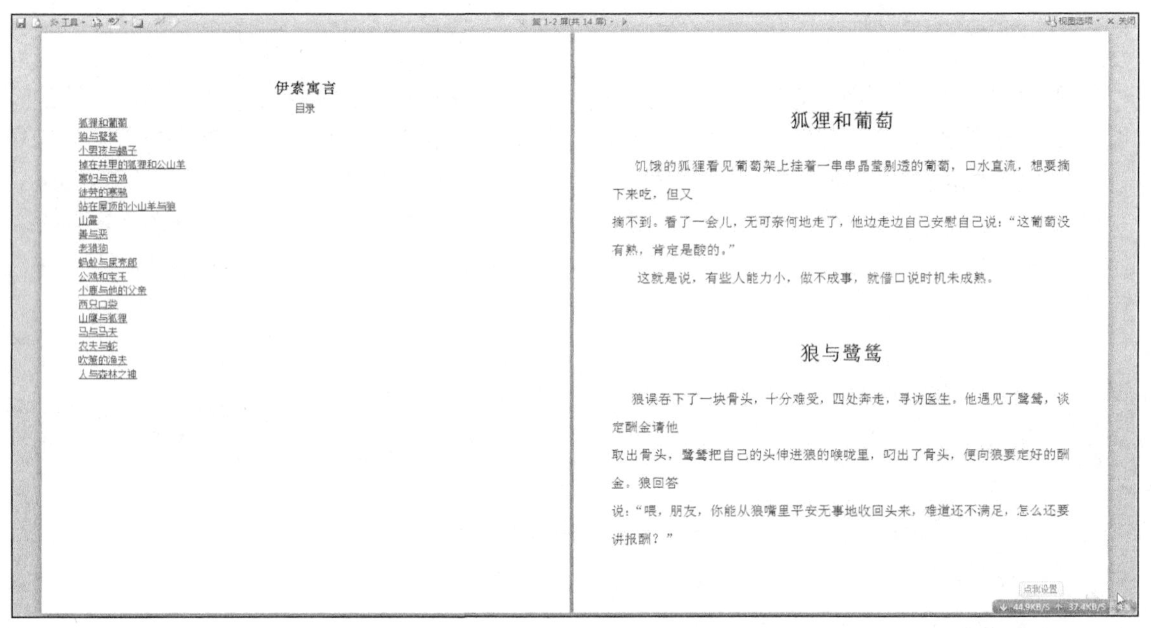

图 3-4　阅读版式视图

"阅读版式视图"方式下最适合阅读长篇文章。阅读版式将原来的文章编辑区缩小，而文字大小保持不变。如果字数多，它会自动分成多屏。在该视图下同样可以进行文字的编辑工作，但视觉效果好，眼睛不会感到疲劳。"阅读版式视图"会隐藏除"阅读版式"和"审阅"工具栏以外的所有工具栏，这样的好处是扩大显示区且方便用户进行审阅编辑。

"阅读版式视图"的目标是增加可读性。想要停止阅读文档时，单击"阅读版式"工具栏上的"关闭"按钮或按 Esc 键，可以从"阅读版式视图"切换回来。如果要修改文档，只需在阅读时直接编辑文本，而不必从“阅读版式视图”切换出来。“审阅”工具栏自动显示在“阅读版式视图”中，这样，用户就可以方便地使用修订记录和注释来标记文档。

3. Web 版式视图

“Web 版式视图”以网页的形式显示 Word 2010 文档，使用 Web 版式可快速预览当前文本在浏览器中的显示效果。在“Web 版式视图”下，文档会跟随浏览器窗口的大小自动调整每行文本显示的宽度以适应窗口的大小。文本中图形位置与在 Web 浏览器中的位置一致，而不以实际的打印效果显示文字。“Web 版式视图”适用于发送电子邮件和创建网页，如图 3-5 所示。

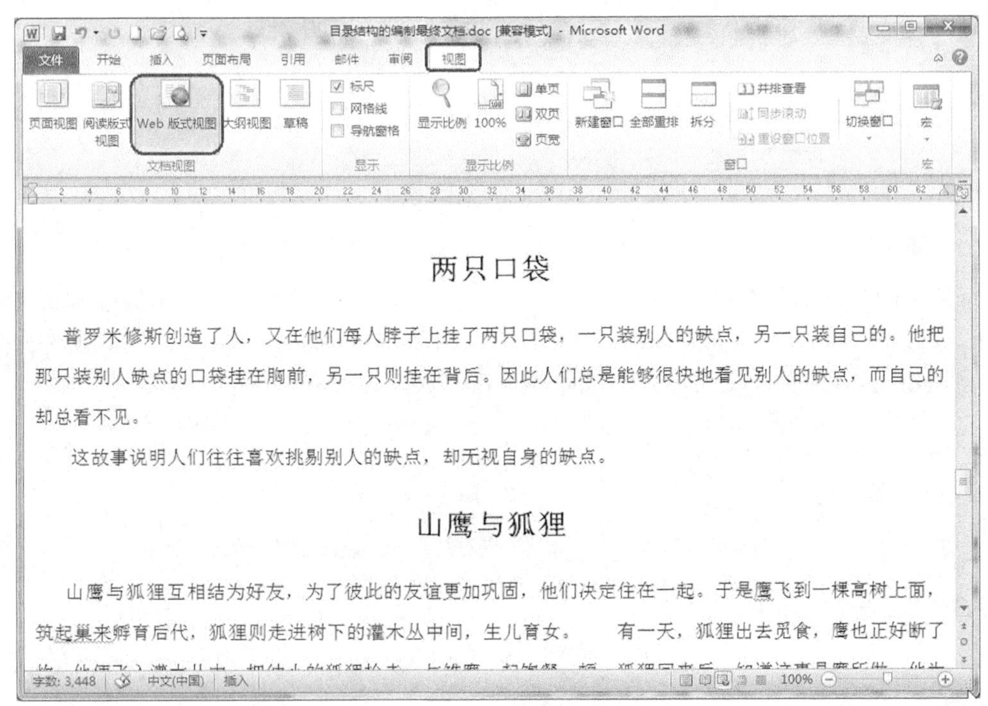

图 3-5　Web 版式视图

4. 大纲视图

“大纲视图”主要用于设置 Word 2010 文档的设置和显示标题的层级结构，并可以方便地折叠和展开各种层级的文档，如图 3-6 所示。

在“大纲视图”中，能查看文档的结构，还可以通过拖动标题来移动、复制和重新组织文本。这种视图特别适合编辑含有大量章节的长文档，能让文档层次结构清晰明了，并可根据需要进行调整。在查看时可以通过折叠文档来隐藏正文内容而只看主要标题，或者展开文档以查看所有的正文。另外“大纲视图”中不显示页边距、页眉和页脚、图片和背景等元素。

Tips

“大纲视图”要求文章具备诸如标题样式、大纲符号等表明文章结构的元素，否则就不一定能显示出大纲视图的效果。

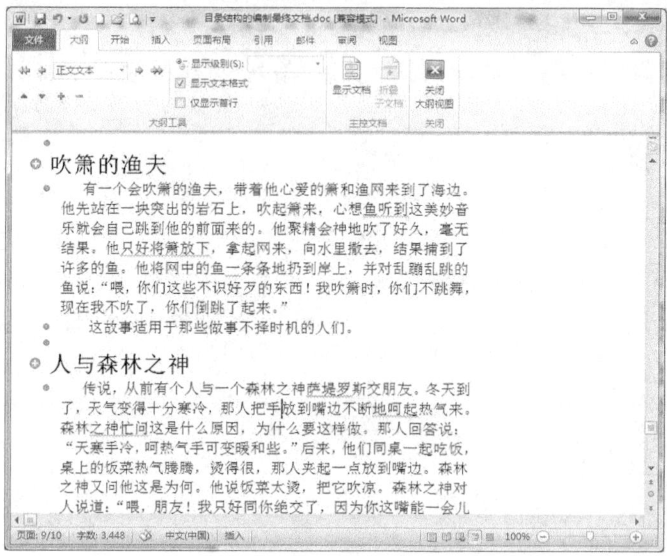

图 3-6　大纲视图

5. 草稿视图

“草稿视图”取消了页面边距、分栏、页眉页脚和图片等元素，仅显示标题和正文，是最节省计算机系统硬件资源的视图方式，如图 3-7 所示。当然现在计算机系统的硬件配置都比较高，基本上不存在由于硬件配置偏低而使 Word 2010 运行遇到障碍的问题。

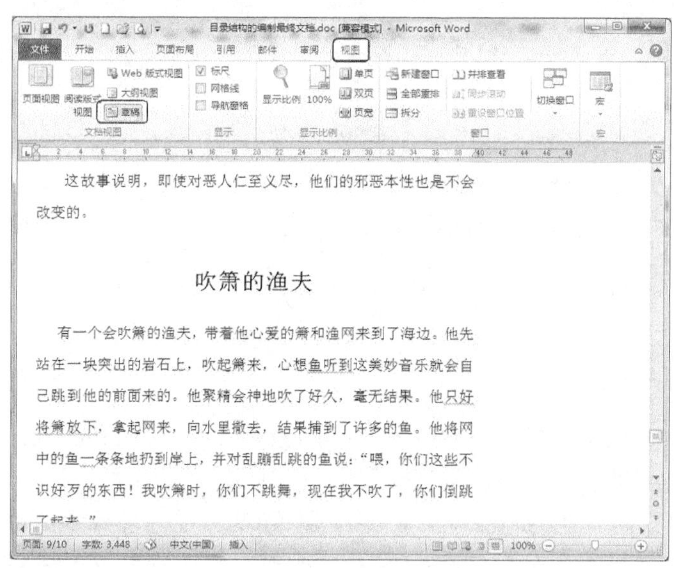

图 3-7　草稿视图

3.1.3 Word 的帮助

使用 Word 的过程中，可以对文档进行编辑修改，在此过程中，用户可能对如何完成任务存在疑问。想达到这样的目的应该怎样操作呢？在请邻居、同事、家人、朋友或熟人给予帮助之前，可先利用程序中有用的资源。Word 2010 为用户提供了非常完整的在线手册，可随时请求联机帮助。

1. Microsoft Office Online

在任何 Office 2010 程序中，可以搜索 Microsoft Office Online 上的帮助。Microsoft Office Online 是一个网站，它提供许多其他资源以帮助用户使用 Office 完成工作。该网站上的内容会定期更新，并根据用户就使用 Office 做出的反馈来处理特定请求和解决特定问题。其网址是 http://office.microsoft.com/zh-cn。

2. Microsoft Office Word 帮助

单击帮助按钮或直接按 F1 键，此时会显示 Word 帮助界面。在搜索框键入需要帮助的问题，搜索结果按与问题的相关程度在“搜索结果”任务窗格中列出，如图 3-8 所示。

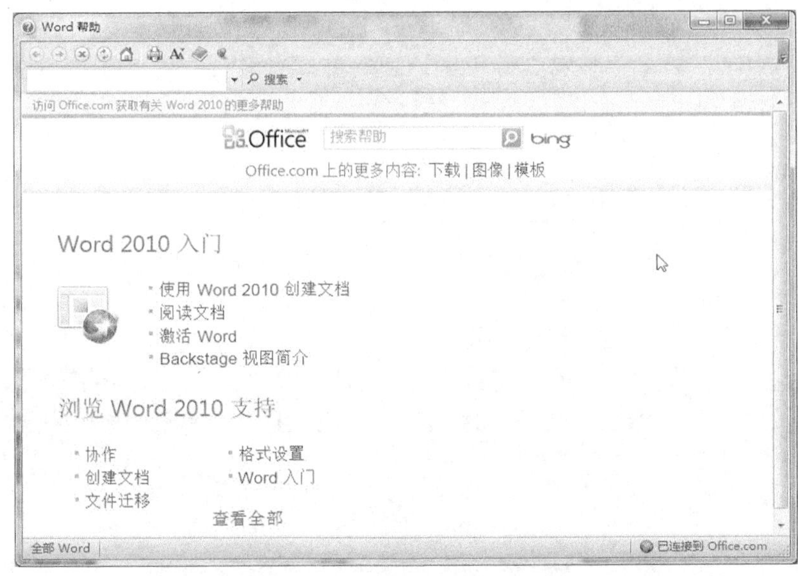

图 3-8　Microsoft Office Word 帮助

3.2　文档的基本操作

3.2.1　文档的建立与保存

1. 新建文档

Word 2010 启动后，会自动新建一个空文档，默认的文件名为“文档 1”。空文档就如一张白纸一样，可以让我们随意在里面输入和编辑。

此外，还可以通过“文件”→“新建”，通过内置的模板或搜索 Office.com 上提供的各种模板来建立适合自己使用的文档格式。关于模板将在 3.4 节详细介绍。

创建空白新文档的步骤如下：

(1) 单击“文件”选项卡，然后单击“新建”按钮。

(2) 在“可用模板”下，单击“空白文档”按钮。

(3) 单击“创建”按钮。

2. 输入文本

在空文档中可以直接输入所需的内容，在每行结束处不要按回车键，当输入内容到达右边界时，光标会自动移到下一行，这样有利于以后段落重排。输入到段落结束处，需要再按回车键表示段落结束。

在 Word 中，以 Enter 作为一个段落的结束。

Word 在文本编辑时有两种方式：“插入”和“改写”。插入是指将输入的文本添加到插入点光标“I”所在位置，插入点后面的文本将依次往后移。Word 2010 默认的编辑方式是插入，这时状态栏左侧有“插入”标志显示。改写是指输入的文本会覆盖当前插入点所在位置的文本。例如：输入内容“123456”后，将插入点移到 3 的右边，在“插入”方式下输入“aaa”，结果为“123aaa456”，若在“改写”方式下，则结果是“123aaa”。

用鼠标单击状态栏左侧的“插入/改写”标志，或按一下键盘上的 Insert 键，可在插入和改写方式之间进行切换。

3. 特殊符号的输入

1) 选择“插入”选项卡的“符号”组

有时需要输入一些键盘上没有的特殊字符或图形，如希腊字母、数字序号、图形符号等，这就需要使用符号插入功能。方法是：将光标移至需要插入特殊符号的位置，然后，在“插入”选项卡的“符号”组下选择“符号”→“其他符号”，这时会弹出对话框，如图 3-9 所示。再从中选定所需的符号即可。

图 3-9　插入符号

2) 使用软键盘输入

使用软键盘也可以方便快捷地输入希腊字母、日文片/平假名、俄文字母、拼音字母、注音符号、中文数字单位、标点符号、数学符号序号及制表符等，也可以用鼠标在软键盘上单击来模拟实际键盘的输入。

单击语言栏标准上的“软键盘”按钮，会立即弹出与键盘字母一致的软键盘。用鼠标右键单击软键盘按钮，则可以选择各种不同的特殊软键盘，如希腊字母、俄文字母、汉语注音符号、数字序号、中文数字/单位符号等，如图 3-10 所示。图 3-11 所示为通过软键盘选取了日文平假名。

图 3-10　选择各种不同的特殊软键盘　　　图 3-11　通过软键盘选取了日文平假名

4. 公式的输入

在编辑科技性的文档时，通常需要输入一些较复杂的数理公式，其中含有许多的数学符号，如积分符号、根式符号、带矩阵的公式等。Word 的“插入”→“公式”功能可以满足大多数公式和简单符号的编辑需求。

在“插入”选项卡的“符号”区选择“公式”选项，如图 3-12 所示。可通过 3 种途径输入公式：

(1) 使用内置公式。

(2) 使用“插入新公式”手动输入公式。

(3) 到 office.com 寻找其他符合要求的公式。

选择以上任一方式后，即出现图 3-13 所示的“公式工具”界面，利用这些工具可方便地对公式进行编辑、修改。

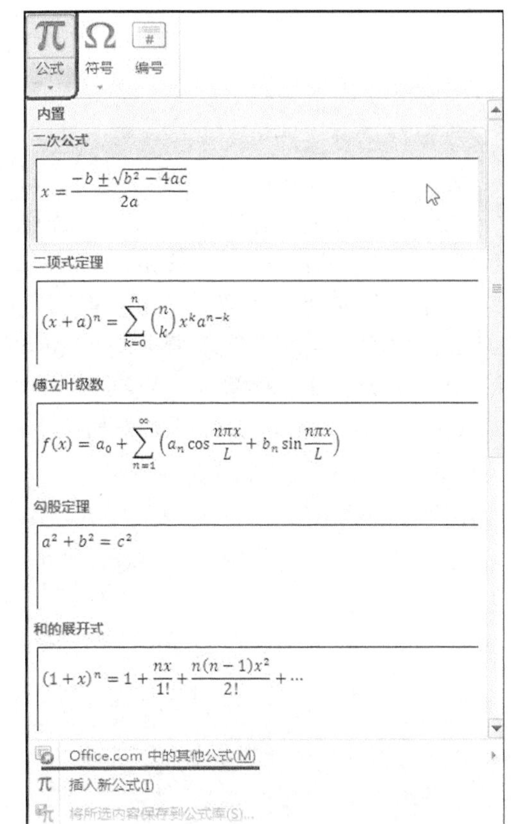

图 3-12　插入“公式”

5. 保存文档

保存的方法可以是以下操作之一：

• 选择“文件”选项卡中的“保存”命令，或“快速访问”工具栏上的“保存”按钮。

• 选择“文件”菜单中的“另存为”命令。

1) 保存新建文档

如果是新建立的文档，选择“文件”菜单中的“保存”命令时会以“另存为”命令的方式保存文件，此时将出现“另存为”的对话框，如图 3-14 所示。要求输入文件名，并指定所存文件的类型、驱动器名、存储路径。输入文件名后，再单击右下角的“保存”按钮，文档就被保存起来了。

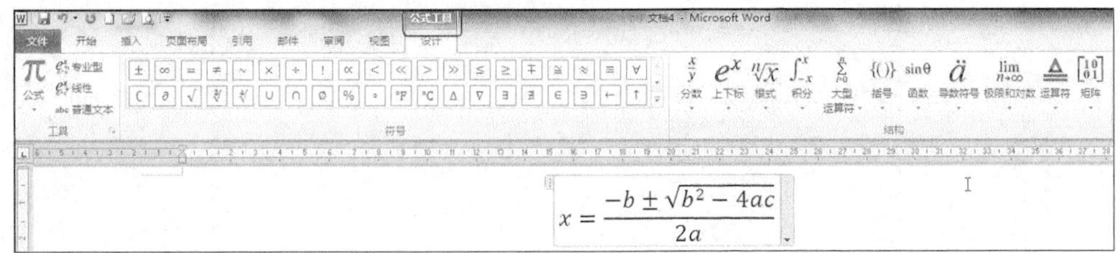

图 3-13　公式工具

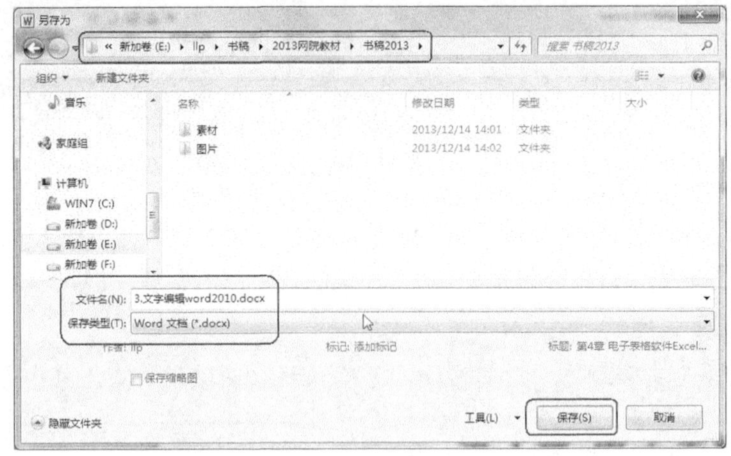

图 3-14 “另存为”对话框

2) 保存已有文档

为了防止突发情况(如停电、死机)而导致信息丢失，在编辑过程中最好隔一段时间就执行一次保存操作。保存文档方法是：选择“文件”选项卡中的“保存”命令，或单击“快速访问”工具栏上的“保存”按钮。

如果想将文档保存到另一位置或另起一个名字保存，应该使用“另存为”命令，操作的方法是：选择“文件”选项卡中的“另存为”命令。

3) 保存为其他文件格式

Word 2010 允许将文档保存为其他文件格式，如 Word 2003 文档格式、Web 页、纯文本、pdf 格式等，以便在其他软件中使用。操作方法是：选择“文件”选项卡中的“另存为”命令，再单击“保存类型”的下拉列表按钮，如图 3-15 所示。

图 3-15 选择保存为其他文件格式

3.2.2　文档的编辑与修改

文档内容录入过程或录入完毕，需要对文档的内容进行校对与修改。

1. 常用编辑键

对文档的文字进行编辑时，用户除了可以用鼠标单击菜单的命令进行操作外，还可以使用键盘的编辑键，恰当地应用键盘的编辑键，有时能使某些编辑操作事半功倍，如删除字符或翻页等，如表 3-1 所示。

表 3-1　常用编辑键及其功能

功能键	作用	功能键	作用
Backspace	删除光标左边的字符	PageUp	上翻一屏
Delete	删除光标右边的字符	PageDown	下翻一屏
→	光标右移	Home	光标移至行首
←	光标左移	End	光标移至行尾
↑	光标上移	Ctrl+PageUp	光标移至文本区左上角
↓	光标下移	Ctrl+PageDown	光标移至文本区右下角
Ctrl+↑	光标上移行首	Ctrl+Home	光称移至文档开头
Ctrl+↓	光标下移行首	Ctrl+End	光标移至文档末尾

2. 选定文本

在文档的编辑操作中需要选定了相应的文本之后，才能有效地对其进行删除、复制、移动等操作。文本被选定后呈反白显示，Word 提供多种选定文本的方法。

1) 使用鼠标选定

(1) 拖动选定。把插入点光标“I”移至要选定部分的开始，并按鼠标左键一直拖动到选定部分的末端，然后松开鼠标的左键。该方法可以选择任何长度的文本块，甚至整个文档。

(2) 对字词的选定。把插入光标放在某个汉字(或英文单词)上，快速双击鼠标左键，则该字词被选定，如图 3-16 所示。

(3) 对句子的选定。按住 Ctrl 键并单击句子中的任何位置，如图 3-16 所示。

(4) 对一行的选定。单击这一行的选定栏(该行的左边界)，如图 3-16 所示。

(5) 对多行的选定。选择一行，然后在选定栏中向上或向下拖动。

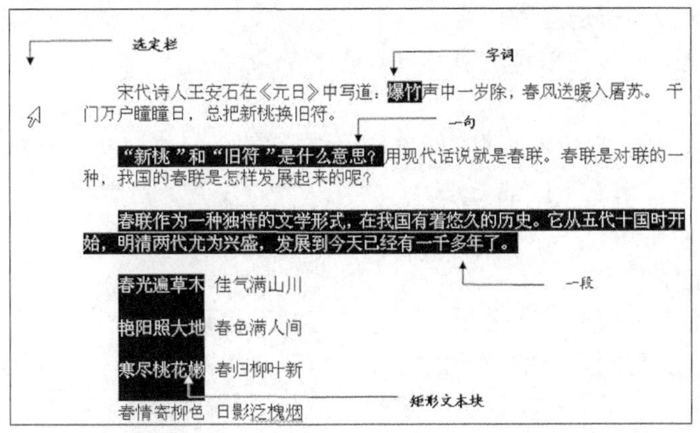

图 3-16　各种选定文本的方式

(6)对段落的选定。双击段落左边的选定栏，或三击段落中的任何位置。

(7)对整个文档的选定。将光标移到选定栏，鼠标变成一个向右指的箭头，然后三击鼠标。

(8)对任意部分的快速选定。用鼠标单击要选定的文本的开始位置，按住 Shift 键，然后单击要选定的文本的结束位置。

(9)对矩形文本块的选定。把插入光标置于要选定文本的左上角，然后按住 Alt 键和鼠标左键，拖动到文本块的右下角，即可选定一块矩形的文本，如图 3-16 示。

2)使用键盘选定

(1)用 Shift 和↑、↓、←、→键。按住 Shift 键，再按↑、↓、←、→箭头键，可以选定一个字、一行、一段，甚至整个文档。例如，将光标移到文档的最左边，按住 Shift 键的同时，再按一下↑箭头键，可选定上一行的所有文本；按住 Shift 键的同时，再按一下↓箭头键，可选定光标所在行的所有文本。

(2)用 Shift 和 End、Home 键。按 Shift+End 键可以选光标右边的文本；按 Shift+Home 键可选定光标左边的文本。

(3)用 Ctrl 和 A 键。按快捷键 Ctrl+A，可快速选定整个文档。

3. 删除、移动和复制文本

在进行文本编辑时，删除、移动和复制文本是常用的操作。对文档中多余的部分进行删除；当遇到重复的文字时，复制是最省时间的方法；而当发现文字的位置不合适时，移动操作能快速地调整位置。

1)删除

删除是将文档中的字符或图形去掉，删除的方法通常有以下两种。

(1)将要删除的内容直接清除。操作方法是：先选定要删除的内容，再按 Backspace 或 Delete 键。

(2)用“剪切”命令将要删除的内容剪去放入剪贴板。操作方法是：选定要删除的内容后，单击“开始”选项卡的“剪贴板”区的“剪切”按钮。

2)复制

复制是指将选定的内容复制一份，并放到目标位置。复制常用以下方法之一实现。

方法一：用鼠标拖动。

(1)选定所要复制的内容。

(2)把鼠标指针指向所选定的内容。

(3)按住 Ctrl 键，再按住鼠标左键移到要复制的位置上。

(4)松开鼠标左键。

用鼠标拖动的方法，实现近距离的复制是很合适的，但要把文本复制到较远距离的地方，则不太合适，这时最好采用下面的方法。

方法二：使用“常用”工具栏按钮。

(1)选定所要复制的内容。

(2)单击“开始”选项卡“剪贴板”区的“复制”按钮。

(3)将光标移到要复制内容的位置。

(4)单击“开始”选项卡“剪贴板”区的“粘贴”按钮。

方法三：使用快捷键。

(1)选定所要复制的内容。

(2) 按键盘上的 Ctrl+C 快捷键。

(3) 把光标移到要复制内容的位置。

(4) 再按 Ctrl+V 快捷键。

2) 移动

移动是指将选定的内容放到目标位置，并清除原位置的内容。移动常用以下方法之一实现。

方法一：用鼠标拖动。

(1) 选定所要移动的内容。

(2) 把鼠标指针指向要移动的内容。

(3) 按住鼠标左键，等到出现一个小的虚线框和一个虚线插入点后，拖动到新的位置。

(4) 松开鼠标左键。

方法二：使用“常用”工具栏按钮。

(1) 选定所要移动的内容。

(2) 单击“开始”选项卡“剪贴板”区的“剪切”按钮。

(3) 将光标移到新的位置。

(4) 单击“开始”选项卡“剪贴板”区的“粘贴”按钮。

方法三：使用快捷键。

(1) 选定所要移动的内容。

(2) 按键盘上的 Ctrl+X 快捷键或 Ctrl+Del 快捷键。

(3) 把光标移到新的位置。

(4) 再按 Ctrl+V 快捷键或 Shift+Insert 快捷键。

4. 查找和替换

输入好一篇文档后，往往要对其进行校核和订正，如果文档的错误较多，用传统的手工方法一一检查和纠正，不但麻烦而且效率又低。但利用 Word 的查找替换功能则非常便捷。Word 2010 有着强大的查找和替换功能，它不但可以对文字进行查找和替换，还可以对文档的格式和特殊字符(包括制表符、可选连字符和段落标记)进行查找和替换。

1) 查找

在编辑文本时，如果需要查看某些内容，可通过“查找”命令快速定位到相应的文本位置。

【例 1】 打开本书光盘“与教材对应的操作文档\第 3 章\寓言小故事.docx”，通过“查找”命令，定位到“善与恶”这个语言故事。操作步骤如下：

(1) 选择“开始”选项卡“编辑”区单击“查找”命令，左侧弹出导航窗口。

(2) 在“搜索文档”文本框中，输入待查找的文字“善与恶”，图 3-17 所示。单击搜索按钮后，文档中满足条件的内容将被突出显示。同时导航窗口会列表显示内容。

(3) 或者单击“高级查找”，在“查找和替换”对话框中，输入待查找的文字“善与恶”，如图 3-18 所示。

(4) 单击“查找下一处(F)”按钮。于是系统会将光标快速定位到第一处出现“善与恶”文字的地方，同时选中找到的文字。如果文中有多处“善与恶”的文字，可继续单击“查找下一处(F)”按钮，光标将快速定位到下一处出现“善与恶”文字的地方。

2) 替换文字

如果要将文档中的某些文字进行批量修改，可以利用“替换”命令实现。

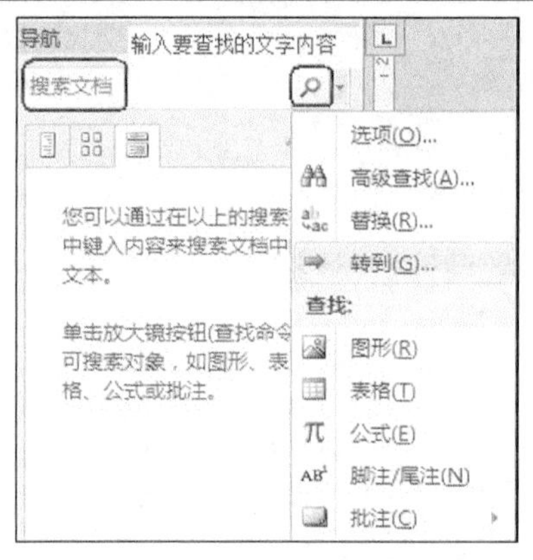

图 3-17 “查找”

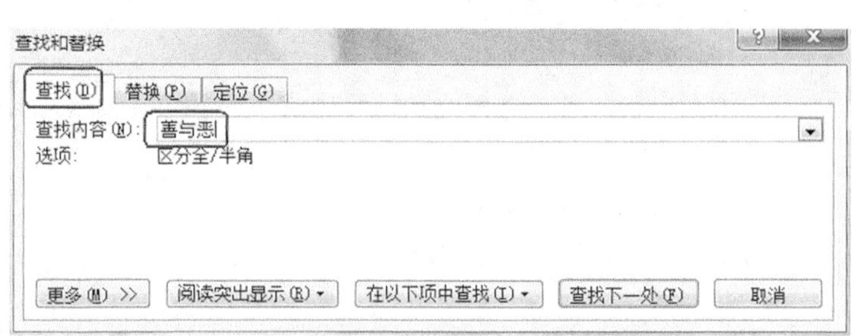

图 3-18 查找对话框

【例 2】 请打开本书光盘“与教材对应的操作文档\第 3 章\小蝌蚪找妈妈.docx”，将文中“蚪蚪”两字，更改为“蝌蚪”。操作步骤如下。

(1) 选择“开始”选项卡“编辑”区单击“替换”命令，在“查找与和替换”对话框的“查找内容”文本框中，输入被替换的文字“蚪蚪”两字。

(2) 在“替换为”文本框中，输入要替换的文字“蝌蚪”两个字，如图 3-19 所示。

(3) 找到被替换的字符时，以反白字符形式显示。若想替换当前找到的文字，则单击“替换”按钮，若单击“全部替换”按钮，则将文档中的所有与查找内容相符的文字都进行替换。

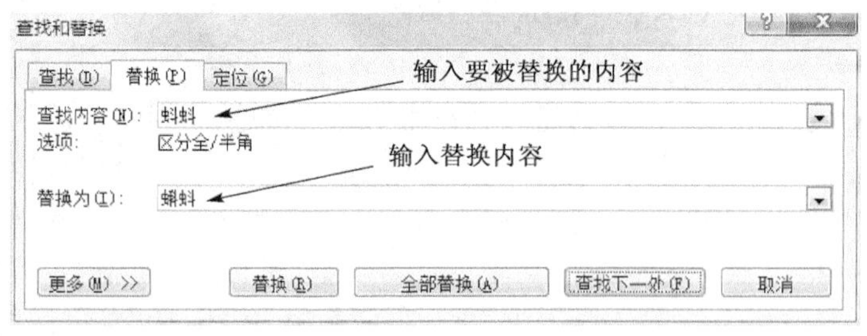

图 3-19 替换对话框

Tips

当文中不是所有查找的内容都要进行替换时，那么在找到某一对象后，单击“替换”按钮，以替换内容，同时光标自动跳转到下一个符合查找条件的对象上；如果不按“替换”按扭，而直接按“查找下一处(F)”表示跳过当前定位的文字，不替换，同时光标自动跳转到下一个符合查找条件的对象上。

3) 替换格式

对文档进行编辑修改时，可以搜索、替换或删除字符格式。例如，查找指定的单词或词组并更改字体颜色；或查找指定的格式(如加粗)并删除或更改它。

替换格式具体操作方法如下

(1) 选择“开始”选项卡“编辑”区，单击“替换”命令。

(2) 开“查找和替换”对话框，请单击“更多”按钮。显示扩展的“查找和替换”对话框，并可看到“格式”按钮，图 3-20 所示。

(3)在“查找内容”框中，执行下列操作之一：

• 若要只搜索文字，而不考虑特定的格式，输入文字即可。

• 若要搜索带有特定格式的文字，输入文字，再单击“格式”按钮，然后选择所需格式。

• 若要只搜索特定的格式，则删除所有文字，再单击“格式”按钮，然后选择所需格式。

(4)在“替换为”框中，执行下列操作之一：

• 若只是替换为常规的文字，而不考虑特定的格式，直接输入文字即可。

• 若要替换为特定格式的文字，输入文字，再单击“格式”按钮，然后选择所需格式。

• 若只替换为特定的格式，不需要输入文字，直接单击“格式”按钮，然后选择所需格式。

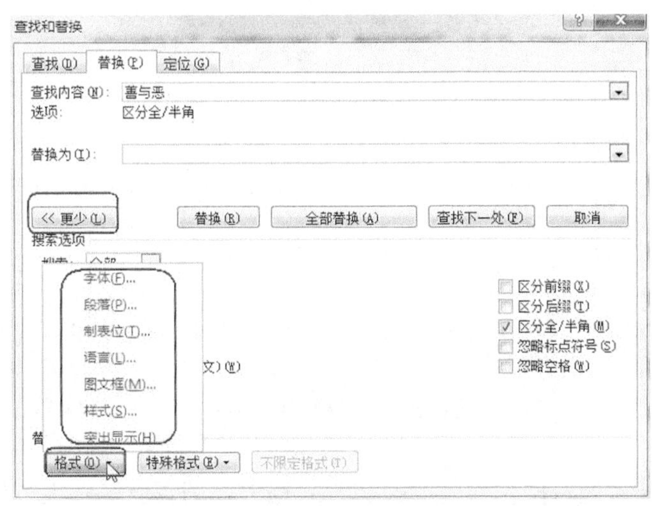

图 3-20　查找和替换中格式的设置

【例 3】 打开本书光盘“与教材对应的操作文档\第 3 章\寓言小故事.docx”，将文中红色的字体套用“标题 1”样式，完成后将文件保存为“寓言小故事(样式套用).docx”。

本例是对格式进行修改，具体的操作步骤如下：

(1)选择“开始”选项卡“编辑”区单击“替换”命令，单击“更多”按钮，显示扩展的“查找和替换”对话框，图 3-20 所示。

(2)在“查找与和替换”对话框的“查找内容”文本框中单击(注意：不需要输入任何文字)，然后再单击“格式”按钮。

(3)在弹出的列表中选择“字体(F)...”选项。

(4)弹出“查找字体”对话框，从查找字体对话框中选择字体颜色“红色”，单击“确定”按钮。

(5)返回“查找与和替换”对话框后，单击“替换为”文本框(注意：不需要输入任何文字)，然后再单击“格式”按钮。

(6)在弹出的列表中选择“样式(S)...”选项。

(7)弹出“查找样式”对话框，从查看样式列表中选择“标题 1”样式。

(8)单击“确定”按钮。完成设置后可看到如图 3-21 所示的结果。

(9)单击“全部替换”，文中红色的字体就套用了“标题 1”样式。

(10)选择“文件”→“另存为”命令，文件名栏输入“寓言小故事(样式套用).docx”。

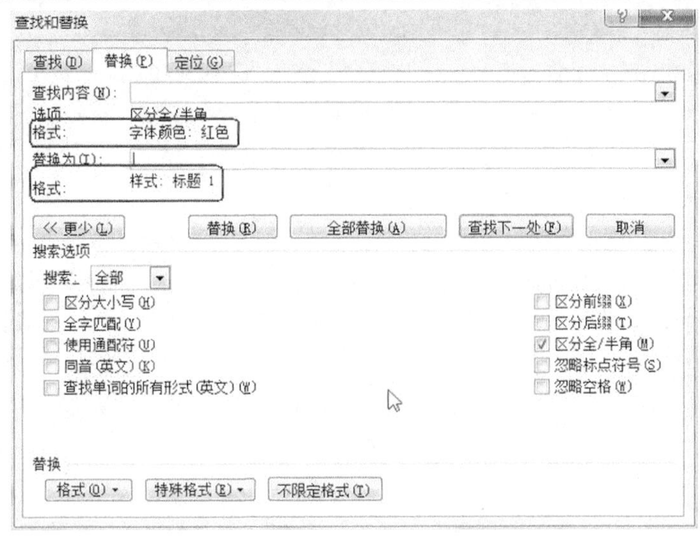

图 3-21　替换样式设置

Tips

如果在不正确的位置设置了格式，单击“不限定格式”按钮取消格式的设置。

3.3　文档的排版

完成了文档的基本编辑操作后，如果想使自己的文档具有美观大方的字符格式和舒适的版面布局，就需要对文档作进一步的排版。下面介绍一些基本的排版技术。

3.3.1　基础排版

1. 设置字符格式

字符是文档的基本组成单位，美观与否将直接影响文档的整体效果。字体、字形、字号的设置是文档排版的基本要求。此外还可以设置字符颜色、缩放比例和特殊效果的字符等。

1) 字体、字号、字形

字体是文字的一种书写风格。常用的有宋体、仿宋体、黑体、隶书和幼圆、方正舒体、姚体和华文彩云、新魏、行楷等中文字体。

字号是字符的大小。通常汉字字符的大小用初号、小二号、五号、八号等表示，字号越大字越小。英文字符大小用“磅”的数值表示，数值越小表示的英文字符也越小。

字形是指附加于字符的属性，包括粗体、斜体、下划线等。

设置字符的字体、字号和字形，首先应选择设置对象，然后使用下列方法之一实现。

方法一：选择“开始”选项卡“字体”区的按钮组，选择 B 按钮为“加粗”、I 按钮为“倾斜”、U 按钮为“下划线”，如图 3-22 所示。

方法二：选择“开始”选项卡“字体”区右下角的按钮，在弹出的“字体”对话框中，在“中文字体”下拉列表中选择所需的字体，在“字号”列表中选择所需的字号，在“字形”列表中选择所需的字形，如图 3-23 所示。

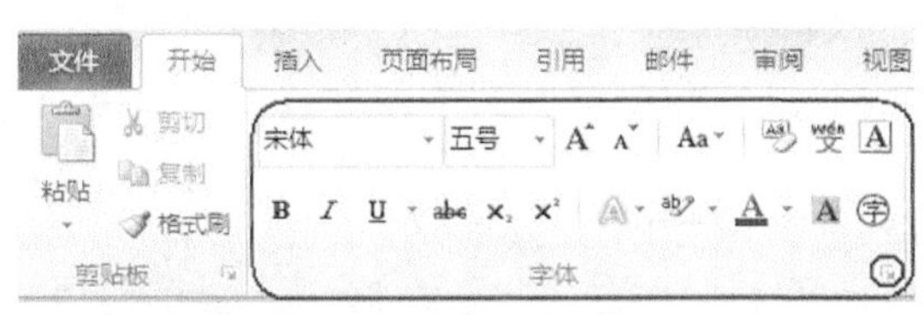

图 3-22　格式工具栏

图 3-23　“字体”对话框

2) 字符颜色

字符颜色是指字符的色彩。要选择字符的颜色，首先选择设置对象，然后使用下列方法之一。

方法一：选择“开始”选项卡“字体”区“字体颜色按钮”旁的“▼”符，则弹出调色面板，在调色面板的方块中选择某种颜色，如图 3-24 所示。

方法二：单击“开始”选项卡“字体”区右下角的按钮，在弹出的“字体”对话框中，在“字体颜色”下拉列表中选择所需的颜色，如图 3-23 所示。

Tips

在图 3-22 所示的工具栏中，还可以设置文本效果(如阴影发光)、突出显示文本、带圈字符、上标、下标、更改大小写等特殊的文字效果。

3) 字符缩放

缩放比例是指字符的缩小与放大，即将字符的宽度按比例加宽或缩窄。要实现字符缩放，首先选择设置对象，然后单击“开始”选项卡“字体”组右下角的按钮，在弹出的“字体”对话框中，选择“高级”标签，调整缩放百分比，如图 3-25 所示。

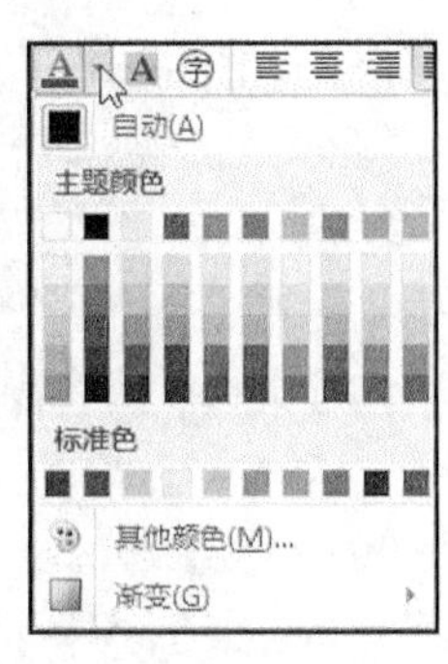

图 3-24　调色面板

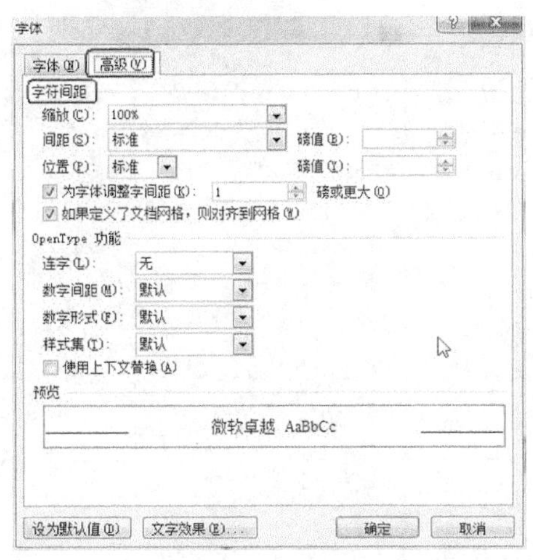

图 3-25　字符缩放

在图 3-25“字体”对话框中，还可以通过“间距”调整字符与字符之间的距离，通过“位置”可以调整文字与文字垂直方向上的相对位置：提升或降低。

2. 设置段落格式

段落格式化包括：段落的对齐、缩进与间距、行间距与段间距等。

1)使用段落功能区设置段落格式

选择“开始”选项卡“段落”选项组，各功能按钮如图 3-26 所示。

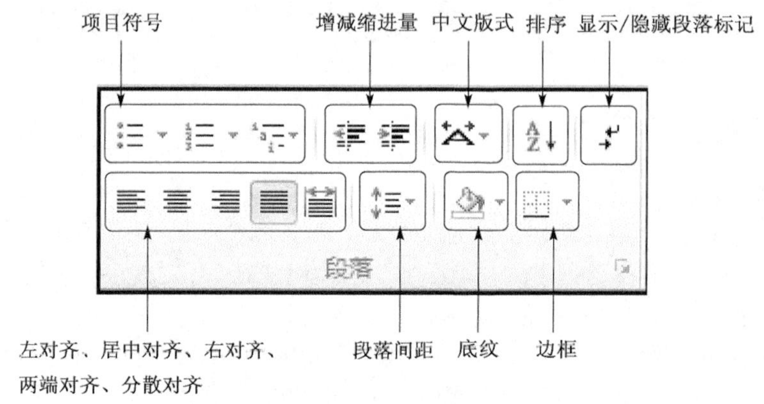

图 3-26 “段落”选项组

例如：要设置段落的对齐方式，选定要进行设置的段落(可以多段)，然后在选项组中按下相应按钮。默认的对齐方式是两端对齐。

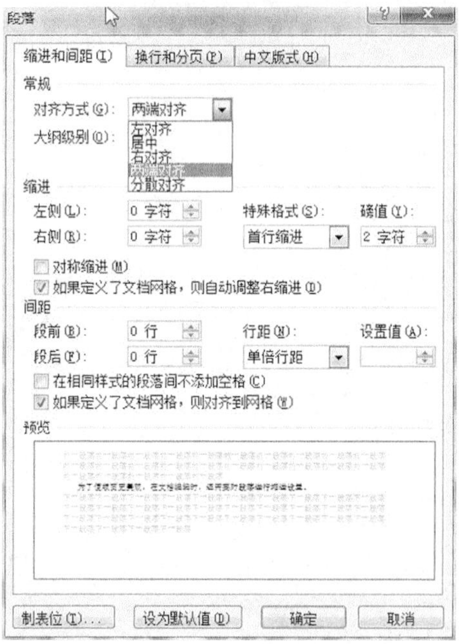

图 3-27 段落对话框

2)使用“段落”对话框设置段落格式

单击“开始”选项卡“段落”组右下角的按钮(对话框启动器)，打开如图 3-27 所示“段落”对话框，在对话框中对段落做相关的设置。

例如：为了使版面更美观，在文档编辑时，还需要对段落进行缩进设置。段落缩进是指段落文字与页边距之间的距离。它包括首行缩进、悬挂缩进、左缩进、右缩进 4 种方式。

要设置段落的缩进，选定要进行设置的段落(可以多段)，使用“段落”对话框，可以对段落进行精确设置，如图 3-27 所示。

3)使用标尺设置段落缩进

通过移动标尺上的滑块可快速重设段落缩进，如图 3-28 所示。

4)行间距与段间距

一篇美观的文档，其版面的行与行之间的间距是很重要的。距离过大会使文档显得松散，过小又显得密密麻麻，不易于阅读。

行间距和段间距分别是指文档中段内行与行、段与段之间的垂直距离。Word 的默认行距

是单倍行距。间距的设置方法是：选择“开始”选项卡中的“段落”选项组，单击“段落间距”按钮(图 3-26 所示)或在弹出的“段落”对话框中通过“行距”或“间距”选项设置(图 3-27 所示)。

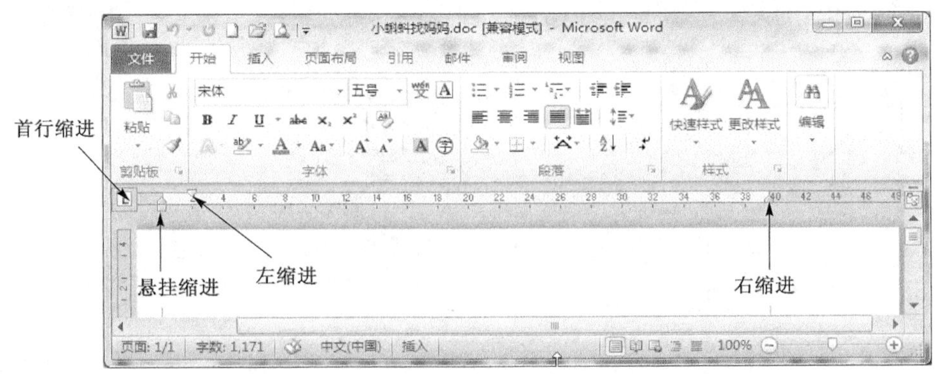

图 3-28　使用标尺缩进段落

3. *页面布局*

美观整洁的版面是排版的基本要求，在“页面布局”中可对纸张大小、方向、页边距等选项进行设置。

设置页面格式的方法有以下两种。

方法一：单击“页面布局”选项卡中“页面设置”选项组的快捷按钮，如图 3-29 所示。

方法二：单击“页面设置”组右下角的 ⊡ 按钮，在弹出的“页面设置”对话框中进行页面的设置，如图 3-30 所示。

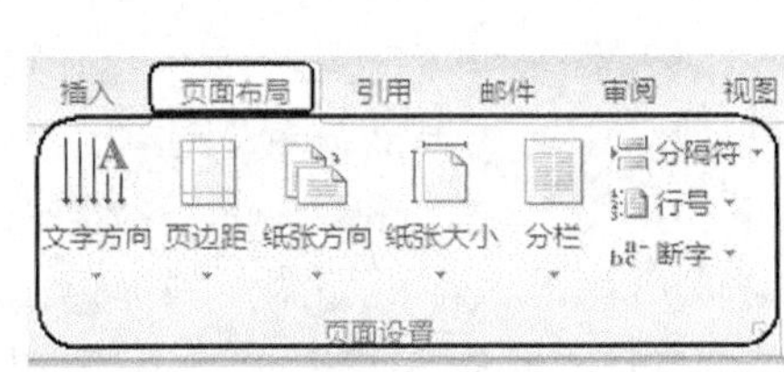

图 3-29　“页面设置”选项组

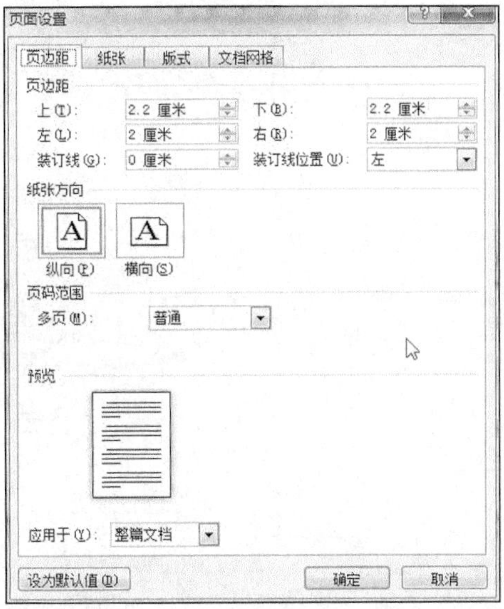

图 3-30　“页面设置”对话框

1) 设置纸张大小

当文档编辑完后，如果需要打印出来，就要先了解所使用的打印纸的大小，然后在打印之前，将纸张的大小设置一下。设置纸张大小的方法有以下两种。

方法一：在“页面布局”选项卡“页面设置”选项组中单击“纸张大小”快捷按钮下面的下三角，在弹出的下拉列表中，选择合适的纸张，如图 3-31 所示。

方法二：使用“页面设置”对话框设置纸张大小。操作步骤如下：

(1) 在图 3-30 所示的“页面设置”对话框中，选择“纸张”标签，如图 3-32 所示。

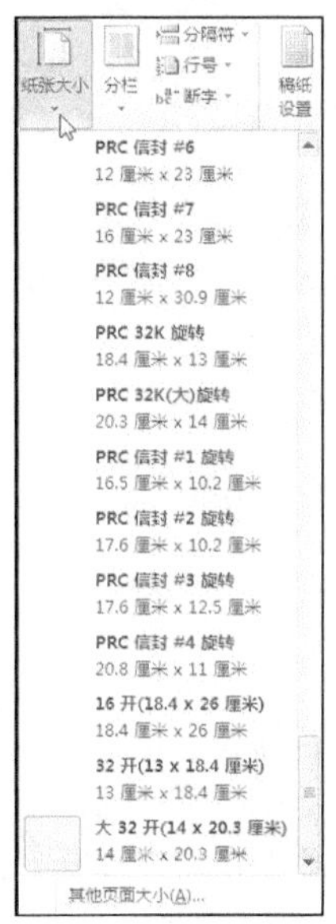

图 3-31　设置纸张大小

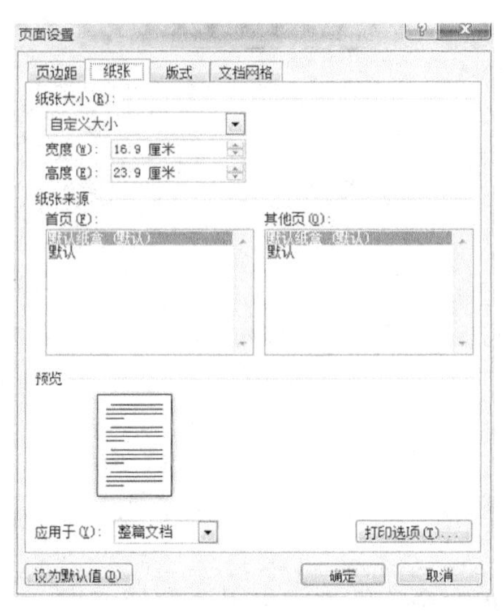

图 3-32　“纸张”设置标签

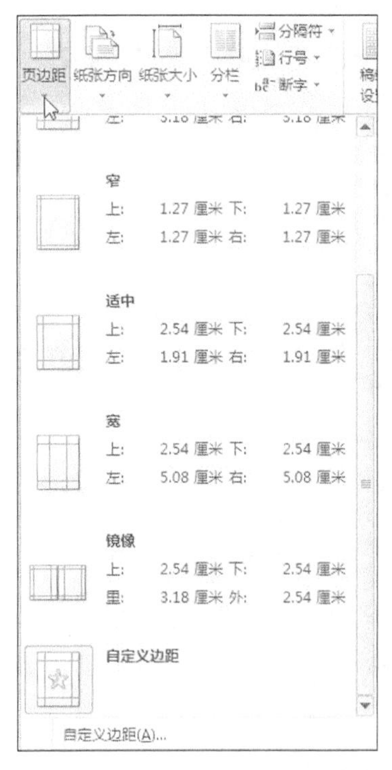

图 3-33　设置页边距

(2) 单击“纸张大小”输入框右边的按钮，在下拉列表框中，选择所需的纸张大小。

(3) 单击“确定”按钮。

2) 设置页边距

页边距是指正文与纸张边缘的距离，包括上、下、左、右页边距。页边距的设置有以下 3 种方法。

方法一：用“页边距”命令快捷按钮。

在“页面布局”选项卡中的“页面设置”选项组中单击“页边距”快捷按钮下面的下三角，在弹出的下拉列表中，选择合适的纸张或自定义纸张的大小，如图 3-33 所示。

方法二：在“页面设置”对话框中设置页边距，如图 3-30 所示。

方法三：用标尺设置，如图 3-28 所示。

简单的页边距设置可以通过标尺来完成。在页面视图或打印预览状态下，可通过拖动水平标尺或垂直标尺上的页边距线来改变页边距的宽度。

Tips

不要将左右页边距和段落缩进混为一谈。缩进是以左右页边距作为度量的基准，将段落文本移出或移入左页边距和右页边距。

3.3.2 文档的修饰

我们编辑文档时，除了要求文字没有错误之外，有时还要对文档做些修饰美化工作，使文档看起来更加美观、整洁、赏心悦目。文档的修饰工作可以包括插入分隔符、插入页码、设置页眉和页脚、分栏显示、首字下沉、边框和底纹、编号和项目符号、插入脚注、尾注和题注、目录和索引等。

1. 分隔符

在 Word 中，常用的分隔符有 3 种：分页符、分栏符、分节符。

1) 分页符

分页符是插入文档中的表明一页结束而另一页开始的格式符号。输入的内容满一页后，系统会自动分页，光标会自动跳到下一页的起始位置。有时，在未满一页时要进行分页，就要使用手工分页的方法，进行强制分页。

手工分页的方法是：在“页面布局”选项卡中的“页面设置”选项组中单击“分隔符”快捷按钮下面的下三角。在弹出的下拉列表中，选择“分页符”选项，如图 3-34 所示。

例如，在目录和正文间往往需要强制分页的操作，使正文部分可以在新的一页开始显示。

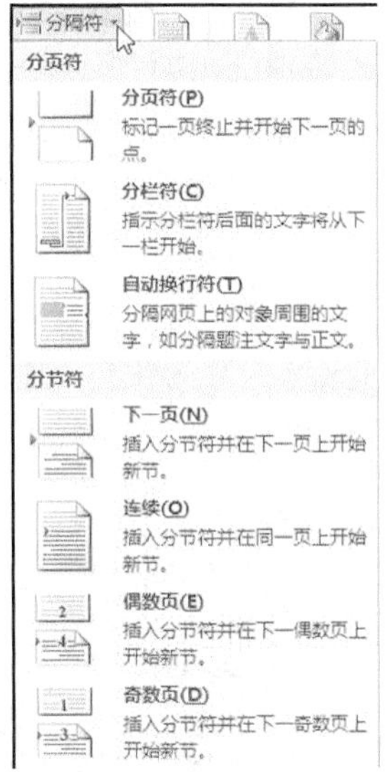

图 3-34　“分隔符”选项

Tips

插入分页符还可以通过单击“插入”选项卡中的“页”选项组中的“分页”按钮实现。

2) 分节符

通过在 Word 2010 文档中插入分节符，可以将 Word 文档分成多个部分。每个部分可以有不同的页边距、页眉页脚、纸张大小等不同的页面设置。分节符是为在一节中设置相对独立的格式页插入的标记。有时候我们会在文档的不同部分使用不同的页面设置，例如，给两页设置不同的艺术型页面边框；又例如，希望将一部分内容变成分栏格式的排版，另一部分设置不同的页边距。这些都可以用分节的方式来设置其作用区域。

要在文档中插入分节符，在如图 3-34 所示的选项中选择分节符类型。

“分节符”区域列出 4 中不同类型的分节符。

- 下一页：插入分节符并在下一页上开始新节。
- 连续：插入分节符并在同一页上开始新节。
- 偶数页：插入分节符并在下一偶数页上开始新节。
- 奇数页：插入分节符并在下一奇数页上开始新节。

3) 分栏符

分栏符是一种将文字分栏排列的页面格式符号。有时为了将一些重要的段落从新的一栏开始，插入一个分栏符就可以把在分栏符之后的内容移至另一栏。

要在文档中插入分栏符，可在图 3-34 中选择栏“分符”选项。

Tips

设置分栏符后，所选内容在设置分栏后方起效。

2. 插入页码

页码用来表示每页在文档中的顺序，在 Word 中添加的页码会随着文档内容的增删而自动更新。页码可以单击“插入”选项卡中的“页眉页脚”选项组中的“页码”按钮插入到页面中。操作步骤如下：

(1) 单击“插入”选项卡中“页眉页脚”功能区的“页码”按钮，如图 3-35 所示。

(2) 在弹出的下拉列表中选择页码的位置等。

如果要更改页码的格式，则单击“设置页码格式”按钮，在弹出的对话框中选择页码的编号格式和起始页码，如图 3-36 所示。可选择数字格式和页码编排的格式。

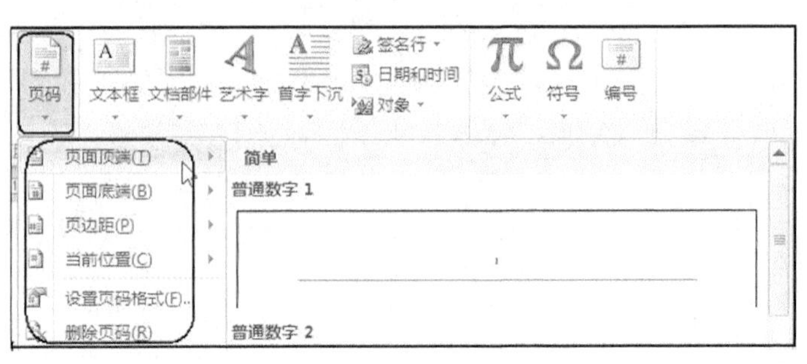

图 3-35 “页码”选项

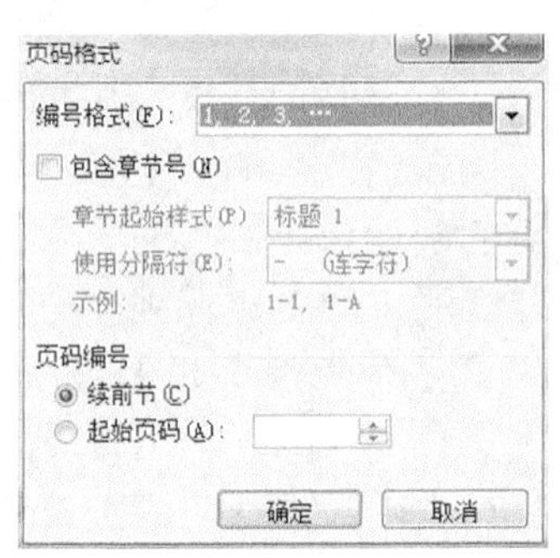

图 3-36 “页码格式”对话框

3. 页眉和页脚

一本完美的书刊往往会通过页眉和页脚让读者了解当前阅读的内容是哪篇文章或哪一章节等信息。页眉和页脚通常包含公司徽标、书名、章节名、页码、日期等文字或图形。

页眉是指打印在文档中每页的顶部的文字或图形，页脚是指打印在文档中每页的底部的文字或图形，其中页眉和页脚的位置会分别打印在上下页边距中的位置。

1) 添加页眉和页脚

在“插入”选项卡中的“页眉和页脚”选项组中单击“页眉”按钮，如图 3-37 所示。在下拉列表中选择需要的页眉样式并单击，功能区将会出现“页眉和页脚工具”的“设计”选项卡，如图 3-38 所示。此时文档编辑区内容变灰显示，光标定位在编辑区内，等待输入文字或图形内容。添加页脚的方式与此相似。

编辑页眉或页脚时，直接在页眉或页脚区输入内容，如标题等，还可以插入当前文档的页码和日期等。

图 3-37 设计页眉

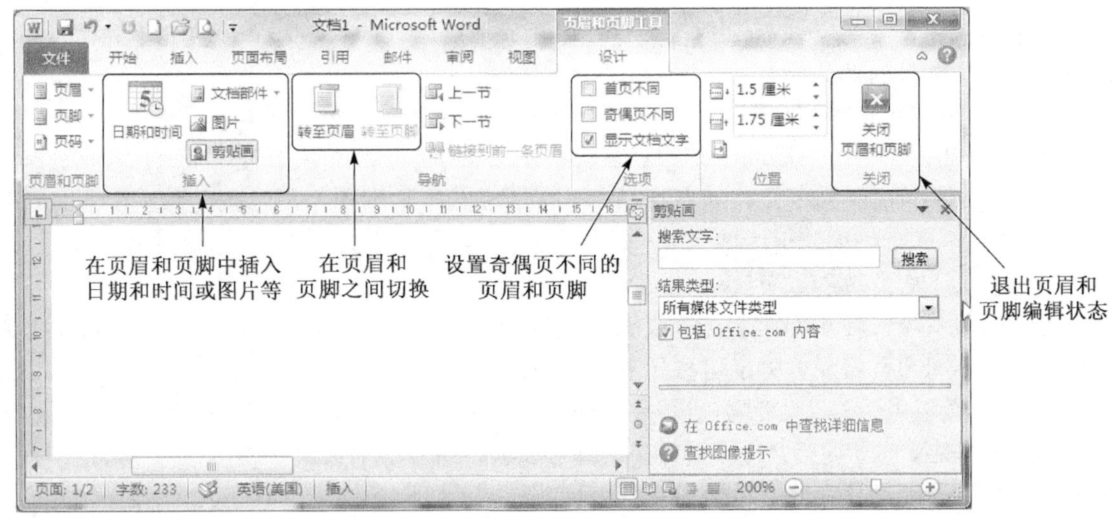

图 3-38　“页眉和页脚工具”的“设计”选项卡

Tips

在正文区双击鼠标或单击“关闭页眉和页脚”按钮可以关闭页眉和页脚编辑状态。此时页眉和页脚的内容变灰显示。

如果想在页眉和页脚之间进行切换，可以在“导航”选项组中单击“转至页眉”或“转至页脚”按钮进行切换。

【例 4】 打开本书光盘“与教材对应的操作文档\第 3 章\寓言小故事.docx”，为该文档设置页眉、页脚。页眉的内容为“寓言故事”，右对齐；页脚的内容为“第 X 页共 Y 页”，左对齐。

操作步骤如下：

(1) 在“插入”选项卡中的“页眉和页脚”选项组中单击“页眉”按钮，选择“内置”、“空白”样式。

(2) 在页眉编辑区处单击，输入页眉的内容“寓言故事”，然后单击“开始”选项卡，单击“段落”功能区的右对齐按钮。

(3) 单击“转至页脚”按钮，转到页脚编辑区中。

(4) 单击“页码”、“页面底端”、“X/Y”格式，如图 3-39 所示。将格式改为“第 X 页共 Y 页”。

(5) 在“开始”选项卡“段落”组中单击左对齐按钮。

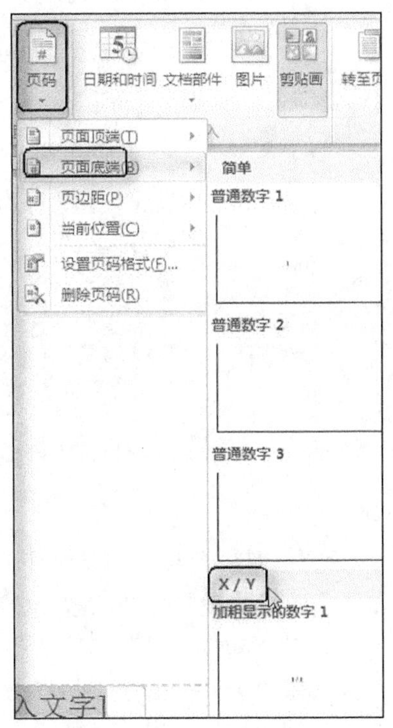

图 3-39　插入页脚

Tips

页眉和页脚对齐方式的设置和段落对齐的设置方法一致。

2）首页不同的页眉和页脚

对于书稿、论文等文档，通常首页是不需要显示页眉，或有着和其他页面不同的页眉。这时，可按如下步骤操作：

(1)在“页眉和页脚工具”的“设计”选项卡“选项”组中勾选“首页不同”复选框。

(2)在“插入”选项卡中的“页眉和页脚”选项组中单击“页眉”或“页脚”按钮，弹出首页页眉或首页页脚编辑区，在首页页眉或首页页脚编辑区中输入页眉或页脚。

(3)在页眉或页脚编辑区中输入其他各页的页眉或页脚即可。

3）奇偶页不同的页眉或页脚

在一些教材中，我们经常看到在奇数页上打印书名，在偶数页上打印章节名。如果要对奇偶页设置不同的页眉或页脚，可按如下步骤操作：

(1)在“页眉和页脚工具”的“设计”选项卡中，在“选项”组勾选“奇偶页不同”复选框。

(2)在“插入”选项卡中的“页眉和页脚”选项组中单击“页眉”或“页脚”按钮，在页眉或页脚编辑区中，分别输入奇数页和偶数页的页眉或页脚内容。

4. 分栏

分栏排版就是将文档设置成多栏格式，从而使版面变得生动美观，如图3-40所示。分栏排版常在类似报纸或公告栏、新闻栏等排版中应用，既可美化页面，又可方便阅读。

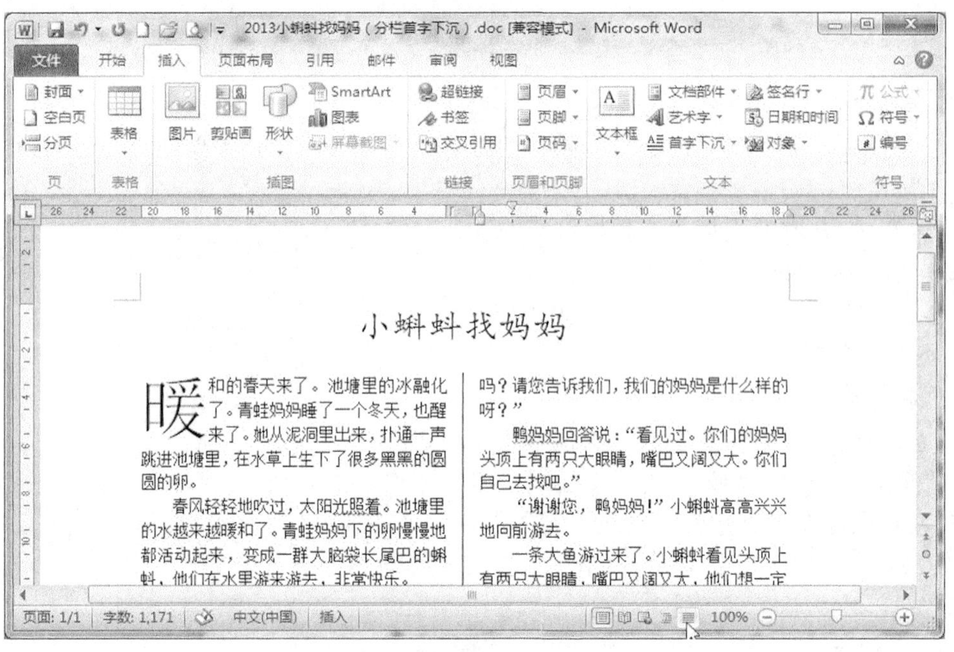

图3-40 分栏、首字下沉示例

设置段落的分栏，可按如下步骤操作：

(1)选择要设置分栏的段落。

(2)在“页面布局”选项卡中的“页面设置”选项组中单击“分栏”按钮。

(3)在“分栏”下拉列表中选择分栏的样式，如图3-41所示。或者单击“更多分栏(C)…”按钮，在弹出的“分栏”对话框中，选择“栏数”。还可设置栏宽、间距或分隔线等选项，如图3-42所示。

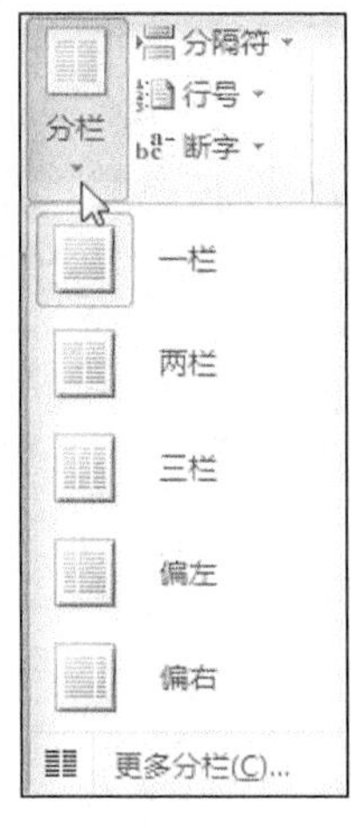

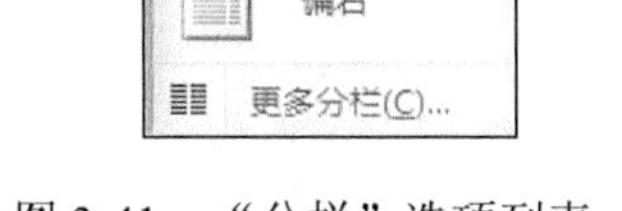

图 3-41　“分栏”选项列表

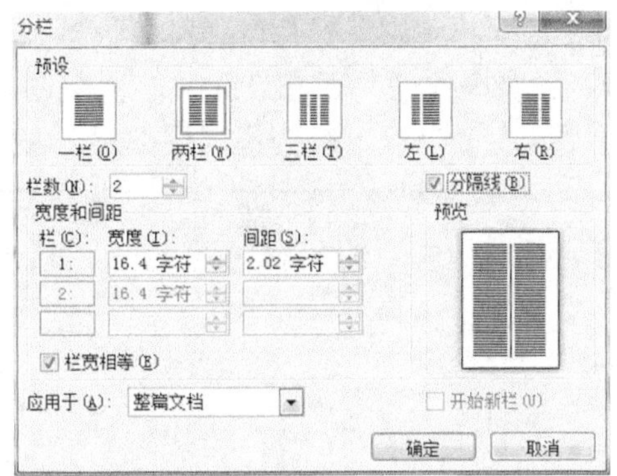

图 3-42　“分栏”对话框

5. 首字下沉

在一些报刊杂志中，为了引起读者注意，同时也为了美化文档的版面，经常会设置段落的第一个字符被放大了。在 Word 中利用首字下沉功能可以把段落第一个字符进行放大，如图 3-40 所示。

设置段落的首字下沉，可按如下步骤操作：

(1) 选择要设置首字下沉的段落。

(2) 在“插入”选项卡中的“文本”选项组中单击“首字下沉”按钮。

(3) 在“首字下沉”下拉列表中，选择“下沉”或“悬挂”方式，如图 3-43 所示。或者选择“首字下沉选项(D)…”，在弹出的“首字下沉”对话框中进行选择，如图 3-44 所示。

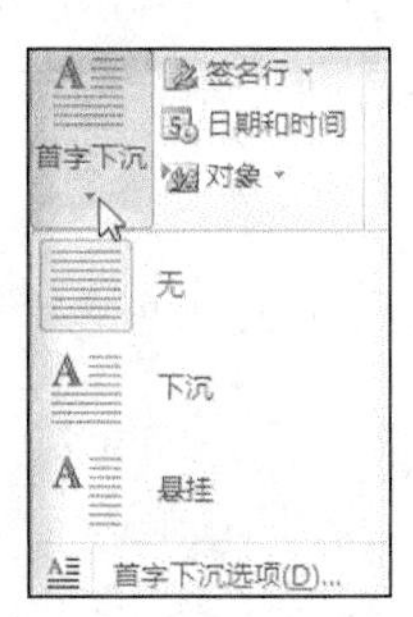

图 3-43　“首字下沉”下拉列表

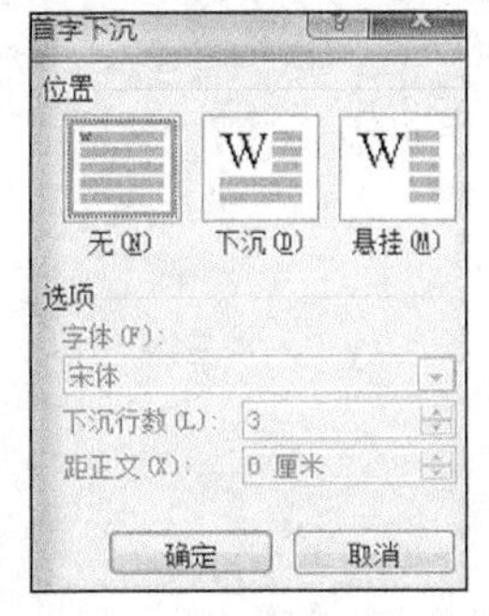

图 3-44　“首字下沉”对话框

Tips

若要取消首字下沉，可在“首字下沉”对话框中的“位置”区中选择“无”选项。

6. 边框和底纹

在文档中对于某些段落或文字，为了得到突出和醒目的显示效果，可以为这些段落或文字添加边框和底纹，使外观效果更加美观。

1) 文字或段落的底纹

设置文字或段落的底纹的操作步骤如下：

(1) 选择需要添加底纹或边框的文字或段落。

(2) 在“页面布局”选项卡中的“页面背景”选项组中单击“页面边框”按钮。

(3) 弹出“边框和底纹”对话框。在“边框和底纹”对话框中，选择“底纹”选项卡，如图 3-45 所示。设置底纹的“填充”颜色、图案的“样式”和“颜色”等。

(4) 通过“应用于”输入框选择应用的对象是文字还是段落。

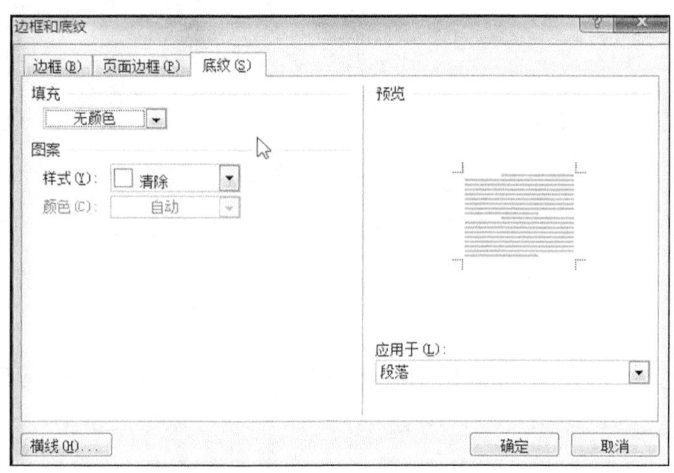

图 3-45 “边框和底纹”对话框

Tips

文字与段落底纹的区别：在图 3-46 中，第一自然段的是段落底纹，第三自然段的是文字底纹。

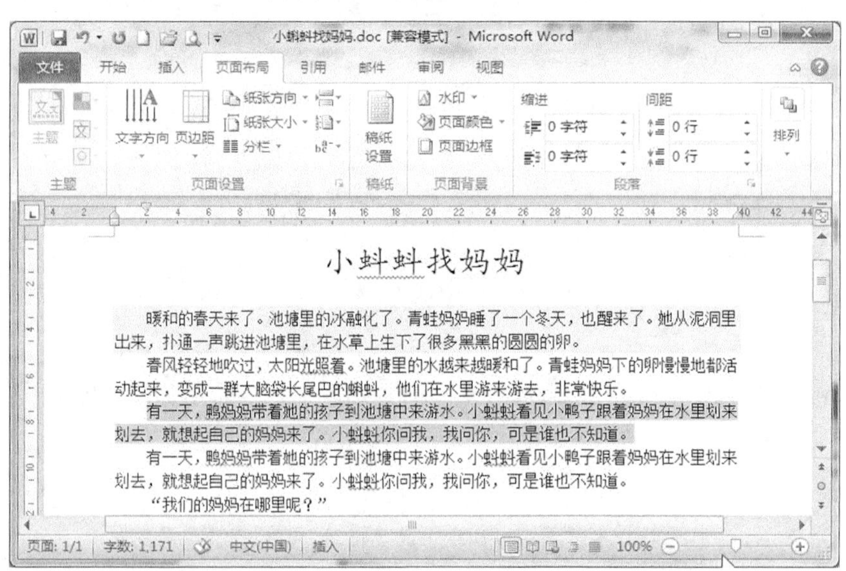

图 3-46 设置底纹

2) 文字或段落的边框

给文档中的文本添加边框，可以使某些文本与文档的其他部分区分开来，同时还可增强视觉效果。

为文字或段落设置边框的操作步骤如下：

(1) 选择需要添加底纹或边框的文字或段落。

(2) 在“页面布局”选项卡中的“页面背景”选项组中单击“页面边框”按钮。

(3) 在“边框和底纹”对话框中，选择“边框”选项卡，如图 3-47 所示。设置边框的“样式”、“颜色”、“宽度”等。

图 3-47　“边框”选项卡

Tips

“文字”与“段落”边框的区别：在图 3-48 中，第一自然段是“段落”边框，边框线是“双波浪型”；第三自然段是“文字”边框。“文字”与“段落”边框在形式上的区别是：前者是由行组成的边框，后者是一个段落方块的边框。对于上面的底纹也一样。

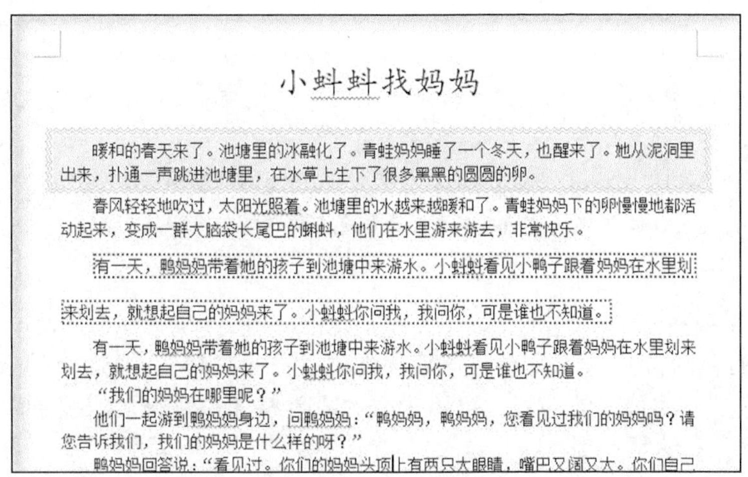

小蝌蚪找妈妈

暖和的春天来了。池塘里的冰融化了。青蛙妈妈睡了一个冬天，也醒来了。她从泥洞里出来，扑通一声跳进池塘里，在水草上生下了很多黑黑的圆圆的卵。

春风轻轻地吹过，太阳光照着。池塘里的水越来越暖和了。青蛙妈妈下的卵慢慢地都活动起来，变成一群大脑袋长尾巴的蝌蚪，他们在水里游来游去，非常快乐。

有一天，鸭妈妈带着她的孩子到池塘中来游水。小蝌蚪看见小鸭子跟着妈妈在水里划来划去，就想起自己的妈妈来了。小蝌蚪你问我，我问你，可是谁也不知道。

有一天，鸭妈妈带着她的孩子到池塘中来游水。小蝌蚪看见小鸭子跟着妈妈在水里划来划去，就想起自己的妈妈来了。小蝌蚪你问我，我问你，可是谁也不知道。

“我们的妈妈在哪里呢？”

他们一起游到鸭妈妈身边，问鸭妈妈：“鸭妈妈，鸭妈妈，您看见过我们的妈妈吗？请您告诉我们，我们的妈妈是什么样的呀？”

鸭妈妈回答说：“看见过。你们的妈妈头顶上有两只大眼睛，嘴巴又阔又大。你们自己

图 3-48　设置边框

3) 页面边框

页面边框是指出现在页面周围的一条线、一组线或装饰性艺术品。通常在标题页、传单和小册子上十分多见。

插入页面边框的操作步骤如下：

(1) 在“页面布局”选项卡中的“页面背景”选项组中单击“页面边框”按钮。

(2) 在弹出的“边框和底纹”对话框中选择“页面边框”选项卡，如图 3-49 所示。

(3) 对于页面边框来说，可以使用多种不同的线型，或者从多种内置的“艺术型”项目中选择。单击“艺术型”下拉列表，从下拉列表中选择需要的艺术型边框即可。可修改边框默认的宽度或颜色。

【例 5】 打开本书光盘“与教材对应的操作文档\第 3 章\邀请涵.docx”，为文档添加圣诞树页面边框 艺术型(R): 。参照上述步骤进行设置，图 3-50 所示为添加页面边框后的效果。

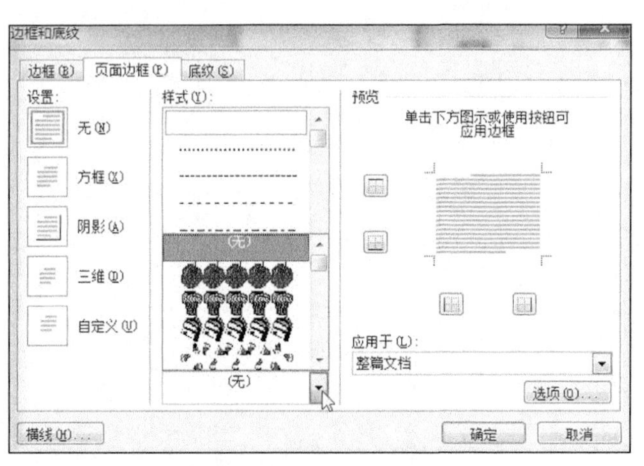

图 3-49 设置页面边框

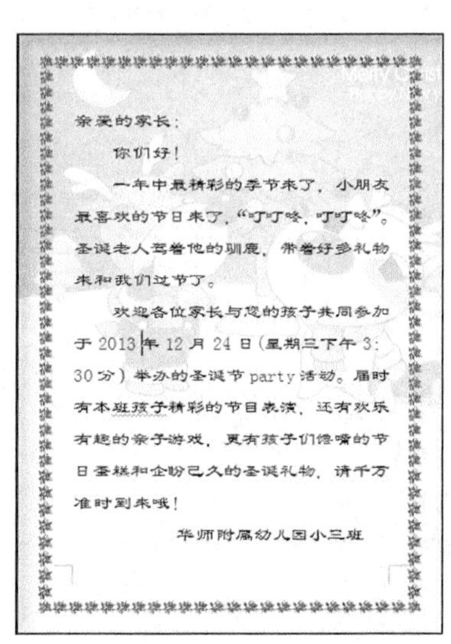

亲爱的家长：

你们好！

一年中最精彩的季节来了，小朋友最喜欢的节日来了，“叮叮咚，叮叮咚”。圣诞老人骑着他的驯鹿，带着好多礼物来和我们过节了。

欢迎各位家长与您的孩子共同参加于 2013 年 12 月 24 日（星期二下午 3:30 分）举办的圣诞节 party 活动。届时有本班孩子精彩的节目表演，还有欢乐有趣的亲子游戏，更有孩子们馋嘴的节日蛋糕和企盼已久的圣诞礼物，请千万准时到来哦！

华师附属幼儿园小三班

图 3-50 添加页面边框的效果

Tips

要在标题页周围放置边框，可以在图 3-49 中将“应用于”选项卡设置为“本节-仅首页”。这里的其他选项是“整篇文档”、“本节”和“本节-除首页外所有页”。

要控制页面边框相对于文字或纸张边缘的位置，应单击“选项”按钮，弹出“边框和底纹选项”对话框。注意，在设置页面边框时，与段落相关的选项会变成灰色。使用“测量基准”框，可以设置页面边框与文字或页边的距离。

7. 项目符号和编号

在编辑文章或文件时，常常需要给段落加上项目符号或编号，使文章的条理更清晰。Word 提供了项目符号及自动编号的功能，可以为文本段落添加项目符号或编号，也可以在键入时自动创建项目符号和编号列表。

1) 使用项目符号

项目符号是指在文档中的并列内容前添加统一的符号，使文章条理分明、清晰易读。Word 提供了多种项目符号，用户可以根据需要添加所需的项目符号。下面介绍使用项目符号的方法。

在“开始”选项卡中的“段落”选项组中单击“项目符号”右侧的下三角按钮，如图 3-51 所示。在项目符号库中选择需要的符号，可以快速为选定的段落添加项目符号。

添加项目符号后，如果要更换当前的项目符号，可以将光标置于要更换项目符号的段落中，在图 3-51 中重新选择项目符号即可。

【例 6】 打开本书光盘“与教材对应的操作文档\第 3 章\项目符号.docx”，为文本添加菱形项目符号。添加菱形项目符号后的效果，如图 3-52 所示。

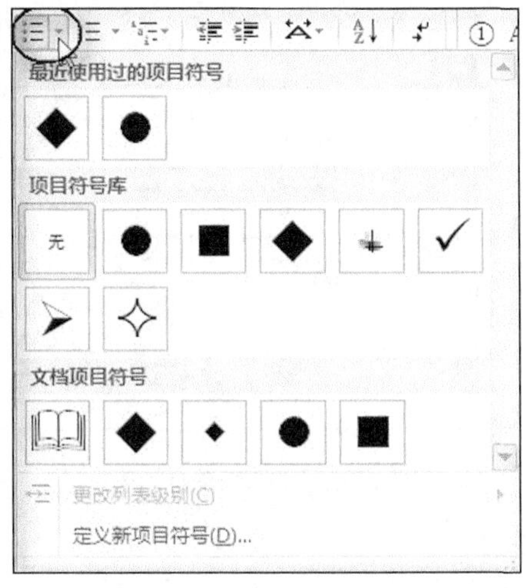

图 3-51　“项目符号”按钮

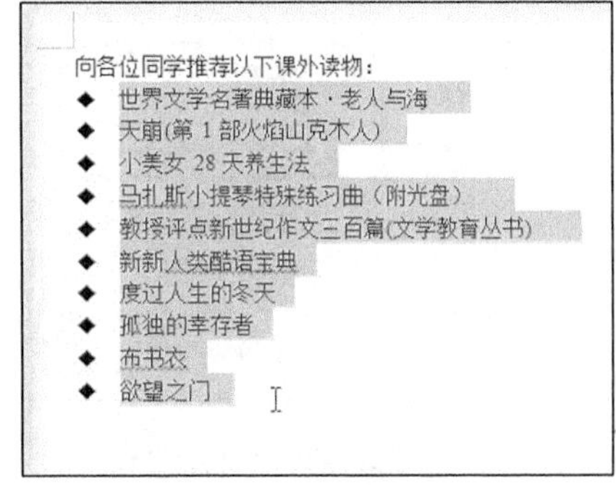

图 3-52　使用项目符号的效果

操作步骤如下：

(1) 选定多个要添加项目符号的段落。

(2) 在“开始”选项卡中的“段落”选项组中单击“项目符号”按钮右侧的倒三角按钮。

(3) 在项目符号库中显示了可以使用的项目符号，选择一种项目符号，本例选择菱形项目符号◆。此外，还可以通过“定义新项目符号...”选择别的符号作为项目符号。单击“确定”按钮完成设置。

如果要更改列表中项目的层次级别，可以单击“开始”选项卡，在“段落”功能区单击“增加缩进量”按钮或“减少缩进量”按钮。

2) 自定义项目符号和编号

如果需要根据自己的要求重新定义项目符号或编号的格式，操作步骤如下：

(1) 在“开始”选项卡中的“段落”选项组中单击“项目符号”按钮右侧倒三角按钮，在列表中通过“定义新项目符号...”自定义项目符号，如图 3-53 所示。或者在“段落”功能区单击“编号”按钮右侧的倒三角按钮，在列表中通过“定义新编号格式...”自定义编号，如图 3-54 所示。

(2) 设置相应参数后单击“确定”按钮即可。

3) 设置多级符号和编号

对于一篇较长的文档，需要使用多种级别的标题编号，如第 1 章、1.1、1.1.1，或一、(一)、1、(1) 等。利用 Word 提供的多级符号和编号的功能定义编号，如果日后对章节进行了增删或移动，这些编号会自动调整，不需要手工逐个修改。下面以图 3-55 为例，介绍如何进行多级符号编号的设置。

【例 7】 打开本书光盘“与教材对应的操作文档\第 3 章\多级编号.docx”，按图 3-55 所示带有多级编号的文档示例，对文档内容建立多级编号。

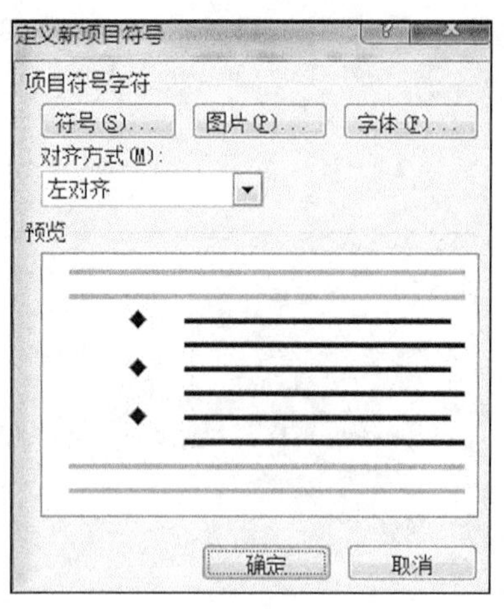

图 3-53　选择新的项目符号

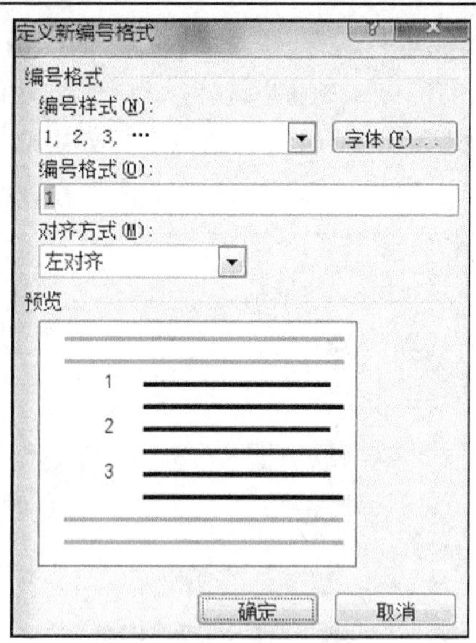

图 3-54　选择新的编号格式

操作步骤如下：

(1)选中文字内容，单击“开始”选项卡，在“段落”功能区单击“多级列表”按钮右侧下三角按钮，如图 3-56 所示。

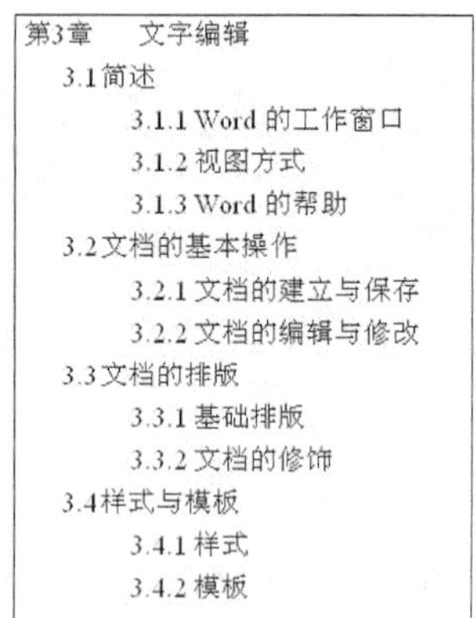

第3章　文字编辑
3.1 简述
3.1.1 Word 的工作窗口
3.1.2 视图方式
3.1.3 Word 的帮助
3.2 文档的基本操作
3.2.1 文档的建立与保存
3.2.2 文档的编辑与修改
3.3 文档的排版
3.3.1 基础排版
3.3.2 文档的修饰
3.4 样式与模板
3.4.1 样式
3.4.2 模板

图 3-55　带有多级编号的文档示例

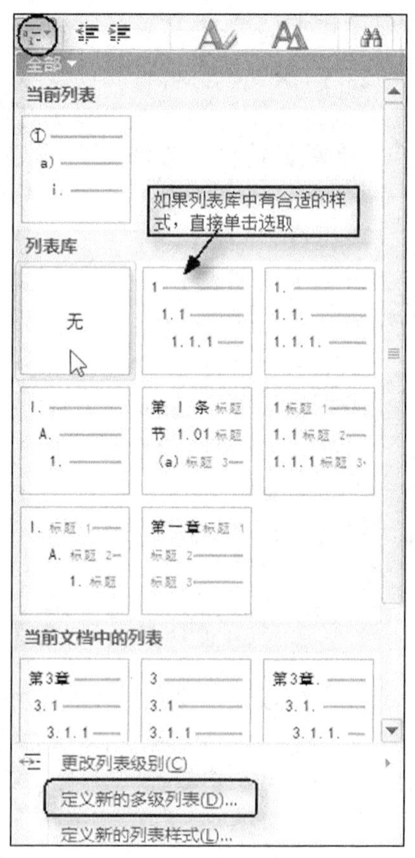

图 3-56　设置“多级列表”

(2) 如果在列表库中有合适的样式直接单击选择即可。本例选择“定义新的多级列表...”自定义样式，如图 3-56 所示。

(3) 单击“自定义”按钮，对 1 级编号进行设置。起始编号设置为“3”，编号格式设置为“第 X 章”，其中“X”会根据起始编号的设置而改变。在“3”的前后分别输入“第”和“章”，如图 3-57 所示。

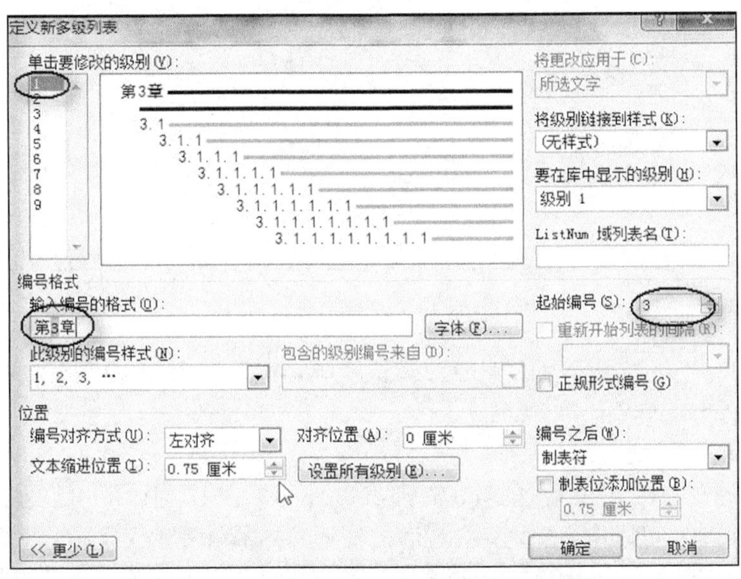

图 3-57　设置 1 级编号

(4) 对 2 级编号进行设置。在“单击要修改的级别”列表框中选择“2”，在“此级别的编号样式”下拉列表框中选择“1，2，3，…”，在“起始编号”下拉列表框中选择“1”，“对齐位置”设置为“0.5 厘米”。具体参数如图 3-58 所示。

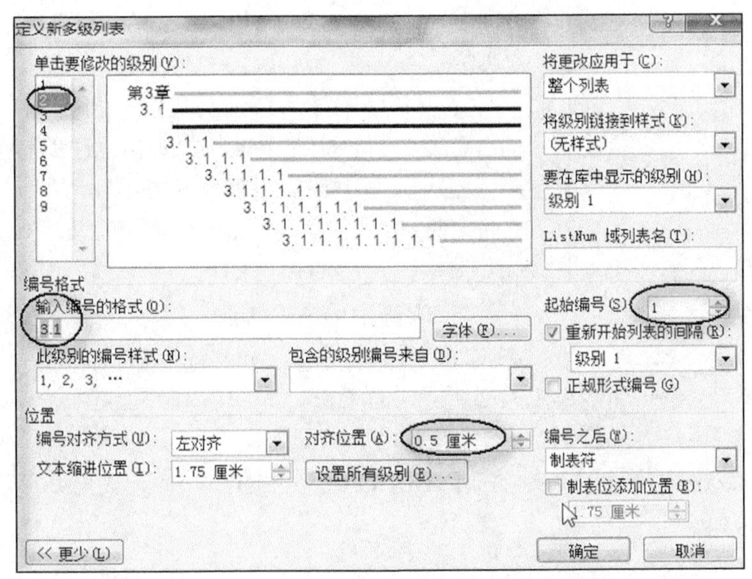

图 3-58　设置 2 级编号

(5) 3 级编号设置的方法依照 2 级编号的设置方法进行即可，具体参数如图 3-59 所示。

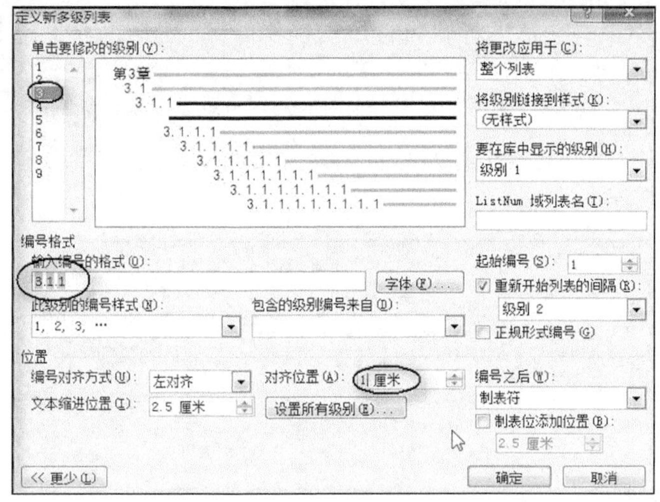

图 3-59　设置 3 级编号

(6) 工具栏的和可分别对编号升级和降级。参照图 3-53 的要求，对编号进行降级，即可看到图 3-55 的结果。

8. 插入脚注、尾注和题注

很多学术性的文档在引用别人的叙述时都需要加入脚注或尾注，对引用进行补充说明。脚注一般位于页面的底部，可以作为文档某处内容的注释，如术语解释或背景说明等；尾注一般位于文档的末尾，通常用来列出书籍或文章中的参考文献等。

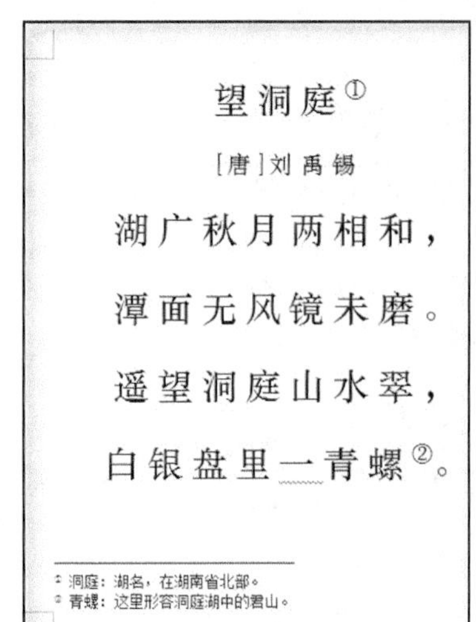
望洞庭[①]

[唐]刘禹锡

湖广秋月两相和，

潭面无风镜未磨。

遥望洞庭山水翠，

白银盘里一青螺[②]。

① 洞庭：湖名，在湖南省北部。
② 青螺：这里形容洞庭湖中的君山。

图 3-60　设置脚注

脚注和尾注由两个关联的部分组成，包括注释引用标记和其对应的注释文本。

1) 插入脚注和尾注

【例 8】 请打开本书光盘“与教材对应的操作文档\第 3 章\脚注尾注.docx”，按图 3-60 所示形式对文档相关内容设置脚注。

要在文档中插入脚注与尾注，可按如下步骤操作：

(1) 将光标移到要插入脚注和尾注的位置。

(2) 在“引用”选项卡中的“脚注”选项组中，单击“插入脚注”或“插入尾注”按钮，如图 3-61 所示，然后输入脚注或尾注的内容即可。

(3) 本例中单击“脚注”组右下角打开脚注和尾注对话框按钮，在弹出的“脚注和尾注”对话框中，选择“脚注”，以及脚注的位置和编号格式等，按图 3-62 所示进行设置。完成后即可看见如图 3-60 所示的效果。

2) 删除脚注或尾注

要删除脚注或尾注，只需选择要删除的脚注或尾注的注释标记，然后按下 Delete 键，即可删除脚注或尾注的内容。

3) 转换脚注和尾注

脚注和尾注之间是可以相互转换的，这种转换可以在一种注释间进行，也可以在所有的脚注和尾注间进行。可按如下步骤操作：

(1)在“引用”选项卡中的“脚注”选项组中单击右下角打开脚注和尾注对话框按钮，在弹出的“脚注和尾注”对话框中，单击“转换”按钮。

(2)在弹出的“转换注释”对话框中，选择要转换的选项，如图 3-63 所示。

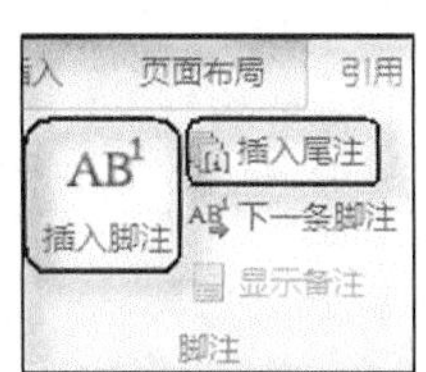

图 3-61　脚注、尾注选项

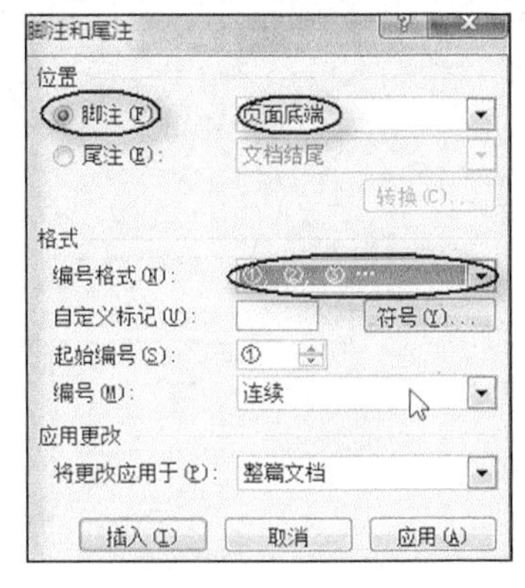

图 3-62　插入脚注

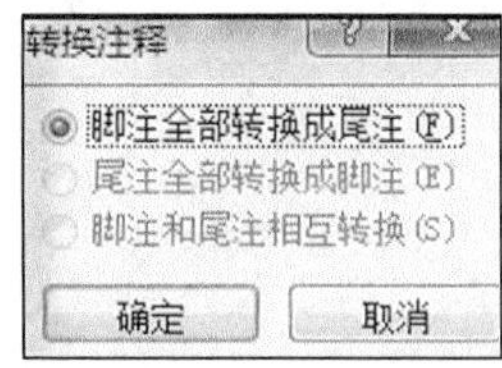

图 3-63　“转换注释”对话框

如果是对个别注释进行转换，则将光标移至注释文本中，按鼠标右键弹出快捷菜单，选择“转换至尾注”(或“转换为脚注”)。

9. 目录和索引

1)建立目录

目录是书稿中常见的组成部分，由文章的标题和页码组成，如图 3-64 所示。目录的作用在于，便于阅读者快速地审阅或定位到感兴趣的内容，用手工添加目录既麻烦又不利于以后的修改，为文档建立目录，最好使用内置的大纲级别格式或标题样式。

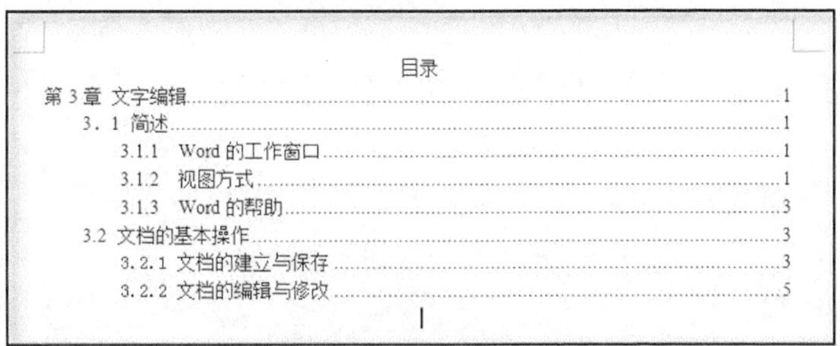

目录

第 3 章 文字编辑……1
3．1 简述……1
3.1.1 Word 的工作窗口……1
3.1.2 视图方式……1
3.1.3 Word 的帮助……3
3.2 文档的基本操作……3
3.2.1 文档的建立与保存……3
3.2.2 文档的编辑与修改……5

图 3-64　建立目录

【例 9】 打开本书光盘“与教材对应的操作文档\第 3 章\目录结构的编制.docx”，文档中的章节已经使用了内置的大纲级别，请为文档建立 3 级目录。

如果已经使用了大纲级别或内置标题样式，按下列步骤操作：

(1)将光标移到要插入目录的位置，如文档的首页。

(2)在“引用”选项卡中的“目录”选项组中单击“目录”按钮，弹出如图 3-65 所示的下拉列表。

(3)在下拉列表中选择“插入目录”命令，弹出“目录”对话框，选择“目录”选项卡，如图 3-65 所示。

(4)在“目录”对话框中，设置目录的“格式”，如“古典”、“优雅”、“流行”等，默认是“来自模板”型。设置“显示级别”，本例选“3”，如图 3-66 所示。完成后的结果如图 3-64 所示。

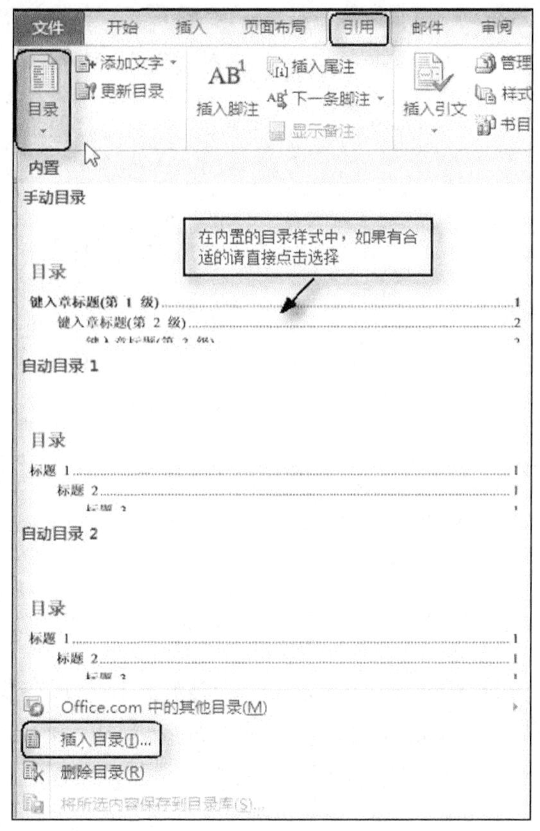

图 3-65　“目录”下拉列表

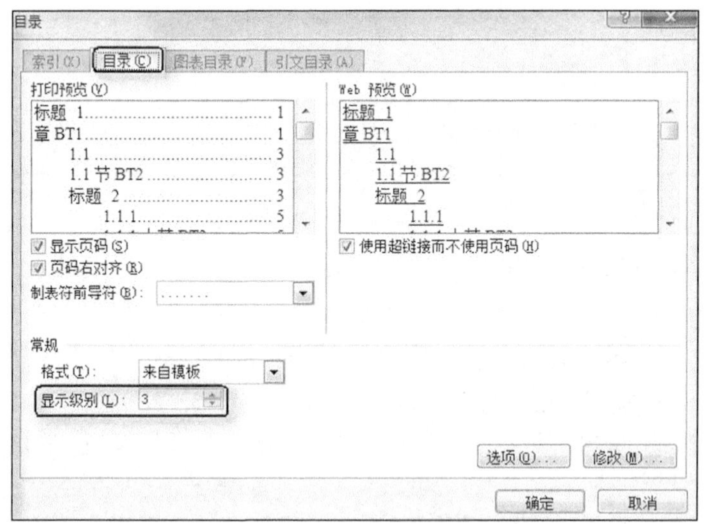

图 3-66　“目录”对话框

如果作为目录内容的文本还没有套用大纲级别或内置标题样式，可通过“开始”选项卡中的“样式”选项组的“样式”下拉列表进行设置。

2) 建立索引

在文档中建立索引，就是将需要标识的字词列出来，并注明它们的页码。建立索引主要包含两个步骤：一是对需要创建索引的关键词进行标记，即是告诉 Word 哪些关键词参与索引的创建；二是调出索引和目录对话框，通过相应的设置创建索引。

给文档建立索引项可按如下步骤操作。

(1) 选择要建立索引项的关键字，假定现在以“Microsoft 公司”为索引项。

(2) 单击“引用”标签，在“索引”选项组中(如图 3-67 所示)，单击“标记索引项”按钮。

(3) 在弹出的“标记索引项”对话框中，选中的文字“微软公司”出现在“主索引项”框中，如图 3-68 所示。然后单击“标记”按钮即可。这时，文档中被选择的关键字旁边，添加了一个索引标记：{XE "微软公司"}。

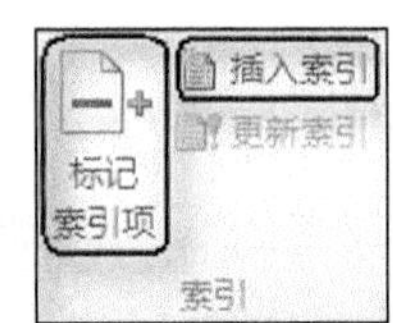

图 3-67　“索引”选项组

(4) 如果还有其他需要建立索引项的关键字，在文档编辑窗口中，继续选择关键字，重复步骤(3)，直至所有关键字选择完毕。

(5) 将光标移到要插入索引的位置，在图 3-67 所示的“索引”选项组中，单击“插入索引”按钮，打开“索引”对话框。

(6) 在“索引”选项卡中，可设置“格式”、“类型”或“栏数”，然后单击“确定”按钮，图 3-69 所示。

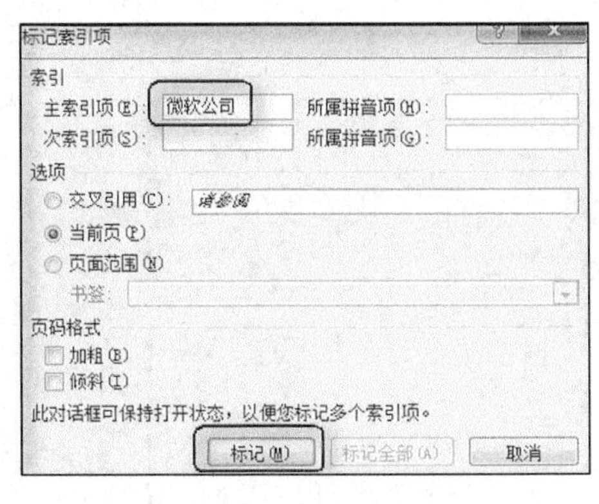

图 3-68　“标记索引项”对话框

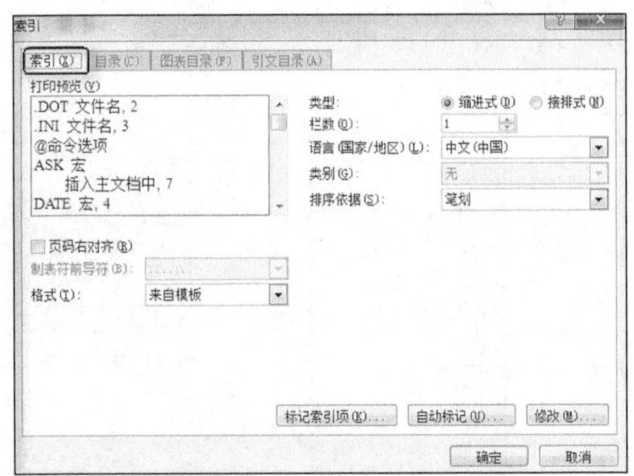

图 3-69　“索引”选项卡

3.4　样式与模板

使用 Word 2010 中的样式和模板功能可以大大提高建立文档和对文档进行排版的工作效率。

3.4.1 样式

所谓样式，就是具有名称的一系列排版指令集合。使用样式可以轻松快捷地将文档中的正文、标题和段落统一成相同的格式。

通常对于一篇科技论文，一级标题是黑体、小二号字、居中，二级标题是楷体、小三号字、居中，三级标题是仿宋体、四号字、居中。分别定义样式名“标题 1”、“标题 2”、“标题 3”。当编排某个二级标题时，只需将样式“标题 2”应用于这个段落即可。如果需要对全文中所有三级标题的版面格式加以修改，只需直接修改样式“标题 3”即可，使用起来非常方便。

样式按应用范围分为段落样式和字符样式；按定义形式分为预定义样式和自定义样式。

1. 查看样式

在“开始”选项卡中的“样式”选项组中，就可以查看当前所选文字或段落的样式。

2. 应用样式

在“开始”选项卡中的“样式”选项组中，包含很多 Word 的内建样式，或是用户定义好的样式。利用这些已有样式，用户可以快速地格式化文档的内容。应用样式的操作步骤如下：

(1)选择要格式化的文本。

(2)在“开始”选项卡中的“样式”选项组中，选择所需要的样式。“样式”下拉列表框提供更多的样式选择。

3. 新建样式

当 Word 提供的内建样式和用户自定义的样式不能满足文档的编辑要求时，用户可按实际需要新建自定义样式。新建样式可按如下步骤操作：

(1)在“开始”选项卡中的“样式”选项组中，单击右下角的显示“样式”窗口按钮，弹出“样式”窗格。

(2)“样式”窗格中，单击“新建样式”按钮，如图 3-70 所示。

(3)在弹出的“根据格式设置创建新样式”对话框的“名称”框中输入新建样式的名称，默认为“样式 1”，如图 3-71 所示。

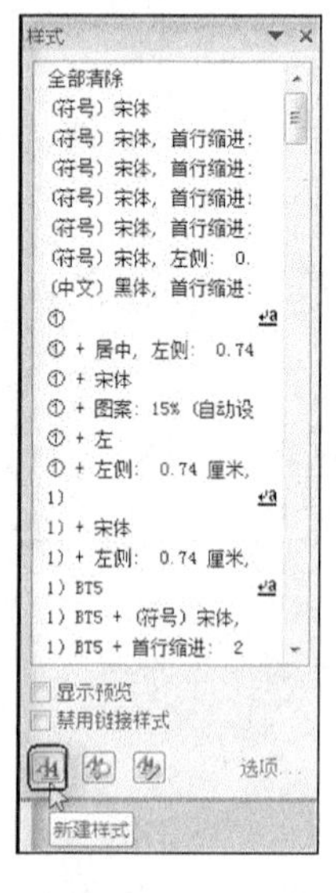

图 3-70 “样式”窗格

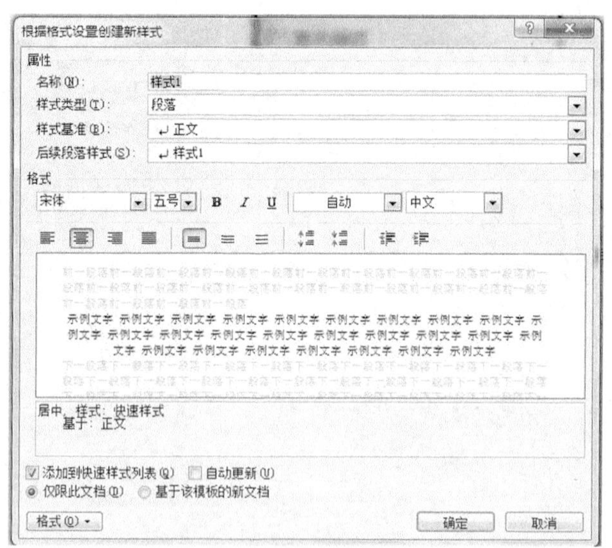

图 3-71 “新建样式”对话框

(4) 在对话框中的“格式”区域中，设置字体格式、段落格式，或者单击“格式”按钮设置更多的选项。

(5) 设置完毕后，单击“确定”按钮。

4. 修改样式

如果文档中已有的样式某些方面不符合要求，用户可以对已有的样式进行修改。操作步骤如下：

(1) 在“开始”选项卡中的“样式”选项组中，单击右下角的显示“样式”窗口按钮，弹出“样式”窗格，如图 3-72 所示。

(2) 单击“管理样式”按钮，弹出“管理样式”对话框，如图 3-73 所示。

(3) 在弹出的“管理样式”对话框中，单击“修改”按钮，弹出“修改样式”对话框，如图 3-74 所示。在这里按需修改选项即可。

(4) 单击“确定”按钮。

5. 删除样式

要删除某种样式，在如图 3-73 所示的“管理样式”对话框中单击“删除”按钮，弹出确认对话框，确认后，文档中应用过该样式的内容将恢复为常规格式。

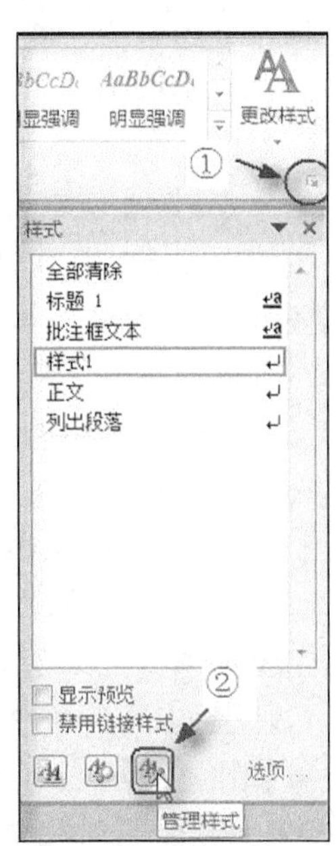

图 3-72　“样式”窗格

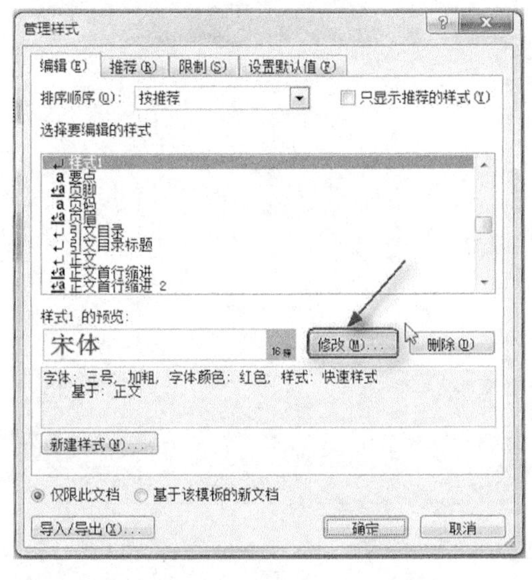

图 3-73　“管理样式”对话框

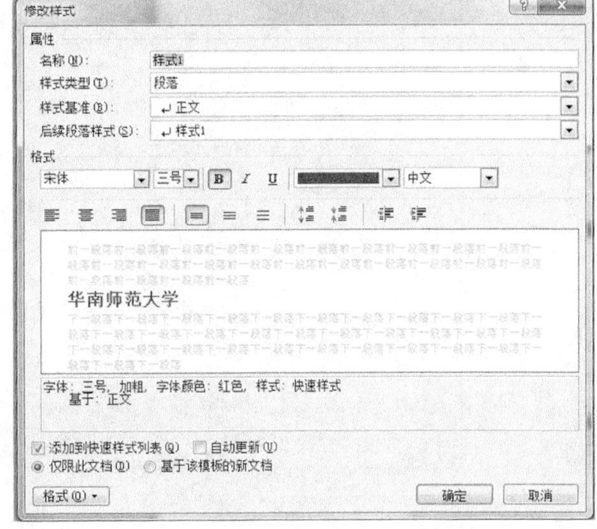

图 3-74　“修改样式”对话框

3.4.2　模板

所有的文档都是基于模板生成的，模板是一种特殊的文档，模板决定了文档的基本结构和文档设置。Normal.dotx 是各种文档的默认模板，如果创建新文档时没有指定其他模板，Word 2010 就将 Normal 文档模板选为该文档的模板。Word 2010 提供了各种类型的模板和向导辅助我们创建各种类型的文件，如报表、合同、协议、信件等。它们都是以扩展名.dotx 的形式存放。

在日常处理的各种文档资料中，有很多文档具有相同或相似的格式和版面。例如，使用

相同的页面设置、相同的样式、相同的文字格式等。由于文档有很多相似之处，如果每次编辑同样的文档都要重复相同的操作过程，那么，不如使用模板建立文档，这将大大提高编辑的效率。

1. 用模板创建文档

利用 Word 提供的模板可以方便、快速地建立一个文档，尤其是针对一些常用的、具有固定格式和内容的文档，使用模板来建立，更妙不可言。

可以通过“文件”选项卡上单击“新建”来查找模板。已经存在于本地硬盘上的模板和 Office.com 上提供的模板显示在一个直观的列表中，并按类别进行划分。单击某个类别可看到其包含的模板，从中选择所需模板，然后单击“创建”或“下载”按钮以打开一个使用该模板的新 Office 文档。

【例 10】 根据“合同、协议、法律文书”模板，建立一份“聘用合同”文档。

操作步骤如下：

(1) 在“文件”选项卡上单击“新建”按钮，在 Office.com 类别中选择选择“合同、协议、法律文书”类别，图 3-75 所示。

图 3-75 可选模板列表

(2) 从“合同、协议、法律文书”类别中选择“聘用合同”模板，在右侧窗格中出现该模板的内容，单击“下载”按钮，如图 3-76 所示。

(3) 随即打开一个使用该模板的新 Office 文档，如图 3-77 所示。在打开的模板相应栏目中输入内容，即可快速得到一份聘用合同文档。

2. 创建模板

创建模板的跟新建文档相似，操作方法如下：

(1) 在“文件”选项卡上单击“新建”命令，选择“我的模板”选项，如图 3-78 所示。

(2) 在“新建”对话框中，单击“空白文档”选择“模板”，单击“确定”按钮，如图 3-79 所示。

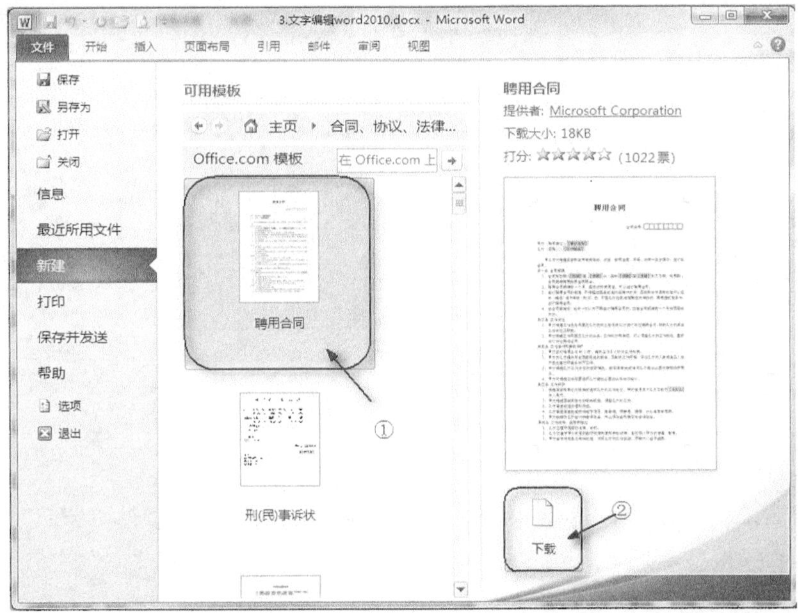

图 3-76　选择模板

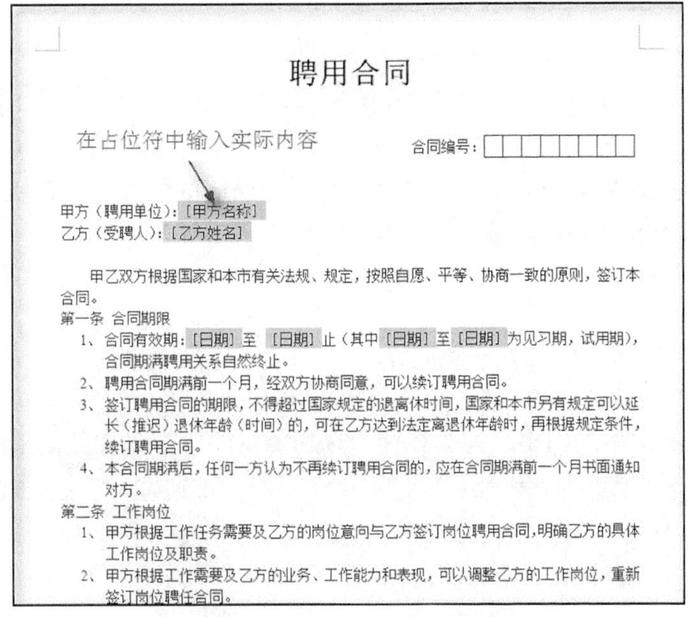

聘用合同

合同编号:

甲方（聘用单位）:［甲方名称］
乙方（受聘人）:［乙方姓名］

甲乙双方根据国家和本市有关法规、规定，按照自愿、平等、协商一致的原则，签订本合同。

第一条 合同期限

1、合同有效期:［日期］至［日期］止（其中［日期］至［日期］为见习期，试用期），合同期满聘用关系自然终止。
2、聘用合同期满前一个月，经双方协商同意，可以续订聘用合同。
3、签订聘用合同的期限，不得超过国家规定的退离休时间，国家和本市另有规定可以延长（推迟）退休年龄（时间）的，可在乙方达到法定离退休年龄时，再根据规定条件，续订聘用合同。
4、本合同期满后，任何一方认为不再续订聘用合同的，应在合同期满前一个月书面通知对方。

第二条 工作岗位

1、甲方根据工作任务需要及乙方的岗位意向与乙方签订岗位聘用合同，明确乙方的具体工作岗位及职责。
2、甲方根据工作需要及乙方的业务、工作能力和表现，可以调整乙方的工作岗位，重新签订岗位聘任合同。

图 3-77　“聘用合同”模板

(3) 在打开的编辑窗口中，像编辑文档一样，按自己喜欢的格式去设计模板，包括文本和图形、整页格式的布局、创建样式等。

(4) 新建模板的内容设置完成后，选择“文件”→“另存为”命令。在“另存为”对话框中，输入要保存的模板文档的名称，单击“确定”按钮。

Tips

如果想将新建的模板作为系统默认的新建文件模板，应将该模板命名为 normal.dotx。

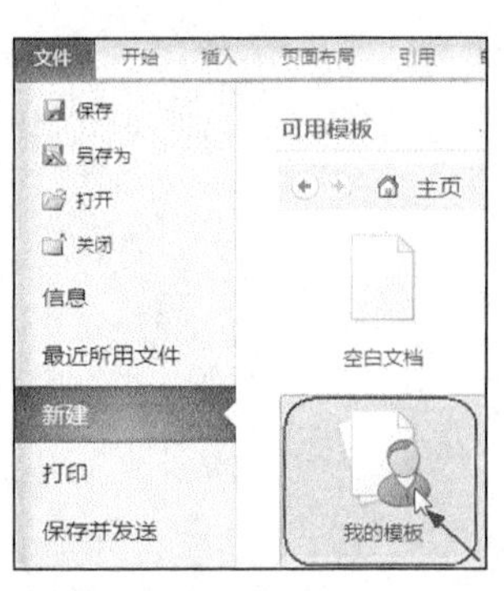

图 3-78　选择“我的模板”

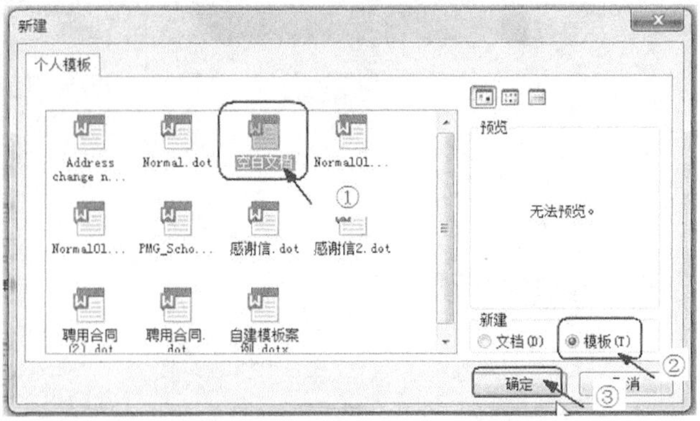

图 3-79　新建“模板”

3．修改模板

如果已有的模板有部分内容不符合自己的要求，用户可对模板进行修改，并且可将修改后的模板作为新模板保存起来即可。

3.5　表　　格

3.5.1　创建表格

表格是一种简明扼要的表达方式。它以行和列的形式组织信息，结构严谨，效果直观。往往一张简单的表格就可以代替大篇的文字叙述，所以，各种科技、经济等书刊中越来越多地使用表格。在“插入”选项卡中，单击“表格”功能区的“表格”按钮，如图 3-80 所示。可以选择多种不同的方法创建表格，下面介绍其中 3 种方法。

1．使用“插入表格”按钮快速建立表格

操作步骤如下：

(1)将光标定位在需要插入表格的位置。

(2)在“插入”选项卡中的“表格”选项组中单击“表格”按钮。

(3)在如图 3-80 所示的网格上拖动鼠标，选择所需的行数和列数，如图 3-81 所示。

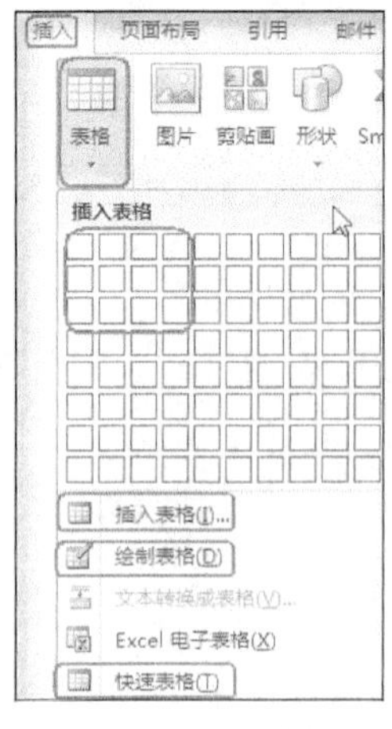

图 3-80　插入表格

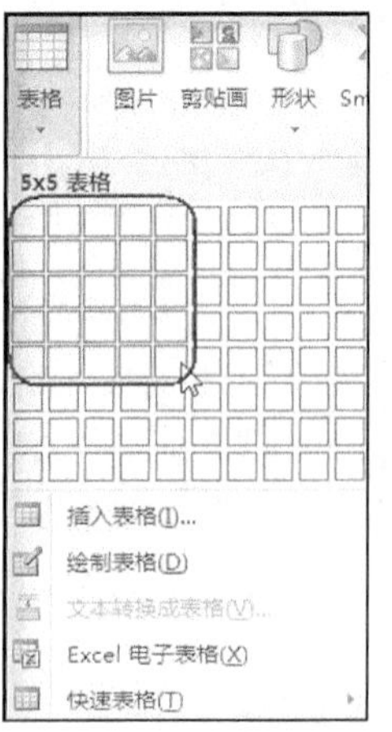

图 3-81　选择行数和列数

(4) 松开鼠标即可看到一个 5×5 的表格插入到文档中，如图 3-82 所示。

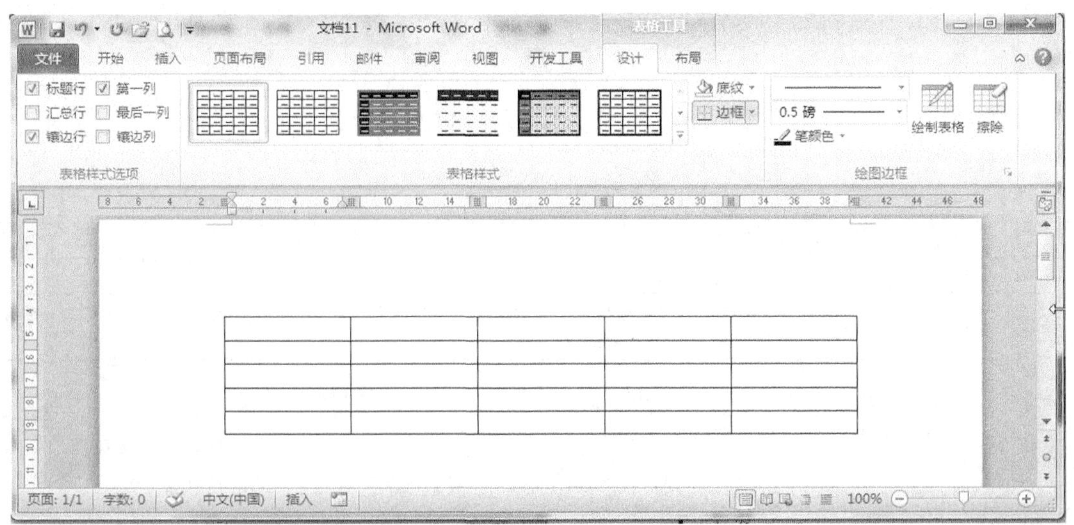

图 3-82　创建 5×5 的表格

2. 利用“插入表格”命令菜单建立表格

操作步骤如下：

(1) 将光标定位在需要插入表格的位置。

(2) 在“插入”选项卡中的“表格”选项组中单击“表格”按钮。

(3) 在如图 3-80 所示的命令菜单中选择“插入表格”命令，在弹出的对话框中键入或选择表格的“行数”和“列数”，本案例选择行数和列数均为 5，如图 3-83 所示。然后单击“确定”按钮，即可生 5×5 的表格。

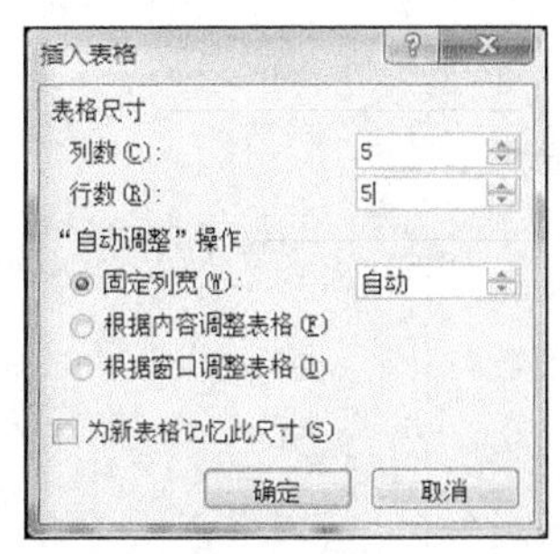

图 3-83　“插入表格”对话框

3. 使用绘制表格工具

Word 提供了绘制表格工具，让你有手握铅笔的感觉，可随心所欲地绘制各种表格线。

对于一个规则表格，使用上述方法可快速创建表格，而对于不太规则或复杂的表格，可以在如图 3-80 所示的命令菜单中选择“绘制表格”命令，然后开始绘制表格。

操作步骤如下：

(1) 在“插入”选项卡“表格”组中单击“表格”按钮。

(2) 在图 3-80 所示的命令菜单中选择“绘制表格”命令，此时鼠标变成一支铅笔状，如果在文档中还没有插入表格，按住鼠标的左键拖动就绘制出一个单元格的表格。此时命令菜单区会出现“表格工具”选项卡，通过“绘图边框”功能区可对表格进行编辑修改，可以给单元格添加垂直线、水平线以及斜线等。如果要擦除表格线，则单击“擦除”按钮，将其移到擦除的表格线上单击即可。

3.5.2　表格的编辑与修改

创建表格后，就要对其中的内容进行相关的编辑修改，如输入或删除单元格的内容、格式化单元格的内容等。

1. 选定表格项

在对表格操作之前必须选定操作的对象，如单元格、行和列等，选定这些表格项的方法有多种，如表 3-2 所示。

表 3-2　选定表格的项目

对　象	操　作
一个单元	单击单元格左边
一行	单击行左边
一列	单击列顶端
多个单元格、多行或多列	在选定的单元格、行或列上拖动鼠标；或选定一个单元格、一行或一列，然后按住 Shift 键单击另一单元格、另一行或另一列

表格的每个单元格、每行或每列都有自己的一个不可见的选取点，当鼠标移动到任何一个单元格的左边界处时，它就会变成一个黑色的箭头，表明该单元格被选中；如果将鼠标移到一列的顶端，就会变成一个向下指的黑色箭头，表示选中了该列，单击鼠标左键即可。

2. 表格工具

当光标落在表格中时，命令菜单中的“表格工具”随即打开。如图 3-84 所示为“表格工具”中的“设计”选项卡，在功能区中，可以选择表格的样式，或对表格边框进行编辑修改。

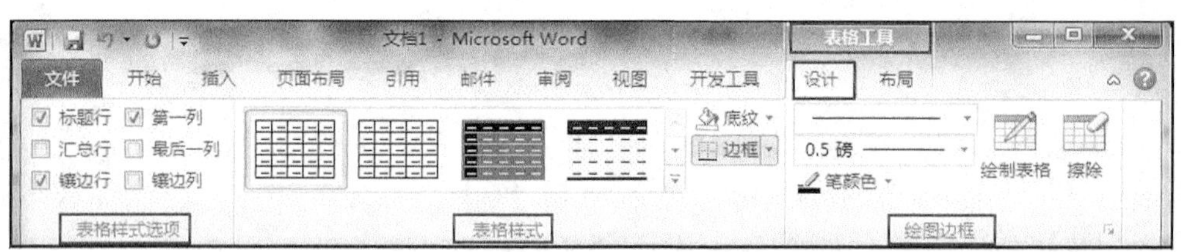

图 3-84　“表格工具”“设计”选项卡

如图 3-85 所示为“表格工具”中的“布局”选项卡，在功能区中，可以为表格增加或删除行列、合并单元格、选择表格单元格内容的对齐方式等。

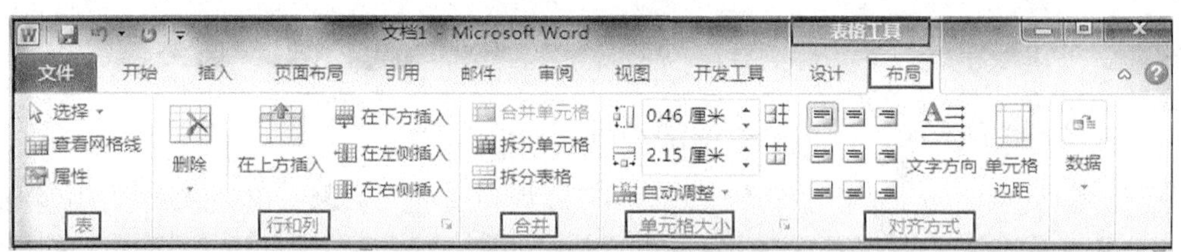

图 3-85　“表格工具”“布局”选项卡

3. 单元格文本的对齐

要设置、改变表格单元格文本的对齐方式，在图 3-85 所示的“布局”选项卡“对齐方式”组中使用所需对齐按钮即可。

4. 改变文字方向

单元格中的文本可以改变它的排列为横向、纵向，操作方法是：选择表格单元格后，在图 3-85 所示的“布局”选项卡“对齐方式”组中单击“文字方向”按钮。

3.5.3　合并与拆分单元格

在编辑表格时，有时需要把同一行或同一列中两个或多个单元格合并起来，或者把一行或一列的一个或多个单元格拆分为更多的单元格。

1. 合并单元格

【例 11】 打开本书光盘“与教材对应的操作文档\第 3 章\课程表.docx”，对表中的单元格做适当的合并和拆分。操作步骤如下：

(1) 选择要合并的单元格，如图 3-86 所示。

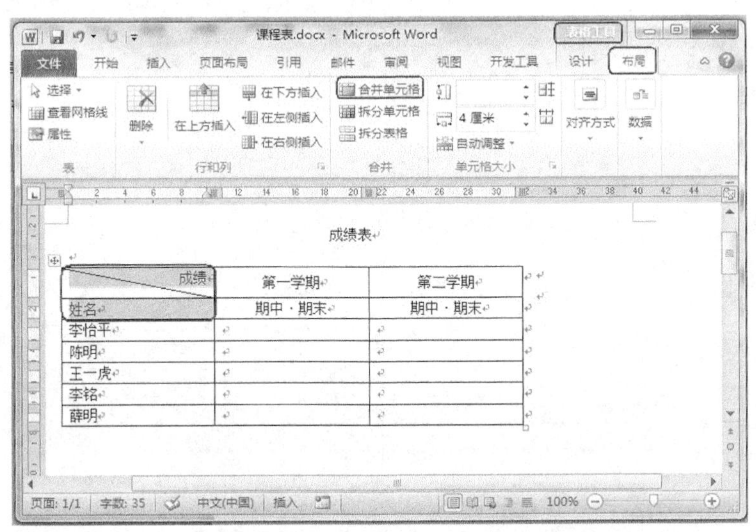

图 3-86　“合并单元格”按钮

(2) 在“布局”选项卡中的“合并”选项组中单击“合并单元格”按钮，可以看到第 1 列的第 1、2 行的单元格合并了，如图 3-87 所示。

成绩表

成绩 / 姓名	第一学期	第二学期
	期中·期末	期中·期末
李怡平		
陈明		
王一虎		
李铭		
薛明		

图 3-87　合并单元格

2. 拆分单元格

(1) 选择要拆分的单元格，如图 3-88 所示。

(2) 在“布局”选项卡中的“合并”选项组中单击“拆分单元格”按钮，将弹出“拆分单元格”对话框。

(3) 在“列数”框中输入要拆分的列数。默认为 2，表示把选定的每一单元格都分成两个，单击“确定”按钮。对第二学期对应的单元格也用相同的方法进行设置，完成后可看到如图 3-89 所示的结果。

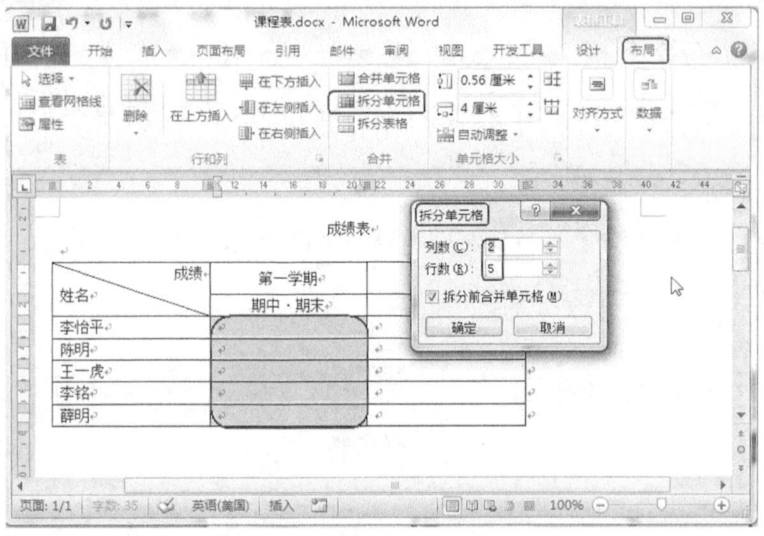

图 3-88　“拆分单元格”对话框

成绩表

成绩 / 姓名	第一学期		第二学期	
	期中 · 期末		期中 · 期末	
李怡平				
陈明				
王一虎				
李铭				
薛明				

图 3-89　拆分单元格

3.5.4　表格的拆分与合并

要将表格拆分或合并，建议首先将表格的“文字环绕”方式改为“无”。方法：选择表格，单击右键弹出快捷菜单，从快捷菜单中选择“表格属性”命令，弹出“表格属性”对话框，将“文字环绕”方式选择为“无”，如图 3-90 所示。

图 3-90　设置表格“文字环绕”属性

1. 表格的拆分

【例 12】 把如图 3-89 所示的表格从第三行开始拆分为两个表格。

操作步骤如下：

(1)将光标定位到表格第三行的最后一列中。

(2)在“布局”选项卡中的“合并”选项组中单击“拆分表格”按钮，则将插入光标所在行与以上部分分成两个独立的表格，如图 3-91 所示。

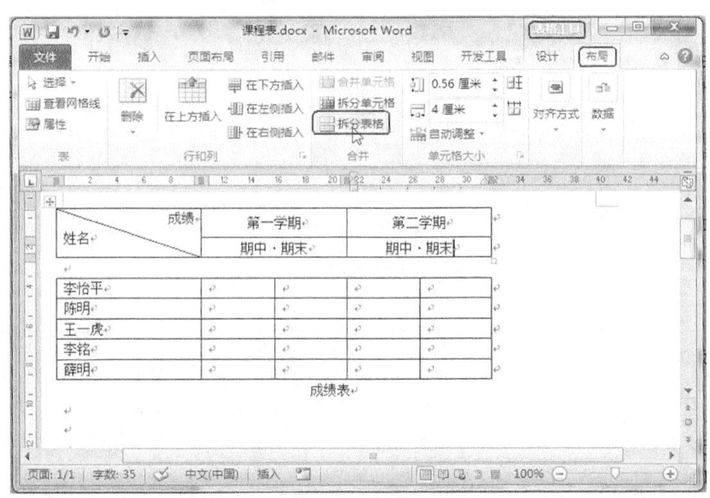

图 3-91 拆分表格

2. 表格的合并

将光标插入两个表格之间的第一个空行，按 Delete 键(如果有多个空行则需按多次)即可合并表格。

3.5.5 调整行高与列宽

当表格的行高列宽不符合要求时，可以重新调整单元格的行高和列宽。简便的调整方法是利用鼠标和标尺，但如果要更精确地调整，就得使用对话框。

1. 用鼠标拖动调整

单击表格中任意一个单元格，在水平和垂直标尺上可以看到表格线的标志块，将鼠标指向表格线会出现双向箭头，将鼠标指针指向要调整的表格线上或标尺上的标志块，按住鼠标左键拖动即可调整表格的行高和列宽，如图 3-92 所示。

 Tips

对于列宽的调整，如果是将鼠标指针指向要调整列的表格列标记上(标尺上的方块)，按住鼠标左键左右拖动列标记，则随着列宽的改变，表格的宽度也跟着改变，但是用鼠标拖动表格线的方法不会改变表格的宽度。

2. 用表格属性调整

如果要精确地设置表格的行高和列宽，可通过“单元格大小”选项组输入数据进行设置，或者在“表”选项组中单击“表格属性”按钮，在打开的“表格属性”对话框中选择“行”(或“列”)选项卡，并在尺寸框中设置或输入相应的值，如图 3-93 所示。

图 3-92　用鼠标拖动表格线

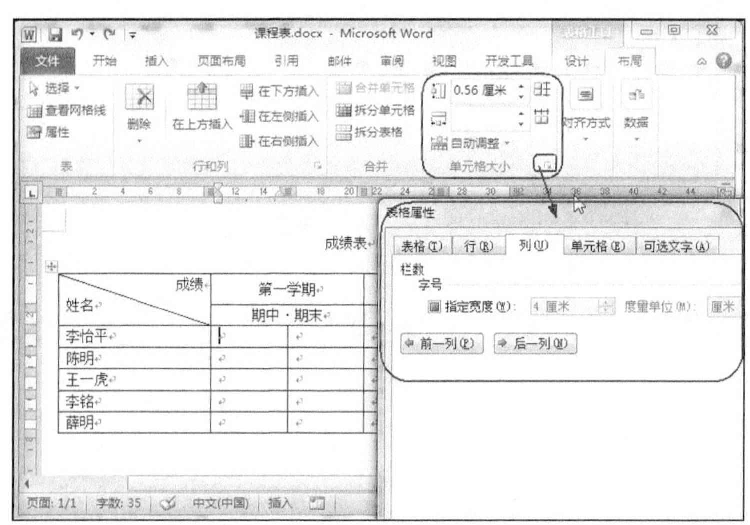

图 3-93　“表格属性”对话框

Tips

如果想避免在选定行之间分页，可清除“允许跨页断行”复选框。

3.5.6　绘制斜线表头

要在表格某单元格中加上斜线，选择该单元格，然后选择“表格工具”→“设计”选项卡，“表格样式”选项组中单击“边框”按钮，选择“斜下框线”选项，如图 3-94 所示。

Tips

如果想绘制多条斜线组成的表头，应选择直线绘图工具绘制斜线。

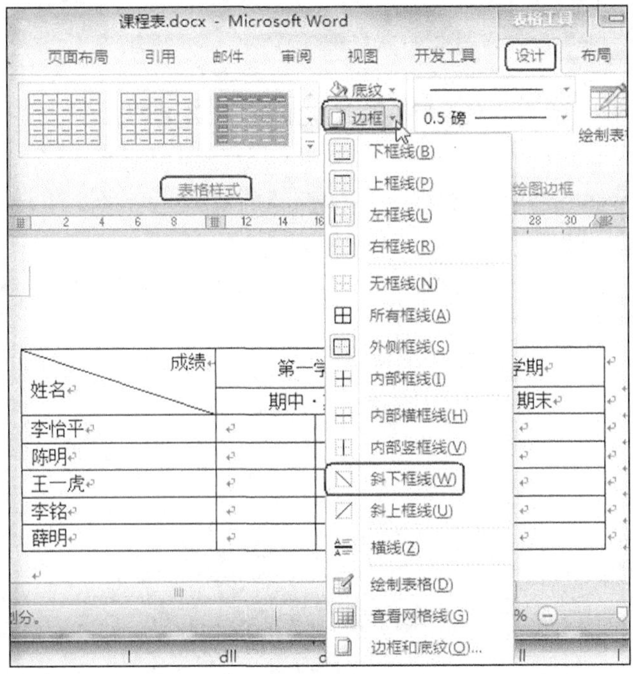

图 3-94 绘制斜线表头

3.5.7 添加边框和底纹

可以为表格或表格中的某个单元格添加边框，或用底纹来填充表格的背景。

1. 添加边框

(1) 选择要添加边框的整个表格或单元格。

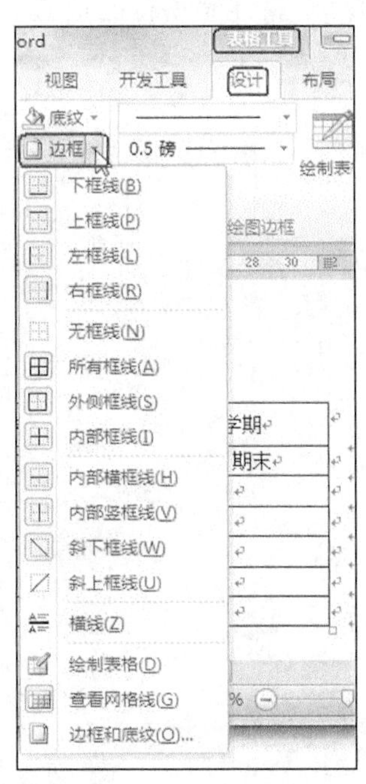

图 3-95 添加边框

(2) 选择“表格工具”→“设计”选项卡，单击“表格样式”选项组中的“边框”按钮，选择需要添加边框线条的位置，如图 3-95 所示。

2. 添加底纹

为了使表格更加赏心悦目，可以为单元格添加底纹。

(1) 选定所要添加底纹的表格或单元格。

(2) 选择“表格工具”→“设计”选项卡，单击“表格样式”选项组中的“底纹”按钮，选择底纹的颜色，如图 3-96 所示。

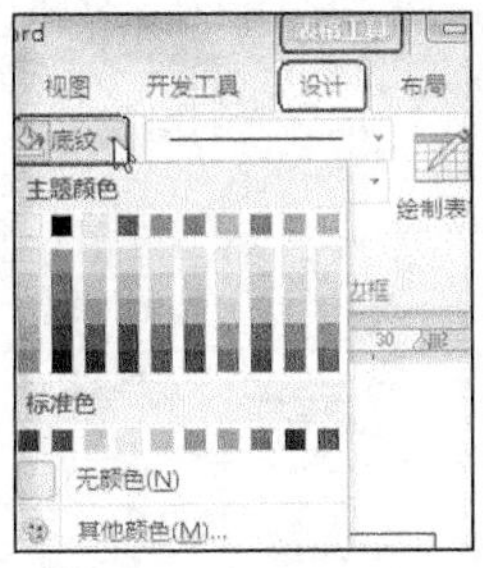

图 3-96 添加底纹

3.5.8 文字与表格的互换

在 Word 中，为用户提供了在文字与表格之间的互换的方法。

1. 将文本转换成表格

【例 13】打开本书光盘“与教材对应的操作文档\第 3 章\课程表(文字表格互换).docx”，如图 3-97 所示。将其中的文字转换为表格。

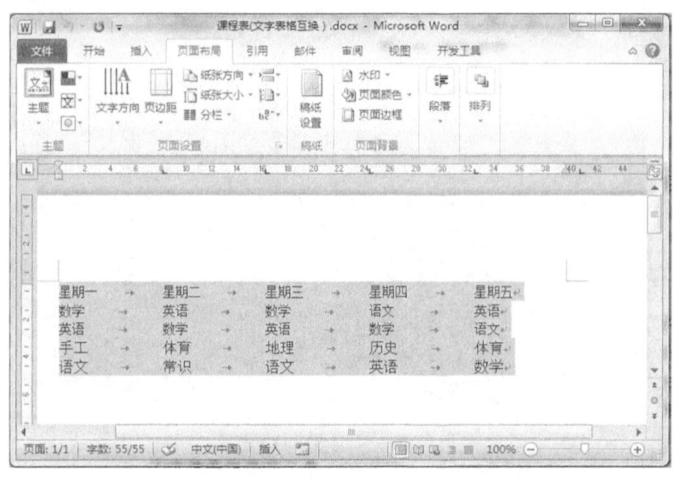

图 3-97 文字转换为表格

操作步骤如下：

(1) 打开“课程表(文字表格互换).docx”，插入分隔符（分隔符：将表格转换为文本时，用分隔符标识文字分隔的位置，或在将文本转换为表格时，用其标识新行或新列的起始位置。例如逗号或制表符），以指示将文本分成列的位置。使用段落标记指示要开始新行的位置。本例，文字之间已经加入了制表符作为间隔。

(2) 选择要转换的文本。

(3) 在“插入”选项卡中的“表格”选项组中单击“表格”按钮，在弹出的菜单中选择“文本转换成表格(V)...”命令，如图 3-98 所示。

图 3-98 “文本转换成表格”命令

(4) 在“将文字转换成表格”对话框的“文字分隔位置”栏中，单击要在文本中使用的分隔符对应的选项。本例选择制表符，如图 3-99 所示。

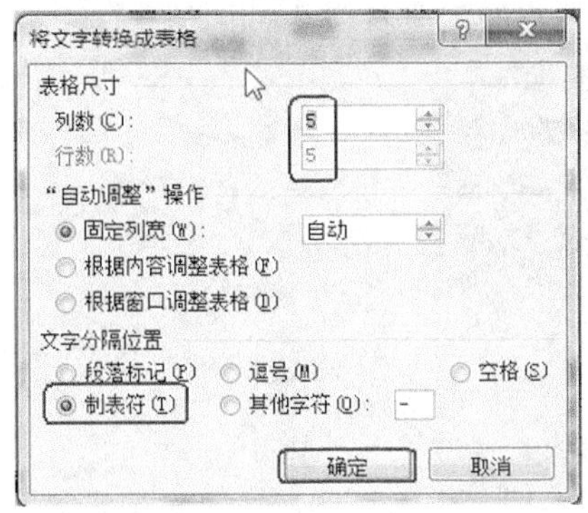

图 3-99　选择“制表符”

(5) 在“列数”框中，选择列数。

(6) 选择需要的任何其他选项。

(7) 单击“确定”按钮，即可看到如图 3-100 所示的结果。

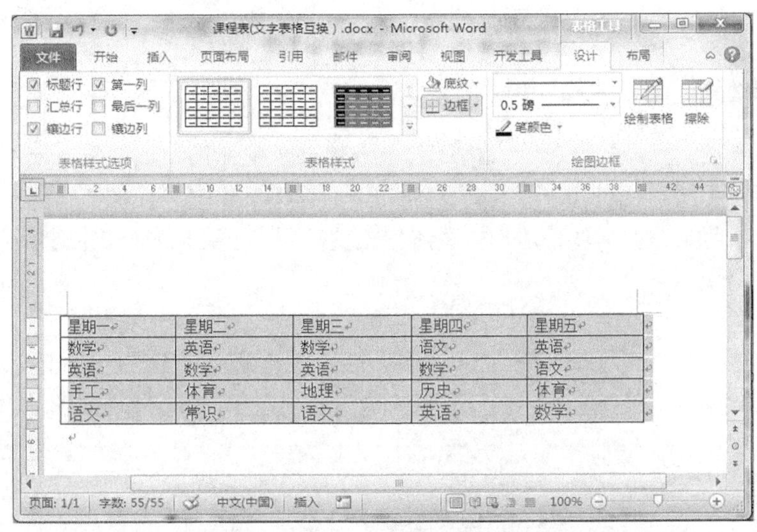

图 3-100　“将文字转换成表格”的结果

Tips

如果未看到预期的列数，则可能是文本中的一行或多行缺少分隔符。

2. 将表格转换成文本

【例 14】 请将如图 3-100 所示的表格转换为文本，文字的间隔符为“*”。

操作步骤如下：

(1) 选择要转换成段落的行或表格。

(2) 选择“表格工具”→“布局”选项卡，在“数据”选项组中单击“数据”按钮，选择“转换为文本”命令。

(3)弹出“表格转换为文本”对话框，在“文字分隔符”栏目中，单击要用于代替列边界的分隔符对应的选项，本例选择“其他字符”，并输入“*”，如图 3-101 所示。

(4)单击“确定”按钮，即可看到如图 3-102 所示的结果。

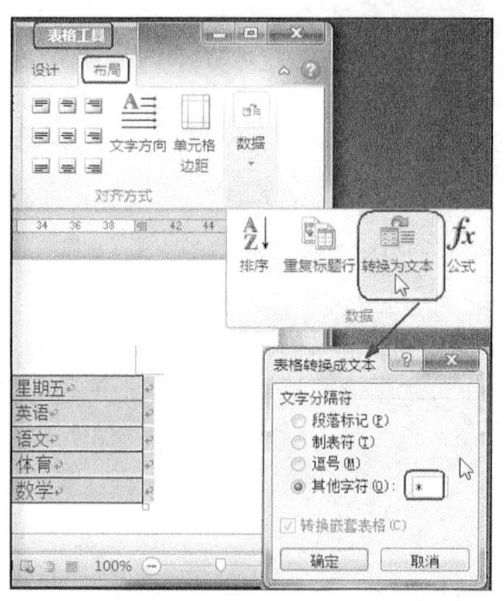

图 3-101 “表格转换为文本”对话框

图 3-102 “表格转换成文本”的结果

3.5.9 套用表格样式

在 3.5.7 小节我们已经学习了为表格或表格中的某个单元格添加边框，或用底纹来填充表格的背景。如果用户不想自己一步一步进行设置的话，在 Word 中也提供了许多内置的表格样式让用户直接套用。该功能提供了多种边框、字体和底纹，可快速美化表格，使表格具有精美的外观。

操作步骤如下：

(1)选定表格。

(2)选择“表格工具”→“设计”选项卡，在“表格样式”选项组中显示了部分样式，如图 3-103 所示。如果单击下三角会弹出更多的内置样式供用户选择，如图 3-104 所示。

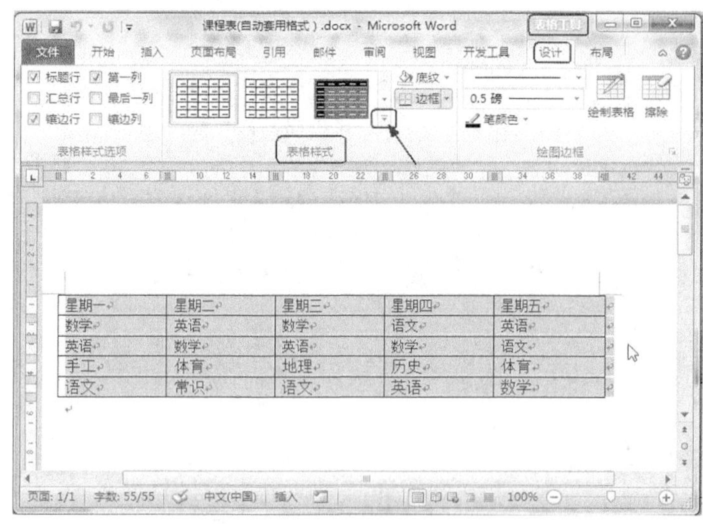

图 3-103 表格样式功能区

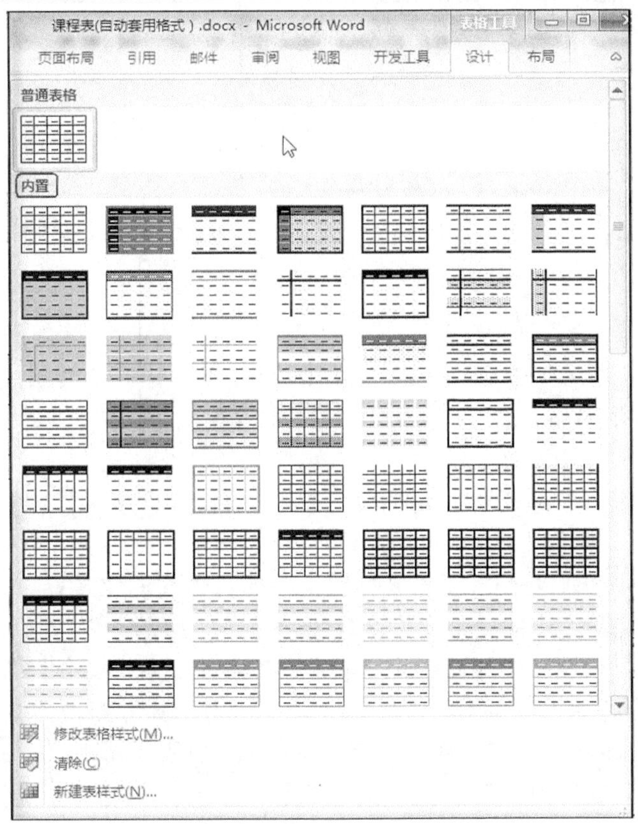

图 3-104　内置表格样式列表

(3) 从内置样式列表中选择一种喜欢的格式。本例选择了“浅色系列-强调 3”，如图 3-105 所示。

星期一	星期二	星期三	星期四	星期五
数学	英语	数学	语文	英语
英语	数学	英语	数学	语文
手工	体育	地理	历史	体育
语文	常识	语文	英语	数学

图 3-105　套用内置表格样式的结果

Tips

在内置表格样式列表中，通过“修改表格样式(M)...”命令可对所选样式做进一步的修改。

3.6　在文档中插入对象

Word 不但具有强大的文字处理功能，而且可在文档中插入图片、艺术字、文本框等，甚至还提供了一个绘图工具让用户绘制自己喜欢的图形，使文档图文并茂，美观有趣。

在“插入”选项卡的“插图”选项组中，可以插入图片、剪贴画、形状、SmareArt 图、图表等，如图 3-106 所示。

在“插入”选项卡的“文本”选项组中，可以插入文本框、艺术字等，如图 3-107 所示。

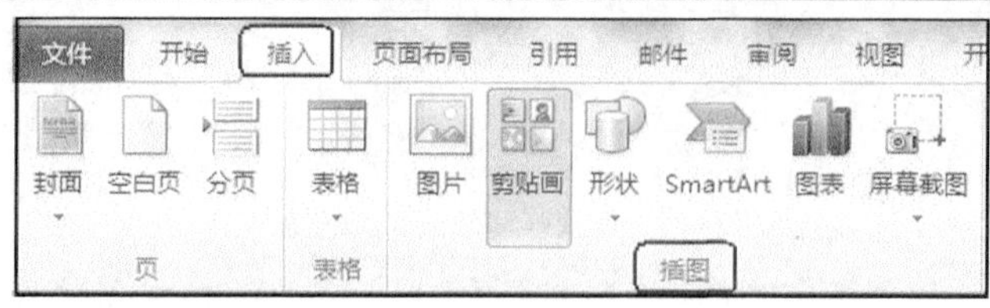

图 3-106 “插入”选项卡的“插图”选项组

图 3-107 “插入”选项卡的“文本”选项组

3.6.1 插入图片

可将 Word 中剪贴画库中的图片插入文档中，也可以选择自选的图片，如网上下载的图片，用户自己拍摄的数码照片等。

1. 插入剪贴画

Word 在系统文件夹中有一个剪贴画的“剪辑库”，包含从风景背景到地图，从建筑物到人物的各种常用图像。操作方法如下：

(1) 打开“插入剪贴画.docx”，将光标置于要插入图片的位置。

(2) 在“插入”选项卡中的“插图”选项组，单击“剪贴画”按钮，如图 3-106 所示。

(3) 右侧弹出“剪贴画”任务窗格，从搜索框中输入图片的类别，如图 3-108 所示。本案例输入“童话”，然后单击“搜索”按钮，在任务窗格中随即出现搜索结果，从中选择剪贴画。在菜单中单击“插入”按钮，或直接将选中的剪贴画拖至窗口中。

(4) 所选剪贴画即插入文本中，如图 3-109 所示。

图 3-108 “剪贴画”任务窗格

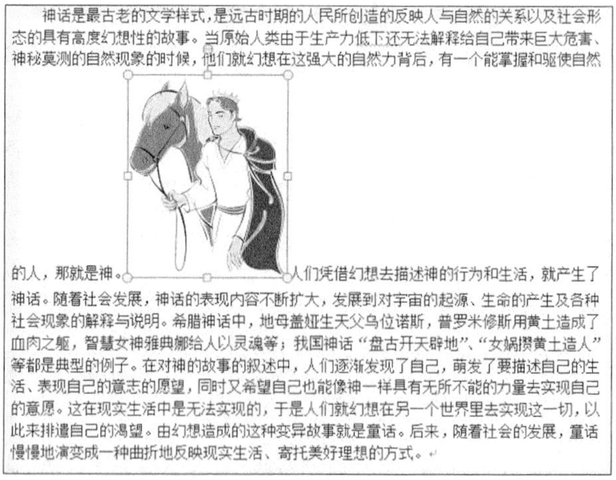

神话是最古老的文学样式，是远古时期的人民所创造的反映人与自然的关系以及社会形态的具有高度幻想性的故事。当原始人类由于生产力低下还无法解释给自己带来巨大危害、神秘莫测的自然现象的时候，他们就幻想在这强大的自然力背后，有一个能掌握和驱使自然的人，那就是神。人们凭借幻想去描述神的行为和生活，就产生了神话。随着社会发展，神话的表现内容不断扩大，发展到对宇宙的起源、生命的产生及各种社会现象的解释与说明。希腊神话中，地母盖娅生天父乌位诺斯，普罗米修斯用黄土造成了血肉之躯，智慧女神雅典娜给人以灵魂等；我国神话“盘古开天辟地”、“女娲攒黄土造人”等都是典型的例子。在对神的故事的叙述中，人们逐渐发现了自己，萌发了要描述自己的生活、表现自己的意志的愿望，同时又希望自己也能像神一样具有无所不能的力量去实现自己的意愿。这在现实生活中是无法实现的，于是人们就幻想在另一个世界里去实现这一切，以此来排遣自己的渴望。由幻想造成的这种变异故事就是童话。后来，随着社会的发展，童话慢慢地演变成一种曲折地反映现实生活、寄托美好理想的方式。

图 3-109 插入剪贴画

2. 插入自选图片

Word 还接受多种格式的图形文件，如 WMF、BMP、PNG、GIF、TIF 和 JPG 等。在文档中可插入这些类型的图片。

【例 15】 打开本书光盘“与教材对应的操作文档\第 3 章\插入图片.docx”，在第 1 自然段“风筝是中国人发明的……”第 2 行的下方插入图片“风筝.jpg”，并设置大小为：宽度 2.3 厘米、高度默认；文字环绕方式：四周型；水平对齐方式：居中。效果如图 3-110 所示。

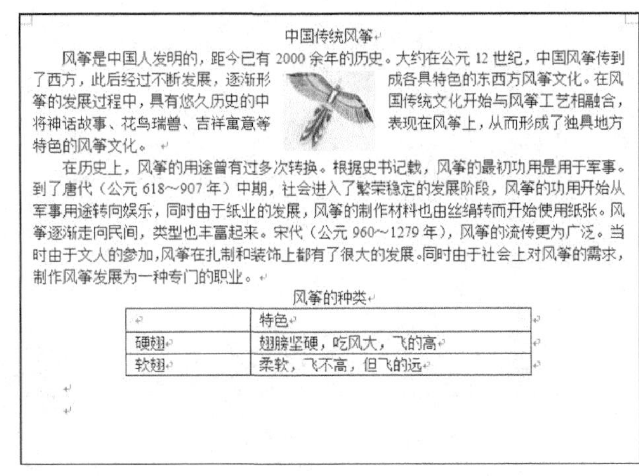

中国传统风筝

风筝是中国人发明的，距今已有 2000 余年的历史。大约在公元 12 世纪，中国风筝传到了西方，此后经过不断发展，逐渐形成各具特色的东西方风筝文化。在风筝的发展过程中，具有悠久历史的中国传统文化开始与风筝工艺相融合，将神话故事、花鸟瑞兽、吉祥寓意等表现在风筝上，从而形成了独具地方特色的风筝文化。

在历史上，风筝的用途曾有过多次转换。根据史书记载，风筝的最初功用是用于军事。到了唐代（公元 618～907 年）中期，社会进入了繁荣稳定的发展阶段，风筝的功用开始从军事用途转向娱乐，同时由于纸业的发展，风筝的制作材料也由丝绢转而开始使用纸张。风筝逐渐走向民间，类型也丰富起来。宋代（公元 960～1279 年），风筝的流传更为广泛。当时由于文人的参加，风筝在扎制和装饰上都有了很大的发展。同时由于社会上对风筝的需求，制作风筝发展为一种专门的职业。

风筝的种类

	特色
硬翅	翅膀坚硬，吃风大，飞的高
软翅	柔软，飞不高，但飞的远

图 3-110　插入自选图片

操作方法如下：

(1) 打开“插入图片.docx”，将光标置于要插入图片的位置。

(2) 在“插入”选项卡中的“图片”选项组中单击“图片”按钮。

(3) 在“文件名”框中输入要插入图片的文件名，或在“名称”框中选择文件名。

(4) 单击“确定”按钮，图片被插入光标处。然后设置环绕和对齐方式。

3. 片编辑

1) 调整大小

一个图片被插入文档中后，通常按原来的尺寸显示在屏幕上。如果觉得它大小不合适，可用以下方法之一调整图片的大小：

· 在图片上单击鼠标，在所选图片的控点上，拖动鼠标即可改变图片大小。

· 在“图片工具”中的“格式”选项卡的“大小”选项组中可输入数值。

继续完成上例，单击“图片工具”中的“格式”选项卡，在“大小”选项组中把宽度设置为 2.3 厘米；在“排列”功能区中单击“位置”按钮，选择“其他布局选项(L)…”，弹出图 3-111 所示的“布局”对话框。设置水平对齐方式为“居中”即可。

2) 移动位置

插入图片后，图片都是位于插入光标处。如果要移动图片的位置，可选择以下操作方法之一：

· 选定图片后，按住鼠标的左键，将图片拖动到适当的位置，再松开鼠标的左键。

· 首先选定图片，在“开始”选项卡中的“剪贴板”功能区中单击“剪切”按钮，将光标移到适当位置，再单击“粘贴”按钮。

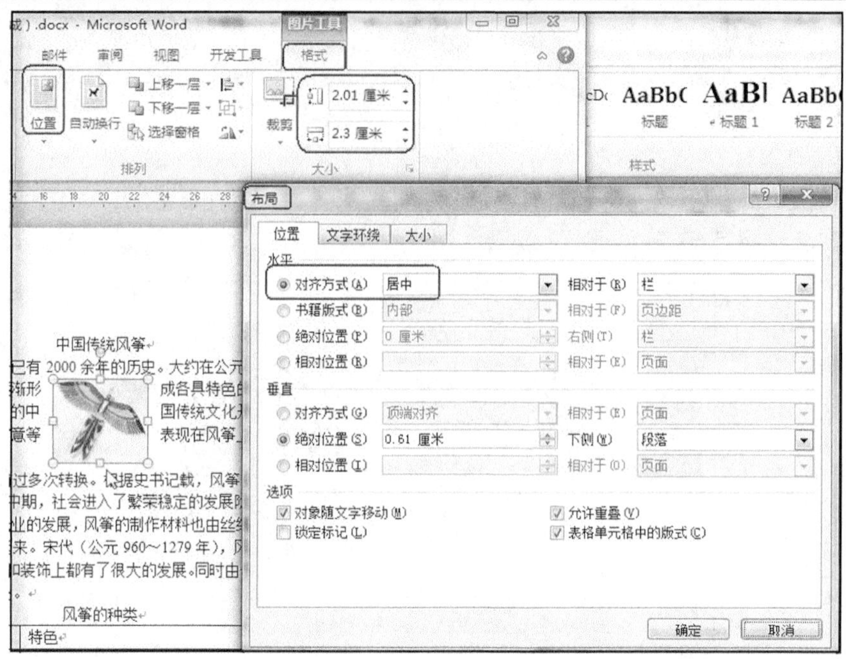

图 3-111　设置大小及对齐方式

• 如果想精确设置图片的位置，可在图 3-111 所示的“布局”对话框中改变图片的具体位置。

3) 剪裁图片

在 Word 中对图片进行剪裁，实际上是遮挡了不需要的部分，操作方法是：选定要剪裁的图片，在“图片工具”菜单中“格式”选项卡中的“大小”选项组中单击“裁剪”按钮，再将鼠标指针置于图片控点上，按住鼠标左键不放，在不同的方向上拖动即可剪裁图片，如图 3-112 所示。

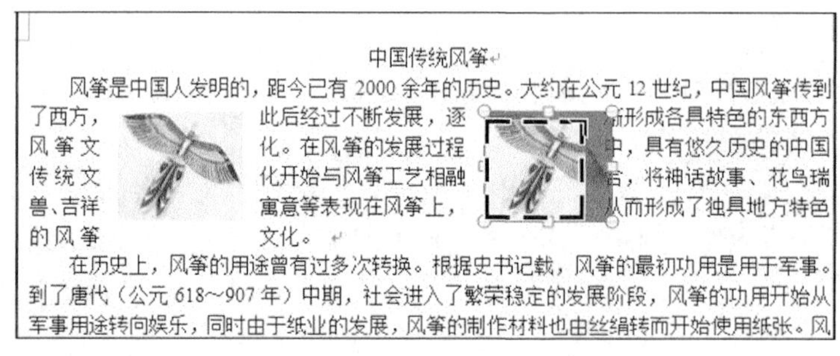

图 3-112　对图片进行剪裁

4) 环绕方式

插入 Word 文档中的图片可有多种环绕方式选择。

选择图片，在“图片工具”菜单中“格式”选项卡中的“排列”选项组中单击“位置”按钮，列表中提供了 9 种环绕方式，如图 3-113 所示。如果选择“其他布局选项(L)…”，弹出如图 3-114 所示的“布局”对话框，选择“文字环绕”选项卡，有其他的环绕方式可供选择。

图 3-113　设置文字环绕方式

图 3-114　其他文字环绕方式

 Tips

除“嵌入型”外，其他各种环绕类型的图片都属于“浮动式”，包括有“四周型”、“紧密型”、“穿越型”、“上下型”、“浮于文字上方”和“衬于文字下方”。

5) 图片样式

Word 2010 为用户提供了许多图片样式，这些预设的样式已经设置好边框、投影等效果，可直接应用在图片上。选择图片后，选择“图片工具”→“格式”选项卡，在“图片样式”功能区中选择某样式，即可预览效果，单击即可套用。用户还可以通过“图片样式”功能区中的“图片边框”、“图片效果”按钮为图片设置多种颜色、多种粗细尺寸的实线边框或虚线边框及图片效果，如图 3-115 所示。

图 3-115　图片样式

用户还可以为图片设置艺术效果，包括铅笔素描、影印、图样等多种效果。选中准备设置艺术效果的图片，在“图片工具”→“格式”选项卡中，单击“调整”功能区的“艺术效果”按钮，即可选择其中的艺术效果。

此外，为了快速从图片中获得有用的内容，Word 2010 提供了一个非常实用的图片处理工具——删除背景。使用“调整”功能区的“删除背景”按钮可以轻松去除图片的背景。

3.6.2　插入 SmartArt 图形

Word 2010 提供的 SmartArt 功能，可以使用户在文档中插入丰富多彩、表现力丰富的 SmartArt 示意图。

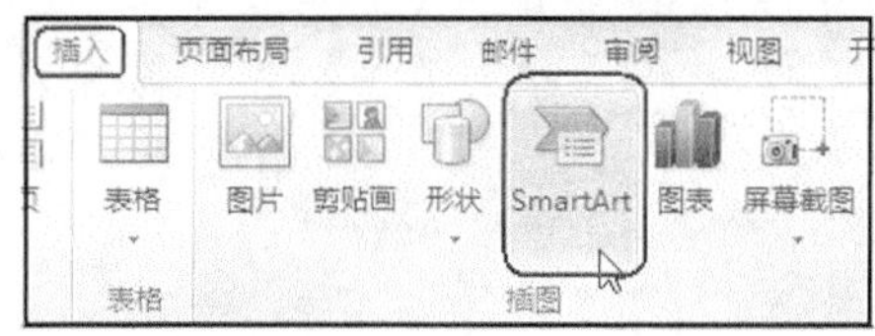

图 3-116　SmartArt 按钮

打开 Word 2010 文档窗口，在“插入”选项卡中的“插图”选项组中单击 SmartArt 按钮，如图 3-116 所示。在打开的“选择 SmartArt 图形”对话框中，单击左侧的类别名称选择合适的类别，然后在对话框右侧单击选择需要的 SmartArt 图形，并单击“确定”按钮，如图 3-117 所示。

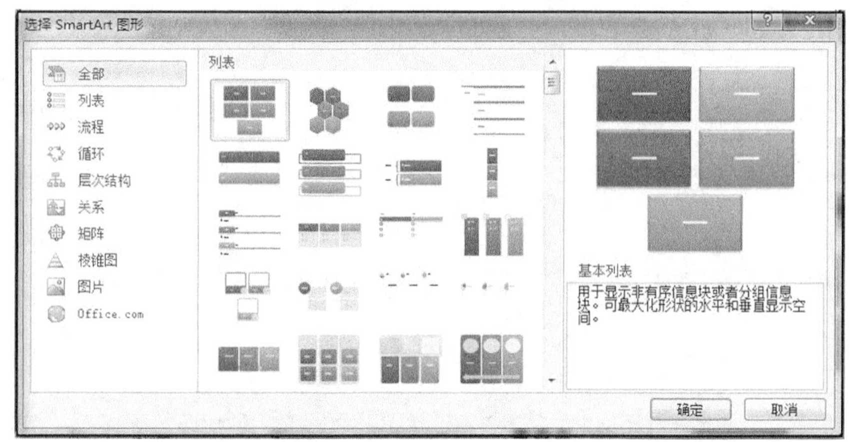

图 3-117　“选择 SmartArt 图形”对话框

【例 16】 建立教研室组织结构图。

步骤如下：

(1) 新建文档，在“插入”选项卡中的“插图”选项组中单击 SmartArt 按钮。

(2) 在打开的“选择 SmartArt 图形”对话框中，选择“层次结构”类别中的“组织结构图”，单击“确定”按键，如图 3-118 所示。

(3) 返回 Word 2010 文档窗口，在插入的 SmartArt 图形中单击文本占位符，输入合适的文字即可，如图 3-119 所示。

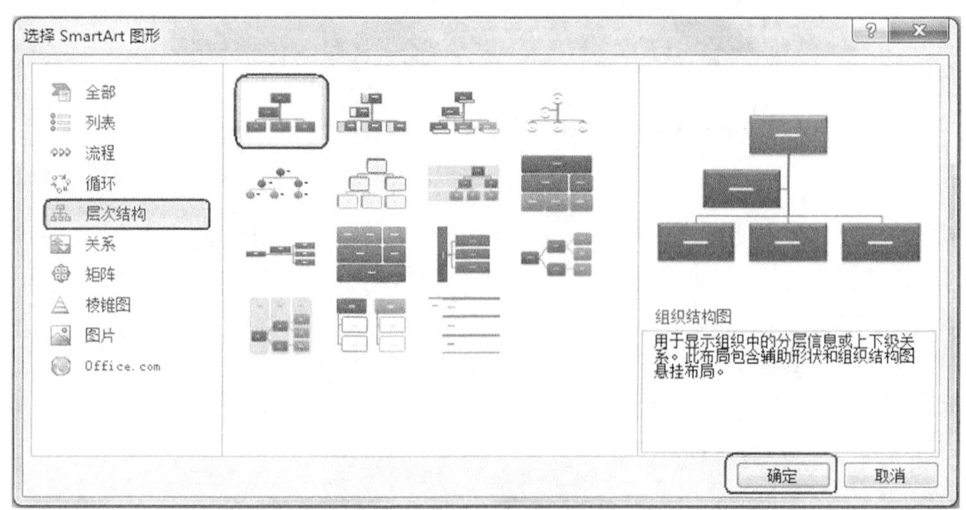

图 3-118　选择组织结构图

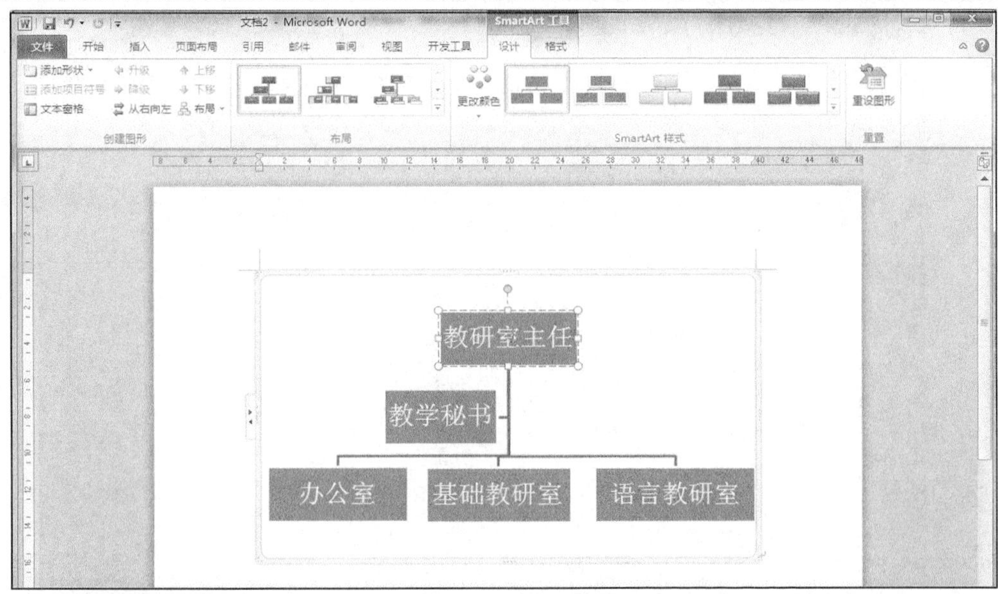

图 3-119　组织结构图结果

在“SmartArt 工具”→“设计”选项卡下，“创建图形”选项组可用于添加形状和移动图形位置等，在“布局”选项组中可选择其他布局，在“SmartArt 样式”选项组中有更多的样式可选。

在“SmartArt 工具”→“格式”选项卡下，可通过“形状”选项组，更改图形的形状，通过“形状样式”更改图形的样式，还可以用“艺术字样式”美化文字效果。

3.6.3　插入文本框

文本框是一个能够容纳文本的容器，其中可放置各种文字、图形和表格等。通过使用 Word 2010 文本框，用户可以将 Word 文本很方便地放置到 Word 2010 文档页面的指定位置，而不受段落格式、页面设置等因素的影响。用户可以把文本框看作是特殊的图形对象，利用它可以在文档中建立特殊的文本，如利用文本框制作特殊的标题样式：文中标题、栏间标题、边标题、局部横排或竖排文本效果等。文本框还支持填充、背景、旋转和三维效果等功能。

1. 插入文本框

在文档中插入文本框可按如下方法操作：

(1) 在“插入”选项卡中的“文本”选项组中，单击“文本框”按钮，从下拉列表中选择命令，如图 3-120 所示。

(2) 本案例中选择“绘制竖排文本框”。

(3) 当光标变成十字形时，按下鼠标左键并拖动，即可插入一个文本框。

(4) 此时，文本框是空白的，可以在其中输入文字，本例输入“中国传统风筝”。

2. 调整文本框

文本框的调整和图片调整是相似的操作。

本案例中按图 3-121 设置了文本框的环绕方式，按图 3-122 设置了文本框的形状效果。

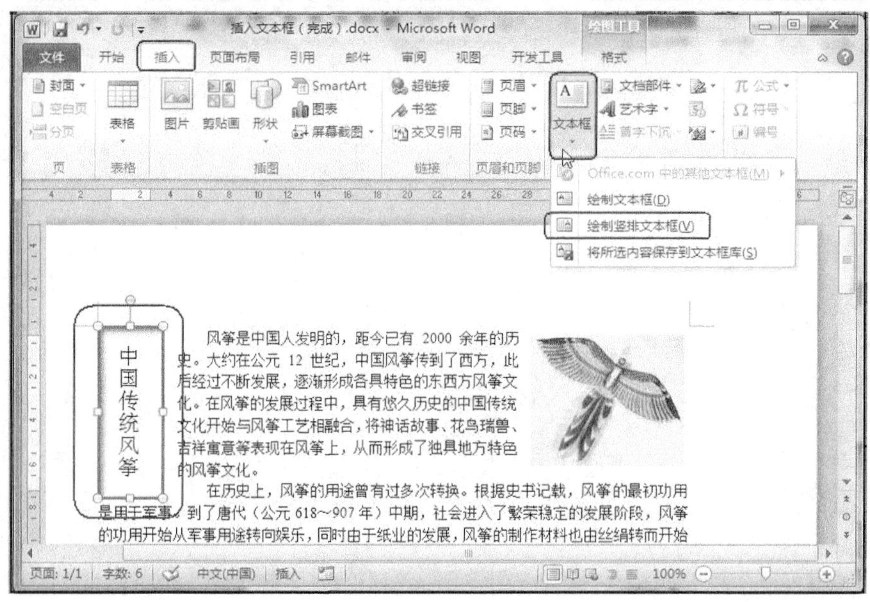
图 3-120 在文档插入竖排文本框

图 3-121 设置文本框的环绕方式

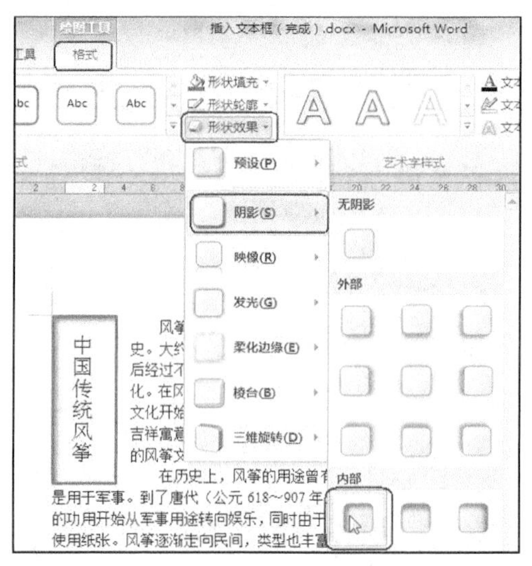
图 3-122 设置文本框的形状效果

3.6.4 插入艺术字

要使文档的标题更加生动活泼，可利用艺术字功能生成具有特殊视觉效果的标题。艺术字结合了文本和图形的特点，它可以像普通文字那样设置字体、大小、字形，也可以像图形那样设置旋转、三维、映像等效果。

在文档中插入一个风格独特、引人入胜的艺术字，能为文档增色不少。要制作艺术字，可按以下步骤操作：

(1)将光标定位在需要插入艺术字的位置。

(2)在“插入”选项卡中的“文本”选项组中，单击“艺术字”按钮，从列表中选择艺术字种类，如图 3-123 所示。

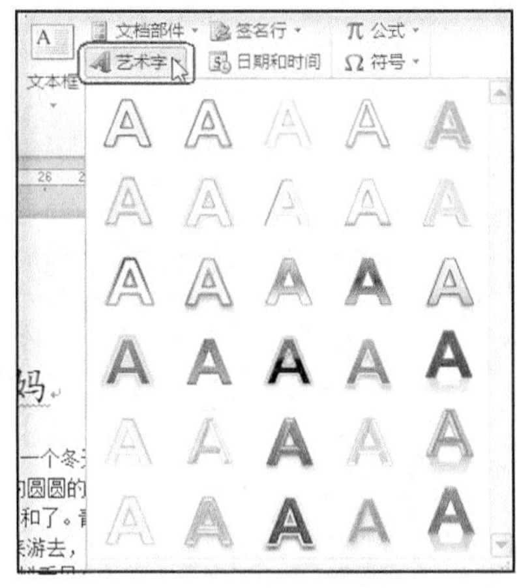

图 3-123　艺术字种类

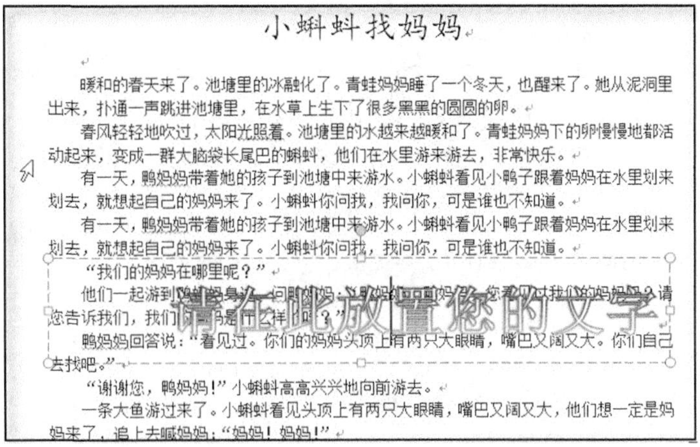

图 3-124　输入艺术字内容

(3) 弹出“请在此放置您的文字”输入框，输入艺术字的内容，如图 3-124 所示。

(4) 输入内容后，可在“绘图工具”→“格式”选项卡的“艺术字样式”组中，通过快速样式按钮或“文字效果”按钮对艺术字进行进一步的美化，如图 3-125 所示。在“排列”功能区中，通过“位置”按钮可以设置艺术字在文本中的位置。

(5) 图 3-126 是进一步美化后的其中的一个效果。

图 3-125　艺术字样式

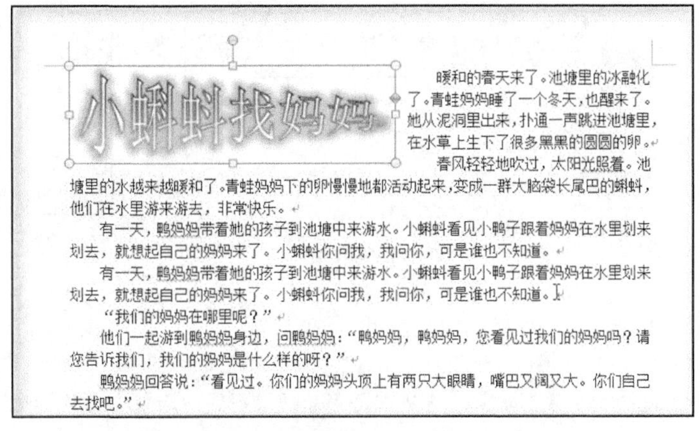

图 3-126　插入的艺术字

3.6.5　插入屏幕截图

如果在你的文档中需要插入一个屏幕的截图，已经不需要依赖第三方截屏工具，在“插入”选项卡“插图”组中，单击“屏幕截图”按钮即可在你的文档中插入可视窗口的内容，或鼠标变成十字时在屏幕画出想截取的区域即可，如图 3-127 所示。

3.6.6　插入形状

在日常的编辑工作中，用户会与各种各样图形打交道，适当地给文档增添图形可以更好地表达作者的意图，用较少的篇幅阐述更多的内容。

1. 绘制各类图形

要插入形状，在“插入”选项卡中的“插图”选项组中单击“形状”按钮，从“形状”下拉列表中选择要绘制的形状，然后把光标移到文档窗口时，光标的形状会变为“十”字形。按下鼠标左键拖动，即可绘制出如图 3-128 所示的各类图形。

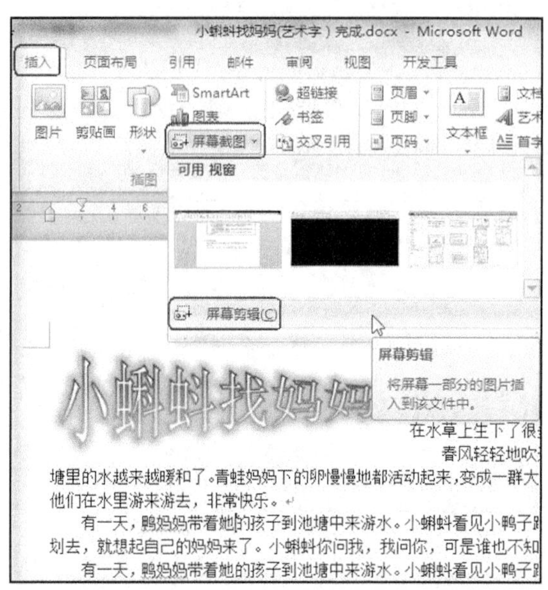

图 3-127　插入屏幕剪辑

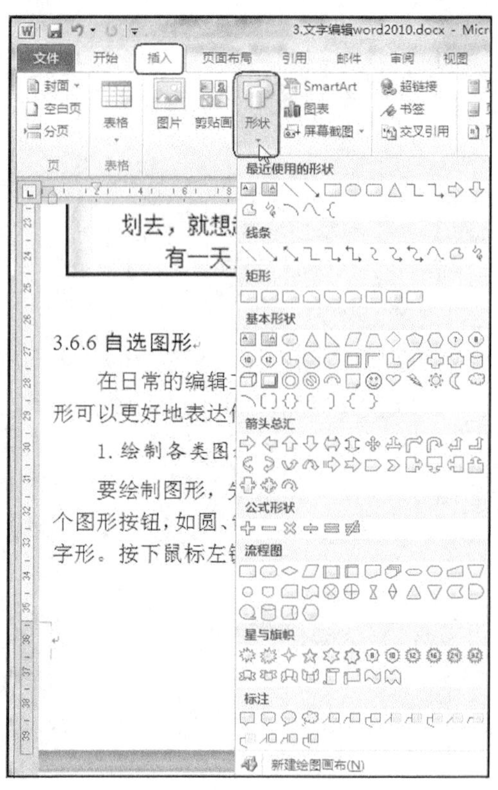

图 3-128　各类形状

Tips

若想绘制正方形、圆、等边三角形等的规则图形，在拖动鼠标的同时要按住 Shift 键。若拖动鼠标的同时按住 Ctrl 键，则以原起点为中心点，绘制向四周同步扩展的图形。

2. 改变图形形状

许多图形的形状可以由用户自行改变，如可以改变一个箭头和箭杆的比例，操作步骤如下：

(1) 选择图形，将可以见到一个或多个黄色的菱形。

(2) 将鼠标指针定位于黄色菱形之上，按住鼠标左键拖动到一定位置，即可用它改变箭头的长度和箭杆的宽度，如图 3-129 所示。

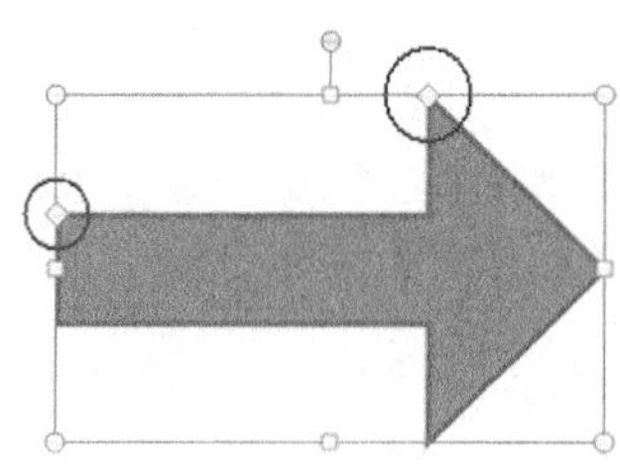

图 3-129　改变图形形状

Tips

对图片的编辑功能也适用于绘制的形状。

3.7　打 印 文 档

3.7.1　打印预览

Word 具有“所见即所得”的功能，对文本的显示同打印后所看到的文本在格式上是一致的。所以在打印之前，最好用打印预览命令事先查看一下打印的效果，以便对不满意的地方做一些修改。但在 Word 2010 中，在编辑文档首页是看不到打印预览这一功能的，如何才能让这一功能出现在编辑首页，提高我们的工作效率呢?

操作步骤如下：

(1) 打开 Word 2010 文档，然后选择“文件”选项，从下拉列表中选择“选项”这一栏。

(2) 进入“Word 选项”窗口后，切换到“快速访问工具栏”，将左边窗口中的选项“常用命令”下拉到菜单中的“打印预览和打印”，单击“添加”按钮，于是在快速访问工具栏就添加了“打印预览和打印”按钮，如图 3-130 所示。

图 3-130　添加“打印预览和打印”按钮

单击快速访问工具栏的“打印预览和打印”按钮，即可进入预览和打印界面，如图 3-131 所示。

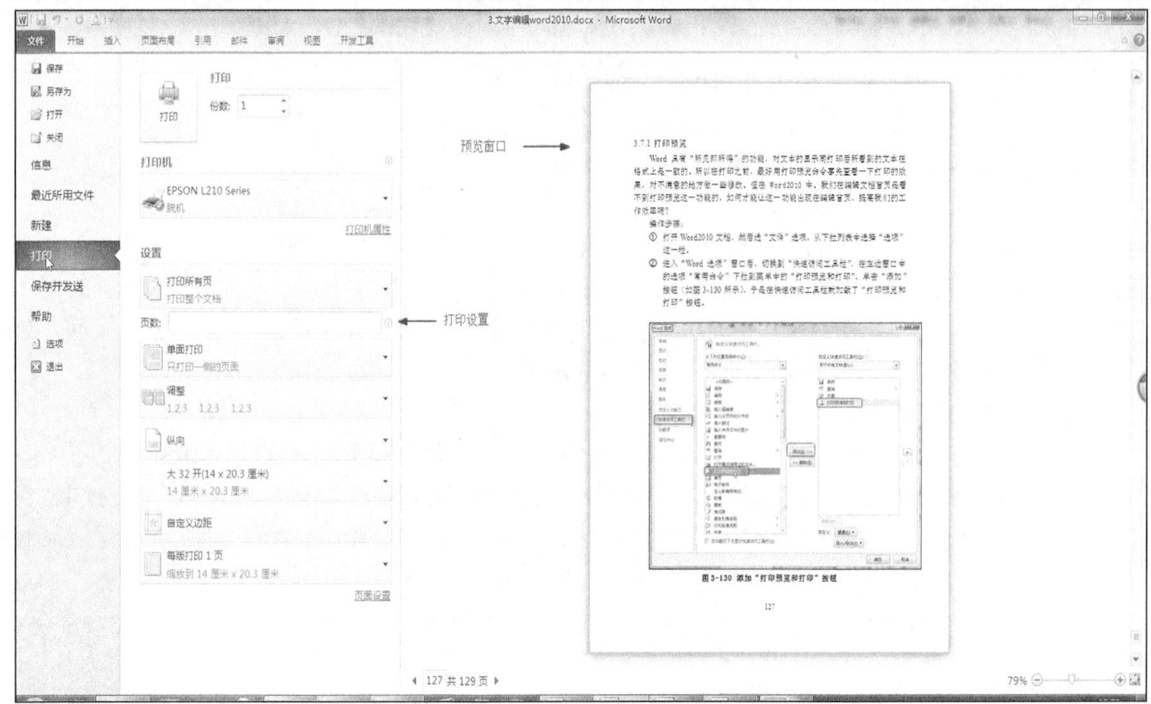

图 3-131　打印预览和打印参数的设置

3.7.2　打印基本参数设置

要更改当前打印的设置，单击快速访问工具栏的“打印预览和打印”按钮，在图 3-131 中修改打印参数即可。

3.7.3　打印输出

使用 Word 可以打印文档的全部或一部分，还可以同时打印多份文档等。

1. 打印完整文档

打印完整的文档是最常用的打印方式，所以它的操作也是最简单的。操作方法是：在如图 3-131 所示界面中，单击“打印”按钮，Word 就会按照默认方式打印出当前窗口中的文档，也就是打印一份完整的当前编辑的文档。

2. 打印选定部分

有时可能只想打印文档的一部分，Word 提供了很方便的解决方法，可以打印文档中的指定页，也可以打印页中指定的内容。

1) 打印指定的页

在如图 3-132 所示界面中，在“设置”栏中单击下三角按钮，选择“打印自定义范围”选项，在输入栏键入页码或页码范围，或者两者都键入。例如，键入 3-5，8，10，将会打印第三至第五页，第八页，第十页。

2) 打印页中部分内容

先选定打印内容，在图 3-132 中，在“设置”栏中单击下三角按钮，选择“打印所选内容”选项。

图 3-132　打印内容设置

3.8　小　　结

本章主要介绍了 Word 2010 的基础知识，Word 2010 文字的录入、编辑修改，Word 2010 格式化操作、表格的操作及输出打印。

重点要求用户学会运用 Word 2010 在日常工作中解决有关的文字输入与排版工作。

第 4 章　Excel 2010 电子表格

学习目标

- 了解和掌握 Excel 2010 的基础知识与基本操作
- 掌握工作表的建立、编辑及格式化操作
- 掌握公式和函数的使用
- 掌握图表处理的方法
- 掌握数据库的应用

Excel 2010 是 Microsoft 公司推出的 Office 系列办公软件中的一个组件，称为电子表格软件。Excel 随着 Office 软件版本的更新不断更新，功能不断增强，它不仅可以处理数据，还具有图表绘制和简单的数据库管理功能。它的工作平台建议为 Windows 7 或以上的版本。

4.1　Excel 概述

Excel 2010 是一个功能强大的数据处理软件，具有强大的数据计算与分析功能，可以把数据通过各种统计图的形式形象地表示出来，被广泛地应用于财务、金融、经济、审计和统计等众多领域。可以这样认为，Excel 的出现，取代了过去需要多个系统才能完成的工作，它给人们日常进行的数据处理工作带来了极大的便利，已成为广大办公人员必备的工具。

4.1.1　Excel 的基本功能

1. 表格制作

在 Excel 2010 中，对于工作表，系统提供了丰富的格式化命令。利用这些命令，可以完成如数字如何显示、文字如何对齐、字体、框线图案颜色等多种对工作表的修饰。

用户可以将需要打印的对象的格式制作好，并储存成模板，以后可以读取此模板文件，然后键入数字，就可依据所要的格式打印出美观的报表，可大幅度地节省格式化的时间。

2. 强大的计算能力

Excel 2010 具有处理大型工作表的能力。在 Excel 2010 中每个单元格中最多可容纳的字符数达到 32768 个。每张工作表中最多可容纳的数据行为 1048576 行。在工作表中创建公式比以往更加简便，新增的工具可以帮助用户更好地创建并编辑公式、输入函数及创建自定义表单和模板。Excel 2010 提供了大量函数，通过使用这些函数用户可以创建并完成各种复杂的运算。

3. 丰富的图表

Excel 2010 中，系统大约有近 100 种不同格式的图表可供选用，用户只要做几个简单的单击键动作，就可以制作出精美的图表。通过图表向导一步步的引导，可使用户通过选用不同的选项，得到所需的结果，若满意就继续，不满意则后退一步，直到最后出现完美的图表。

4. 数据库管理

对于一个公司，每天都会产生许多新的业务数据，如销售数据、存货的进出、人事变动的数据资料。这些数据必须加以处理，才能知道诸如每段时间的销售金额、某个时候的存货量、要发多少薪水给每个员工等数据信息。而要对这些数据进行有效的处理，就离不开数据库系统。

管理数据库可使用专门的数据库管理软件，如 FoxPro、Access、Clipper、DBASE 等。在 Excel 2010 中也提供了类似的数据库管理功能，保存在工作表内的数据，都是按照相应的列和行存储的，这种数据结构再加上 Excel 2010 提供的有关处理数据库的命令和函数，使 Excel 2010 具备了能组织和管理大量数据的能力，因此其用途更加广泛。

5. 分析与决策

Excel 2010 除了可以做一些一般的计算工作外，还有 400 个函数，用来做财务、数学、字符串等操作，以及各种工程上的分析与计算。Excel 还可以做许多的统计分析，如回归分析，还可使用 Excel 2010 的规划求解以求解最佳值。

通过使用 Excel 2010 的单变量求解功能，可以实现目标搜索，即可用来寻找要达到目标时需要有怎样的条件。例如，用户可以假设如果火车票涨价一倍，那么全年的差旅费将增加多少？会使全年的利润减少多少？

Excel 2010 的方案管理器可用来分析各种方案，如最佳可能状态、最坏可能状态下可能得到的结果。

通过使用 Excel 2010 的数据透视表功能，用户可以对数据进行交叉分析，从而在一堆杂乱的数据中找出问题所在。

6. 数据共享与 Web 功能

利用数据共享功能，用户可以实现多个用户同时使用同一个工作簿文件，最后完成共享工作簿的合并工作。较前一版本而言，Excel 2010 中一个最重要的改进就是对 Web 功能的支持，用户可以通过浏览器直接创建、编辑和保存 Excel 文件，并通过浏览器共享这些文件。Excel 2010 Web 版是免费的，用户只需要拥有 Windows Live 账号便可以通过互联网在线使用 Excel 电子表格。除了部分 Excel 函数外，Microsoft 声称 Web 版的 Excel 将会与桌面版的 Excel 一样出色。

4.1.2　Excel 2010 工作窗口简介

1. 启动 Excel 2010

通过“开始”→“所有程序”→Microsoft Office→Microsoft Office Excel 2010，或直接双击桌面 Excel 的快捷图标，即可启动 Excel。

2. Excel 2010 的用户界面

启动 Excel 后，其操作界面如图 4-1 所示。Excel 的窗口主要包括了快速访问工具栏、标题栏、命令组选项卡、编辑栏、功能区和工作表编辑区等。

下面介绍 Excel 窗口界面的主要组成部分及操作。

1) 标题栏

标题栏位于窗口最顶端，用以显示当前编辑的文档名称、程序名称，以及程序窗口的控制按钮，分别是对程序执行最小化，最大化和关闭的按钮。

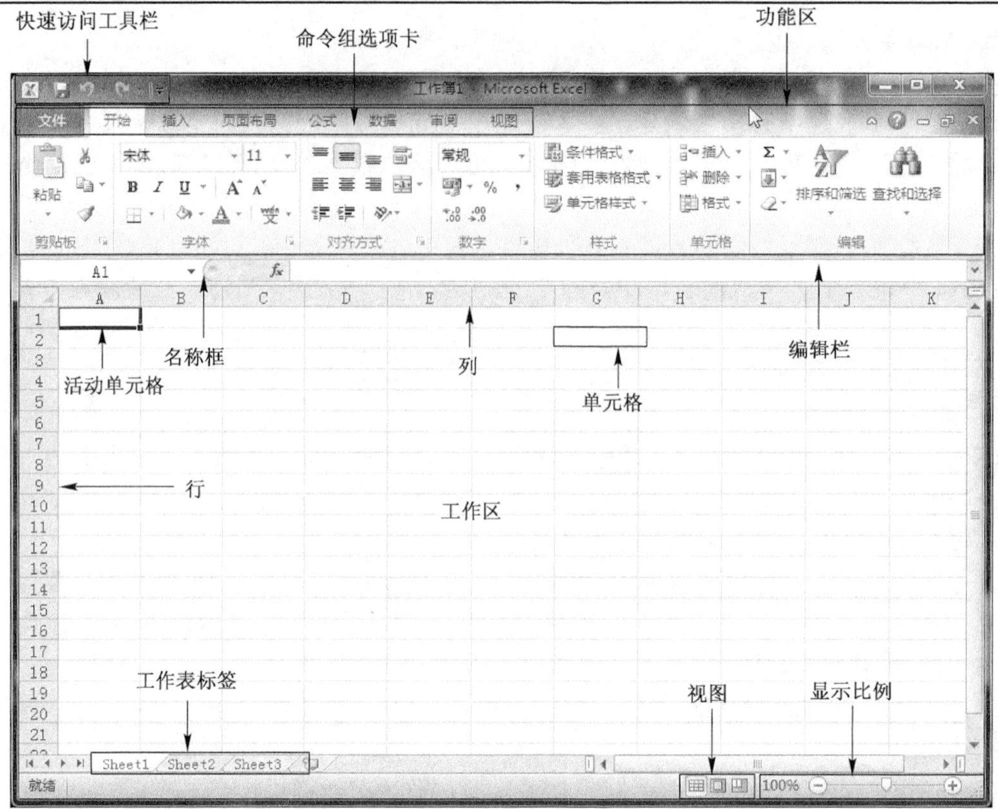

图 4-1　Excel 的窗口组成

2) 快速访问工具栏

“快速访问工具栏”由图标按钮组成，汇集了常用的操作命令。

3) 命令组选项卡

用于标识功能区的主要功能。

4) 功能区

将早期 Office 版本的菜单栏和工具栏合二为一，用户可以在功能区中根据操作类别的选项卡，快速找到想要使用的命令。

5) 名称框

用于定义和显示单元格的名称。

6) 编辑栏

用于修改单元格中的数据和公式等内容。编辑栏左边为名称框，用于显示活动单元格或区域的地址(或名称)。单击名称框旁边的小箭头可引出一个下拉式名称列表，列出所有已定义的名称。编辑栏右边为公式栏，作为当前活动单元编辑的工作区。公式栏中显示的内容与当前活动单元的内容相同，可在公式栏中输入、删除或修改单元的内容。

7) 工作表编辑区

用于编辑和处理数据的区域，用户可以在其中插入图片、图形等对象。在公式栏下面是 Excel 的工作区，在工作区窗口中，列号和行号分别标在窗口的上方和左边。列号用英文字母 A～Z、AA～AZ、BA～BZ…命名，共 16386 列；行号用数字 1～1048576 标识。行号和列号的交叉处就是一个表格单元格(简称单元格)。单元格用它的列号和行号来识别，即该单元格

的地址(坐标)，如 A1 单元格，表示第 1 列第 1 行的数据。光标所在的单元格称为当前单元格，用户只能在当前单元格内输入数据。

8)行号和列标

用于确定单元格的位置。

9)滚动条

用于垂直和水平滚动显示屏幕内容。

10)工作表标签

用于标识工作表内容或切换工作表。

11)视图按钮

用于转换窗口的显示视图。

12)显示比例

最右侧的预览窗格中修改文件属性，简单易用。

Tips

在功能区的某些组的右下角可以看到一个带箭头的按钮，它是“对话框启动器”，单击此按钮可启动功能区所对应的对话框。例如，单击“开始”选项卡“段落”组右下角的“对话框启动器”，将打开“段落”对话框。

3. 退出 Excel 2010

当用户结束 Excel 操作时，可用下列方法之一退出 Excel：

- 执行“文件”→“退出”命令。
- 按 Alt+F4 快捷键。
- 双击 Excel 标题栏左上角的控制菜单按钮。
- 单击 Excel 标题栏右上角的关闭按钮。

如果对工作簿进行了操作，且在退出之前没有保存文件时，Excel 会显示一个消息框，询问是否在退出之前保存文件。单击“是”按钮，保存所进行的修改(如果没有给工作簿命名，还会出现“另存为”对话框，让用户给工作簿命名。在“另存为”对话框中键入新名字之后，单击“保存”按钮)；单击“否”按钮，不保存所进行的修改直接退出 Excel。

4.1.3　Excel 2010 的基本概念

1. 工作簿与工作表

在 Excel 系统中，一个工作簿文件就类似于一本书组成的一个文件，每一页书相当于一个工作表，即一个工作簿可以包含许多工作表，这些工作表可以存储不同类型的数据。

1)工作簿

工作簿是指在 Excel 环境中用来存储并处理工作数据的文件。一个工作簿可拥有多张工作表。在打开一个新的工作簿文件时会看到如图 4-1 所示的界面。例如，用户可以在一个工作簿文件中保存年销售报表的数据，以及由这些数据绘制的统计图。如图 4-2 所示的是按地区制作的销售报表。

一个工作簿内可以包含多个工作表。默认情况下，每个工作簿文件会打开 3 个工作表文件，分别以 Sheet1、Sheet2、Sheet3 来命名。每个工作簿最多包含 255 个工作表。

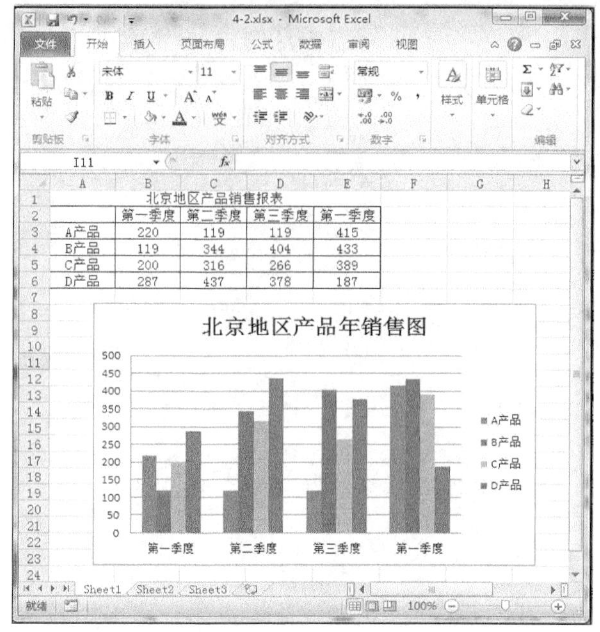

图 4-2　工作簿示例

2) 工作表

工作表是指由 1048576 行和 16386 列所构成的一个表格。

2. 单元格、单元格地址及活动单元格

单元格是指工作表中的一个格子。每个单元格都有自己的行列位置(或称坐标)，单元格的坐标表示方法是：列标加行号。例如，A3 就代表 A 列的第 3 行的单元格。同样，一个地址也唯一地表示一个单元格。每个单元格可以容纳 32 768 个字符。

通常单元格坐标有以下 3 种表示方法：

- 相对坐标(或称相对地址)。它以列标和行号组成，如 A1、B5、F6 等。
- 绝对坐标(或称绝对地址)。它以列标和行号前加上符号“$”构成，如$A$1、$B$5、$F$6 等。
- 混合坐标(或称混合地址)。它以列标或行号前加上符号“$”构成，如 A$1、$B5 等。

此外，由于一个工作簿文件中可能有多个工作表，为了区分不同工作表的单元格，要在单元格前面增加工作表名称。例如，Sheet2!A6 表示该单元格是 Sheet2 工作表中的“A6”单元格。工作表名与单元格之间必须使用“!”号来分隔。

活动单元格是指正在使用的单元格，在其外有一个黑色的方框，这时输入的数据会被保存在该单元格中。

单元格区域也称矩形块，它是由工作表中相邻若干个单元格组成。引用单元格区域时可以用它的对角单元格的坐标来表示，中间用一个冒号作为分隔符，如 A1:G4、B2:E5 等。

实际工作中，为了简化操作，便于阅读和记忆，Excel 还允许根据单元格包含的数据意义对单个单元格或一组单元格进行命名。

4.1.4　管理工作簿

每个工作表有 1048576 行×16386 列，可以放入足够多的数据，用户可以把所有不同种类

的数据都放在一个工作表里，但要想把每件事都做好，会很困难。如果将不同种类的数据放在不同的工作表中，做起事情来就会变得简单易行。使用多个工作表的优点是：①单击工作表标签比在一个庞大的工作表中滚动容易得多。使用多个工作表时，用户很容易找到自己的数据。②用户可以将相关的工作记录放在同一工作簿的不同工作表中。例如，如果你是一位营销人员，可以将第一季度的营销业绩放在第一张工作表中；将第二季度的营销业绩放在第二张工作表中；以此类推。③用户很容易在不同工作表之间建立单元格引用关系。例如，在第一张工作表中，可以引用第二张工作表中的部分数据。④在一个工作簿中可以建立多个工作表，但工作簿仍将是一个文件，这给工作表的管理带来了很大的方便。

1. 更改新工作簿的默认工作表数量

默认情况下，Excel 为每个新建的工作簿中创建 3 张工作表。但用户可以通过插入工作表或更改新工作簿的默认工作表数量来增加工作簿中工作表的数量。若要更改新工作簿的默认工作表数量，可通过选择“文件”选项卡单击“选项”命令，打开“Excel 选项”对话框，在“常规”选项卡下，在“包含的工作表数”数值框中输入所需的工作表数目实现，如图 4-3 所示。

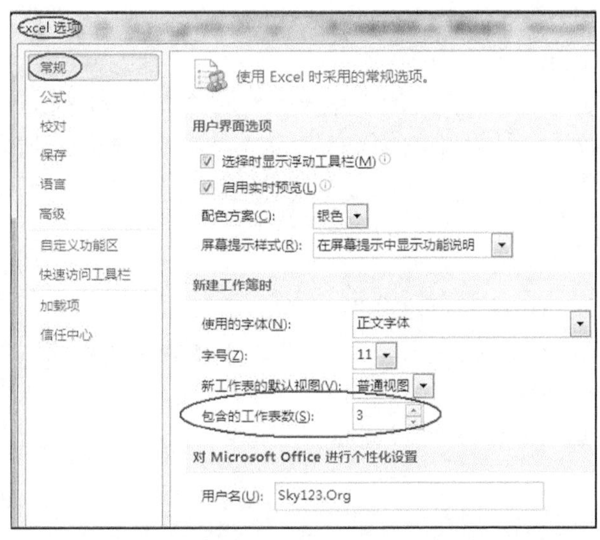

图 4-3　更改新工作簿的默认工作表数量

2. 切换工作表

当新建一个工作簿时，首先只在 Sheet1 工作表中输入了数据。如果要切换到其他工作表中工作，可以选择以下方法之一：

• 单击工作表标签，可以快速在工作表间切换。例如，单击 Sheet2 标签，即可进入第二个空白工作表。

• 可以通过工作表标签前面的 4 个标签滚动按钮来显示标签。单击左边的滚动按钮，显示工作簿中的第一个工作表标签；单击右边的滚动按钮，显示工作簿中的最后一个工作表标签。单击中间两个滚动按钮，一次只能往所指方向上移动一个标签，当看到所需切换的工作表标签后，再用鼠标单击它。

另外，还可以增加或减少工作表标签的显示。在工作表标签与水平滚动条之间有一个小矩形框，称为标签拆分框，通过它可控制显示的工作表标签数。

3. 插入工作表

如果要插入新工作表，必须选择要插入位置右边的工作表为活动工作表。例如，想在一个新工作簿的 Sheet1 和 Sheet2 之间插入一个新的工作表，可以按照以下步骤进行：

(1) 右击 Sheet2 标签。

(2) 在弹出的快捷菜单中选择“插入”命令，弹出“插入”对话框。选择“工作表”选项，按下“确定”按钮。工作簿中立即弹出一个新的工作表，新工作表的标签为 Sheet4。

4. 删除工作表

如果不再需要某个工作表，可以将该工作表删除。

(1) 右击要删除的工作表标签。

(2) 在弹出的快捷菜单中选择“删除”命令。

5. 重命名工作表

当用户在一个工作簿中建立了多个工作表后，并不一定记得每个工作表的内容。这时，可以给工作表重新取一个有意义的名字。

例如，想给 Sheet1 重新命名，只要双击该工作表标签。此时，Sheet1 呈反白显示，输入新的工作表名称(如“期中考试成绩”)覆盖原有的名称，按回车键确定。

6. 隐藏或显示工作表

隐藏工作表可以减少屏幕上显示的工作表，并避免不必要的更改。隐藏的工作表仍处于打开状态，其他文件仍可以利用其中的信息。当一个工作表被隐藏时，它的工作表标签也被隐藏起来。

如果要隐藏工作表，可以按照以下步骤进行：

(1) 右击需要隐藏的工作表。

(2) 在弹出的快捷菜单中选择“隐藏”命令。

如果要重新显示被隐藏的工作表，可以按照以下步骤进行：

(1) 右击任意一个工作表。

(2) 在弹出的快捷菜单中选择“取消隐藏”命令，弹出被隐藏的工作表列表，从列表中选择需要取消隐藏的工作表。

7. 移动工作表

用户可以根据需要在工作簿内移动工作表，或者将工作表移动到其他的工作簿中。

1) 利用鼠标移动工作表

如果要在当前工作簿中移动工作表，可以按照以下步骤进行：

(1) 选择要移动工作表的标签。例如，选择 Sheet1 标签。

(2) 按住鼠标左键并沿着工作表标签拖动，此时鼠标指针将变成白色方块与箭头的组合，同时在标签行上方出现一个小黑三角形，指示当前工作表所要插入的位置。

(3) 松开鼠标左键，工作表即被移到新位置。

2) 利用“移动或复制(M)…”命令移动工作表

利用快捷菜单的“移动或复制”命令，能够在同一工作簿或者不同工作簿之间移动工作表。具体操作步骤如下：

(1) 如果要将工作表移动到已有的工作簿中，先打开用于接收工作表的工作簿。

(2) 切换到包含需要移动工作表的工作簿中，并选择要移动的工作表标签，右击。

(3) 弹出快捷菜单，选择 “移动或复制(M)…”命令，出现“移动或复制工作表”对话框。

(4) 在“工作簿”列表框中选择用来接收工作表的目标工作簿。如果想把工作表移到一个新工作簿中，可以从下拉列表中选择“(新工作簿)”。

(5) 在“下列选定工作表之前”列表框中选择工作表，要移动的工作表将插入该工作表之前。

(6) 单击“确定”按钮，即可将选择的工作表移到新位置。

8. 复制工作表

用户可以根据需要在工作簿内复制工作表，或者将工作表复制到其他的工作簿中。

1) 利用鼠标复制工作表

如果要在同一工作簿内复制工作表，可以按照以下步骤进行：

(1) 选择要复制工作表的标签。例如，选择 Sheet1 标签。

(2) 按住鼠标左键沿着标签行进行拖动时，需要同时按住 Ctrl 键。此时，鼠标指针变成白色方块(此方块中含有一个十字形)与箭头的组合，同时在标签行的上方出现一个黑色的小三角形，此三角形指示复制工作表所要插入的位置。

(3) 松开鼠标左键和 Ctrl 键之后，即可在该位置出现一个新标签为 Sheet1 (2)，此工作表即为原 Sheet1 的副本。

2) 利用“移动或复制(M)…”命令复制工作表

除了可以利用快捷菜单中“移动或复制(M)…”命令来移动工作表之外，还可以利用它来复制工作表。利用此命令可以在同一工作簿或不同工作簿中复制工作表，具体操作步骤如下：

(1) 如果要将工作表复制到已有的工作簿中，先打开用于接收工作表的工作簿。

(2) 切换到包含要复制工作表的工作簿中，并选择要复制的工作表，右击。

(3) 弹出快捷菜单，选择 “移动或复制(M)…”命令，出现“移动或复制工作表”对话框。

(4) 在“工作簿”列表框中选择用于接收工作表的工作簿。如果选择的是“新工作簿”，则可以将选定的工作表复制到新的工作簿中。

(5) 在“下列选定工作表之前”列表框中选择要在其前面插入工作表的工作表。

(6) 选中“建立副本”复选框。

(7) 单击“确定”按钮，即可将工作表复制到指定的位置。

4.2　建立工作表

启动 Excel 时，系统默认将自动产生一个新的工作簿 Book1，并建立 3 张空的工作表，并将第一张空白工作表 Sheet1 显示在屏幕上。建立工作表就是在工作表中输入数据。在输入数据时，首先激活相应的单元格，然后输入数据。

4.2.1　单元格与单元格区域选择

1. 选择单元格

当用户向工作表的单元格输入数据时，首先需要激活这些单元格。Excel 内单元格指针的移动有多种方式，下面分别进行介绍。

1) 在显示范围内移动

如果目标单元格在当前的显示区域上，将鼠标指向目标单元格，然后在其上单击即可。如果要指定的单元格不在当前显示区域中，如要由 A1 单元格移动到 H20 单元格，则可用滚动条使得目标单元格出现在当前显示区域中，将鼠标指向 H20 单元格，然后单击即可。

2) 利用名称框移动

在“名称框”中输入目标单元格的地址，然后按回车键。例如，在名称框中输入单元格的位置 H50 或者 A23:B27，然后按回车键，就会看到指定的单元格出现在当前的屏幕中。

3) 使用键盘移动

使用键盘移动单元格，其操作方法如表 4-1 所示。

表 4-1 使用键盘移动单元格

按　　键	功　　能
←、→、↑、↓	左移一格、右移一格、上移一格和下移一格
Home	移到工作表上同一列的最左边
End、Home	移到工作表有资料地区的右下角
PgUp 或 PgDn	上移一页或下移一页
Enter	输入资料，并下移一格
Shift+Enter	输入资料，并上移一格
Ctrl+Home	移到 A1 单元格
Ctrl+End	移到工作表有资料地区的右下角

表 4-1 中列出了移动单元格的常用组合键，使用顺序是先按下前面的按键，之后再按下后面的按键。在这里用加号表示同时按下的意思。

2. 选择单元格区域

工作表的许多操作是在单元格区域上进行的。相邻的一组单元格称为单元格区域，单元格区域名由左上角与右下角的单元格地址组成，如区域 A1:F12。

选择区域也就是选择连续的多个单元格，具体操作步骤如下：

(1) 选择单元格区域左上角的单元格。

(2) 拖动至单元格区域右下角。

(3) 释放鼠标即选中了该区域。

Tips

如果右下角单元格不在视线范围，可通过滚动条使右下角单元格可见，按 Shift 键选择右下角单元格。

若要选择整行或整列，只要单击行号或列标即可。

选择几个非相邻区域时，选定第一个区域后，按住 Ctrl 键不放，继续单击选择第二个区域，以此类推。

选择整个工作表，单击第一行上端、第 A 列左端的小方框。

4.2.2 使用模板

与 Word 2010 相似，Excel 2010 中也提供了大量的现有模板，这些模板含有特定内容和格式，可以把它作为模型来建立与之类似的其他工作簿。使用模板创建工作簿不仅速度快，而且部分格式已确定，省去了调整格式的时间。对于特定的任务和项目，可以创建自定义模板。在 Excel 2010 中，可以为工作簿或工作表创建模板，模板中可以包含以下的特征：

- 工作簿中所含工作表的数量及类型。

- 用“格式”命令设置的单元格和工作表格式。
- 单元格样式。
- 页面格式和打印区域。
- 在新工作簿或工作表中要重复的文本，如页标题、行号和列标等。
- 新工作簿或工作表中所需的数据、公式、图形和其他信息。
- 自定义工具栏、宏、超链接和窗体上的 ActiveX 控件。
- 工作簿中被隐藏和保护的单元格区域。
- 工作簿的计算选项。

1. 利用现有模板建立工作簿

例如，用户需要创建一个销售报告，系统提供了内置或在线的模板，如果合适可直接使用。步骤如下：

(1) 在“文件”选项卡，选择“新建”在“Office.com 模板”栏，选择“报表”类别，在子类别中继续选择“财务报表”→“销售报表”，在右窗口中单击“下载”图标，如图 4-4 所示。

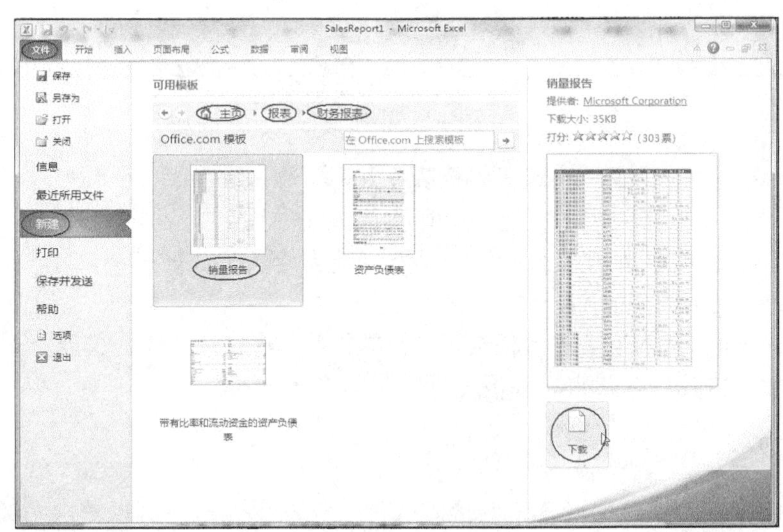

图 4-4　选择模板

(2) 稍等片刻，一套完整的销售报表就建立好了，用户只需对数据进行编辑修改即可，如图 4-5 所示。

2. 创建用于新建工作簿的模板

用户可以根据需要创建自己的模板。例如，在实际工作中，经常会有许多文件的格式完全相同，只是其中的数据不同而已，如每季度的销售、生产、财务报表(每个报表占用工作簿中的一张工作表)格式完全一样，只是其中的数字不一样。用户只需将建好的某季度报表保存为模板格式，然后以该模板为基础就可以建立许多格式相同的工作簿(图 4-5)。

创建用于新建工作簿的模板，其步骤如下：

(1) 按照常用的方法创建一个工作簿，该工作簿中含有以后新建工作簿中所需的工作表、默认文本、格式、公式及样式等。

(2) 选择“文件”选项卡中的“另存为”命令，打开“另存为”对话框。

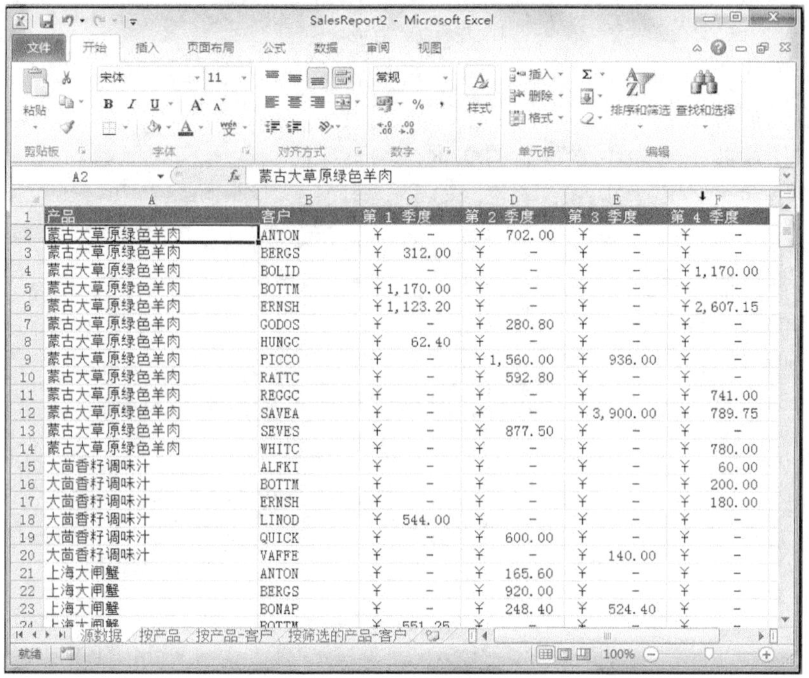

图 4-5　销售报表

(3)在“保存类型”列表框中选择“模板”选项。

(4)在“保存位置”下拉框中，选择保存模板的文件夹，如果要创建默认工作簿模板，可选择 Excel 文件夹中的 XLStart 文件夹；如果要创建自定义工作簿模板，可选择 Office 文件夹或 Excel 所在文件夹中的 Templates 文件夹。

(5)在“文件名”文本框中输入模板名称(如果要创建默认工作簿模板，可输入 Book)，单击“保存”按钮将其保存起来。模板文件的扩展名为.xltx。

4.2.3　输入数据

选择工作表，激活单元格后就可以输入数据。活动单元格内可以输入两类数据：常数和公式。Excel 能够识别输入的文本型、数值型和日期型等常量数据，并支持简单数据的输入、区域数据的输入和序列数据自动填充 3 种输入方法。

1. 输入文本

在 Excel 2010 中的文字通常是指字符或者任何数字和字符的组合。任何输入单元格内的字符集，只要不被系统识别成数字、公式、日期、时间、逻辑值，则 Excel 一律将其视为文本。在 Excel 中输入文本时，默认对齐方式是单元格内靠左对齐。在一个单元格内最多可以存放 32 768 个字符。

对于全部由数字组成的字符串，如邮政编码、电话号码等这类字符串，为了避免输入时被 Excel 认为是数值型数据，Excel 2010 提供了在这些输入项前添加“'”的方法，来区分是“数字字符串”而非“数值”数据。例如，要在 B5 单元格中输入“02088883666”，则可在输入框中输入“'02088883666”。

如图 4-6 所示，首先在单元格 A1 中输入“物电学院 2014 级成绩表”。在输入过程中会看到，A1 单元格的内容超过了默认的列宽，暂时可以不理会，在后面的内容中将介绍如何改变单元格的列宽。所有字符输入之后，按 Enter 键。将单元格指针移动到 A2 单元格，之后在其中输入“学号”，然后按 Tab 键。重复该过程，分别输入完其他列标题后，就可以看到如图 4-6 所示的表格。

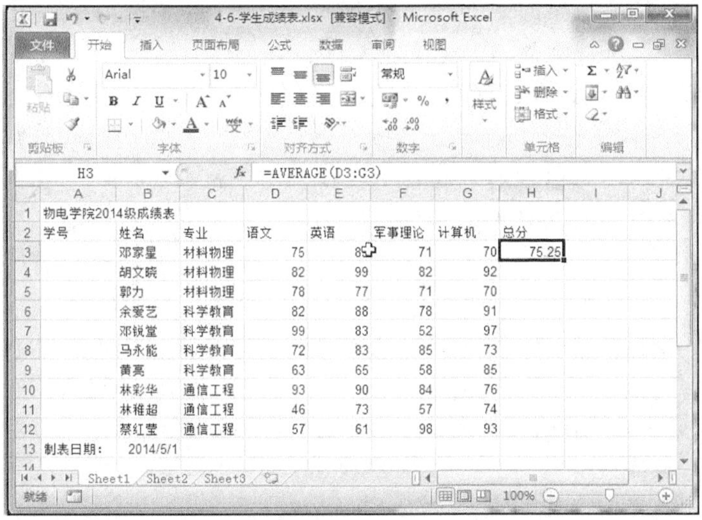

H3　=AVERAGE(D3:G3)

	A	B	C	D	E	F	G	H
1	物电学院2014级成绩表							
2	学号	姓名	专业	语文	英语	军事理论	计算机	总分
3		邓家星	材料物理	75	8[illegible]	71	70	75.25
4		胡文晓	材料物理	82	99	82	92	
5		郭力	材料物理	78	77	71	70	
6		余爱艺	科学教育	82	88	78	91	
7		邓锐堂	科学教育	99	83	52	97	
8		马永能	科学教育	72	83	85	73	
9		黄亮	科学教育	63	65	58	85	
10		林彩华	通信工程	93	90	84	76	
11		林稚超	通信工程	46	73	57	74	
12		蔡红莹	通信工程	57	61	98	93	
13	制表日期：	2014/5/1						

图 4-6　工作表示例

在输入过程中如果发现一个错误，可以马上按 Backspace 键更正。

2. 输入日期

在 Excel 2010 中，日期和时间均按数值型数据处理，工作表中日期或时间的显示取决于单元格中所用的数字格式。如果 Excel 能够识别出所输入的是日期和时间，则单元格的格式将由“常规”数字格式变为内部的日期或时间格式。如果 Excel 不能识别当前输入的日期或时间，则作为文本处理。

输入日期时，首先输入作为年的数字，然后输入“/”或“-”符号进行分隔，再输入 1～12 的数字作为月份(或者输入月份的英文单词)，最后输入 1～31 的数字作为日。例如，在单元格 F2 中输入 2008/12/1。如果省略年份，则以当前的年份作为默认值。如果想在单元格中插入当前的日期，可以按“Ctrl+;”组合键。在“控制面板”窗口的“区域和语言选项”中设置的选项，将决定当前日期和时间的默认格式，以及默认的日期和时间符号，例如，用于时间的冒号(：)和用于日期的反斜杠(/)。

输入时间时，小时与分钟或秒之间用冒号分隔。

3. 输入数字

在 Excel 2010 中，当建立新的工作表时，所有单元格都采用默认的通用数字格式。通用格式一般采用整数(789)、小数(7.89)格式，而当数字的长度超过单元格的宽度时，Excel 将自动使用科学计数法来表示输入的数字。

在 Excel 中，输入单元格中的数字按常量处理。输入数字时，自动将它沿单元格右对齐。有效数字包含 0～9、 +、 –、()、/ 、$、%、. 、E、e 等字符。输入数据时可参照以下规则：

• 可以在数字中包括逗号，以分隔千分位。

• 输入负数时，在数字前加一个负号(–)，或者将数字置于括号内。例如，输入“–20”和“(20)”都可在单元格中得到–20。

· Excel 忽略数字前面的正号(+)。

· 输入分数(如 2/3)时，应先输入“0”及一个空格，然后输入“2/3”。如果不输入“0”，Excel 会把该数据作为日期处理，认为输入的是“2 月 3 日”。

· 当输入一个较长的数字时，在单元格中显示为科学记数法(如 2.56E+09)，意味着该单元格的列宽大小不能显示整个数字，但实际数字仍然存在。

Excel 会自动为单元格指定正确的数字格式。例如，当输入一个数字，而该数字前有货币符号或其后有百分号时，Excel 会自动地改变单元格格式，从通用格式分别改变为货币格式或百分比格式，输入时，单元格中数字靠右对齐。要在公式中包括一个数字，只要输入该数字即可。在公式中，不能用圆括号来表示负数，不能用逗号来分隔千位，也不能在数字前用美元符号($)。如果在数字后输入一个百分号(%)，Excel 把它解释为百分比运算符并作为公式的一部分保存起来。当公式计算时，百分比运算符作用于前面的数字。

下面以图 4-6 所示的表格输入数据为例，来说明如何在工作表中输入数字。首先，将单元格指针指向 D3 单元格，输入“75”，然后按 Enter 键，重复该过程，分别在单元格 D4 中输入“82”，在单元格 D5 中输入“78”。输入完所有的数据后，就可以看到如图 4-6 所示的表格。

4. 输入公式

Excel 最大的功能是计算。只要输入正确的计算公式之后，就会立即在该单元格中显示计算结果。如果工作表内的数据有变动，系统会自动将变动后的答案算出，使用户能够随时观察到最正确的结果。

使用公式有助于分析工作表中的数据。公式可以用来执行各种运算，如加法、减法、乘法及除法等。输入公式的操作类似于输入文字，不同之处在于在输入公式时是以一个等号(=)作为开头。在一个公式中可以包含各种运算符号、常量、变量、函数及单元格引用等。

在单元格中输入公式的步骤如下：

(1)选择要输入公式的单元格。

(2)在单元格中输入一个等号(=)。

(3)输入公式的内容。

(4)输入完毕之后，按 Enter 键或者单击编辑栏中的“输入”按钮。

例如，在单元格 H3 中输入“=AVERAGE(D3:G3)”，然后按 Enter 键或者用鼠标单击编辑栏的“输入”按钮，表明公式输入完毕。随后在单元格中将显示出计算结果，如图 4-6 所示。在编辑栏中仍然显示当前单元格的公式。

5. 同时对多个单元格输入相同的数据

如果要对多个单元格输入相同的数据，步骤如下：

(1)选择要输入数据的单元格区域。

(2)在选定单元格区域的任意一个单元格中输入数据。

(3)按 Ctrl+Enter 组合键。

6. 同时对多个表输入数据

当需要在多个工作表的单元格中输入相同的数据时，可以将其选定为工作表组，之后在其中的一张工作表中输入数据后，输入的内容就会反映到其他选定的工作表中。

将工作表设置为工作表组的方法：若要将全部工作表选定为工作组，先右击工作表标签，在快捷菜单中选择“选定全部工作表”命令；若要选定连续的若干张工作表，首先选择第一张工作表，按住 Shift 键再选择最后一张工作表即可；若要选定不连续的若干张表，首先选择第一张工作表，然后按住 Ctrl 键不放，依次选择其他几张工作表即可。

4.2.4　提高数据输入效率的方法

Excel 提供了多种提高输入数据效率的方法。

1. 自动完成

当输入的数据中含有前面曾输入的数据时，可以利用自动完成功能来输入。当在 C4 单元格输入“材”后，在“材”后 Excel 能自动填入“料物理”，并以反白显示，如图 4-7 所示，这就是自动完成功能。当输入数据时，Excel 会把首字和同列中其他单元格比较，本例中 C3 中曾输入“材料物理”，一旦发现有相同的部分就会为当前单元格填入剩余的部分。若自动填入的数据正是要输入的则直接按 Enter 键即可，否则无需理会，继续输入。如果同列中有两个首字相同，“自动完成”则不存在什么作用。

2. 选择列表

选择列表功能同样适合输入几个特定数据的情况。在上例中，如果要在 C9 中输入“科学教育”，将鼠标指针移至 C9 单元格然后右击，在快捷菜单中选择“从下拉列表中选择”命令，在 C9 单元格下方会出现一下拉列表框，该列表中记录了该列出现过的所有数据，只要从列表中选择可输入数据即可(图 4-8)。

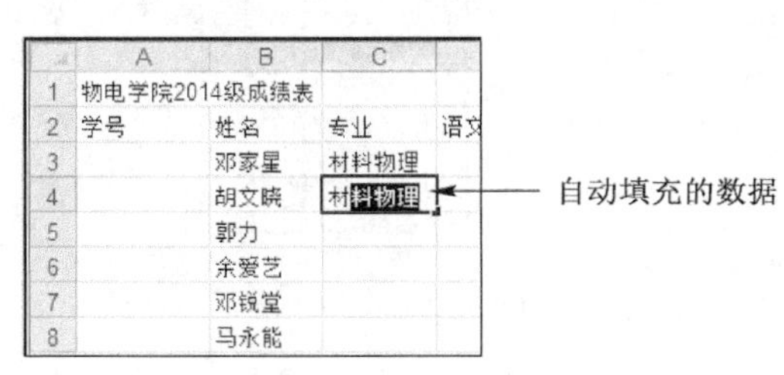

	A	B	C	
1	物电学院2014级成绩表			
2	学号	姓名	专业	语文
3		邓家星	材料物理	
4		胡文晓	材料物理	
5		郭力		
6		余爱艺		
7		邓锐堂		
8		马永能		

图 4-7　自动完成输入功能

	A	B	C
1	成绩表		
2	学号	姓名	专业
3		邓家星	材料物理
4		胡文晓	材料物理
5		郭力	材料物理
6		余爱艺	科学教育
7		邓锐堂	科学教育
8		马永能	科学教育
9		黄亮	
10		林彩华	材料物理 科学教育 专业
11		林稚超	
12		蔡红莹	
13	制表日期：	2014/5/1	

图 4-8　选择列表功能

3. 自动填充

自动填充功能可以把单元格的内容复制到同行或同列的相邻单元格，也可以根据单元格的数据自动产生一串递增或递减序列。例如，在上例中，把光标移至 C6 单元格右下角的填充柄(此时鼠标会变成十字形状)，拖动至 C9 单元格，那么 C6 单元格的内容就被复制到 C7:C9 区域了。

 Tips

如果要根据单元格的数据自动产生一串递增序列，把光标移至单元格右下角的填充柄的位置按住右键往下拖动，即会弹出填充方式供用户选择，如选择“以序列方式填充”命令可生成一串递增序列。此外，也可以在按住 Ctrl 键的同时拖动左键来实现此功能。

4. 序列填充

在输入一张工作表的时候，可能经常遇到需要输入一个序列数的情况。在如图 4-6 所示的成绩表中，学号是一个序列数；对于一个工资表，工资序号是个序列数；对于一个周销售统计表来讲，每周的每一天是一个日期序列等。对于这些特殊的数据序列，它们都有一定的特殊规律。要在每一个单元格中输入这些数据不仅很烦琐，而且还会降低工作效率。但使用Excel 2010中的“填充”功能，可以非常轻松地完成这一工作。

图 4-9 填充柄

1) 使用命令

对于选定的单元格区域，可以选择“填充”→“序列”命令，来实现数据自动填充。例如，在成绩表工作簿(图 4-6)中输入学生的学号，其操作步骤如下：

(1) 在 A3 单元格中输入一个起始值“2014001”，光标移至该单元格右下角，鼠标变为实心十字，该位置称为填充柄，如图 4-9 所示。右击填充柄并往下拖拽至C12单元格，弹出快捷菜单，选择“序列”命令，弹出如图 4-10 所示的对话框。

(2) 在对话框的“序列产生在”选项区域中选择“列”单选按钮，在“类型”选项区域中选择“等差序列”单选按钮，在“步长值”文本框中输入“1”，单击“确定”按钮，就能看到如图 4-11 所示的序列。

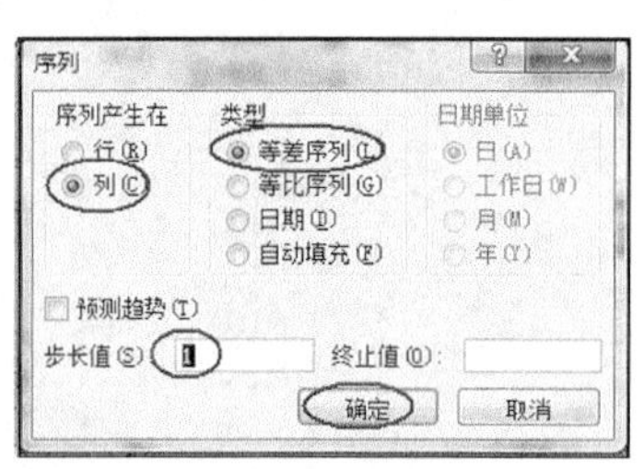

图 4-10 “序列”对话框

图 4-11 自动产生“学号”

说明：要将一个或多个数字、日期的序列填充到选定的单元格区域中，在选定区域的每一行或每一列时，第一个或多个单元格的内容被用作序列的起始值。表 4-2 列出了使用自动填充命令产生数据序列的规定，表 4-3 列出了产生序列参数说明。

表 4-2 使用自动填充命令产生数据序列的规定

类　型	说　明
等差级数	把“步长值”文本框内的数值依次加入到每一个单元格数值上来计算一个序列。如果选中“趋势预测”复选框，则忽略“步长值”文本框中的数值，而会计算一个等差级数趋势序列
等比级数	把“步长值”文本框内的数值依次乘到每一个单元格数值上来计算一个序列，如果选中“趋势预测”复选框，则忽略“步长值”文本框中的数值，而会计算一个等比级数趋势序列
日期	根据“日期单位”选定的选项计算一个日期序列

表 4-3 产生序列的参数说明

参　数	说　明
日期单位	确定日期序列是否会以日、工作日、月或年来递增
步长值	一个序列递增或递减的量。正数使序列递增；负数使序列递减
终止值	序列的终止值，如果选定区域在序列达到终止值之前已填满，则该序列就终止在那点上
趋势预测	使用选定区域顶端或左侧已有的数值来计算步长值，以便根据这些数值产生一条最佳拟合直线(对于等差级数序列)，或一条最佳拟合指数曲线(对于等比级数序列)

表 4-4 给出了对选定的一个或多个单元格执行“自动填充”操作的实例。

表 4-4　“自动填充”操作的实例

选定区域的数据	建立的序列
1,2	3,4,5,6…
1,3	5,7,9,11…
星期一	星期二，星期三，星期四…
第一季	第二季，第三季，第四季，第一季…
Text1,texta	Text1,texta,Text2,texta,Text3,texta…

2) 使用鼠标拖动

在单元格的右下角有一个填充柄，可以通过拖动填充柄来填充一个数据。可以将填充柄向上、下、左、右 4 个方向拖动，以填入数据。其操作方法是：将光标指向单元格填充柄，当指针变成十字光标后，沿着要填充的方向拖动填充柄。松开鼠标时，数据便填入区域中。

5. 自定义序列

对于需要经常使用的特殊数据系列，如产品的清单或中文序列号，可以将其定义为一个序列，这样，当使用“自动填充”功能时，就可以将数据自动输入工作表中。

要建立自定义序列，可以在“文件”选项卡中选择“选项”命令，弹出的“Excel 选项”对话框，图 4-12 所示。选择“高级”选项，在右侧“常规”栏下，单击“编辑自定义列表”，弹出“自定义序列”对话框，如图 4-13 所示。

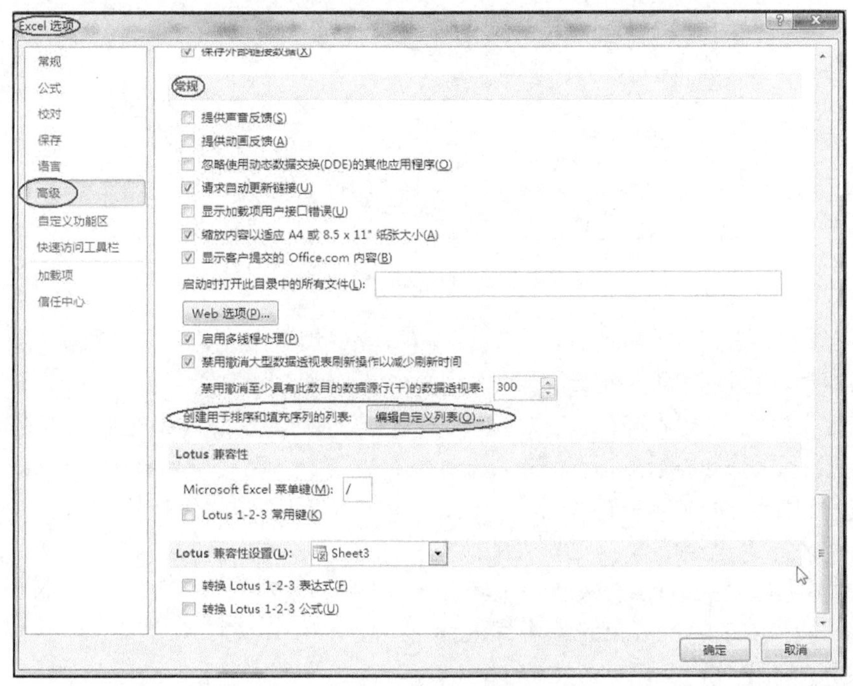

图 4-12　编辑自定义列表

序列的来源可有两种途径，来自已经输入到工作表的序列，或者直接在选项对话框里的“自定义序列”选项卡中输入。

直接在“自定义序列”中建立序列，按照下列步骤操作：

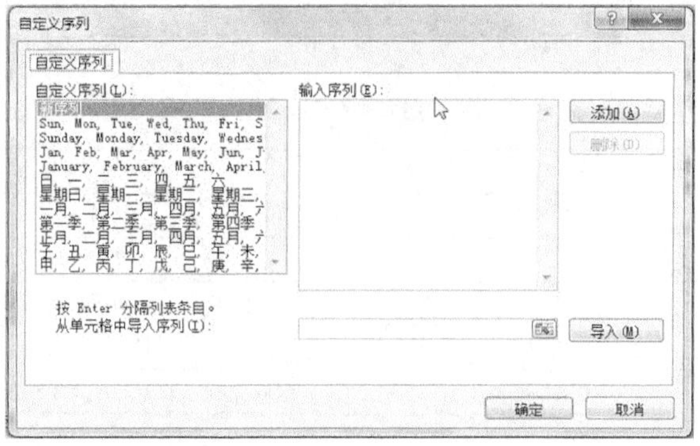

图 4-13 “自定义序列”对话框

(1) 在“输入序列”文本框中输入“主机”，然后按 Enter 键，然后输入“显示器”，再次按 Enter 键，重复该过程，直到输入完所有的数据。

(2) 单击“添加”按钮，就可以看到定义的微机硬件格式已经出现在对话框中了，如图 4-14 所示。

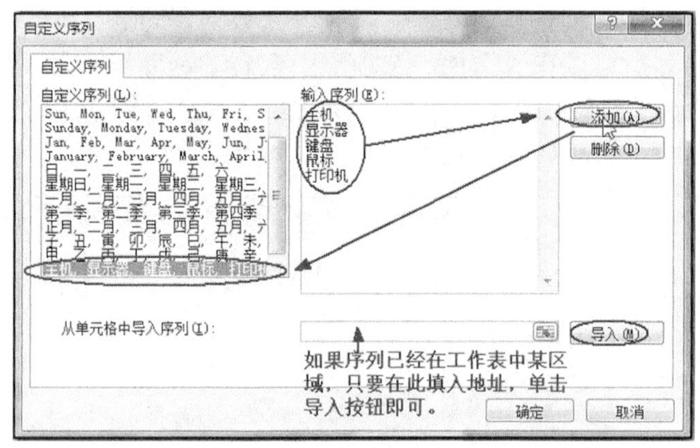

图 4-14 创建自定义序列

如果对已经存在的序列不满意，可进行编辑，或者将不再使用的序列删除。要编辑或删除自定义的序列，可以按照下列方法操作：

在“自定义序列”选项卡中选定要编辑的自定义序列，就会看到它们出现在“输入序列”文本框中，选择要编辑的项，进行编辑。若要删除序列中的某一项可按 Backspace 键，若要删除一个完整的自定义序列，单击“删除”按钮。然后单击“确定”按钮即可。

要从工作表导入已经输入到工作表的序列，可以按照下列步骤操作：

(1) 假设在工作表的 A1:A5 区域中已经输入了序列“主机 显示器 键盘 鼠标 打印机”。

(2) 在图 4-13 所示的“从单元格中导入序列”文本框中输入 A1:A5，单击“导入”按钮，就可以看到定义的序列已经出现在对话框中了。

4.2.5 数据有效性输入

在 Excel 2010 中具有对输入增加提示信息与数据有效检验功能。该功能使用户可以指定在单元格中允许输入的数据类型，如文本、数字或日期等，以及有效数据的范围，如小于指定数值的数字或特定数据序列中的数值。

1. 数据有效性的设置

自定义有效数据的输入提示信息和出错提示信息功能，是利用数据有效性功能，在用户选定的限定区域的单元格或在单元格中输入了无效数据时，显示自定义输入提示信息或出错提示信息。

例如，在如图 4-6 所示工作表中，为 D3:D12 单元格区域进行数据有效性设置。操作步骤如下：

(1) 选择单元格区域 D3:D12。

(2) 在“数据”选项卡“数据工具”组中单击“数据有效性”按钮，从列表中选择“数据有效性(V)…”命令，图 4-15 所示。在弹出的对话框中选择“设置”选项卡，在“有效性条件”选项区域的“允许”下拉列表框中选择“整数”选项，如图 4-16 所示。

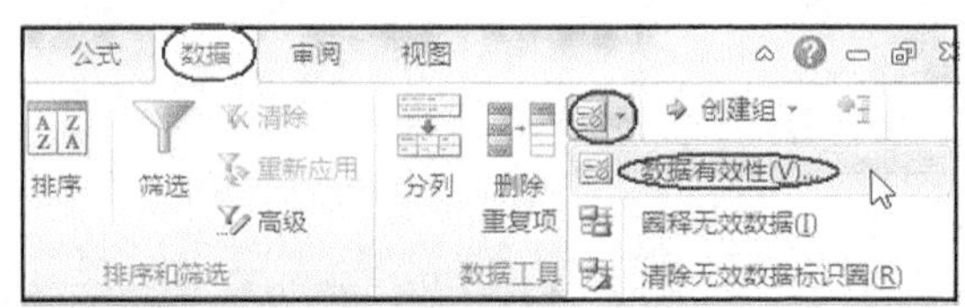

图 4-15　数据有效性设置

(3) 单击“输入信息”选项卡，在“标题”文本框输入“成绩”，在“输入信息”文本框输入“请输入语文成绩”。

(4) 单击“出错警告”选项卡，在“标题”文本框中输入“错误”，在“错误信息”文本框输入“必须介于 0 到 100 之间”。

(5) 单击“确定”按钮。

设置完成后，当指针指向该单元格时，就会出现如图 4-17 所示的提示信息。如果在其中输入了非法数据，系统还会给出警告信息。

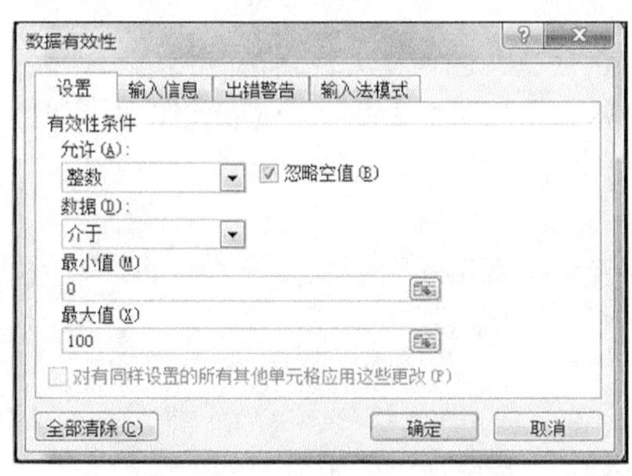

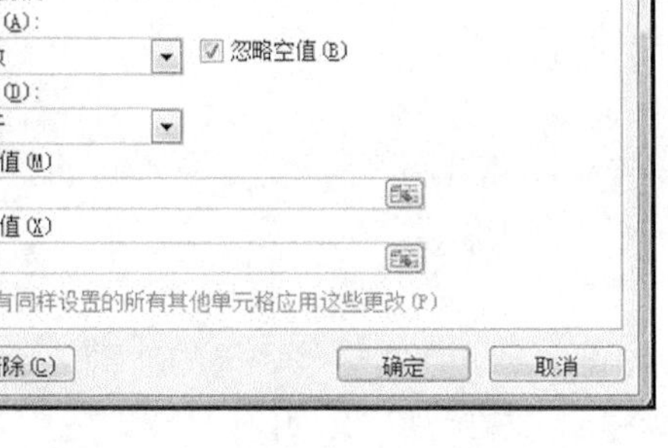

图 4-16　设置为 0～100 的整数

	A	B	C	D	E
1	物电学院2014级成绩表				
2	学号	姓名	专业	语文	英语
3	2014001	邓家星	材料物理	75	85
4	2014002	胡文晓	材料物理	成绩 请输入语文成绩	99
5	2014003	郭力	材料物理		77
6	2014004	余翠艺	科学教育		88
7	2014005	邓锐堂	科学教育	99	83
8	2014006	马永能	科学教育	72	83
9	2014007	黄亮	科学教育	63	65

图 4-17　输入数据时的提示信息

2. 特定数据序列

利用数据有效性功能，设置特定的数据系列。

例如，在“人事管理”工作表中，当鼠标指针指向 D2:D8 单元格区域任意一个单元格的时候，显示下拉列表框，提供“教授”、“副教授”、“讲师”、“助教”4 个数据供选择，如图 4-18 所示。

设置特定数据序列的操作步骤如下：

(1)选择单元格区域 D2:D8。

(2)在“数据”选项卡中的“数据工具”组中单击“数据有效性”按钮，从列表中选择“数据有效性(V)...”命令，如图 4-15 所示。在弹出的对话框中选择“设置”选项卡，在“有效性条件”选项区域的“允许”下拉列表框中选择“序列”选项，在“来源”文本框中输入“教授,副教授,讲师,助教”，需要注意的是各选项之间要用英文的逗号相隔，单击确定按钮，如图 4-19 所示。

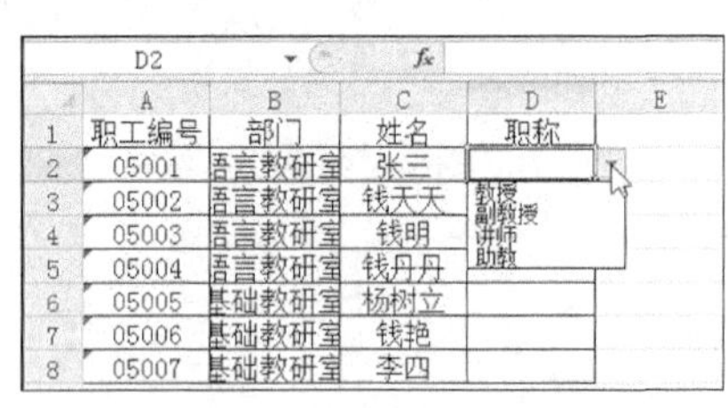

图 4-18　下拉列表选项

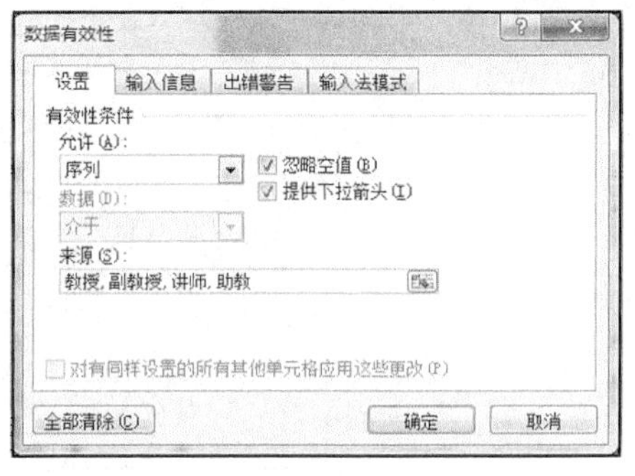

图 4-19　设置特定的数据系列

4.3　编辑工作表

在创建了一张工作表后，可能会对工作表不满意，或者遗漏了部分内容，或者表中出现了无用的内容，因此就要修改工作表的内容。本节介绍如何编辑工作表，如何利用复制、剪切等编辑操作提高工作效率。

4.3.1　编辑单元格数据

在 Excel 2010 中编辑单元格中已有的数据很便捷，因为单元格内部直接编辑功能允许用户在单元格中直接对一个单元格的数据进行编辑。用户可以编辑一个单元格的所有内容，或者编辑单元格中的部分内容，也可以完全清除单元格的内容。

1. 编辑单元格的所有内容

当需要编辑一个单元格的所有内容时，首先单击该单元格，然后输入新的内容，则原内容被取代，按 Enter 键或者单击编辑栏中的✓按钮确认修改。

2. 编辑单元格中的部分内容

当需要编辑某个单元格的部分内容时，首先选择该单元格，然后按 F2 键，或者双击该单元格，把插入点置于该单元格中，此时在状态栏的左端出现“编辑”字样。

用户可以使用鼠标或者键盘来重新确定插入点的位置。如果想使用鼠标确定插入点的位置，可以把“I”形鼠标指针移到单元格中要修改的位置，然后单击，则插入点会迅速移到该位置。另外，也可以使用键盘在单元格中移动插入点，表 4-5 列出了键盘上的一些编辑键。

当插入点出现在单元格中时，可以开始编辑单元格的内容，编辑的方法和 Word 中对文本的修改方法相同，这里不赘述。

除了可以直接在单元格中编辑内容外，还可以在编辑栏中进行编辑。单击要编辑的单元

格，该单元格的内容将同时出现在编辑栏中。单击编辑栏放置插入点，然后对其中的内容进行编辑。

表 4-5 键盘上的编辑键

按　键	操　作
←	插入点向左移动一个字符
→	插入点向右移动一个字符
Ctrl+←	插入点向左移动一个单词
Ctrl+→	插入点向右移动一个单词
Home	插入点移到单元格的开始处
End	插入点移到单元格的结尾处
BackSpace	删除插入点左边的一个字符
Delete	删除插入点右边的一个字符

4.3.2 剪切

在 Excel 中，剪切是指把工作表选定单元格或区域中的内容复制到目的单元格或区域，然后清除源单元格或区域中的内容，即通常所说的移动数据。

1. 利用“剪切”和“粘贴”命令移动数据

在“开始”选项卡“剪贴板”组中，选择“剪切”和“粘贴”命令，可以把单元格或范围中的数据，从源位置移到目的位置。其操作步骤如下：

(1) 选择要移动数据的源单元格或范围。

(2) 单击“剪贴板”组中“剪切”按钮。

(3) 选择目的单元格，或目的区域的左上角单元格。

(4) 单击“剪贴板”组中“粘贴”按钮。

2. 使用鼠标移动数据

通过鼠标的拖动，也可以实现数据的移动，有时比使用菜单中的命令更方便。

操作步骤如下：

(1) 选定要移动数据的源单元格或区域。

(2) 把鼠标指针移到选择单元格或区域的边框上，这时，Excel 会把鼠标指针由十字形变成十字箭头形。

(3) 当鼠标指针变成十字箭头形时，按住鼠标左键拖动鼠标。这时，会有一个虚边框随着鼠标指针一起移动。

(4) 把虚边框拖动到目的单元格或区域，然后释放鼠标左键。

4.3.3 复制

在 Excel 中，复制是指把工作表中选择单元格或区域中的内容复制到目的单元格或区域中，但源单元格或区域中的内容并不清除。

1. 使用“复制”和“粘贴”命令复制数据

在“开始”选项卡“剪贴板”组中，选择“复制”和“粘贴”命令，可以把单元格或区域中的数据，从源位置复制到目的位置。

操作步骤如下：

(1) 选择要复制数据的源单元格或区域。

(2) 单击“剪贴板”组中“复制”按钮。

(3) 选择目的单元格或目的区域的左上角单元格。

(4) 单击“剪贴板”组中“粘贴”按钮。于是，Excel 把剪贴板中的内容粘贴到目的单元格或区域中，但并不清除源单元格或范围中的内容。

2. 选择性粘贴

一个单元格中的信息包括内容、格式和批注 3 种。内容是指单元格中的值或公式，格式是指该内容的属性。例如，如果在单元格 A2 中输入文字数据“图文并茂”，那么文字“图文并茂”本身是 A2 的内容，文字“图文并茂”的属性(如是粗体还是斜体、正常体、黑体、字体大小、对齐方式等)是 A2 的格式信息。批注是指文字批注和声音批注。

在前面讲过把源单元格或区域中的内容剪切(复制)到目的位置，但事实上，剪切和复制的是源单元格或区域中的全部信息，包括内容、格式和批注 3 种。

对复制操作，可以进行有选择地复制，即只复制内容、格式、批注三者之一或它们的组合。

进行选择性复制，其步骤和上一点中的前 3 步相同，最后一步为单击“剪贴板”组中“粘贴”按钮下面的三角箭头，弹出“选择性贴粘”对话框。在“选择性粘贴”对话框中设置所需的选项，然后单击“确定”按钮。

此外，利用选择性粘贴功能还可以实现工作表的转置。操作步骤如下：

(1) 选定要转置的区域。

(2) 单击“剪贴板”组中“复制”按钮，把选择范围中的内容复制到剪贴板中，此时在该范围的四边显示闪烁的边框。

(3) 选定目的单元格或目的区域的左上角单元格。

(4) 单击“剪贴板”组中“粘贴”按钮，从列表中选择“选择性粘贴(S)...”命令，在对话框中选择“转置”复选框，单击“确定”按钮即可，如图 4-20 所示。

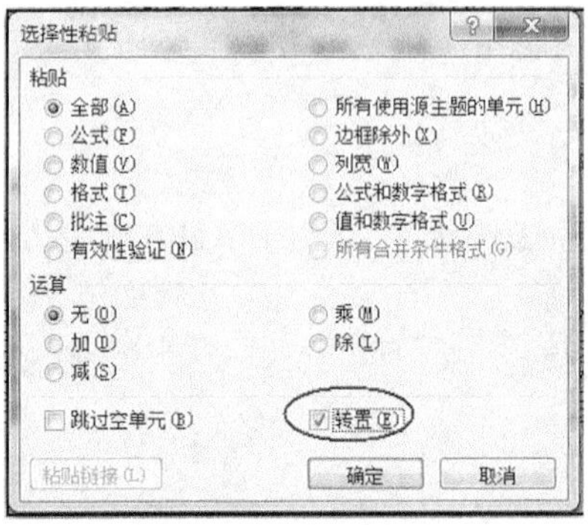

图 4-20　选择性粘贴

下面对图 4-20 所示的选择性粘贴对话框进行说明。

(1) 粘贴：单击要粘贴的复制数据的属性。包括以下几种。

- 全部：粘贴所有单元格内容和格式。
- 公式：仅粘贴在编辑栏中输入的公式。
- 数值：仅粘贴在单元格中显示的值。
- 格式：仅粘贴单元格格式。
- 批注：仅粘贴附加到单元格的批注。
- 有效性验证：将复制单元格的数据有效性规则，并粘贴到粘贴区域。
- 边框除外：粘贴应用到被复制单元格的所有内容和格式，边框除外。
- 列宽：将某个列宽或列的区域粘贴到另一个列或列的区域。
- 公式和数字格式：仅从选中的单元格粘贴公式和所有数字格式选项。
- 值和数字格式：仅从选中的单元格粘贴值和所有数字格式选项。

(2) 运算：指定要应用到被复制数据的数学运算。

(3) 跳过空单元：当复制区域中有空单元格时，避免替换粘贴区域中的值。

(4) 转置：将被复制数据的列变成行，将行变成列。

3. 利用鼠标复制数据

也可以通过鼠标拖动方法复制数据，操作步骤和“剪切”中“利用鼠标移动数据”相似，区别在于复制数据拖动鼠标时，可按住 Ctrl 键。

另外，在“自动填充”部分讲了如何利用鼠标建立固定值序。

无论是复制数据还是剪切数据，其实都是将选中的数据存放到剪贴板。剪贴板可以保存最近 24 次的复制或剪切操作内容。

4.3.4　清除和删除单元格

清除单元格是指删除单元格中的信息，如删除单元格中的内容、格式、批注或全部都删除。

“删除”命令和“清除”命令有所不同。删除单元格是指把单元格真正从工作表中删除，而清除单元格只是清除单元格中的信息，但单元格本身还是保留不动的。“删除”命令像个剪刀，而“清除”命令像块橡皮。

1. 利用 Delete 键清除单元格的内容

使用 Delete 键可以清除单元格中的内容，但单元格的格式和批注保持不变。

操作步骤如下：

(1) 选定要清除内容的单元格或范围(可以是不连续的范围)。

(2) 按 Delete 键。

2. 利用“清除”命令清除单元格

在“开始”选项卡中的“编辑”组中单击“清除”按钮，如图 4-21 所示。

“清除”按钮下拉列表中有 6 个命令：“全部清除”、“清除格式”、“清除内容”、“清除批注”、“清除超链接”、“删除超链接”。如果选择“全部清除”命令，Excel 将把选定范围中的全部信息(即包括内容、格式、批注)都清除。选择另外 4 个命令，将只清除相应的信息。

3. 删除单个单元格或区域

按下述步骤删除选定的单元格或区域：

(1) 选择要删除的单元格或区域。

(2) 在“开始”选项卡中的“单元格”组中，单击“删除”按钮，从下拉列表中选择“删除单元格(D)…”，弹出“删除”对话框，如图 4-22 所示。

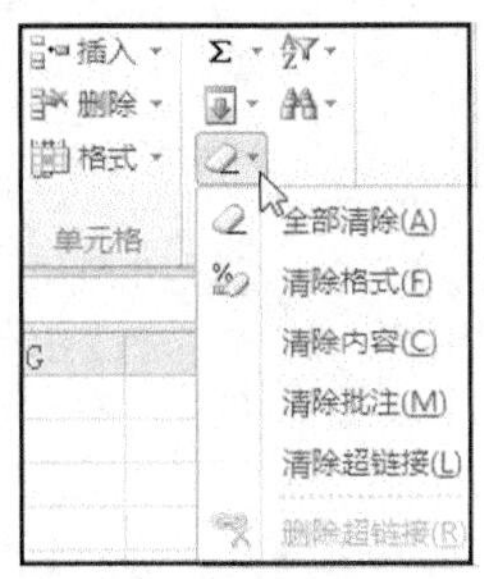

图 4-21　删除与清除

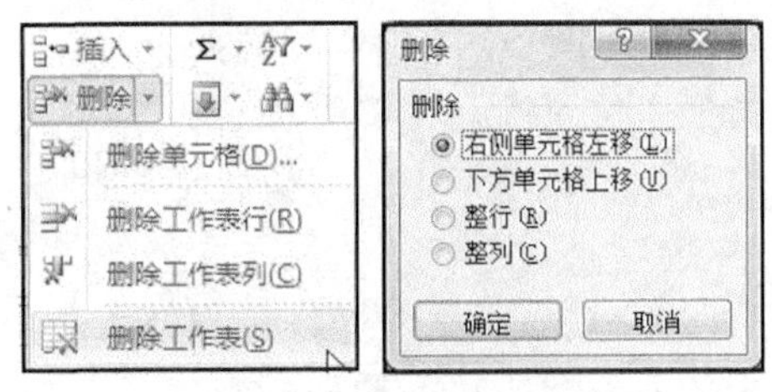

图 4-22　删除对话框

当把选择的单元格删除后，会留下空位置，因此，需要相应地移动周围的单元格，来填补空位置。“删除”对话框用来让用户指定填补空位置的方式：是把右侧的单元格左移，还是把下方的单元格上移；或是删除整行、整列后，移动下方行或右侧列的单元格。

(3)在“删除”对话框中做所需的设置。

(4)单击“确定”按钮。

4. 删除整行和整列

删除整行的单元格的步骤如下：

(1)单击要删除的行的行标志。

(2)在“开始”选项卡中的“单元格”组中，单击“删除”按钮，从下拉列表中选择“删除工作表行”。

删除整列的单元格的步骤如下：

(1)单击要删除的列的列标志。

(2)在“开始”选项卡中的“单元格”组中，单击“删除”按钮，从下拉列表中选择“删除工作表列”。

4.3.5 插入单元格

插入单元格是指在用户选择的位置上插入空白单元格，而把该位置上的原有单元格向下或向右移动，腾出空位。

1. 插入单个单元格或区域

插入单个单元格或区域的操作步骤如下：

(1)选择要插入新单元格的位置。如果是要插入单个单元格，则应选定一个单元格，新单元格将插入选择单元格所在的位置。如果是要插入一组单元格，则应选定一个区域，该区域中将插入新的空白单元格。

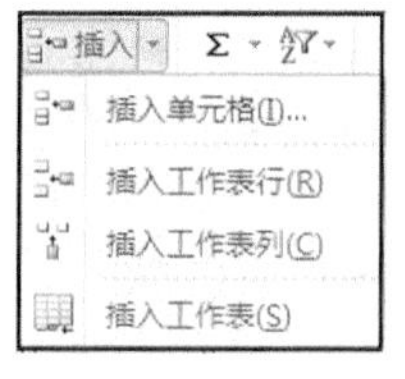

图 4-23　插入单元格

(2)在“开始”选项卡中的“单元格”组中，单击“插入”按钮，从下拉列表中选择“插入单元格”选项，如图 4-23 所示。弹出“插入”对话框。要插入新的单元格，必须移开插入位置上的原有单元格，以腾出空位。“插入”对话框用来设置如何移动插入位置上的原有单元格：是向右移、向左移，还是干脆移动整行或整列，以插入整行或整列的新单元格。

(3)在“插入”对话框中选择所需的选项。

(4)单击“确定”按钮。

2. 插入整行和整列

插入整行空白单元格的操作步骤如下：

(1)单击插入位置所在行的行标志。

(2)在“开始”选项卡中的“单元格”组中，单击“插入”按钮，从下拉列表中选择“插入工作表行”选项。

插入整列的空白单元格的操作步骤如下：

(1)单击插入位置所在列的列标志。

(2)在“开始”选项卡中的“单元格”组中，单击“插入”按钮，从下拉列表中选择“插入工作表列”选项。该位置的原有列顺序会向右移一个位置。

4.3.6 查找和替换

当需要在工作表中查找某字符串时，可以在“开始”选项卡中的“编辑”组中选择“查找”命令，该命令可以定位任何字符串。另外，选择“编辑”组中选择 “替换”命令可以用指定值替换查找出的字符串。

4.4 格式化工作表

新创建的工作表在外观、字体、颜色、标题等都是一样的。因此要创造一个醒目、美观的工作表就要对工作表进行格式化。工作表的格式化包括数字格式、对齐方式、字体设置等。

4.4.1 设置数字格式

Excel 提供了大量的数字格式。例如，可以将数字格式化成带有货币符号的形式、多个小数位数、百分数或者科学记数法等。用户可以使用“格式”工具栏和“格式”菜单来进行格式化数字。改变数字格式并不影响计算中使用的实际单元格数值。

1. 使用“开始”选项卡“数字”组快速格式化数字“格式”

在“开始”选项卡中的“数字”组中提供了 5 个快速格式化数字的按钮：“会计数字格式”、“百分比样式”、“千位分隔样式”、“增加小数位数”和“减少小数位数”。首先选择需要格式化的单元格或区域，然后单击相应的按钮。

1) 使用货币样式

单击“会计数字格式”按钮，可以在数字前面插入货币符号(￥)，并且保留两位小数。通过“会计数字格式”按钮下拉列表可以选择别的货币符号，如美元、欧元等。

Tips

如果其中的数字被改为数字符号(#)，则表明当前的数字超过了列宽。只要改变单元格的列宽后，即显示相应的数字格式。

2) 使用百分比样式

单击“百分比样式”按钮，可以把选择区域的数字乘以 100，在该数字的末尾加上百分号。例如，单击该按钮可以把数字“12345”格式为“1234500%”。

3) 使用千位分隔样式

单击“千位分隔样式”按钮，可以把选择区域中数字从小数点向左每 3 位整数之间用千分号分隔。例如，单击该按钮可以把数字“12345.08”格式为“12,345.08”。

4) 增加小数位数

单击“增加小数位数”按钮，可以使选择区域的数字增加一位小数。例如，单击该按钮可以把数字“12345.01”格式为“12345.010”。

5) 减少小数位数

单击“减少小数位数”按钮，可以使选择区域的数字减少一位小数。例如，单击该按钮可以把数字“12345.08”格式为“12345.1”。

2. 使用“设置单元格格式”对话框设置数字格式

在“开始”选项卡中的“数字”组中单击右下角的打开“设置单元格格式”对话框按钮，在对话框中对数字进行更加完善的格式化。具体操作步骤如下：

(1) 选择要格式化数字的单元格或区域。

(2) 在“开始”选项卡“数字”组中点击右下角的打开“设置单元格格式”对话框按钮，出现“单元格格式”对话框。

(3) 选择“数字”选项卡。

(4) 在“分类”列表框中选择分类项，然后选择所需的数字格式选项。在“示例”框中可预览格式设置后单元格的格式。

(5) 单击“确定”按钮。

表 4-6 列出了 Excel 的数字格式分类。

表 4-6　Excel 的数字格式分类

分　类	说　明
常规	不包含特定的数字格式
数值	可用于一般数字的表示，包括千位分隔符、小数位数，还可以指定负数的显示方式
货币	可用于一般货币值的表示，包括使用货币符号￥、小数位数，还可以指定负数的显示方式
会计专用	与货币一样，只是小数或货币符号是对齐的
日期	把日期和时间序列数值显示为日期值
时间	把日期和时间序列数值显示为时间值
百分比	将单元格值乘以 100 并添加百分号，还可以设置小数点位置
分数	以分数显示数值中的小数，还可以设置分母的位数
科学记数	以科学记数法显示数字，还可以设置小数点位置
文本	在文本单元格格式中，数字作为文本处理
特殊	用来在列表或数据中显示邮政编码、电话号码、中文大写数字、中文小写数字
自定义	用于创建自定义的数字格式

3. 创建自定义数字格式

如果 Excel 2010 提供的内部数字格式不足以按所需方式显示数据，用户还可以创建自己的数字格式。步骤是在上述操作中，从“数字”选项卡的“分类”列表框中选择“自定义”选项。

在“类型”框中编辑所需要的数字格式代码，各数字格式代码的含义参看帮助库。

4. 设置日期和时间格式

Excel 提供了许多内置的日期和时间格式。如果想改变 Excel 显示日期和时间的方式，可以按照以下步骤操作：

(1) 选择含有格式化日期或时间的单元格或区域。

(2) 在“开始”选项卡中的“数字”组中单击右下角的打开“设置单元格格式”对话框按钮，弹出“设置单元格格式”对话框。

(3) 选择“数字”选项卡，再从“分类”列表框中选择“日期”或“时间”选项。

(4) 在“类型”列表框中选择要使用的格式类型。

(5) 单击“确定”按钮，如图 4-24 所示。

另外，也可以像自定义数字格式那样，自定义日期和时间格式。

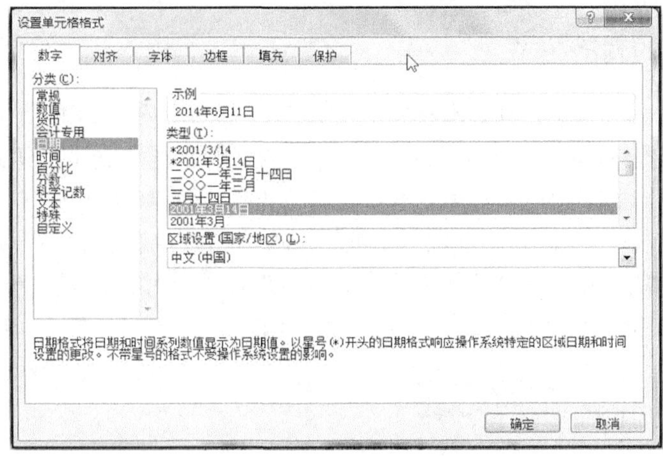

图 4-24　设置日期格式

5. 隐藏零值或单元格数据

默认情况下，零值显示为“0”。可以更改选项使工作表中所有值为零的单元格都成为空白单元格，也可通过设置某些选定单元格的格式来隐藏“0”。实际上，通过格式设置可以隐藏单元格中的任何数据。

要隐藏单元格数据，可以按照以下步骤进行操作：

(1) 选择包含零值或其他要隐藏数值的单元格。

(2) 在“开始”选项卡中的“数字”组中单击右下角的打开“设置单元格格式”对话框按钮，弹出“设置单元格格式”对话框。再选择“数字”选项卡。

(3) 在“分类”列表框中选择“自定义”选项。

(4) 要隐藏零值，在“类型”框中输入“0;0;;@”。要隐藏所有数值，在“类型”框中输入“;;;　”(3 个分号)。

被隐藏的数值只出现在编辑栏或当前正编辑的单元格中，这些数据不会被打印。

4.4.2　设置文本和单元格格式

在 Excel 2010 中，用户可以使用多种方法来设置文本和单元格格式。

通过“开始”选项卡，“字体”组相关的按钮可以设置文本的字体、字号、字型和颜色等。也可以在“开始”选项卡中的“字体”组中单击右下角的打开“设置单元格格式”对话框按钮，弹出“设置单元格格式”对话框。选择在“字体”选项卡，除了可以完成上述功能外，还可以为选择的文本添加删除线或者将所选文本设为上标或下标等。

Tips

如果要将选择单元格的字号改为“15 磅”，而“字号”列表框中没有“15 磅”选项。此时，可以用鼠标单击“字号”下拉列表框，然后输入自己所需的字号。

提示　可以使用“格式刷”快速复制活动单元格的格式。首先选择含有要复制格式的单元格或区域，然后单击常用工具栏中的“格式刷”按钮，再选择要设置新格式的单元格或区域。要将选定单元格或区域的格式复制到多个位置上，双击“格式刷”按钮，单击要复制格式的单元格。当完成复制格式时，再次单击该按钮。

4.4.3 设置文本的对齐方式

在默认情况下，单元格中的文本靠左对齐，数字靠右对齐，逻辑值和错误值居中对齐。Excel 2010 允许用户设置某些区域内数据的对齐方式、单元格中文本的缩进、旋转单元格中的文本。对齐方式可分“水平对齐”和“垂直对齐”两种， Excel 提供了两种方法让用户改变数据的对齐方式，一是在“开始”选项卡中的“对齐方式”组中有各种对齐按钮选择；二是单击“开始”选项卡中的“对齐方式”组右下角，打开“设置单元格格式”对话框按钮，弹出“设置单元格格式”对话框，再选择“对齐”选项卡，选择要设置的内容，如图 4-25 所示。

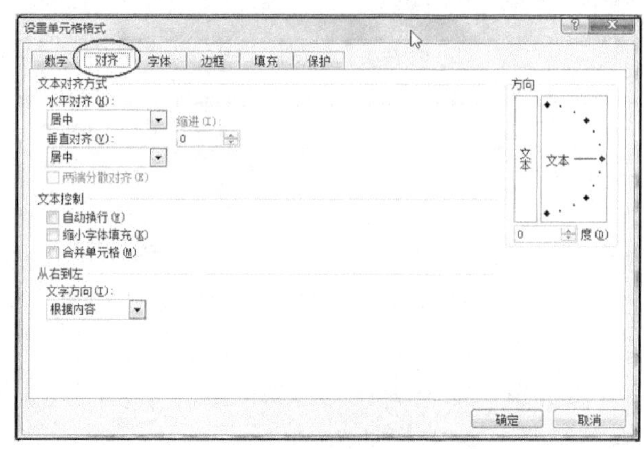

图 4-25 “对齐”选项卡

在“对齐”选项卡中有一个“水平对齐”下拉列表框，它可以控制单元格的内容在水平方向上的位置，包括靠左(缩进)、居中、靠右(缩进)、填充、两端对齐、跨列居中、分散对齐(缩进)等模式。

在“对齐”选项卡中有一个“垂直对齐”下拉列表框，它可以控制单元格的内容在垂直方向的位置，包括靠上、居中、靠下、两端对齐、分散对齐等模式。

在 Excel 2010 中，可以将单元格中的文本旋转任意角度。利用折行和旋转文本，用户可以减少诸如标题等较长文本所需的水平空间，这样就可以为明细数据留出更大的空间。

在“对齐”选项卡中，包含一个“方向”框。它可以改变单元格文本的显示方向，用户可以在“方向”框中直接单击示例图中的文本方向，红点即为选择的文本方向。另外，用户也可以在“度”微调框中设置文本旋转的角度。要想从左下角向右上角旋转，在“度”微调框中输入正数，反之则输入负数。

在“对齐”选项卡中有一个“文本控制”选项区，其中包括“自动换行”、“缩小字体填充”和“合并单元格”复选框。

- “自动换行”复选框只能用于含有文字并且是水平方向排列的单元格。当单元格的内容太长，占据了多个单元格时，如果选择了“自动换行”复选框，将根据单元格列宽把文本折行，并且自动调整行高以容纳单元格的所有内容。
- “缩小字体填充”复选框是缩减单元格中字符的大小，以便数据调整到与列宽一致。如果要更改列宽，则字符大小可以自动调整，但设置的字体大小保持不变。
- “合并单元格”复选框是将两个或多个单元格合并为一个单元格，合并前左上角单元格的引用为合并后单元格的引用。

Tips

如果要在同一个单元格中输入多行内容，则在换行时按 Alt+Enter 组合键，即可开始在同一个单元格输入新一行的内容。

4.4.4　边框线

默认情况下，Excel 2010 创建的工作表是没有边框线，但用户可以通过定义边框线来强调某一范围的数据。

边框线可以显示在选择范围中每个单元格的左端、右端、上端、下端或区域的四边。

此外，边框线还可以具有不同的式样和颜色。

Excel 提供了两种设置单元格边框的方法：①在“开始”选项卡中的“字体”组，单击“边框”下拉三角按钮的“边框”按钮，如图 4-26 所示，在“边框”列表中选中合适的边框类型即可。②在“开始”选项卡中的“字体”组中单击右下角的打开“设置单元格格式”对话框按钮，在“设置单元格格式”对话框中选择“边框”选项卡，如图 4-27 所示。

图 4-26　添加边框线

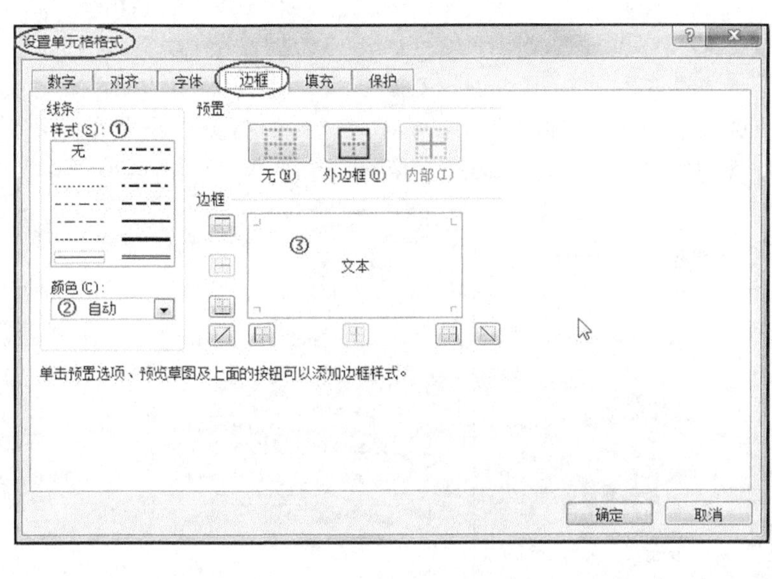

图 4-27　“边框”选项卡

如果用户需要更多的边框类型，如需要使用斜线或虚线边框等，则可以在“设置单元格格式”对话框中进行设置。在“设置单元格格式”对话框中选择“边框”选项卡，Excel 将显示有关边框线的各种选项。

在“预置”和“边框”区域中，给出了添加边线的位置。

“样式”列表框中给出了线条式样。

“颜色”下拉列表框用于设置边框线的颜色。如果单击“颜色”下拉列表框右端的下拉按钮，将会弹出调色板。

设置边框线的操作步骤如下：

(1)选择要设置边框线的单元格范围(可以是不连续范围)。

(2)在“开始”选项卡中的“字体”组中单击右下角的打开“设置单元格格式”对话框按钮。

(3)在“设置单元格格式”对话框中选择“边框”选项卡，如图4-27所示。

(4)在“样式”列表框中，选择想要的线条式样。

(5)单击“颜色”下拉列表框右端的下拉按钮，从打开的调色板中选择所需的颜色。

(6)在“边框”区域中，单击想要应用所选样式的边框位置，在“边框”中央可预览效果。

(7)单击“确定”按钮。

设置边框线时，必须先挑样式和颜色，再选应用的边框线位置。

4.4.5 设置单元格的底纹和图案

为单元格设置不同的底纹和图案，可以突出某些单元格或区域的显示效果。Excel提供了两种为单元格设置底纹和图案的方法：①通过“开始”选项卡中的“字体”组的“填充颜色”按钮，选择调色板中所需的颜色方框，即可给选择的区域设置底纹，如图4-28所示。②在“开始”选项卡中的“字体”组中，单击右下角的打开“设置单元格格式”对话框按钮，在“设置单元格格式”对话框中选择“填充”选项卡，如图4-29所示。

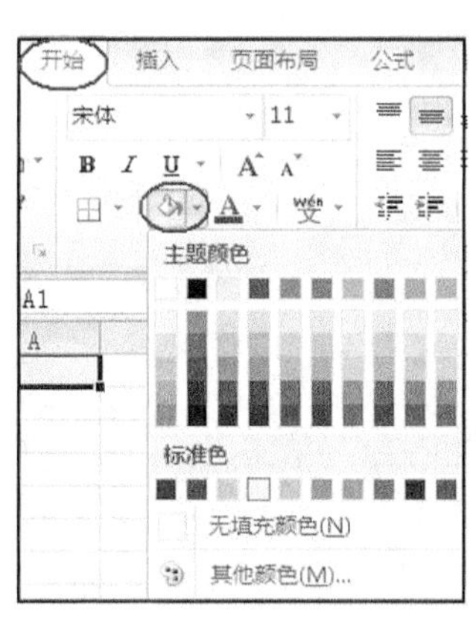

图4-28 为单元格填充颜色

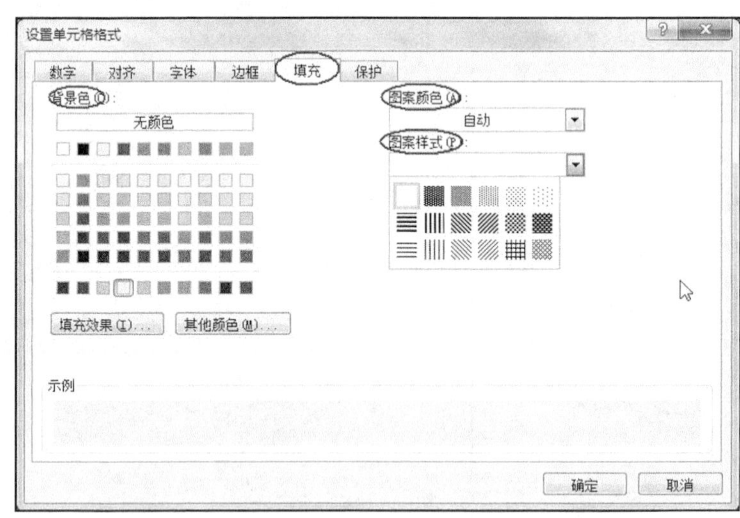

图4-29 “填充”选项卡

使用第一种方法可以快速地为选择的单元格设置不同的底纹。如果还想为单元格设置不同的图案，可以按照以下步骤操作：

(1)选择要设置底纹的单元格或区域。

(2) 在“开始”选项卡中的“字体”组中单击右下角的打开“设置单元格格式”对话框按钮，在“设置单元格格式”对话框中选择“填充”选项卡。

(3) 在“背景色”列表框中选择一种颜色，可以给单元格设置没有图案的底纹。

(4) 在“图案颜色”下拉列表框中选择图案的颜色。

(5) 在“图案样式”下拉列表框中选择图案的样式。

(6) 设置完毕后，单击“确定”按钮。

4.4.6　自动套用格式

在显示某些表格数据时，可能会经常用到某些固定的表格格式。Excel 提供了大量预定义的标准表格格式供用户选用。

在“开始”选项卡中的“样式”组中，选择“套用表格格式”选项，如图 4-30 所示，从其中选择样式即可。

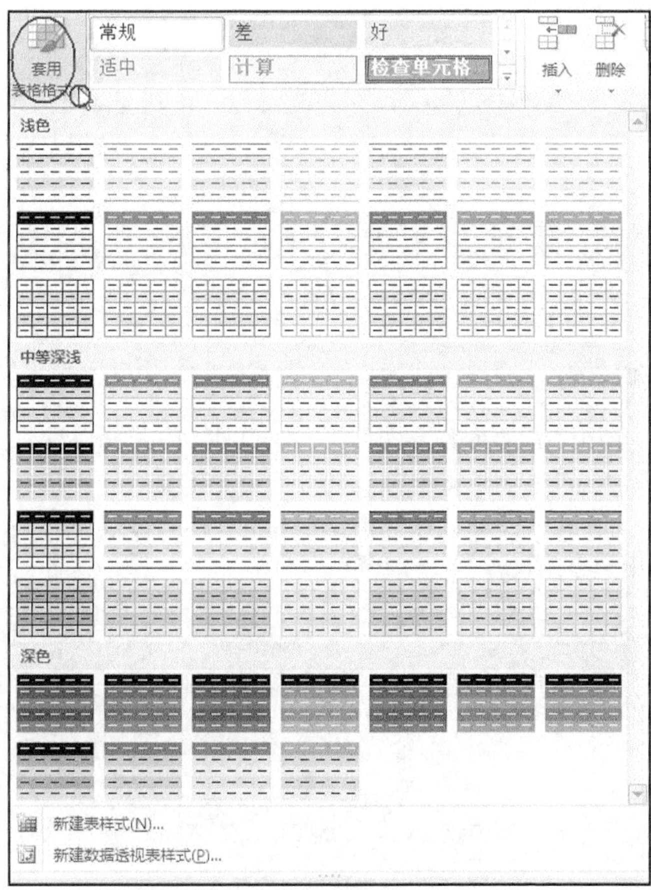

图 4-30　套用表格格式

4.4.7　条件格式

为了突出显示公式的运算结果或设置单元格的数据格式，用户可以应用条件格式标记单元格数据显示。

在如图 4-31 所示的工作表中，要使成绩表中不及格的分数用浅红色填充深红色显示文字，操作步骤如下：

(1)选择要设置条件格式的单元格区域。

(2)在“开始”选项卡中的“样式”组中，单击“条件格式”按钮，从下拉列表中选择“突出显示单元格规则”、“小于”，如图 4-32 所示。

(3)弹出如图 4-31 所示的对话框。按图 4-32 所示进行设置。

(4)完成后，单击“确定”按钮，即可看到图 4-31 所示的结果。

成绩表

序号	姓名	性别	出生日期	学科	语文	数学	英语	政治	总分
2012001	李剑荣	男	2002/7/2	理科	90	74	75	90	329
2012002	翟奕峰	男	2002/7/6	文科	73	64	75	85	297
2012003	刘颖仪	女	2002/1/26	理科	81	61	70	75	287
2012004	黄艳妮	女	2002/1/31	理科	92	90	72	75	329
2012005	苗苗	女	2002/2/5	文科	92	87	75	52	306
2012006	陈耿	男	2002/7/10	理科	55	73	95	69	292
2012007	吴梓波	男	2002/7/14	理科	61	62	95	78	296
2012008	唐滔	男	2002/7/18	文科	92	87	75	75	329
2012009	梁拓	男	2002/7/22	文科	65	49	95	70	279
2012010	黄沛文	男	2002/7/26	理科	93	94	75	55	317
2012									301
2012									335
2012									309
2012									295
2012									341
2012									317
2012									325
2012018	唐春宇	女	2003/1/5	文科	49	58	86	63	256
2012019	马冰奎	女	2003/1/7	文科	59	92	90	55	296

图 4-31　利用条件格式设置单元格的显示方式

图 4-32　选择条件格式

4.4.8　设置列宽和行高

通过设置 Excel 2010 工作表的行高和列宽，可以使 Excel 2010 工作表更具可读性。单元格默认的列宽为固定值，并不会根据数据的长度而自动调整列宽，但行高会自动配合字体大小来调整，并且同一行中每一个单元格的大小都相同。这种默认设置不能完全符合用户数据的大小，Excel 允许用户重新设置列宽和行高。

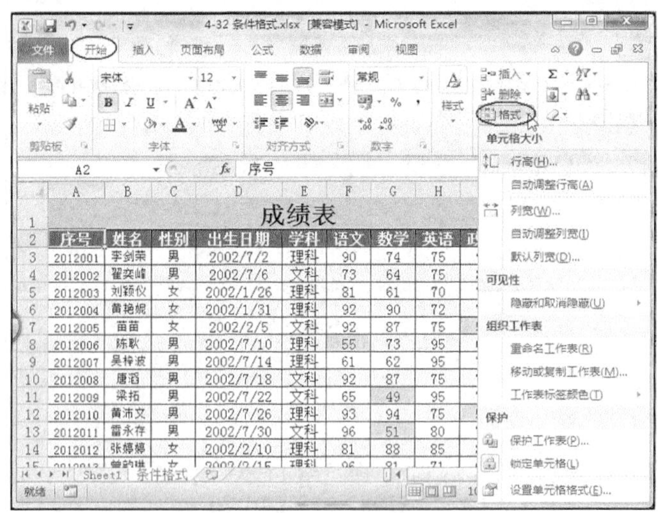

图 4-33　设置列宽行高

1. 设置列宽

在 Excel 中，可以使用鼠标或者在“开始”选项卡中的“单元格”组中选择“格式”按钮设置列宽。

如果想使用鼠标设置列宽，可以按照以下步骤操作：

(1) 将鼠标指针指向该列顶的列标右边界上，鼠标指针将变成一个水平的双向箭头。如果想一次设置多列的宽度，可以选择多个列，并把鼠标指针放在任一选择列的列标右边界上。

(2) 按住鼠标左键向左或者向右进行拖动，可以相应地增加或者减小列的宽度。拖动时出现一条垂直点画线标出列的宽度，并且在提示方框中显示当前的列宽值。

(3) 当列宽的大小合适之后，松开左键。

如果想精确地设置列宽，在“开始”选项卡中的“单元格”组中选择“格式”按钮，从下拉列表选择“列宽”选项，并设置列宽值，单击“确定”按钮即可，如图 4-33 所示。

如果要使列宽与单元格中内容的宽度相适应，可以将鼠标指针放在该列列标的右边界上，当鼠标指针变成水平的双向箭头时，双击即可。

2. 设置行高

默认情况下，Excel 自动设置行高比该行中最高文本稍高一些。当改变该行单元格中的字体大小时，会自动改变行高。想适当增加行高，使文本与单元格边界之间增加一些空白，或者想适当减小行高，可以使用鼠标或者在“开始”选项卡中的“单元格”组中选择“格式”按钮来设置行高。

如果想使用鼠标设置行高，可以按照以下步骤操作：

(1) 将鼠标指针指向该行左端的行号下边界上，鼠标指针将变成一个垂直的双向箭头。如果想一次设置多行的高度，可以选择多个行，并把鼠标指针放在任一选择行的行号下边界上。

(2) 按住鼠标左键向上或者向下进行拖动，从而相应地增加或者减小行的高度。

(3) 当行高的大小合适之后，松开左键。

如果想精确地设置行的高度，在“开始”选项卡是的“单元格”组中选择“格式”按钮，从下拉列表选择“行高”选项，并设置行高值，单击“确定”按钮即可。

4.4.9 工作表保护

在使用 Excel 2010 的时候，有时会希望把某些单元格锁定，以防他人篡改或误删数据。

操作步骤如下：

(1) 打开 Excel 2010，选中任意一个单元格，鼠标右键单击，在打开的快捷菜单中选择“设置单元格格式”命令。

(2) 切换到“保护”选项卡，在这里可以看到默认情况下“锁定”复选框是被勾上的，也就是说一旦锁定了工作表，所有的单元格也就锁定了。

(3) 按 Ctrl+A 快捷键选中所有单元格，再用鼠标右键单击“设置单元格格式”选项，切换到“保护”选项卡，把“锁定”前面的小方框去勾，单击“确定”按钮保存设置。

(4) 选中需要保护的单元格，勾上“锁定”复选框。

(5) 切换到“审阅”选项卡，在“更改”组中单击“保护工作表”按钮。

(6)弹出“保护工作表”对话框，在允许此工作表的所有用户进行列表框中可以选择允许用户进行哪些操作，一般保留默认设置即可。

在这里还可以设置解开锁定时提示输入密码，只需在取消工作表保护时使用的密码文本框中键入设置的密码即可。

当尝试编辑被锁定的单元格时，会出现提示对话框。

如果要解除锁定，那么切换到“审阅”选项卡，在“更改”组中单击“撤销工作表保护”按钮。

如果在“设置单元格格式”对话框中单击“保护”选项卡，Excel 将显示有关单元格保护的选项。在“保护”标签中，有这样一段文字：“只有保护工作表(在“审阅”选项卡上的“更改”组中，单击“保护工作表”按钮)后，锁定单元格或隐藏单元格公式才会生效。”下面先介绍如何保护工作表。

1. 保护工作表

当工作表处于保护状态时，在默认情况下该工作表的所有单元格都被锁定。所谓锁定单元格，是指用户不能修改单元格的内容。这就是“保护”一词的含义。

按下述步骤保护工作表：

(1)选择想要保护的工作表。

(2)在“审阅”选项卡中的“更改”组中单击“保护工作表”按钮。

(3)在“保护”级联菜单中选择“保护工作表”命令，弹出“保护工作表”对话框。在“保护工作表”对话框中可以输入保护口令、选择要保护什么。其中，“取消工作表保护时使用的密码”文本框用于输入口令，当输入一个口令后，撤销工作表保护时，必须输入相同的口令才能取消对该工作表的保护。如果不在“保护工作表”对话框中设置口令，直接单击“确定”按钮，以后任何人都可以随意取消对该工作表的保护。

当用户把一个工作表设置成保护状态时，在默认情况下，该工作表的所有单元格都被锁定，也就是说，不能修改某个单元格的内容。例如，双击该单元格，将会显示消息框，通知用户不能修改锁定的单元格。

当把某个工作表设置为保护状态时，在“审阅”选项卡中的“更改”组中的“保护工作表”按钮被“撤销工作表保护”命令取代。使用该命令取消对工作表的保护。

2. 锁定和隐藏

在“设置单元格格式”对话框中单击“保护”选项卡，“保护”选项卡中有两个复选框：“锁定”和“隐藏”复选框，如图 4-34 所示。

“锁定”复选框的默认状态为选择状态，这表示，在默认情况下，被保护工作表的所有单元格都处于锁定状态。

用户可以改变这一默认状态，使得被保护的工作表中，有的单元格处于锁定状态，有的单元格处于未锁定状态(所谓未锁定状态，是指用户可以修改该单元格的内容)。其操作步骤如下：

(1)选择要设置的单元格范围。

(2)在“开始”选项卡中的“单元格”组中选择“格式”→“设置单元格”命令，弹出“设置单元格格式”对话框。

(3)在“设置单元格格式”对话框中选择“保护”选项卡。

(4)在“保护”选项卡中取消选择“锁定”复选框。

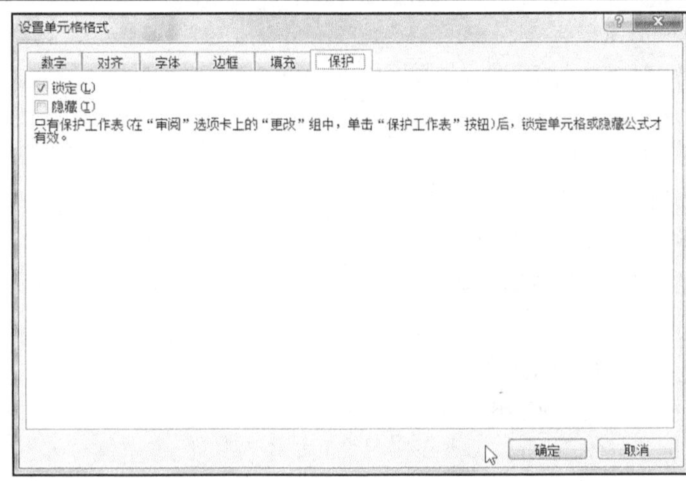

图 4-34　锁定和隐藏

(5) 单击“确定”按钮。

(6) 在“审阅”选项卡中的“更改”组中单击“保护工作表”按钮来保护该工作表。

进行上述操作后，该工作表将处于保护状态，工作表中除步骤(1)所选择区域中的单元格外，其余单元格都被锁定，不能修改。而步骤(1)中所选择的单元格都未被锁定，可以修改。

在“保护”选项卡中，还有一个“隐藏”复选框。“隐藏”复选框默认为取消状态，这意味着：当工作表处于保护状态时，对工作表中的每一个单元格，无论它是处于锁定状态还是未锁定状态，用户都可以通过编辑栏上的内容框来查看它的原值。

也可以改变这种默认状态，即先选择所需的区域，然后在“保护”选项卡中选择“隐藏”复选框，最后选择“工具”→“保护工作表”命令来保护该工作表。这样，用户只能看到选择“隐藏”复选框的单元格中的显示值，却无法通过内容框查看原值。特别是对存放公式的单元格，只能看到公式的结果，却无法查看公式本身。

有一点需要注意，无论是执行取消锁定还是选择隐藏操作，最后一步都应该通过“保护工作表”命令来保护该工作表，否则，取消锁定和选择隐藏操作不起作用。

4.4.10　隐藏行

按下述步骤隐藏所需的行：

(1) 如果要隐藏单个行，单击该行的行标志；如果要隐藏多个行，可以同时选择这些行。

(2) 单击“开始”选项卡中的“单元格”组的“格式”按钮，从下拉列表中选择“隐藏和取消隐藏”，如图 4-35 所示。

(3) 从级联菜单中选择“隐藏行”命令。

隐藏结果可以从行标志上看出来。

也可以使用鼠标隐藏行，方法是把该行行标志的底端边框线拖拉到顶端边框线的上方。

要取消对行的隐藏，需先选择被隐藏行的上下行，

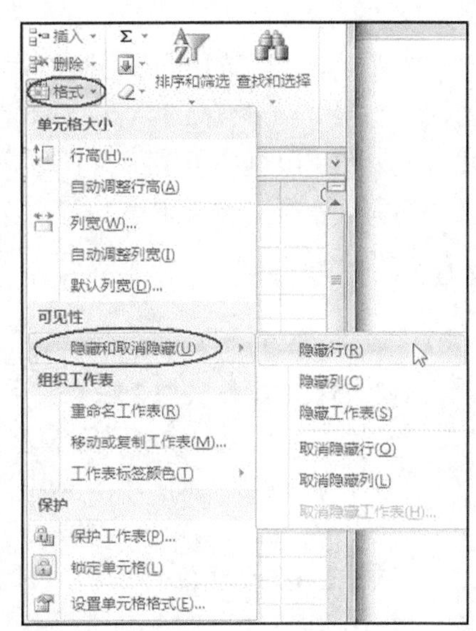

图 4-35　隐藏行列

再单击“开始”选项卡中的“单元格”组的“格式”按钮，从下拉列表中选择“隐藏和取消隐藏”命令，从级联菜单中选择“取消隐藏行”命令。

4.4.11 隐藏列

按下述步骤隐藏所需的列：

(1)如果要隐藏单个列，单击该列的列标志；如果要隐藏多个列，可以同时选择这些列。

(2)单击“开始”选项卡中的“单元格”组的“格式”按钮，从下拉列表中选择“隐藏和取消隐藏”，如图 4-35 所示。

(3)从级联菜单中选择“隐藏列”命令。

隐藏结果可以从列标志上看出来。

也可以使用鼠标隐藏列，方法是把该列列标志的右边框线拖拉到左端边框线的上。

要取消对列的隐藏，需先选择被隐藏列两侧的列，再单击“开始”选项卡中的“单元格”组的“格式”按钮，从下拉列表中选择“隐藏和取消隐藏”命令，从级联菜单中选择“取消隐藏列”命令。

4.4.12 添加背景图片

如果觉得 Excel 表格中从没有变化过的白底背景太单调，希望多一点新意，那么可以为 Excel 表格添加背景，让 Excel 表格焕发活力。

操作步骤如下：

(1)打开 Excel 2010，单击“页面布局”选项，然后在“页面设置”组中选择“背景”。

(2)弹出“工作表背景”对话框，从计算机中选择自己喜欢的图片，单击“插入”按钮。

(3)返回 Excel 表格就可以发现，Excel 表格的背景变成了我们刚刚设置的图片。如果要取消，则单击“删除背景”按钮即可。

4.5 公式和函数

作为功能强大的电子表格软件，除了具有一般的表格处理功能外，最主要的还是它的数据计算功能。公式是工作表中对数据进行分析的表达式，利用公式可以对工作表的数据进行计算与分析。Excel 2010 提供了公式和函数功能，除了系统公式外，用户也可以自定义公式实现数据的加、减、乘、除等运算。

4.5.1 创建公式

1. 输入公式

输入公式的操作类似于输入文字。不同之处在于，在输入公式时，是以一个等号(=)作为开头。一个公式中可以包含各种运算符号、常量、变量、函数以及单元格引用等。公式可以引用同一工作表的单元格，或同一工作簿不同工作表中的单元格，或者其他工作簿的工作表中的单元格。

例如，在如图 4-36 所示的成绩表中，在 H3 单元格输入了计算第一位同学平均成绩的公式“=AVERAGE(D3:G3)”，公式输入完毕，按 Enter 键或者单击编辑栏中的✓按钮。在单元格中显示出计算结果，在编辑栏中仍然显示当前单元格的公式。

另外一种快速输入 Excel 公式的方法就是，使用单击单元格的方式代替输入单元格引用

的工作。使用鼠标输入单元格引用，不仅节省时间和减轻输入的疲劳，还可以减少引用错误。

H3　=AVERAGE(D3:G3) ← 编辑栏显示公式内容

物电学院2014级成绩表							
学号	姓名	专业	语文	英语	军事理论	计算机	平均分
2014001	邓家星	材料物理	75	85	71	70	75.25
2014002	胡文晓	材料物理	82	99	82	92	88.75
2014003	郭力	材料物理	78	77	71	70	74
2014004	余爱艺	科学教育	82	88	78	91	84.75
2014005	邓锐堂	科学教育	99	83	52	97	82.75
2014006	马永能	科学教育	72	83	85	73	78.25
2014007	黄亮	科学教育	63	65	58	85	67.75
2014008	林彩华	通信工程	93	90	84	76	85.75
2014009	林稚超	通信工程	46	73	57	74	62.5
2014010	蔡红莹	通信工程	57	61	98	93	77.25
制表日期：	2014/5/1						

← 单元格显示公式的计算结果

图 4-36　输入公式

2. 编辑公式

在 Excel 2010 编辑公式时，被该公式所引用的所有单元格及单元格区域的引用都将以彩色显示在公式单元格中，并在相应单元格及单元格区域的周围显示具有相同颜色的边框。当用户发现某个公式中含有错误时，可以使用以下的方法进行编辑：

(1) 单击包含要修改公式的单元格。

(2) 按 F2 键使单元格进入编辑状态，或直接在编辑栏中对公式进行修改。此时，被公式所引用的所有单元格都以对应的彩色显示在公式单元格中，使用户很容易发现哪个单元格引用错了。

(3) 编辑完毕后，按 Enter 键确定。

3. 公式中的运算符

运算符用于对公式中的元素进行特定类型的运算。在 Excel 中有 4 类运算符：算术运算符、文本运算符、比较运算符和引用运算符。

1) 算术运算符

算术运算符可以完成基本的数学运算，如加、减、乘、除等，还可以连接数字并产生数字结果。算术运算符包括加号(+)、减号(–)、星号(*)、斜杠(/)、百分号(%)及乘幂(^)，其含义如表 4-7 所示。

表 4-7　算术运算符的含义

算术运算符	含　义	示　例	算术运算符	含　义	示　例
+	加	3+2	/	除	2/3
–	减	3–2	%	百分号	2%
–	负号	–2	^	乘幂	2^2
*	乘	2*5			

2) 文本运算符

在 Excel 中不仅可以进行数学运算，还提供了可以操作文本的运算。利用文本运算符(&)

可以将文本连接起来。在公式中使用文本运算符时，以等号开头输入文本的第一段(文本或单元格引用)，加入文本运算符(&)，输入下一段(文本或单元格引用)。例如，用户在单元格A1中输入“第一季度”，在A2中输入“销售额”。在C3单元格中输入“=A1&″累计″&A2”，结果会在C3单元格显示“第一季度累计销售额”。

如果要在公式中直接加入文本，需用英文的引号将文本括起来，这样就可以在公式中加上必要的空格或标点符号等。

另外，文本运算符也可以连接数字，例如，输入公式“=23&45”，其结果为“2345”。

用文本运算符来连接数字时，数字两边的引号可以省略。

3)比较运算符

比较运算符可以比较两个数值并产生逻辑值:TRUE或FALSE。比较运算符包括=(等于)、<(小于)、>(大于)、<>(不等于)、<=(小于等于)、>=(大于等于)。

例如，用户在单元格A1中输入数字“9”，在A2中输入“=A1<5”，由于单元格A1中的数值为9>5，因此为假，在单元格A2中显示FALSE。如果此时单元格A1的值为3，则将显示TRUE。

4)引用运算符

一个引用位置代表工作表上的一个或者一组单元格，引用位置告诉Excel在哪些单元格中查找公式中要用的数值。通过使用引用位置，用户可以在一个公式中使用工作表上不同部分的数据，也可以在几个公式中使用同一个单元格中的数据。

在对单元格位置的引用中，有3个引用运算符：冒号、逗号及空格，如表4-8所示。

表4-8　引用运算符

引用运算符	含　义	示　例
:(冒号)	区域运算符，对两个引用之间，包括两个引用在内的所有单元格进行引用	SUM(C2:E2)
，(逗号)	联合运算符，将多个引用合并为一个引用	SUM(A1:A3,D1:D3)
␣(空格)	交叉运算符，产生同时属于两个引用的单元格	SUM(B2:D3　C1:C4)(这两个单元区域的引用格区域的公共单元格为C2和C3)

4. 运算符的优先级

如果在公式中同时使用了多个运算符，应该了解运算符的运算优先级，表4-9列出了运算符的运算优先级。如果公式中包含多个优先级相同的运算符，则Excel将从左到右进行计算。如果要修改计算的顺序，要将公式中需先计算的部分括在圆括号内。

表4-9　运算符的运算优先级

运　算　符	说　　明
区域(冒号)、联合(逗号)、交叉(空格)	引用运算符
-	负号
%	百分号
^	乘幂
*和/	乘和除
+和-	加和减
&	文本运算符
=,<,>,>=,<=,<>	比较运算符

4.5.2　单元格的引用

单元格的引用代表工作表中的一个单元格或者一组单元格，以便告诉 Excel 在哪些单元格中查找公式中要用的数值。通过单元格的引用，可以在一个公式中使用工作表上不同部分的数据，也可以在几个公式中使用同一个单元格中的数值。另外，用户还可以引用同一个工作簿上其他工作表中的单元格，或者引用其他工作簿中的单元格。

用户经常需要在公式中引用单元格，例如，在如图 4-36 所示的成绩表中，单元格 H3 中输入了"=AVERAGE(D3:G3)"，如果发现了"语文"成绩录错了，用户可以改变单元格 D3 中的数值，并且单元格 H3 中的计算结果也会随之改变。

默认情况下，Excel 使用 A1 引用样式。这种引用样式用字母标识列(从 A～Z、AA～AZ、BA～BZ、…命名，共 16386 列)，用数字标识行(从 1～1048576)。如果要引用单元格，按顺序输入列字母和行数字。例如，C8 引用了 C 列和 8 行交叉处的单元格。如果要引用单元格区域，输入区域左上角单元格的引用、冒号(:)和区域右下角单元格的引用。单元格的引用分为相对引用、绝对引用和混合引用。

1. 相对引用

在输入公式的过程中，除非用户特别指明，Excel 一般是使用相对地址来引用单元格的位置。所谓相对地址是指：如果将含有单元地址的公式复制到别的单元格时，这个公式中的单元格引用将会根据公式移动的相对位置作相应的改变。

例如，将如图 4-37 所示的 H3 单元格复制到 H4:H12，把光标移至 H4 单元格。你会发现公式已经变为"=AVERAGE(D4:G4)"，因为从 H3 到 H4，列的偏移量没有变，而行偏移了一行，所以公式中涉及的列不变而行自动加 1。其他各个单元格也做出了改变。

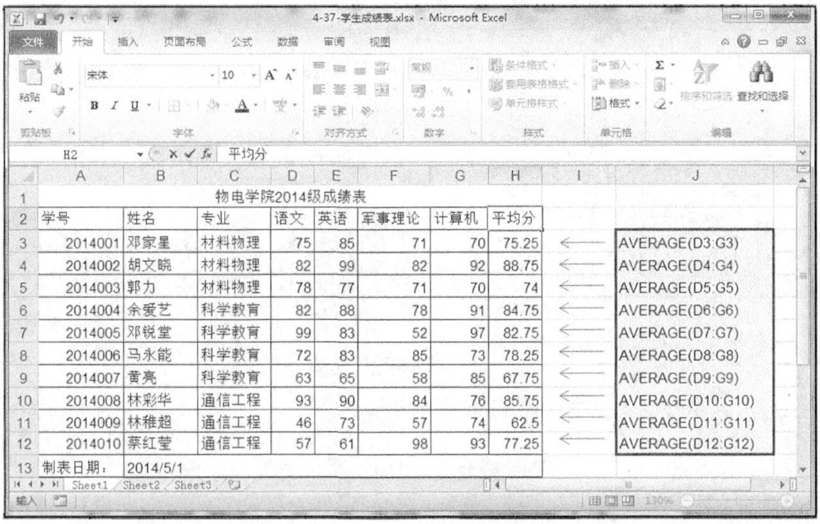

	A	B	C	D	E	F	G	H	J
1	物电学院2014级成绩表								
2	学号	姓名	专业	语文	英语	军事理论	计算机	平均分	
3	2014001	邓家星	材料物理	75	85	71	70	75.25	AVERAGE(D3:G3)
4	2014002	胡文晓	材料物理	82	99	82	92	88.75	AVERAGE(D4:G4)
5	2014003	郭力	材料物理	78	77	71	70	74	AVERAGE(D5:G5)
6	2014004	余爱艺	科学教育	82	88	78	91	84.75	AVERAGE(D6:G6)
7	2014005	邓锐堂	科学教育	99	83	52	97	82.75	AVERAGE(D7:G7)
8	2014006	马永能	科学教育	72	83	85	73	78.25	AVERAGE(D8:G8)
9	2014007	黄亮	科学教育	63	65	58	85	67.75	AVERAGE(D9:G9)
10	2014008	林彩华	通信工程	93	90	84	76	85.75	AVERAGE(D10:G10)
11	2014009	林稚超	通信工程	46	73	57	74	62.5	AVERAGE(D11:G11)
12	2014010	蔡红莹	通信工程	57	61	98	93	77.25	AVERAGE(D12:G12)
13	制表日期：	2014/5/1							

图 4-37　相对引用

2. 绝对引用

如果公式中不必总是引用同一单元格时，用户可以使用相对引用。如果公式需要某个指定单元格的数值，在这种情况下，就必须使用绝对地址引用。所谓绝对地址引用是指，对于包括绝对引用的公式，无论将公式复制到什么位置，总是引用相同单元格的数值。在 Excel

中，是通过对单元格地址的“冻结”来达到此目的的，即在列号和行号前添加美元符“$”，如：$A$1。

例如，在如图 4-38 所示的例子中，如果将 H3 中输入的相对地址改为绝对地址，当将 H3 复制到“H4:H12”，会出现如图 4-38 所示的错误结果。显然本例不适合使用绝对地址。

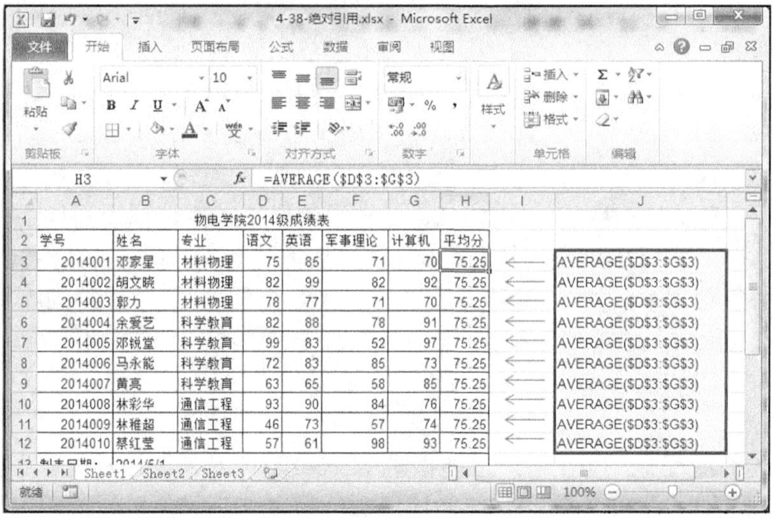

图 4-38　绝对引用

3. 混合引用

单元格的混合引用是指公式中参数的行采用相对引用，列采用绝对引用；或行采用绝对引用、列采用相对引用，如$A3，A$3。当含有公式的单元格因插入、复制等原因引起行、列引用的变化，公式中相对引用部分随公式位置的变化而变化，绝对引用部分不随公式位置的变化而变化。

例如：制作简易的乘法九九表。

步骤如下：

(1) 在 B2 单元格输入“=B$1*$A2”。

(2) 将 B2 复制到“B3:B10”。

(3) 将“B2:B10”复制到“C2:J10”，即可完成乘法九九表的制作，如图 4-39 所示。

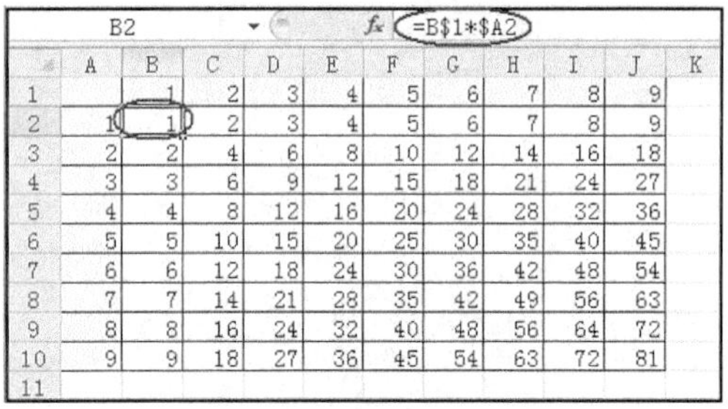

图 4-39　混合地址的引用

表 4-10 给出了有关 A1 引用样式的说明。

表 4-10　A1 引用样式的说明

引　用	区　分	描　述
A1	相对引用	A 列及 1 行均为相对位置
$A$1	绝对引用	A1 单元格
$A1	混合引用	A 列为绝对位置，1 行为相对位置
A$1	混合引用	A 列为相对位置，1 行为绝对位置

4. 三维引用

三维引用包含一系列工作表和单元格或单元格区域引用。三维引用的一般格式为：“工作表标签!单元格引用”，例如，如果想引用 Sheet1 工作表中的单元格 B2，则应输入“Sheet!B2”。

如果需要分析某一工作簿中多张工作表的相同位置处的单元格或单元格区域中的数据，可使用三维引用。例如，在第六工作表中求出第一至第五工作表的单元格区域“A2:A5”的和，可以输入公式如下：

=SUM(Sheet1:Sheet5!A2:A5)

也可以使用下面的步骤来输入该公式：

(1) 单击需要输入公式的单元格。

(2) 输入等号(=)，再输入函数名称，接着再输入左圆括号，例如，输入“=SUM(”。

(3) 单击需要引用的第一个工作表标签，例如，单击 Sheet1。

(4) 按住 Shift 键，单击需要引用的最后一个工作表标签，例如，单击 Sheet5。

(5) 选择需要引用的单元格或单元格区域，例如，选择单元格区域“A2:A5”。

(6) 完成公式输入。

4.5.3 公式中的错误信息

输入计算公式之后，经常会因为输入错误，使系统无法识别公式，这时系统会在单元格中显示错误信息。例如，在需要使用数字的公式中使用了文本、删除了被公式引用的单元格等。表 4-11 列出了一些常见的错误信息及含义。

表 4-11 常见出错信息及含义

出错信息	含义	出错信息	含义
#DIV/0!	除数为 0	#NUM!	数字错
#N/A	引用了当前不能使用的数值	#REF!	无效的单元格
#NAME?	引用了不能识别的名字	#VALUE!	错误的参数或运算对象
#NULL!	无效的两个区域交集	###...	数值的长度超过了单元格的长度

4.5.4 名称的应用

1. 名称的作用

实际工作中，为了简化操作、便于阅读和记忆，Excel 允许根据单元格包含的数据意义对单个单元格或一组单元格进行命名，命名在数据处理与分析中有两大作用：定位和计算。

- 定位作用：可以通过命名的方式，快速确定一个独立的操作对象单元格的位置。
- 计算作用：单元格或表格区域的名称可以直接引用在公式之中，以便直观地看到公式的含义。

2. 定义名称

例如，在如图 4-40 所示的工作表中将“B3:E7”区域命名为“销售表区”，以便快速查找该区域。将 C7 命名为“总销售额”，将 D7 命名为“总成本”。步骤如下：

(1) 选定要命名的区域“B3:E7”。

(2) 在名称框中输入“销售表区”。

(3) 选定要命名的单元格 C7，在编辑栏名称框中输入“总销售额”，按 Enter 键确认。

(4) 选定要命名的单元格 D7，在编辑栏名称框中输入“总成本”，按 Enter 键确认。

以后对该这些单元格的访问可通过名称进行。

3. *名称的使用*

在一些大型的工作表，或同一工作簿不同工作表中，如果希望快速找到或引用某一表格区域的数据，可以对这个区域或单元格命名。

例如，在图 4-40 的工作表中快速地找到名为“销售表区”的表格区域。在名称框单击下拉列表框选择“销售表区”，即可快速地找到名为“销售表区”的表格区域了。

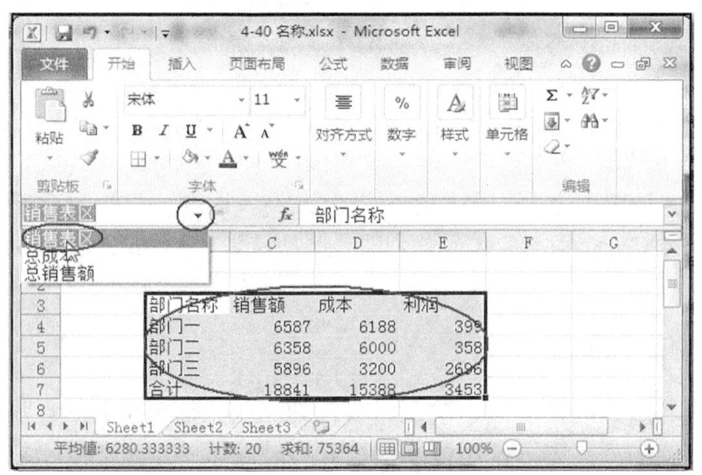

图 4-40　名称的定义与使用

例如，在 E7 计算总利润，之前已经为单元格 C7 命名“总销售额”，D7 命名“总成本”，所以可输入“=总销售额-总成本”或输入“=C7-D7”实现，显然前者更加直观，如图 4-41 所示。

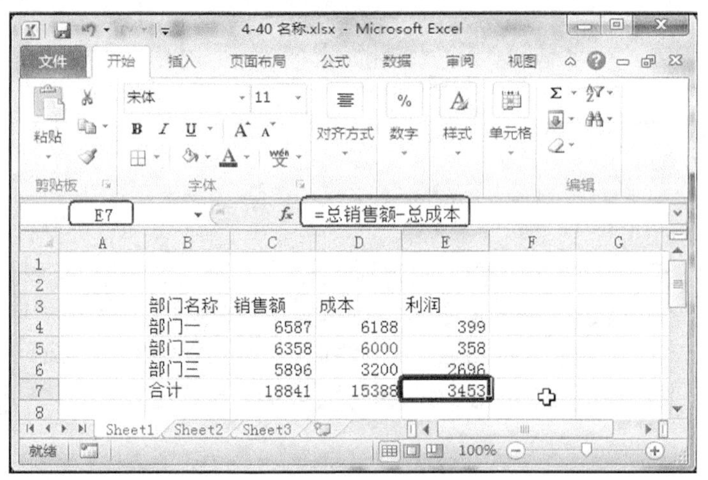

图 4-41　名称的使用

4.5.5　使用函数

在 4.5.1 小节中，用户已经初步了解了公式，公式是工作表中对数据进行分析的等式，利用公式可以对工作表数据进行计算与分析，Excel 2010 包含许多内置的公式，称为函数。

当用户在设计一张工作表时，经常要进行一些比较复杂的运算，因此 Excel 提供一些可以执行特别运算的公式，即函数。Excel 2010 提供的函数一共有 12 大类，分别是财务

函数、日期与时间函数、数学和三角函数、统计函数、查询和引用函数、数据库函数、文本函数、逻辑函数、信息函数、工程函数、多维数据集函数、兼容性函数。用户使用时只需按规定格式写出函数及所需的参数即可。函数的一般格式如下：

(函数名)(<参数 1>，<参数 2>，…)

例如，要求出 A1、A2、A3、A4 四个单元格内数值之和，可用函数 SUM(A1:A4)来计算，其中 SUM 为求和函数名，“A1:A4”为参数。

与输入公式一样，输入函数时必须以等号(=)开头，如“=SUM(A10:A30,D10:D30)”。

下面介绍部分常用函数。

1. 统计函数

统计函数如表 4-12 所示。

表 4-12　统计函数

函　　数	功　　能
AVERAGE(number1,number2,…)	计算参数中数值的平均值
COUNT(value1,value2,…)	求参数中数值型数据的个数
COUNTA(value1,value2,…)	返回参数组中非空值的数目
COUNTIF(range,criteria)	计算给定区域内满足特定条件的单元格的数目
MAX(number1,number2,…)	求参数中数值的最大值
MIN(number1,number2,…)	求参数中数值的最小值
SUM(number1,number2,…)	计算参数中数值的总和
SUMIF(range,criteria,sum_range)	根据指定条件对若干单元格求和
RANK(number,ref,order)	返回一个数值在一组数值中的排位

1)求和函数 SUM

【语法】SUM(number1,number2,…)

其中，number1，number2 等表示参数。

【功能】计算参数中数值的总和。

【说明】每个参数可以是数值、单元格引用坐标或函数。

【例 1】 在如图 4-42 所示的成绩表中，要求计算每个学生的总成绩，并将结果存放在单元格 I 列中。操作步骤如下：

(1)单击单元格 H3，使其成为活动单元格。

(2)输入公式“=SUM(D3:G3)”，并按 Enter 键。

(3)将 H3 单元格的公式复制到“H4:H12”。

因为 SUM 函数比其他函数更常用，通过“公式”选项卡“函数库”组中设置了“Σ 自动求和”按钮。利用此按钮可以对一至多列求和。本例的步骤(2)可换为直接单击 Σ 按钮，系统会智能地选取求和单元格，如果有误则修改，如果正确按 Enter 键。

此外，除了从键盘输入函数外，还可以使用编辑栏左侧的粘贴函数按钮 f_x 输入函数。

2)求平均值函数 AVERAGE

【语法】AVERAGE(number1,number2,…)

【功能】计算参数中数值的平均值。

【例 2】 在如图 4-42 所示的成绩表中，在 I 列计算每个学生的平均分。

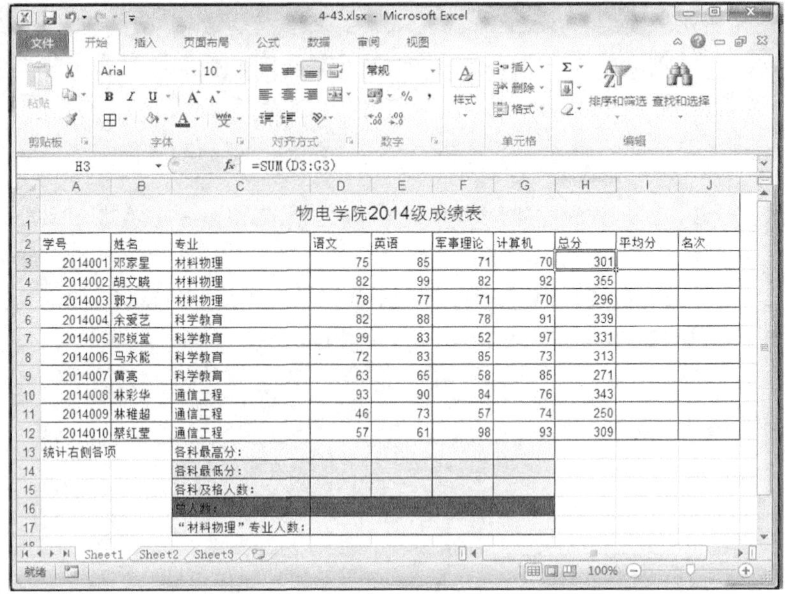

图 4-42　求总分

以下利用粘贴函数来输入函数。操作步骤如下：

(1) 单击单元格 I3，使之成为活动单元格。

(2) 单击编辑栏左侧的粘贴函数按钮 f_x，弹出“插入函数”对话框，如图 4-43 所示。

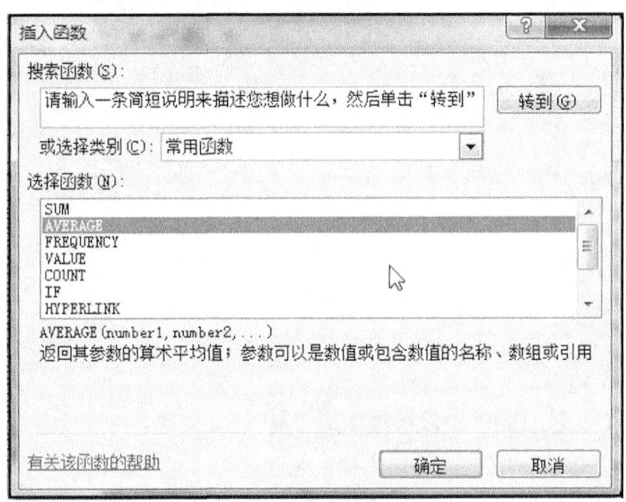

图 4-43　“插入函数”对话框

(3) 选择“常用函数”类别的 AVERAGE 函数。

(4) 单击“确定”按钮，屏幕出现 AVERAGE 对话框。

(5) 在 Number1 (参数 1) 文本框中输入“D3:G3”。

(6) 单击 Enter 按钮，即可求出平均分。

Tips

在步骤(5)中，用户可直接用拖动选择单元格区域“D3:G3”，既快捷又可避免输入错误。

3) 求最大值函数 MAX

【语法】`MAX(number1,number2,…)`

【功能】求参数中数值的最大值。

4) 求最小值函数 MIN

【语法】`MIN(number1,number2,…)`

【功能】求参数中数值的最小值。

【例 3】 在如图 4-42 所示的成绩表中，在单元格区域“D13:G13”中计算各门课程的最高得分，在单元格区域“D14:G14”中计算各门课程的最低得分。

操作步骤如下：

(1) 在 D13 单元格输入“=MAX(D3:D12)”。

(2) 在 D14 单元格输入“=MIN(D3:D12)”。

(3) 选择单元格区域“D13:D14”，将鼠标移至右下角填充柄，拖动至 G14 即可。

5) 求数据个数函数 COUNT

【语法】`COUNT(value1,value2,…)`

【功能】求参数中数值数据的个数。

6) 求参数组中非空值的数目函数 COUNTA

【语法】`COUNTA(value1,value2,…)`

【功能】返回参数组中非空值的数目。

【例 4】 设单元格 A1、A2、A3、A4 的值分别为 1、2、空、“ABC”，则 COUNT(A1:A4) 的值为 2，COUNTA(A1:A4) 的值为 3。

Tips

如何区别 COUNT 和 COUNTA 函数?

例如，在图 4-42 所示的成绩表中，在 D16 求出学生的总人数。

假设以“语文”字段作为统计对象，观察下面两个式子的计算结果。

```
=COUNT(D3:D12)=10
=COUNTA(D3:D12)=10
```

假设以“姓名”字段作为统计对象，观察下面两个式子的计算结果。

```
=COUNT(B3:B12)=0
=COUNTA(B3:B12)=10
```

为什么会出现“0”的结果呢? 因为“姓名”字段为字符型数据，而 COUNT 统计的对象为数值型数据，所以以字符型数据作为统计对象时结果就为“0”。

7) 求满足特定条件的单元格数目函数 COUNTIF

【语法】`COUNTIF(range,criteria)`

【功能】计算给定区域内满足特定条件的单元格的数目。

【说明】criteria 是条件，其形式可以为数字、表达式或文本，还可以使用通配符。条件一般要加引号，但用数字作条件时，也可以不加引号。

【例 5】 在如图 4-42 所示的成绩表中求各科及格的人数。操作步骤如下：

在 D15 中输入“=COUNTIF (D3:D12,″>=60″)”，将 D15 复制到“E15:G15”。在 D16 输

入“=COUNTIF(C3:C12,"材料物理")”，则可算出“材料物理”专业人数。其他人数用相同的方法即可计算出结果。

8)满足条件的若干单元格求和函数 SUMIF

【语法】SUMIF(range,criteria,sum_range)

【功能】根据指定条件对若干单元格求和。

【说明】range 用于条件判断的单元格区域；criteria 是条件；sum_range 为需要求和的实际单元格。只有当 range 中的单元格满足条件时，才对 sum_range 中相应的单元格求和。如果省略 sum_range，则直接对 range 中的单元格求和。

【例 6】 在图 4-42 所示的成绩表中求“通信工程”专业学生的“计算机”的总成绩，可用 “=SUMIF(C3:D12,"通信工程",G3:G12)”求得。

9)排位函数 RANK

【语法】RANK(number,ref,order)

【功能】返回一个数值在一组数值中的排位。数值的排位是与数据清单中其他数值的相对大小(如果数据清单已经排过序了，则数值的排位就是它当前的位置)。

【说明】number 为需要找到排位的数字。ref 为包含一组数字的数组或引用。ref 中的非数值型参数将被忽略。order 为一数字，指明排位的方式，如果 order 为 0 或省略，Excel 将 ref 当作按降序排列的数据清单进行排位，如果 order 不为 0，Excel 将 ref 当作按升序排列的数据清单进行排位。

函数 RANK 对重复数的排位相同，但重复数的存在将影响后续数值的排位。例如，在一列整数里，如果整数 10 出现两次，其排位为 5，则 11 的排位为 7(没有排位为 6 的数值)。

【例 7】 在如图 4-42 所示的成绩表中，在 J 列根据总分给出每位同学的排名。

操作步骤如下：

(1)在 J3 单元格输入“=RANK(H3, $H$3: $H$12)”。

(2)将 J3 复制到“J4:J12”即可。

2. 数学函数

数学函数如表 4-13 所示。

表 4-13 数学函数

函　数	功　能	应用举例	结　果
INT(number)	返回不大于 number 的最大整数	=INT(43.85)	43
PI()	π 值	=PI()	3.14159
ROUND(number,n)	按指定位数四舍五入	=ROUND(76.35,1)	76.4
RAND()	产生 0～1 之间的随机数	=RAND()	[0，1)的随机数
SQRT(number)	求 number 的平方根	=SQRT(16)	4
TRUNC(number,num_digits)	保留 num_digits 指定位数的小数。num_digits 缺省时将数字的小数部分截去，返回整数	=TRUNC(-8.9)	-8
MOD(number,divisor)	返回两数相除的余数	=MOD(3, 2)	1
ABS(number)	返回参数的绝对值	=ABS(-2)	2

1)四舍五入函数 ROUND

【语法】ROUND(number, num_digits)

【功能】按 num_digits 指定位数，将 number 进行四舍五入。

【说明】number 为需要进行舍入的数字。num_digits 为指定的位数，按此位数进行舍入，如果 num_digits 大于 0，则舍入到指定的小数位，如果 num_digits 等于 0，则舍入到最接近的整数；如果 num_digits 小于 0，则在小数点左侧进行舍入。

【例 8】
```
ROUND(2.15,1)=2.2
ROUND(52.9,0)=53
ROUND(52.9,-1)=50
```

2) 随机函数 RAND

【语法】`RAND()`

【功能】返回大于等于 0 且小于 1 的均匀分布随机数，每次计算工作表时都将返回一个新的数值。

【说明】如果要生成 a、b 之间的随机实数，可使用“RAND()*(b-a)+a”；如果要使用函数 RAND 生成一随机数，并且使之不随单元格计算而改变，可以在偏辑栏中输入“=RAND()”，保持编辑状态，然后按 F9 键，将公式永久性地改为随机数。

【例 9】 使用随机函数生成[40, 100]的随机整数。
```
=ROUND((RAND() *60+40), 0)
```

3) 平方根函数

【语法】`SQRT(number)`

【功能】返回 number 正平方根。

【说明】number 为需要求平方根的数字，如果该数字为负，则函数 SQRT 返回错误值“#NUM!”。

【例 10】 SQRT(16)等于 4。SQRT(-16)等于“#NUM!”。

4) 绝对值函数 ABS

【语法】`ABS(number)`

【功能】返回参数的绝对值。

【例 11】 ABS(-2)等于 2。

3. 字符函数

字符函数如表 4-14 所示。

表 4-14 字符函数

函 数	功 能
LEFT(text,n)	取字符串左边 *n* 个字符
RIGHT(text,n)	取字符串右边 *n* 个字符
MID(text,n,p)	从字符串中第 *n* 个字符开始连续取 *p* 个字符
LEN(text)	求字符串的字符个数
TRIM(text)	从字符串中去掉头、尾空格
VALUE(text)	把字符转为数字
FIND(find_text,within_text,start_num)	从 within_text 串的 start_num 位置开始找子串 find_text，返回字符编号
SEARCH(find_text,within_text,start_num)	同上，但不区分大小写
FIXED(number,decimals,no_commas)	进行四舍五入并转换成文字串的数

1) LEFT 函数

【格式】`LEFT(text,n)`

【功能】取字符串左边 n 个字符。

【说明】text 是包含要提取字符的文本串。n 指定要由 LEFT 所提取的字符数。n 必须大于或等于 0。如果 n 大于文本长度，则 LEFT 返回所有文本。如果忽略 n，则假定其为 1。

例如：`LEFT("Sale Price",4)="Sale"`

如果 A1 中包含“Sweden”，则 LEFT(A1)="S"。

2) RIGHT 函数

【格式】 `RIGHT(text,n)`

【功能】取字符串右边 n 个字符。

【说明】text 是包含要提取字符的文本串。n 指定要由 RIGHT 所提取的字符数。n 必须大于或等于 0。如果 n 大于文本长度，则 RIGHT 返回所有文本。如果忽略 n，则假定其为 1。

例如：`RIGHT("Sale Price",4)="rice"`

如果 A1 中包含“Sweden”，则 RIGHT(A1)="n".

3) MID 函数

【格式】 `MID(text,n,p)`

【功能】从字符串中第 n 个字符开始连续取 p 个字符。

【说明】如果 n 大于文本长度，则 MID 返回 ""(空文本)。如果 n 小于文本长度，但 n 加上 p 超过了文本的长度，则 MID 只返回至多直到文本末尾的字符。如果 n 小于 1，则 MID 返回错误值“#VALUE!”。

例如：`MID("Microsoft Excel",1,5)="Micro"`

`MID("Microsoft Excel ",11,20)="Excel"`

`MID("1234",5,5)=""`(空文本)

4) LEN 函数

【格式】 `LEN(text)`

【功能】返回字符串的字符个数。

【说明】text 是要计算其长度的文本。空格将作为字符进行计数。

例如：`LEN("Microsoft Excel")=15`

5) TRIM 函数

【格式】 `TRIM(text)`

【功能】除了单词之间的单个空格外，清除文本中所有的空格。

例如：`TRIM("   Microsoft   Excel    ")="Microsoft   Excel"`

6) VALUE 函数

【格式】 `VALUE(text)`

【功能】将代表数字的文字串转换成数字。

【说明】text 可以是 Microsoft Excel 中可识别的任意常数、日期或时间格式。如果 text 不为这些格式，则函数 VALUE 返回错误值“#VALUE!”。

例如：`VALUE("$1,000")=1,000`

7) FIND 函数

【格式】 `FIND(find_text,within_text,start_num)`

【功能】从 within_text 串的 start_num 位置开始找子串 find_text，返回字符的编号。

【说明】区分大小写。

例如：`FIND("M","Miriam McGovern",3)=8`

8) SEARCH 函数

【格式】 `SEARCH(find_text,within_text,start_num)`

【功能】从 within_text 串的 start_num 位置开始找子串 find_text，返回字符的编号。

【说明】与 FIND 函数相同，但不区分大小写。

例如：`SEARCH ("M","Miriam McGovern",3)=6`

9) FIXED 函数

【格式】 `FIXED(number,decimals,no_commas)`

【功能】按指定的小数位数进行四舍五入，利用句点和逗号，以小数格式对该数设置格式，并以文字串形式返回结果。

【说明】number 为要进行四舍五入并转换成文字串的数。decimals 为一数值，用以指定小数点右边的小数位数。no_commas 为一逻辑值，如果其值为 TRUE，则函数 FIXED 返回的文字不含逗号；如果 no_commas 的值等于 FALSE 或省略，则返回的文字中包含逗号。在 MicrosoftExcel 中，numbers 的最大有效位数不能超过 15 位，但 decimals 可达到 127。如果 decimals 为负数，则 Number 进行四舍五入处理的基准点将从小数点向左数起，如果省略 decimals，则假设它为 2。

例如：
```
FIXED(1234.567, 1) = "1234.6"
FIXED(1234.567, -1) = "1230"
FIXED(-1234.567, -1) = "-1230"
FIXED(44.332) = "44.33"
```

4. 日期函数

日期函数如表 4-15 所示。

表 4-15　日期函数

函　数	功　能	应用举例	结　果
DAY(date)	取日期的天数	=DAY("98/1/23")	23
MONTH(DATE)	取日期的月份	=MONTH("98/1/23")	1
YEAR(date)	取日期的年份	=YEAR("98/1/23")	1998
NOW()	取系统的日期和时间	=NOW()	2008-4-1 22:08
TODAY()	求系统的日期	=TODAY()	2008-4-1
DATEDIF(开始日期，结束日期，单位代码)	计算两个日期之间的天数、月数和年数	=DATEDIF("1998/6/11","2008/4/1","y")	9

下面说明一下 DATEDIF( ) 函数。其他函数略。

【语法】DATEDIF（开始日期,结束日期,单位代码）

【功能】计算两个日期之间的天数、月数和年数。

【说明】DATEDIF 函数源自 Lotus1-2-3，由于某种原因，Microsoft 公司希望对这个函数保密，因此在粘贴函数表中没有提到该函数。但它确实是一个十分方便的函数，可以计算两个日期之间的天数、月数和年数。

其中，“开始日期”必须比“结束日期”早，否则返回错误值。DATEDIF( ) 函数中的“单位代码”与返回值的关系如表 4-16 所示。

表 4-16　DATEDIF 函数中单位代码日期函数

单位代码	返回值	单位代码	返回值
"Y"	整年数	"MD"	天数差(忽略日期的年和月)
"M"	整月数	"YM"	月份差(忽略日期的年和天)
"D"	天数	"YD"	天数差(忽略日期的年)

【例 12】 DATEDIF("2001/1/1","2003/1/1","Y")=2，即时间段中有两个整年。

DATEDIF("2001/6/1","2002/8/15","D")=440，即在 2001 年 6 月 1 日和 2002 年 8 月 15 日之间有 440 天。

DATEDIF("2001/6/1","2002/8/15","YD")=75，即在 6 月 1 日与 8 月 15 日之间有 75 天，忽略日期中的年。

DATEDIF("2001/6/1","2002/8/15","MD")=14，即“开始日期”1 和“结束日期”15 之间的差，忽略日期中的年和月。

例如，在如图 4-44 所示的人事档案表中，在 G 列根据“工作日期”字段计算“工龄”。图中编辑栏的公式为“=DATEDIF(E2,NOW(),"Y")”。

G2　=DATEDIF(E2,NOW(),"Y")

	A	B	C	D	E	F	G
1	姓名	性别	职称	年龄	工作日期	基本工资	工龄
2	申 国 栋	男	教授	64	1970/7/1	5680	44
3	肖 静	女	副教授	59	1975/7/1	5480	39
4	李 柱	男	讲师	47	1987/7/1	5280	27
5	李 光 华	男	教授	62	1972/7/1	5680	42
6	陈 昌 兴	男	讲师	39	1995/7/1	5180	19
7	吴 浩 权	男	讲师	43	1991/7/1	5000	23
8	蓝 静	女	副教授	46	1988/7/1	5200	26
9	廖 剑 锋	男	副教授	50	1984/7/1	5250	30
10	蓝 志 福	男	讲师	42	1992/7/1	5005	22
11	古 琴	女	副教授	56	1978/7/1	5100	36
12	王 克 南	男	讲师	35	1999/7/1	4980	15

图 4-44　计算工龄

5. 逻辑函数

1)条件函数 IF()

【语法】 `IF(logical_test,valuel_if_true,value_if_false)`

【功能】 本函数对比较条件式进行测试，如果条件成立，则取第一个值(即 value_if_true)，否则取第二个值(即 value_if_false)。

【说明】 其中，logical_test 为比较条件式，可使用比较运算符，如=、<>、<、>、>=、<=等；Valuel_if_true 为条件成立时取的值；Value_if_false 为条件不成立时取的值。

【例 13】 在图 4-45 的成绩表中根据“平均分”栏目作出判别，如果平均分在 60 或 60 以上者，在旁边单元格显示“及格”，其余情况显示“不及格”。则可在单元格 I3 输入如下函数实现：

```
=IF(H3>=60,"及格","不及格")
```

IF 函数允许多重嵌套，以构成复杂的判断。例如，对于上例的“平均分”栏目作出更细致的判别：成绩<60 为“不及格”，成绩为 60～79 分为“中”，为 80～89 分为“良”，90 及以上为“优”，则可以采用如下函数来实现转换：

```
IF(H3<60,"不及格",IF(H3<80,"中",IF(H3<90,"良","优")))
```


在图 4-45 的成绩表中有“补考”栏，该栏目的值要求为，语文、英语、军事理论和计算机 4 科成绩中只要有一科不及格就在补考情况栏目填上“补考”，其余填上“否”。又假设对语文、英语、军事理论和计算机 4 科成绩进行判别，4 科成绩都在 90 分以上的在“总评”栏目填上“优秀”，其余填上“及格”。此时，需要借助以下介绍的 AND 函数和 OR 函数解决问题。

O3　　{=FREQUENCY(H3:H22,N3:N6)}

	B	C	D	E	F	G	H	I	J	K	L	M	N	O
1	物电学院2014级成绩表													
2	姓名	专业	语文	英语	军事理论	计算机	平均分	等级	补考	总评				
3	邓家星	材料物理	90	98	95	90	93.25	优	否	优秀		[0,60]	59.99	1
4	胡文晓	材料物理	82	99	82	92	88.75	良	否	及格		[60,70]	69.99	3
5	郭力	材料物理	50	43	56	67	54	不及格	补考	及格		[70,80]	79.99	8
6	余爱艺	科学教育	82	88	78	91	84.75	良	否	及格		[80,90]	89.99	7
7	邓锐堂	科学教育	99	83	52	97	82.75	良	补考	及格		[90,100]		1
8	马永能	科学教育	72	83	85	73	78.25	中	否	及格				
9	黄亮	科学教育	63	65	58	85	67.75	中	补考	及格				
10	林彩华	通信工程	93	90	84	76	85.75	良	否	及格				
11	林稚超	通信工程	46	73	57	74	62.5	中	补考	及格				
12	蔡红莹	通信工程	57	61	98	93	77.25	中	补考	及格				

图 4-45　成绩表

2) AND( ) 函数

【语法】`AND(logical1,logical2, …)`

【功能】所有参数运算的逻辑值为真时返回 TRUE；只要一个参数的逻辑值为假即返回 FALSE。

【说明】其中，Logical1、logical2、…为待检测的 1～30 个条件值，各条件值或为 TRUE，或为 FALSE。

3) OR( ) 函数

【语法】`OR(logical1,logical2, …)`

【功能】是所有参数运算的逻辑值为假时返回 FALSE；只要一个参数的逻辑值为真即返回 TRUE。

【说明】其中，Logical1、logical2、…为待检测的 1～30 个条件值，各条件值或为 TRUE，或为 FALSE。

于是，上述问题可用以下式子分别解决：

```
IF(OR(D3<60,E3<60,F3<60,G3<60), "补考","否")
IF(AND(D3>=90, E3>=90, F3>=90, G3>=90), "优秀","及格")
```

6. 频率分布统计函数 FREQUENCY

频率分布统计函数用于统计一组数据在各个数值区间的分布情况，这是对数据进行分析的常用方法之一。

【语法】`FREQUENCY(data_array,bins_array)`

【功能】计算一组数(data_array)分布在指定各区间(由 bins_array 来确定)的个数。

【说明】data_array 为要统计的数据(数组)；bins_array 为统计的间距数据(数组)。

设 bins_array 指定的参数为 A1、A2、A3、…An，则其统计的区间为 X<=A1，A1<X<=A2，A2<X<=A3，…，An-1<X<An，X>An，共 n+1 个区间。

【例 14】 在图 4-45 的成绩表中，统计出平均分＜60，60≤平均分＜70，70≤平均分＜80，80≤平均分＜90，平均分≥90 的学生数各有多少，操作步骤如下：

(1) 在一个空区域(如“N3:N6”)建立统计的间距数组(59.99，69.99，79.99，89.99)。

(2)选定作为统计结果数组输出区域“O3:O7”。

(3)键入函数“=FREQUENCY(H3:H22, N3:N6)”。

(4)按 Ctrl+Shift+Enter 组合键。执行结果如图 4-45 所示。

7. 查找函数 VLOOKUP

【语法】VLOOKUP(lookup_value,table_array,col_index_num,range_lookup)

【功能】搜索表区域首行满足条件的元素，确定待检索单元格在区域中的行序号，再进一步返回选定单元格的值。

【说明】lookup_value 为需要在数组第一列中查找的数值，可以为数值、引用或文本字符串。

• table_array 为需要在其中查找数据的数据表，可以使用对区域或区域名称的引用，例如数据库或列表。

• 如果 range_lookup 为 TRUE，则 table_array 的第一列中的数值必须按升序排列；否则，函数 VLOOKUP 不能返回正确的数值。如果 range_lookup 为 FALSE，table_array 不必进行排序。

• 通过在“数据”→“排序”中选择“升序”，可将数值按升序排列。

• Table_array 的第一列中的数值可以为文本、数字或逻辑值。

• 文本不区分大小写。

• col_index_num 为 table_array 中待返回的匹配值的列序号。col_index_num 为 1 时，返回 table_array 第一列中的数值；col_index_num 为 2，返回 table_array 第二列中的数值，以此类推。如果 col_index_num 小于 1，函数 VLOOKUP()返回错误值“#VALUE!”；如果 col_index_num 大于 table_array 的列数，函数 VLOOKUP()返回错误值“#REF!”。

• range_lookup 为一逻辑值，指明函数 VLOOKUP( )返回时是精确匹配还是近似匹配。如果为 TRUE 或省略，则返回近似匹配值，也就是说，如果找不到精确匹配值，则返回小于 lookup_value 的最大数值；如果 range_value 为 FALSE，函数 VLOOKUP( )将返回精确匹配值。如果找不到，则返回错误值“#N/A”。

• 如果函数 VLOOKUP( )找不到 lookup_value，且 range_lookup 为 TRUE，则使用小于等于 lookup_value 的最大值。

• 如果 lookup_value 小于 table_array 第一列中的最小数值，函数 VLOOKUP( )返回错误值“#N/A”。

• 如果函数 VLOOKUP( )找不到 lookup_value 且 range_lookup 为 FALSE，函数 VLOOKUP()返回错误值 #N/A。

【例 15】 小李开设了几家办公用品连锁店，办公用品价格表如图 4-46 所示。图 4-47 中记录了各分店日销售的流水账，流水账只记录了品名和销售数量。根据价格表在图 4-47 中给出每种文具的单位、进价和售价，以便小李能在快速计算销售额和毛利润。

操作步骤如下：

(1)在图 4-46 中的价格表中创建一个“价格”数据区域，目的是为了在 VLOOKUP 函数的 table_array 参数中直接使用这个区域名称。由于这个数据区域的 2～4 列分别存放了“单位”、“进价”、“售价”，因此可以在“价格”区域中通过查找“品名”得到相应的“单位”、“进价”、“售价”数值。选中“B3:E14”，在名称框输入“价格”即可。

(2)选择图 4-47 的“销售记录表”，在 E3 中输入公式“=VLOOKUP(C3,价格,2,FALSE)”，获得“单位”列。

(3)在 F3 中输入公式“=VLOOKUP(C3,价格,3,FALSE)”获得“进价”列。

(4)在 G3 中输入公式“=VLOOKUP(C3,价格,4,FALSE)”获得“售价”列。

(5)将“E3:G3”复制到“E14:G14”即可，如图 4-47 所示。

价格 | 胶圈

	A	B	C	D	E
1	办公用品价格表				
2	序号	品名	单位	进价	售价
3	1	胶圈	卷	0.5	0.8
4	2	文件夹	只	4.5	5.2
5	3	档案夹	只	1.8	2.5
6	4	笔记本	本	6.8	7
7	5	复印纸	包	32	54
8	6	传真纸	包	15.5	18.8
9	7	电脑打印纸	包	26	29
10	8	回形针	盒	2	2.2
11	9	订书机	个	15	17
12	10	起钉器	个	5.5	7.2
13	11	打孔机	个	3.5	4
14	12	美工刀	把	3.6	5.3
15					

图 4-46　价格表

E3 | =VLOOKUP(C3,价格,2,FALSE)

	A	B	C	D	E	F	G	H	I	J
1	销售记录表									
2	日期	分店	品名	数量	单位	进价	售价	销售额	毛利润	
3	2014/5/2	东山分店	文件夹	300	只	4.5	5.2			
4	2014/5/2	东山分店	传真纸	25	包	15.5	18.8			
5	2014/5/2	东山分店	打孔机	30	个	3.5	4			
6	2014/5/2	东山分店	美工刀	42	把	3.6	5.3			
7	2014/5/2	东山分店	复印纸	20	包	32	54			
8	2014/5/2	东山分店	档案夹	120	只	1.8	2.5			
9	2014/5/2	天河分店	传真纸	32	包	15.5	18.8			
10	2014/5/2	天河分店	起钉器	45	个	5.5	7.2			
11	2014/5/2	天河分店	档案夹	101	只	1.8	2.5			
12	2014/5/2	天河分店	复印纸	56	包	32	54			
13	2014/5/2	天河分店	美工刀	12	把	3.6	5.3			
14	2014/5/2	天河分店	笔记本	65	本	6.8	7			
15										
16										

图 4-47　VLOOKUP 函数示例

公式“=VLOOKUP(C3,价格,2,FALSE)”含义为：将销售表中的 C3 的品名与“价格”区域的第 1 列“品名”数据进行匹配，如果品名相同，则将“价格”区域中的第 2 列(单位)显示在 E3 中。

8. *财务函数*

1)求某项投资的未来值 FV( )

在日常工作与生活中，经常会遇到要计算某项投资的未来值的情况，可利用 Excel 函数 FV( )进行计算，有助于人们进行一些有计划、有目的、有效益的投资。

【语法】`FV(rate,nper,pmt,[pv],[type])`

【功能】FV( )函数基于固定利率及等额分期付款方式，返回某项投资的未来值。

【说明】rate 为各期利率，是一固定值；nper 为总投资(或贷款)期，即该项投资(或贷款)的付款期总数；pmt 为各期所应付给(或得到)的金额，其数值在整个年金期间(或投资期内)保持不变；pv 为现值，指该项投资开始计算时已经入账的款项，或一系列未来付款当前值的累积和，也称为本金，如果省略 pv，则假设其值为 0；type 为数字 0 或 1，用以指定各期的付款时间是在期初还是期末，1=期初，0=期末，如果省略 type，则假设其值为 0。

【例 16】 假如某人两年后需要一笔比较大的学习费用支出，计划从现在起每月初存入 2000 元，如果年利为 2.25%，按月计息(月利为 2.25%/12)，那么两年以后该账户的存款额是多少？

公式为：`FV(2.25%/12, 24,-2000,0,1)`

结果为 49141.34，如图 4-48 所示。

2)求贷款分期偿还额 PMT( )

PMT( )函数基于固定利率及等额分期付款方式，返回投资或贷款的每期付款额。PMT( )函数可以计算为偿还一笔贷款，要求在一定周期内支付完时，每次需要支付的偿还额，也就是人们平时所说的“分期付款”。比如借购房贷款或其他贷款时，可以计算每期的偿还额。

【语法】`PMT(rate,nper,pv,[fv],[type])`

【功能】基于固定利率及等额分期付款方式，返回投资或贷款的每期付款额。

【说明】rate 为各期利率，是一固定值；nper 为总投资(或贷款)期，即该项投资(或贷款)的付款期总数，pv 为现值，或一系列未来付款当前值的累积和，也称为本金；fv 为未来值，或在最后一次付款后希望得到的现金余额，如果省略 fv，则假设其值为 0(如一笔贷款的未来值即为 0)；type 为 0 或 1，用以指定各期的付款时间是在期初还是期末，1=期初，0=期末，如果省略 type，则假设其值为 0。

【例 17】 年利率为 8%，支付的月数为 10 个月，贷款额为 10000 元。在这样的条件下贷款的月支付额是多少？可用以下公式求得：

```
PMT(8%/12,10,10000)
```

计算结果为–1037.03。即每月应还贷款 1037.03 元，如图 4-49 所示。

A8 =FV(A2/12,A3,A4,A5,A6)

	A	B
1	数据	说明
2	2.25%	年利率
3	24	付款期总数
4	-2000	各期应付金额
5		现值
6	1	各期的支付时间在期初
7	公式	说明(结果)
8	¥49,141.34	在上述条件下投资的未来值(49141.34)
9		

图 4-48 求某项投资的未来值 FV

A8 =PMT(A2/12,A3,A4,A5,A6)

	A	B	C	D
1	数据	说明		
2	8.00%	年利率		
3	10	付款期总数		
4	10000	贷款总额(现值)		
5	0	未来值		
6	0	各期的支付时间在期末		
7	公式	说明(结果)		
8	¥-1,037.03	每月应还贷款为1037.03元		
9				

图 4-49 求贷款分期偿还额 PMT

3) 求某项投资的现值 PV( )

PV( )函数用来计算某项投资的现值。年金现值就是未来各期年金现在的价值的总和。如果投资回收的当前价值大于投资的价值，则这项投资是有收益的。

【语法】`PV(rate,nper,pmt,[fv],[type])`

【功能】计算某项投资的现值。

【说明】其中 rate 为各期利率；nper 为总投资(或贷款)期，即该项投资(或贷款)的付款期总数；pmt 为各期所应支付的金额，其数值在整个年金期间保持不变，通常 pmt 包括本金和利息，但不包括其他费用及税款；fv 为未来值，或在最后一次支付后希望得到的现金余额，如果省略 fv，则假设其值为 0(一笔贷款的未来值即为 0)；Type 用以指定各期的付款时间是在期初还是期末，1=期初，0=期末。

【例 18】 假设要购买一项保险年金，该保险可以在今后 20 年内于每月末回报 600。此项年金的购买成本为 80000，假定投资回报率为 8%。该项投资合算吗？

该项年金的现值为

```
PV(0.08/12,12*20,600,0,0)
```

计算结果为–71732.58。负值表示这是一笔付款，也就是支出现金流，结果图 4-50 所示。

A8 =PV(A3/12,20*12,A2,A5,A6)

	A	B	C
1	数据	说明	
2	600	每月底一项保险年金的支出	
3	8.00%	投资收益率	
4	20	付款的年限	
5	0	未来值	
6	0	各期的支付时间在期末	
7	公式	说明(结果)	
8	¥-71,732.58	在上述条件下年金的现值(-71,732.58)	
9			

图 4-50 求某项投资的现值 PV

结果分析：此保险的年金现值只有 71732.58，但却要花费 80000 才能获得。因此，这不是一项合算的投资。

9. *数据库统计函数*

数据库统计函数如表 4-17 所示。

表 4-17　常用数据库函数

函　数	功　能
DAVERAGE (database,field,criteria)	计算选定的数据库项的平均值
DCOUNT (database,field,criteria)	计算数据库中满足条件且含有数值的记录数
DCOUNTA (database,field,criteria)	计算数据库指定字段中，满足给定条件的非空单元格数目
DMAX (database,field,criteria)	从选定数据库项中求最大值
DMIN (database,field,criteria)	从选定数据库项中求最小值
DSUM (database,field,criteria)	对数据库中满足条件的记录的字段值求和

Excel 数据库函数的语法如下：

```
<函数名>(Database,Field,Criteria)
```

【说明】Database 指定数据清单的单元格区域；Field 指函数所使用的字段，可以用该字段名所在的单元格地址表示，也可以用字段代号表示，如 1 代表第一个字段，2 代表第二个字段，其余类推；Criteria 指条件范围。单元格区域和条件区域最好采用绝对地址。

【**例 19**】 要求出第三组中成绩不及格的学生人数，如图 4-51 所示。操作步骤如下：

(1) 在一个空区域(如“F1:G2”)中建立条件区域。

(2) 选定一个单元格（如 F5）来存放计算结果，并输入函数“=DCOUNTA (A1:D11,A1,F1:G2)”(或“=DCOUNTA(A1:D11,1,F1:G2)”)，按 Enter 键。执行结果如图 4-51 所示。

【说明】本例中使用的是计数函数 DCOUNTA，所以公式中的 A1 可换成 B1、C1 或 D1，数字 1 可换成 2、3 或 4。如果使用计数函数 DCOUNT，应该怎样书写？

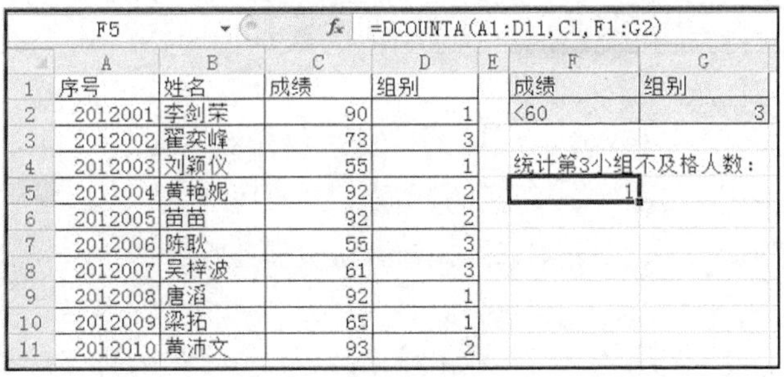

F5　fx　=DCOUNTA(A1:D11,C1,F1:G2)

	A	B	C	D	E	F	G
1	序号	姓名	成绩	组别		成绩	组别
2	2012001	李剑荣	90	1		<60	3
3	2012002	翟奕峰	73	3			
4	2012003	刘颖仪	55	1		统计第3小组不及格人数:	
5	2012004	黄艳妮	92	2		1	
6	2012005	苗苗	92	2			
7	2012006	陈耿	55	3			
8	2012007	吴梓波	61	3			
9	2012008	唐滔	92	1			
10	2012009	梁拓	65	1			
11	2012010	黄沛文	93	2			

图 4-51　执行结果

4.5.6　输入函数

如果用户对某些常用的函数及其语法比较熟悉，可以直接在单元格中输入公式，也可以在编辑栏左侧单击插入函数按钮 fx，打开“插入函数”对话框，在对话框中完成输入。

4.5.7　编辑函数

输入了一个函数之后，可以像编辑文本一样编辑它，但是如果要对函数进行比较大的改动，还是建议在“函数”对话框中完成修改。

4.6 图表的应用

世界是丰富多彩的，大部分的信息都来自于视觉，也许无法记住一连串的数字，以及它们之间的关系和趋势，但是记注一幅图画或者一个曲线却十分轻松。工作表是一种以数字形式呈现的报表，它具有定量的特点，缺点是不够直观。Excel 可以使工作表数据变成图表，使其看上去更直观，易于理解，便于交流。

Excel 2010 具有许多高级的制图功能，同时使用起来也非常便捷。本节将学习如何建立一张简单的图表并进行修饰，使图表更加精致，如何为图形加上背景、图注、正文等。

4.6.1 图表的基本概念

Excel 中图表是指将工作表中的数据用图形表示出来。例如，将电视、空调、冰箱等商品上半年的销售情况用柱形图显示出来，如图 4-52 所示。图表可以使数据更加直观、吸引人，易于阅读和评价，它们也可以帮助分析和比较数据。

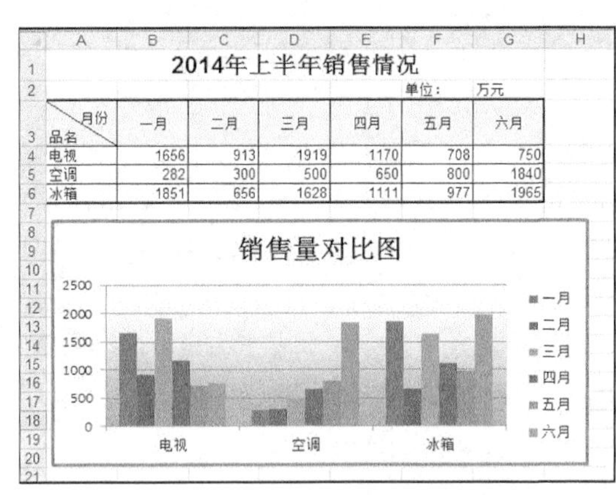

2014年上半年销售情况

单位： 万元

月份 品名	一月	二月	三月	四月	五月	六月
电视	1656	913	1919	1170	708	750
空调	282	300	500	650	800	1840
冰箱	1851	656	1628	1111	977	1965

图 4-52 销售量对比图

在进行图表有关操作之前，先掌握几个基本概念。

1. 数据点

利用工作表中的数据建立图表时，Excel 把这些数值用作数据点，以图形方式显示出来。所谓数据点是图表中绘出的单个值，一个数据点对应一个单元格中的数值。数据点由条形、柱形、折线、饼形或圆环图切片、点和其他各种形状表示，这些形状称作数据标志。相同颜色的数据标志构成一个数据系列。

例如，图 4-52 中，根据范围“A3:G6”中的数据建立了图表。其中，列 A 和行 3 中的文字分别用作 X 轴标记和图例文字，真正的数据来自“B4:G6”。范围“B4:G6”中每一单元格中的数据用作一个数据点，所以图 4-52 中共有 18 个数据点。

2. 数据系列

一个数据系列是图表中所绘出的一组相关数据点，它们来自工作表的一行或一列。图表中的每个数据系列用独有的颜色或图案区分，可以在图表中给出一个或多个数据系列。

例如，图 4-52 中共有 6 个数据系列：一月 3 种家用电器的销售量、二月 3 种家用电器的销售量、三月 3 种家用电器的销售量、四月 3 种家用电器的销售量、五月 3 种家用电器的销售量、六月 3 种家用电器的销售量，即图 4-52 中的图表以列中的数据值为数据系列。

3. 分类

用“分类”来组织数据系列中的值。例如，图 4-52 中，有 3 个分类：电视、空调、冰箱。每个数据系列中数据点的个数等于分类数。

从本质上说，数据系列是数值的集合，分类只是用来标示数据类属的标记。例如，图 4-52 中，“A4:A6”中的标记是分类，“B4:G6”中的数值是 3 个数据系列。

数据系列的划分是相对的，可以把每列看成是一个数据系列，也可以把每行看成一个系列，在建立图表时指定。

Excel 在建立图表时，会猜测数据系列是按行还是按列组织。Excel 假设数据系列的个数比分类的个数少。因此，如果在图表数据中，除去首行和首列的标记文字外(如果有标记文字的话)，行的个数比列的个数多，Excel 就把每列猜测为一个数据系列。反之 Excel 就把每行猜测为一个数据系列，如果行和列的个数一样多，Excel 就把每行猜测为一个数据系列。

4. 坐标轴标记

在图 4-52 中，X 轴上的文字“电视”、“空调”和“冰箱”叫作 X 坐标轴上的标记，它用来标示 X 轴。

5. 图例

图 4-52 中，图表右部有一个方框，它就是图例。图例用来指示图表中所用到的各种数据标示，图例中的文字如图 4-52 中的“一月”、“二月”、“三月”、“四月”、“五月”、“六月”叫图例文字。

坐标轴标记和图例文字一般来自绘图数据区首行和首列中的文字。

对于建立图表，可以选择两种方式。如果将图表用于补充工作数据并在工作表内显示，可以在工作表上建立内嵌图表；若是要在工作簿的单独工作表上显示图表，则建立图表。内嵌图表和独立图表都被链接到建立它们的工作表数据上，当更新了工作表时，二者都被更新。当保存工作簿时，内嵌图表被保存在工作表中。

4.6.2　图表的类型

在 Excel 中提供了 10 多种图表类型，包括柱形图、条形图、折线图、饼图、XY 散点图、面积图、圆环图、雷达图、曲面图、气泡图、股价图、圆柱图和菱锥图等。内建了多达 70 余种图表样式，只要选择适合的样式，马上就能制作出一张具专业水平的图表。

单击“插入”选项卡中的“图表”组内相应的按钮，可以选择任意一种图表类型。单击该组右下角的箭头按钮，即打开“插入图表”对话框，如图 4-53 所示。在每一个类别中还包含了许多子类型。

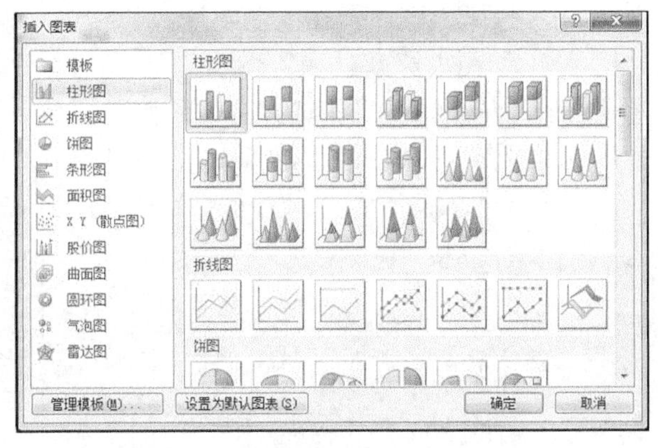

图 4-53　图表类型

4.6.3　创建图表、修改图表和美化图表

任务：根据图 4-52 工作表提供的数据，创建一个二维簇状柱形图，以描述 3 个电子产品 6 个月以来的销售量对比情况。图表标题为“销售量对比图”，品为分类，有图例。

步骤如下：

(1) 选择数据区域“A3:G6”。

(2) 在“插入”选项卡中的“图表”组中单击“柱形图”按钮的下拉列表，如图 4-54 所示。从列表中单击二维柱形图类别中的簇状柱形图按钮。也可以单击该组右下角的箭头按钮，打开“插入图表”对话框，选择柱形图类别中的簇状柱形图子类型。

(3)工作表中快速生成了一个簇状柱形图，如图 4-55 所示。

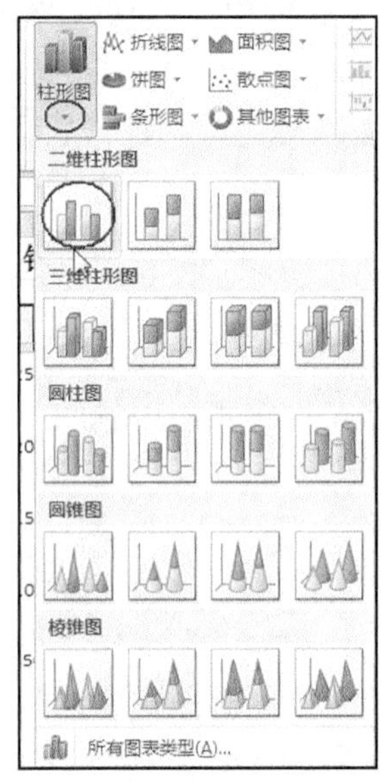

图 4-54　选择簇状柱形图

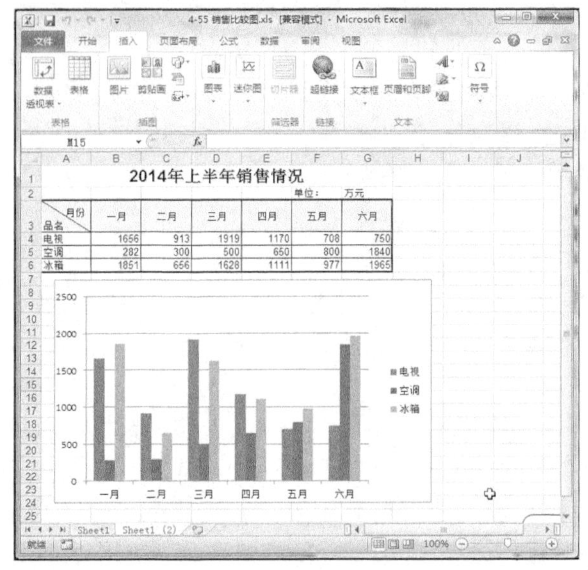

图 4-55　簇状柱形图

(4)快速生成的图表是按系统默认的设置完成的，我们需要按照任务要求去修改它。在图 4-55 所示的图表中数据分类是月份，需要把它修改为产品。单击图表，在“图表工具”→“设计”选项卡中的“数据”组中单击“切换行/列”按钮，即可看到如图 4-56 所示的结果。

(5)添加图表标题。在“图表工具”→“布局”选项卡中的“标签”组中单击“图表标题”按钮，从下拉列表中选择标题位置，即可看到图表标题已经出现在图表中。选择标题文字并修改内容，完成后可以看到如图 4-57 所示的结果。

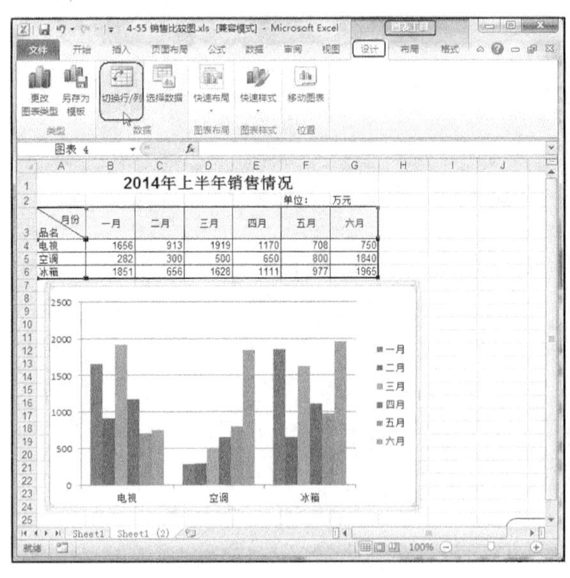

图 4-56　更改数据分类

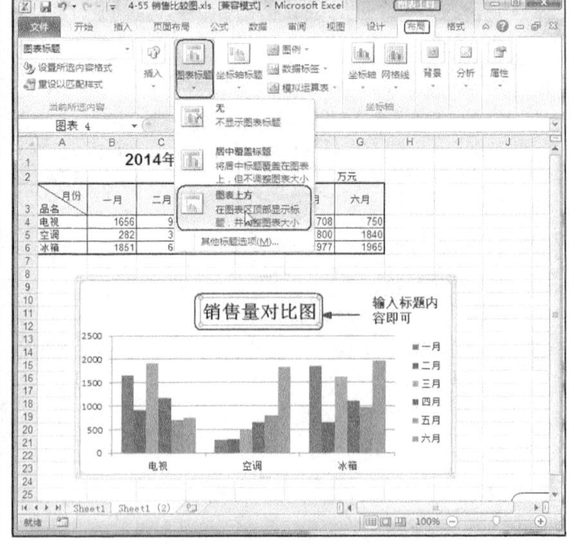

图 4-57　添加图表标题

(6) 在“图表工具”→“布局”选项卡中的“标签”组中单击“坐标轴标题”按钮，为图表添加纵横坐标轴标题，如图 4-58 所示。标题添加后，标题内容和图形可能出现位置叠加的情况，选择需要更改位置的对象后移动至合适位置即可。

(7) 为图表添加背景。在“图表工具”→“布局”选项卡中的“背景”组中单击“绘图区”，从列表中选择“其他绘图区选项”，如图 4-59 所示。

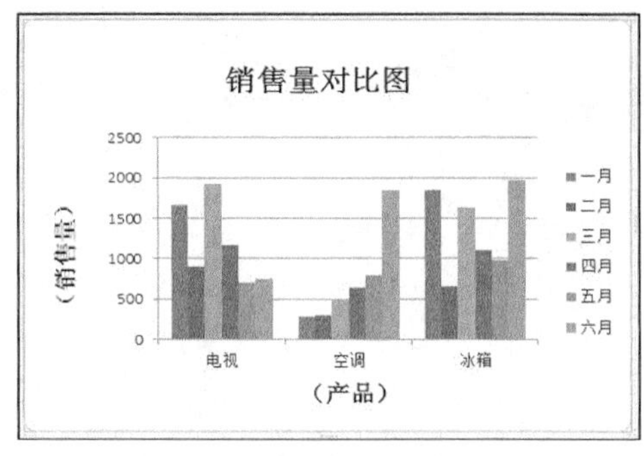

图 4-58　添加纵横坐标轴标题

图 4-59　打开绘图区选项

(8) 打开“设置绘图区”格式对话框，按图 4-60 设置背景色。在这个对话框中还可以设置绘图区边框的颜色、样式等。

图 4-60　添加渐变背景

(9) 如果要修改图表区域的格式，在图表中右击，弹出快捷菜单后选择“设置绘图区格式”命令，弹出“设置绘图区格式”对话框，按需进行图标区的美化工作，如图 4-61 所示。

完成后的结果如图 4-62 所示。

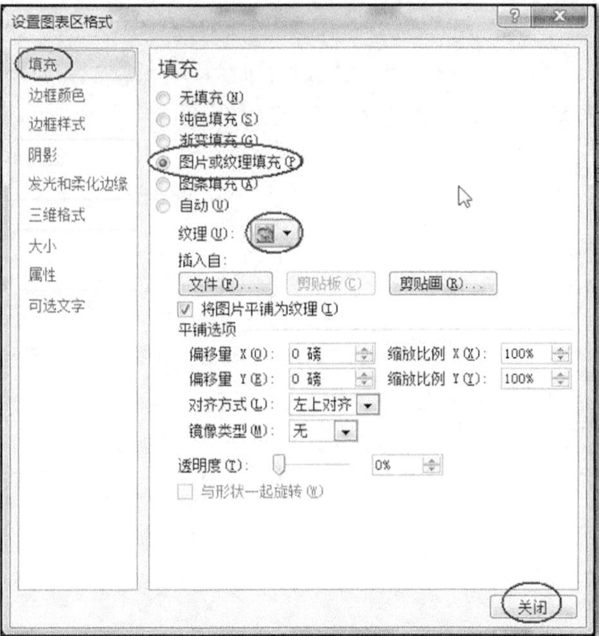

图 4-61 设置图表区域的格式

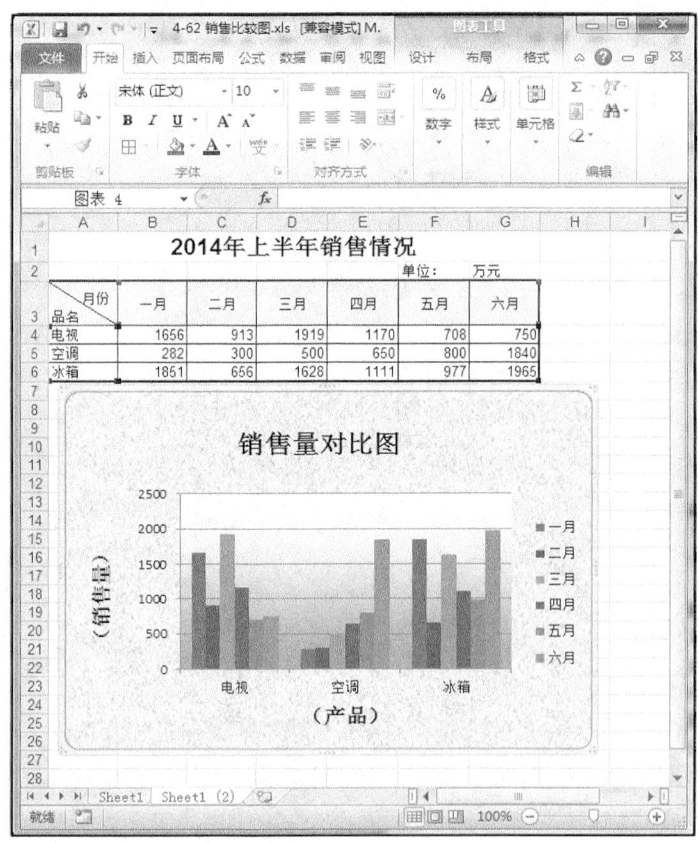

图 4-62 图表美化的结果

4.6.4　增加和删除图表数据

建立一个图表之后，可以通过向工作表中加入更多的数据系列或数据点来更新它。用来增加数据的方法取决于想更新的图表的种类——内嵌图表或图表。如果要向工作表中的内嵌图表中添加数据，可以拖动该工作表中的数据。使用复制和粘贴是向图表中添加数据最简单的方法。

例如，在图 4-63 中，对比图中需要增加商品“干衣机”。增加图表数据的操作步骤如下：

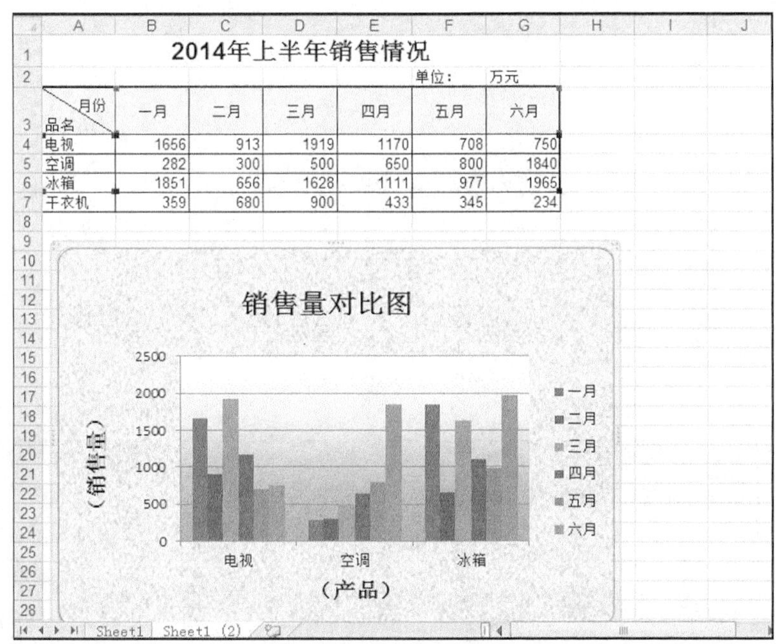

2014年上半年销售情况

单位：万元

月份/品名	一月	二月	三月	四月	五月	六月
电视	1656	913	1919	1170	708	750
空调	282	300	500	650	800	1840
冰箱	1851	656	1628	1111	977	1965
干衣机	359	680	900	433	345	234

图 4-63　增加和删除数据

(1) 输入“干衣机”行的数据。

(2) 单击激活图表，可以看到数据出现带颜色的线框，在 Excel 2010 中它们被称作选定柄。此时如果在工作表上拖动蓝色选定柄，将新数据和标志包含到矩形选定框中，可以在图表中添加新分类。如果只添加数据系列，在工作表上拖动绿色选定柄，将新数据和标志包含到矩形选定框中；如果要添加新分类和数据点，在工作表上拖动紫色选定柄，将新数据和标志包含到矩形选定框中。

(3) 向下拖动蓝色拖动柄将“干衣机”数据包含在内。

(4) 松开鼠标后就可以看到如图 4-64 所示的显示效果了。

如果要删除图表中的数据系列，可以向左拖动鼠标，将数据区中图表数据区中移走即可。

上面提到的方法对于相邻数据处理最为直接，但是如果数据是不相邻的，就需要从下列方法选择一个。

1) 重新选择数据区域

操作步骤如下：

先激活图表，然后在“图表工具”→“设计”选项卡中的“数据”组中单击“选择数据”按钮，打开“选择源数据”对话框，在对话框中增减数据即可，如图 4-65 所示。

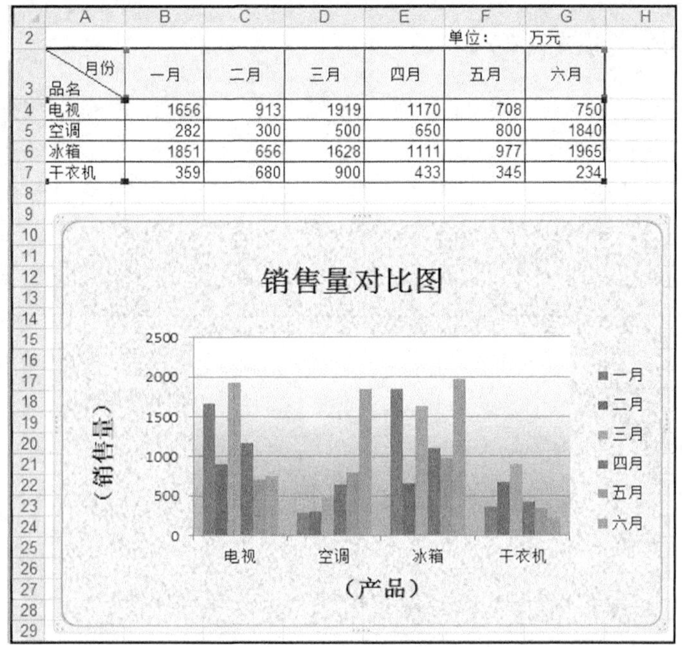

					单位：	万元
月份 品名	一月	二月	三月	四月	五月	六月
电视	1656	913	1919	1170	708	750
空调	282	300	500	650	800	1840
冰箱	1851	656	1628	1111	977	1965
干衣机	359	680	900	433	345	234

图 4-64　添加数据

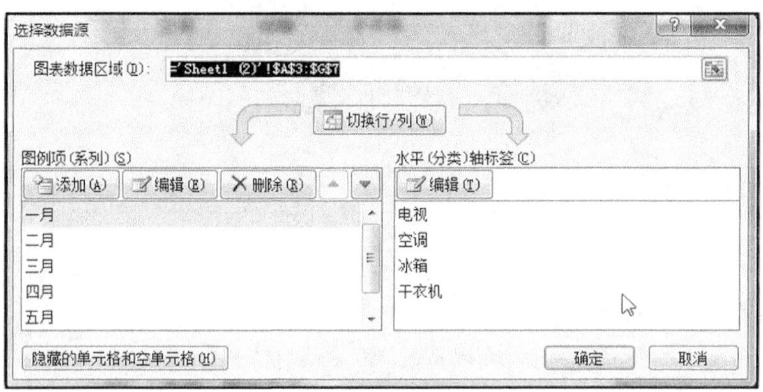

图 4-65　增减数据

2）通过复制和粘贴来完成

步骤如下：

(1) 选择含有待添加数据的单元格。如果希望新数据的行列标志也显示在图表中，则选定区域还应包括含有标志的单元格。

(2) 单击“复制”按钮。

(3) 单击该图表。

(4) 如果要让 Excel 自动将数据粘贴到图表中，单击“粘贴”按钮。

对于不必要在图表中出现的数据，还可以从图表中将其删除。删除图表中数据的操作方法如下：

(1) 激活图表。选择要清除的序列(用鼠标对准对象单击)。

(2) 按 Delete 键删除。

Tips

清除图表中的数据，并不会影响工作表中单元格的数据。可以看到虽然图表已经清除，但工作表中的数据并未被清除掉。

4.6.5 改变图表的类型

1. 改变图表类型

选定要改变格式的图表，在“图表工具”→“设计”选项卡中的“类型”组中单击“更改图表类型”按钮，在“图表类型”列表中选择新的图表类型，在子类型中选择需要的样式，单击“完成”按钮即可(图 4-66)。

图 4-66 更改图表类型

2. 生成图表工作表

图表既可以插入工作表中，生成嵌入图表，也可以生成一张单独的工作表，称为图表工作表。因为图表与包含其源数据的数据表是相关联的，所以当数据表中数据改变后，数据图表也会自动随之改变，也就是说数据图表具有自动更新功能。

选定要更改为图表工作表的图表，在“图表工具”→“设计”选项卡中的“位置”组中单击“移动图表”按钮，弹出“移动图表”对话框。选择“新工作表”，如图 4-67 所示。

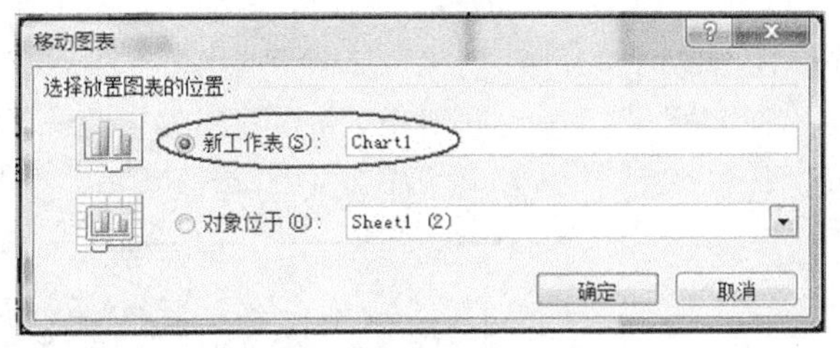

图 4-67 生成图表工作表

4.7 Excel 2010 数据库应用

使用 Excel 可以方便地制作表格、展现数据，但是根本的目的是进行数据处理和数据分析，采用各种分析手段，揭示数据之间的关系。

Excel 不但可以处理计算数据，还可以对数据库进行管理，在数据的排序、检索、统计、透视和汇总方面有着完美的解决方案。

4.7.1 数据库的概念

数据库是指以相同结构方式存储的数据集合。常见的数据库有层次型、网络型和关系型 3 种。其中关系型数据库是一张二维表格，由表栏目及栏目内容组成。表栏目构成数据库的数据结构，栏目内容构成了数据库中的记录。

数据清单是包含相关数据的一系列工作表数据行。例如，职工的编号、姓名、部门、加班日期、开始时间、结束时间、时数、应付加班费等，可以通过创建一个数据清单来管理数据。建立 Excel 工作表(数据清单)的过程可以看作是建立数据库的过程。数据库是一个特殊的工作表，它要求每列数据要有列名，即字段名，且每列必须是同类型的数据。在 Excel 中，用户不必经过专门的操作将数据清单变成数据库，只要执行数据库的操作即可，例如查询、排序或分类汇总等，Excel 会为你的数据清单创建一个数据库。清单中的列被认为是数据库的字段，清单中的列标题认为是数据库的字段名，清单中的每一行被认为是数据库的一条记录。

4.7.2 建立数据清单

在工作表中建立数据清单时，应注意以下一些事项：

(1) 最好不要把其他数据放在数据清单的同一个工作表中。如果要在一个工作表中存放多个数据清单，则各个数据清单间要有空行和空列分隔。

(2) 避免在数据清单中放置空白行和列，并避免将关键数据放到数据清单的左右两侧。

(3) 应在数据清单的第一行里创建列标志。

(4) 列标志使用的字体、对齐方式、格式、图案、边框或大小写样式，应当与数据清单中其他数据的格式相区别。

(5) 设计数据清单时，应使同一列中的各行有近似的数据项。

(6) 单元格的开始处不要插入多余的空格。

(7) 不要使用空白行将列标志和第一行数据分开。

当用户了解一个数据清单的基本结构和一些注意事项之后，就可以建立数据清单了。首先在工作表中的每一列输入一个列标志，然后就可以输入数据以形成一个记录。可以在工作表的任何区域创建数据清单，但是保证在清单下的区域不包含任何数据，这样数据清单才可以进行扩展而不会影响工作表中的其他数据，如图 4-68 所示。

	A	B	C	D	E	F	G	H	I	J
1	成绩表									
2	序号	姓名	性别	出生日期	学科	语文	数学	英语	政治	总分
3	2012001	李剑荣	男	2002/7/2	理科	90	74	75	90	329
4	2012002	翟奕峰	男	2002/7/6	文科	73	64	75	85	297
5	2012003	刘颖仪	女	2002/1/26	理科	81	61	70	75	287
6	2012004	黄艳妮	女	2002/1/31	理科	92	90	72	75	329
7	2012005	苗苗	女	2002/2/5	文科	92	87	75	52	306
8	2012006	陈耿	男	2002/7/10	理科	55	73	95	69	292
9	2012007	吴梓波	男	2002/7/14	理科	61	62	95	78	296
10	2012008	唐滔	男	2002/7/18	文科	92	87	75	75	329
11	2012009	梁拓	男	2002/7/22	文科	65	49	95	70	279
12	2012010	黄沛文	男	2002/7/26	理科	93	94	75	55	317
13	2012011	雷永存	男	2002/7/30	文科	96	51	80	74	301
14	2012012	张婷婷	女	2002/2/10	理科	81	88	85	81	335

图 4-68 数据库示例

4.7.3 数据的排序

对数据清单中的数据进行排序是 Excel 最常见的应用之一。可以根据一列或多列的数值对数据清单排序。如果数据清单是按列建立的，也可以按照某行中的数值对列排序。在排序时，用列或指定的排序顺序设置行、列及各单元格。

1. 默认排序顺序

Excel 使用特定的排序顺序，根据单元格中的数值而不是格式来排列数据。在排序文本项时，一个字符一个字符地从左到右进行排序。在按升序排序时，使用如下顺序：

- 数字从最小的负数到最大的正数排序。
- 文本以及包含数字的文本，按 0～9、A～Z 顺序排序。
- 在逻辑值中，FALSE 排在 TRUE 之前。
- 所有错误值的优先级相等。
- 空格排在最后。

2. 根据一列的数据对数据行排序

如果想快速根据一列的数据对数据行排序，可以在“数据”选项卡中的“排序和筛选”组中，使用两个排序按钮：升序 A↓Z 和降序 Z↓A。具体操作步骤如下：

(1) 在数据清单中单击某一字段名，例如，在如图 4-68 所示的数据库中按总分进行排序，则单击数据区内“总分”列的任意一个单元格。

(2) 根据需要，可以在“数据”选项卡中的“排序和筛选”组中单击“升序”或“降序”按钮。例如，单击“降序”按钮，将得到如图 4-69 所示的结果。

	A	B	C	D	E	F	G	H	I	J
1	成绩表									
2	序号	姓名	性别	出生日期	学科	语文	数学	英语	政治	总分
3	2012066	黄志聪	女	2002/12/7	理科	89	85	81	95	350
4	2012068	郑衍华	男	2002/6/14	文科	89	90	96	75	350
5	2012079	丁家歆	男	2002/12/29	理科	80	100	96	74	350
6	2012015	何小华	女	2003/1/3	理科	78	85	97	81	341
7	2012031	杨卫新	女	2003/1/15	理科	78	85	92	86	341
8	2012067	李泽江	女	2002/12/29	文科	78	85	97	81	341
9	2012038	徐盛荣	男	2002/8/15	理科	78	82	96	84	340
10	2012071	张捷	男	2002/8/19	理科	94	92	78	75	339
11	2012083	黄蔚纯	女	2002/1/21	理科	92	97	81	67	337
12	2012012	张婷婷	女	2002/2/10	理科	81	88	85	81	335
13	2012021	廖运腾	男	2002/8/15	理科	92	96	82	61	331
14	2012001	李剑荣	男	2002/7/2	理科	90	74	75	90	329
15	2012004	黄艳娓	女	2002/1/31	理科	92	90	72	75	329

图 4-69　降序排列

3. 根据多列的数据对数据行排序

使用升序或降序对某一列的数据进行排序时，常常会遇到该列中有多个数据相同的情况。此时用户可以根据多列的数据对数据行排序，具体操作步骤如下：

(1) 选择需要排序的数据清单中的任一单元格。

(2) 在“数据”选项卡中的“排序和筛选”组中选择“排序”按钮，图 4-70 所示。弹出如图 4-71 所示的“排序”对话框。

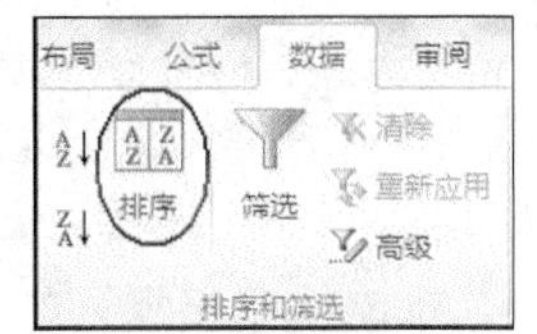

图 4-70　排序按钮

(3) 在对话框中添加排序的关键字。例如，为了防止总分成绩相同，可以在“次要关键字”下拉列表框中选择“语文”。对于特别复杂的数据清单，还可以在“次要关键字”下拉列表框中再添加另一个排序的字段名“数学”或“英语”。

(4) 单击“确定”按钮即可对数据进行排序。

4. 根据行数据对数据列排序

在默认情况下，用户对一列或多列中的数据进行排序时，如果想根据某一行中的数据进行排序，可以按照以下步骤进行：

图 4-71　设置多个排序条件

(1) 选择数据清单中的任意单元格。

(2) 在“数据”选项卡中的“排序和筛选”组中单击“排序”按钮，如图 4-70 所示。弹出如图 4-71 所示的“排序”对话框。

(3) 单击“排序”对话框中的“选项”按钮，弹出“排序选项”对话框。

(4) 在“方向”选项区域中单击“按行排序”单选按钮，然后单击“确定”按钮返回“排序”对话框。

(5) 在“主要关键字”和“次要关键字”下拉列表框中，选择需要排序的数据行。

(6) 单击“确定”按钮。

4.7.4　数据筛选

筛选是一种用于查找数据库中的数据的快速方法。在 Excel 2010 中，进行数据的筛选并列出符合条件的数据非常容易。

当筛选完一个数据清单时，只显示那些符合条件的记录，而将其他记录从视图中隐藏起来。用户可以使用“筛选”或者“高级”两种方法来显示所需的数据。

1. 筛选数据

筛选给用户提供了快速访问大量数据清单的管理功能。通过简单的鼠标操作，用户就可以筛选掉那些不想看见的数据。具体操作步骤如下：

(1) 单击数据清单中的任意单元格。

(2) 单击“数据”选项卡中的“排序和筛选”组中的“筛选”按钮。此时，在每列标题的右侧出现一个下拉按钮。

(3) 单击想查找列的下拉按钮，在弹出的菜单中列出了该列中的所有项目，如图 4-72 所示(请打开本书光盘“与教材对应的操作文档\第 4 章\人事档案数据库.xlsx)。

(4) 从菜单中选择需要显示的项。例如，在“文化程度”列中选择“研究生”，则结果如图 4-73 所示。筛选后所显示的数据行的行号是蓝色的。

2. 自定义筛选

用户可以通过“自定义”选项来缩减自动筛选数据清单的范围。例如，想查找“工龄”为 30～50 的记录。如果想用自定义筛选方式，可以按照以下步骤进行：

(1) 单击数据清单中的任意单元格。

(2) 单击“数据”选项卡中的“排序和筛选”组中的“筛选”按钮。

图 4-72　列标题的下拉菜单

	编号	姓名	性	民	籍贯	出生年月	年	工作日期	工	文化程	现级
3	X05002	黄军	男	回	陕西蒲城	1974年11月	39	1993年12月	20	研究生	副编审
9	X05008	赵亮	男	汉	河北南宫	1955年5月	59	1971年2月	43	研究生	职员
10	X05009	李惠惠	女	汉	江苏沛县	1956年7月	58	1976年9月	37	研究生	编审
13	X05012	曾冉	女	汉	河北文安	1946年10月	67	1957年9月	56	研究生	职员
15	X05014	李长青	男	汉	福建 南安	1973年12月	40	1995年6月	19	研究生	编审
21	X05020	李锦程	男	藏	四川遂宁	1952年11月	61	1975年7月	39	研究生	副编审
24	X05023	赵月	女	汉	河北青县	1946年10月	67	1966年12月	47	研究生	编审

图 4-73　筛选的结果

(3) 单击"工龄"数据列中的下拉按钮，选择"数字筛选(F)"选项，在级联菜单中选择"介于(W)…"，如图 4-74 所示。

图 4-74　选择自定义筛选

(4) 弹出如图 4-75 所示的“自定义自动筛选方式”对话框。

图 4-75　自定义筛选的条件

(5) 按图 4-75 设置。单击“确定”按钮，即可显示符合条件的记录，如图 4-76 所示。

	A	B	C	D	E	F	G	H	I	J	K
1	编号	姓名	性别	民族	籍贯	出生年月	年龄	工作日期	工龄	文化程度	现级别
2	X05001	王娜	女	汉	浙江绍兴	1955年11月	58	1978年8月	35	中专	职员
4	X05003	李原	男	汉	山东高青	1957年4月	57	1976年9月	37	大学本科	校对
5	X05004	刘江海	男	汉	山东济南	1961年1月	53	1983年1月	31	大专	校对
6	X05005	吴树民	男	回	宁夏永宁	1952年3月	62	1969年12月	44	大学本科	副馆员
8	X05007	闻传华	女	汉	北京长辛店	1961年12月	52	1984年1月	30	大专	职员
9	X05008	赵亮	男	汉	河北南宫	1955年5月	59	1971年2月	43	研究生	职员
10	X05009	李惠惠	女	汉	江苏沛县	1956年7月	58	1976年9月	37	研究生	编审
16	X05015	张锦程	男	汉	湖北恩施	1953年10月	60	1968年9月	45	大学本科	校对
17	X05016	卢晓鸥	女	汉	北京市	1959年10月	54	1978年10月	35	大学本科	会计师
21	X05020	李锦程	男	藏	四川遂宁	1952年11月	61	1975年7月	39	研究生	副编审
22	X05021	张晓鸥	女	汉	山东济南	1955年11月	58	1976年9月	37	大专	编辑
24	X05023	赵月	女	汉	河北青县	1946年10月	67	1966年12月	47	研究生	编审

图 4-76　工龄为 30～50 的员工记录

3. 取消数据清单中的筛选

要取消数据清单中的筛选，再次单击“数据”选项卡中的“排序和筛选”组中的“筛选”按钮即可。

4. 使用高级筛选

使用自动筛选功能可以方便、快速地找到符合条件的记录，但是该功能的查找的条件不能太复杂。如果需要使用多个筛选条件，或者将符合条件的数据输出到工作表的其他单元格中，可以使用高级筛选功能。

例如，将图 4-77 所示人事档案数据库中“文化程度”为“研究生”的人事记录筛选至 A30 开始的区域存放，条件区域从 A26 单元格开始书写(请打开本书光盘“与教材对应的操作文档\第 4 章\人事档案数据库.xls)。

	A	B	C	D	E	F	G	H	I	J	K
1	编号	姓名	性别	民族	籍贯	出生年月	年龄	工作日期	工龄	文化程度	现级别
2	X05001	王娜	女	汉	浙江绍兴	1955年11月	58	1978年8月	35	中专	职员
3	X05002	黄军	男	回	陕西蒲城	1974年11月	39	1993年12月	20	研究生	副编审
4	X05003	李原	男	汉	山东高青	1957年4月	57	1976年9月	37	大学本科	校对
5	X05004	刘江海	男	汉	山东济南	1961年1月	53	1983年1月	31	大专	校对
6	X05005	吴树民	男	回	宁夏永宁	1952年3月	62	1969年12月	44	大学本科	副馆员
7	X05006	张建业	男	汉	河北青县	1970年11月	43	1994年12月	19	大学本科	职员
8	X05007	闻传华	女	汉	北京长辛店	1961年12月	52	1984年1月	30	大专	职员
9	X05008	赵亮	男	汉	河北南宫	1955年5月	59	1971年2月	43	研究生	职员
10	X05009	李惠惠	女	汉	江苏沛县	1956年7月	58	1976年9月	37	研究生	编审
11	X05010	苏爽	男	汉	山东历城	1960年11月	53	1985年2月	29	大学肄业	编审
12	X05011	郑小叶	女	汉	湖南南县	1971年5月	43	1994年12月	19	大学本科	编审

图 4-77　人事档案数据库

操作步骤如下：

(1) 在工作表中远离数据清单的位置设置条件区域。条件区域至少为两行，第一行为段名，第二行以下为查找的条件。本例中将 J1 单元格中的“文化程度”字段名复制到 A26 单元格，然后将 J 列任意一个内容为“研究生”的单元格复制到 A27 单元格，完成条件区域“A26:A27”的书写，如图 4-78 所示。

	A
26	文化程度
27	研究生

图 4-78　条件区域

Tips

在条件区域中，字段名等内容可以用复制的方法。

(2) 在数据清单中选择任意单元格。

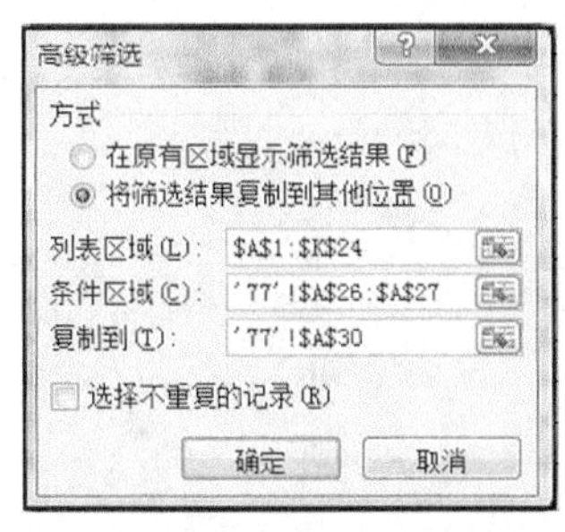

图 4-79　“高级筛选”对话框

(3) 单击“数据”选项卡中的“排序和筛选”组中的“高级”按钮，弹出如图 4-79 所示的“高级筛选”对话框。在“高级筛选”对话框中包含以下一些选项：

• 在“方式”选项区域中有两个单选按钮：“在原有区域显示筛选结果”和“将筛选结果复制到其他位置”。如果单击第一个单选按钮，则筛选的结果显示在原数据清单位置；如果单击第二个单选按钮，则将筛选后的结果显示在其他的区域，与原工作表并存，需要在“复制到”文本框中指定区域。

• 在“列表区域”文本框中已经指出了数据清单的范围。如果要修改该区域，可以直接在该文本框中进行修改。也可以单击该文本框右侧的“折叠对话框”按钮，然后在工作表中选择数据区域，再次单击该按钮，所选择的区域显示在“数据区域”框中。

• 在“条件区域”文本框中输入含筛选条件的区域，也可以直接在此文本框中输入区域范围或单击该文本框以放置插入点，然后在工作表中选择条件区域，所选择的区域显示在“条件区域”文本框中。

• 当在“方式”选项区域中单击“将筛选结果复制到其他位置”单选按钮时，就需要在“复制到”文本框中输入区域范围。如果单击“在原有区域显示筛选结果单选按钮”，就像自动筛选一样在工作表区域显示筛选结果，不满足条件的记录被隐藏起来。

• 如果要显示符合条件的记录，并且排除其中重复的记录，可以选择“选择不重复的记录”复选框。

(4) 在“方式”选项区域中单击“将筛选结果复制到其他位置”单选按钮。

(5) 在“列表区域”文本框中输入数据区域。通常系统默认设定，默认值有误时可直接拖动选择正确的范围。

(6) 在“条件区域”框中指定条件区域，用拖动选择“A26:A27”区域。

(7) 在“复制到”文本框中指定存放筛选结果的区域，用鼠标单击 A30，单击“确定”按钮，就可以得到如图 4-80 所示的高级筛选结果。

1) 设置“与”复合条件

在使用“高级筛选”命令之前，用户必须指定一个条件区域，以便显示出符合条件的记录。用户可以定义一个条件(如上面仅筛选出“研究生”的记录)，也可以定义几个条件来筛选符合条件的记录。

25											
26	文化程度										
27	研究生										
28											
29											
30	编号	姓名	性别	民族	籍贯	出生年月	年龄	工作日期	工龄	文化程度	现级别
31	X05002	黄军	男	回	陕西蒲城	1974年11月	39	1993年12月	20	研究生	副编审
32	X05008	赵亮	男	汉	河北南宫	1955年5月	59	1971年2月	43	研究生	职员
33	X05009	李惠惠	女	汉	江苏沛县	1956年7月	58	1976年9月	37	研究生	编审
34	X05012	曾冉	女	汉	河北文安	1946年10月	67	1957年9月	56	研究生	职员
35	X05014	李长青	男	汉	福建 南安	1973年12月	40	1995年6月	19	研究生	编审
36	X05020	李锦程	男	藏	四川遂宁	1952年11月	61	1975年7月	39	研究生	副编审
37	X05023	赵月	女	汉	河北青县	1946年10月	67	1966年12月	47	研究生	编审
38											

图 4-80　高级筛选结果

如果分别在两个条件字段下方的同一行中输入条件，则系统会认为只有两个条件都成立时，才算是符合条件。例如，要查找“工龄”在 20 年(含 20 年)以上，同时“文化程度”为研究生的记录，则建立如图 4-81 所示的条件区域“A26:B27”。

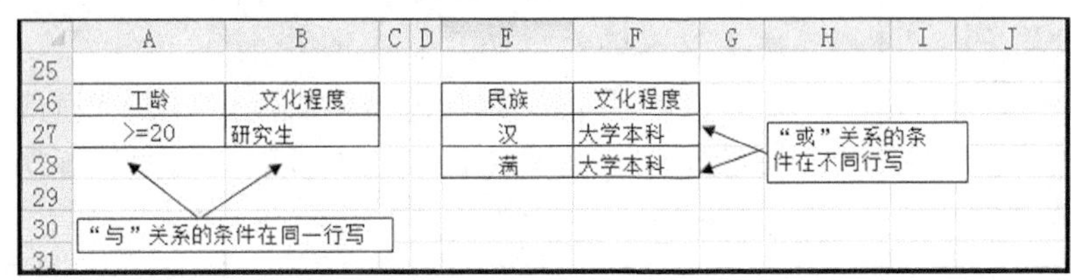

图 4-81　复合条件区域的建立

2) 设置“或”复合条件

例如，查看“民族”是“汉”或“满”且“文化程度”为“大学本科”的人事记录。在设置条件区域时，只需在两个条件字段下方的不同行中输入条件，可以建立如图 4-81 所示的条件区域“E26:F28”。

4.7.5　分类汇总

分类汇总是对数据库中的数据进行分类统计。分类汇总前必须先对要进行分类统计的字段作排序处理。

图 4-82　分类汇总对话框

例如，在图 4-77 所示的人事档案数据库中(请打开本书光盘“与教材对应的操作文档\第 4 章\人事档案数据库.xls)，按文化程度分类，统计不同文化程度人员的平均年龄。操作步骤如下：

(1) 选定清单中的某一个单元格。

(2) 按“文化程度”字段对清单中的所有记录排序，可以升序也可以降序排列。

(3) 在“数据”选项卡中的“分级显示”组中单击“分类汇总”。

(4) 弹出“分类汇总”对话框，如图 4-82 所示。“分类汇总”命令用于指定按哪一字段分类，以及如何统计。

(5) 在“分类汇总”对话框中，“分类字段”下拉列表框用于指定按哪一字段对清单中的记录分类。用户可以单击该框右端的下三角按钮，然后选择“文化程度”选项。

“汇总方式”下拉列表框用来指定统计时所用的函数计算方式。从下拉列表中选择“平均值”选项。

“选择汇总项”列表框用来指定对字段进行统计工作。用户要统计年龄的均值，所以应选择“年龄”复选框。

如果选择“替换现有分类汇总”复选框，那么新分类汇总将替换清单中原有的所有分类汇总。如果取消选择该复选框，Excel 将保留已有的分类汇总，将向其中插入新的分类汇总。

如果选择“每组数据分页”复选框，在进行分类汇总的各组数据之间自动插入一分页线。

如果选择“汇总结果在数据下方”复选框，汇总结果行和“总计”行置于相关数据之下。取消选择该复选框，分类汇总行和“总计”行插在相关数据之上。

(6) 按图 4-82 的设置后，单击“确定”按钮对清单中的记录分类汇总，结果如图 4-83 所示。

J1　fx

	A	B	C	D	E	F	G	H	I	J	K
1	编号	姓名	性别	民族	籍贯	出生年月	年龄	工作日期	工龄	文化程度	现级别
2	X05003	李原	男	汉	山东高青	1957年4月	57	1976年9月	37	大学本科	校对
3	X05005	吴树民	男	回	宁夏永宁	1952年3月	62	1969年12月	44	大学本科	副馆员
4	X05006	张建业	男	汉	河北青县	1970年11月	43	1994年12月	19	大学本科	职员
5	X05011	郑小叶	女	汉	湖南南县	1971年5月	43	1994年12月	19	大学本科	编审
6	X05013	高辉	男	满	辽宁辽中	1977年4月	37	1998年12月	15	大学本科	馆员
7	X05015	张锦程	男	汉	湖北恩施	1953年10月	60	1968年9月	45	大学本科	校对
8	X05016	卢晓鸥	女	汉	北京市	1959年10月	54	1978年10月	35	大学本科	会计师
9	X05017	李芳	女	汉	安徽太湖	1961年11月	52	1984年10月	29	大学本科	编辑
10							51			大学本科 平均值	
11	X05010	苏爽	男	汉	山东历城	1960年11月	53	1985年2月	29	大学肆业	编审
12							53			大学肆业 平均值	
13	X05004	刘江海	男	汉	山东济南	1961年1月	53	1983年1月	31	大专	校对
14	X05007	闻传华	女	汉	北京长辛店	1961年12月	52	1984年1月	30	大专	职员
15	X05018	杜月	女	汉	山西万荣	1980年1月	34	1999年2月	15	大专	职员
16	X05021	张晓鸥	女	汉	山东济南	1955年11月	58	1976年9月	37	大专	编辑
17							49.25			大专 平均值	
18	X05019	杜云青	男	汉	江苏南通	1965年6月	49	1987年9月	26	高中	编审
19	X05022	钱芳	女	满	宁夏永宁	1971年5月	43	1989年9月	24	高中	职员
20							46			高中 平均值	
21	X05002	黄军	男	回	陕西蒲城	1974年11月	39	1993年12月	20	研究生	副编审
22	X05008	赵亮	男	汉	河北南宫	1955年5月	59	1971年2月	43	研究生	职员
23	X05009	李惠惠	女	汉	江苏沛县	1956年7月	58	1976年9月	37	研究生	编审
24	X05012	曾冉	女	汉	河北文安	1946年10月	67	1957年9月	56	研究生	职员
25	X05014	李长青	男	汉	福建 南安	1973年12月	40	1995年6月	19	研究生	编审
26	X05020	李锦程	男	藏	四川遂宁	1952年11月	61	1975年7月	39	研究生	副编审

图 4-83　分类汇总结果

在图 4-83 中，工作表左侧的 3 个小方块用于控制各组数据的隐藏和显示，它们叫做分级显示符号。例如，如果单击第一个分级显示符号，将隐藏第一组数据，并在这个分级显示符号上显示“+”号。如果再次单击这个分级显示符号，将重新显示第一组数据。

如果想取消分类汇总，只需在“分类汇总”对话框中单击“全部删除”按钮。

4.8　打印工作簿

通过前面的学习，已经可以利用 Excel 来工作了。在本节中，将学习如何打印工作表和图表。

4.8.1　设置打印区域

默认情况下，在 Excel 2010 工作表中执行打印操作，会打印当前工作表中所有非空单元格中的内容。如果用户只需要打印当前 Excel 2010 工作表中的一部分内容，而非所有内容，此时，需要为当前 Excel 2010 工作表设置打印区域，操作步骤如下所述：

(1)选中需要打印的工作表内容。

(2)在“页面布局”选项卡中的“页面设置”组中单击“打印区域”按钮，并在下拉列表中单击“设置打印区域”命令即可，如图 4-84 所示。

图 4-84　设置打印区域

如果为当前 Excel 2010 工作表设置打印区域后又想打印全部内容，则可以选择“取消印区域”功能。

4.8.2　页面设置

在“页面布局”选项卡中的“页面设置”组中单击右下角箭头，显示“页面设置”对话框，如图 4-85 所示。“页面设置”对话框用来设置页面、页边距、页眉/页脚、工作表。

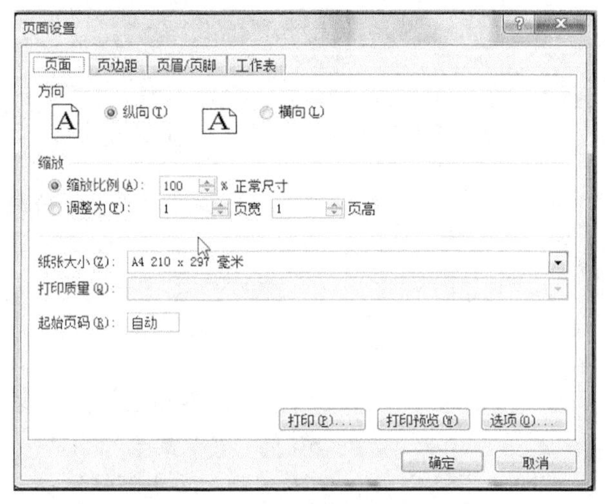

图 4-85　“页面设置”对话框

1. 页面

“页面设置”对话框中的“页面”选项卡如图 4-85 所示。该选项卡用于设置选定的一个或多个工作表的纸张打印方向、缩放比例、纸张大小、打印质量和起始页码。

打印“方向”框分两个选项：纵向、横向。如果选定“纵向”单选按钮，则以打印纸的短边为水平位置打印。如果选定“横向”单选按钮，则以打印纸的长边为水平位置打印。纵向打印方式适合于窄瘦型的数据输出，而横向打印方式适合于宽胖型的数据输出。

“缩放”框用于放大或缩小打印的工作表，当选定“缩放比例”单选按钮时，可以在右侧的文字框中输入 10～400 的缩放比例。

如果选定“调整为”单选按钮，Excel 打印时，会缩小工作表或选定区域，以合乎指定的页数、宽度或高度。由于工作表或选定区域是按比例缩放的，保持其相对大小，因此可能会以比指定页数更少的页数打印。本功能不适合打印独立图表。

例如，当“页宽”框和“页高”框中都输入 1 时，表示所有要打印的内容，全部都打印到一页上。又如，当“页宽”框为 2 而“页高”框为 1 时，表示所有要打印的内容用两页打印，其中，宽度部分分成 2 页，而高度部分合成 1 页。

“纸张大小”框用于指定打印纸的大小。用户可以单击该框右端的向下箭头，然后选择所需的项。

“打印质量”框用于指定打印时所用的分辨率，分辨率以每英寸上打的点数(DPI)为单位。数字越大，打印质量越好。

“起始页码”框用于指定打印页的起始页号。该页号将作为页码打印在下一次打印出的页上，以后页号顺序加 1。如果在“起始页号”框中输入“自动”，那么当该页是打印件的第一页时，其页号为 1，否则为下一个顺序数字。

如果单击“打印”按钮，则显示“打印”对话框，该对话框后面再介绍。

如果单击“打印预览”按钮，则显示“打印预览”窗口。

如果单击“选项”按钮，则显示“选项”对话框，该对话框中可用的选项是选定打印机所特有的。

2. 页边距

“页面设置”对话框中的“页边距”选项卡如图 4-86 所示。该选项卡用于设置页边距和页眉、页脚的边界，并使工作表在一页中垂直居中或水平居中。

在“页边距”标签中，打印预览框用于显示“居中方式”框的设置效果。其中的 4 条水平线和 2 条垂直线和“页边距”标签中的 6 个文字框相对应。

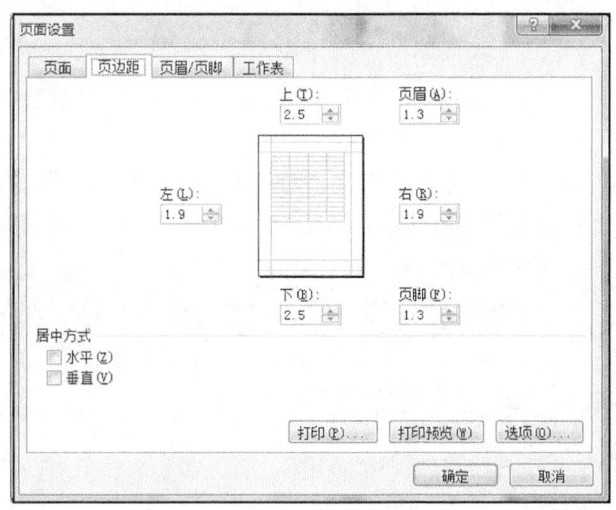

图 4-86　“页边距”选项卡

“页边距”标签的左上角有“上”、“下”、“左”，“右”4 个框，它们用来设置每张报表的上、下、左、右 4 个边界所留空白(即页边距)的大小，单位为厘米。

打印时，每张报表的顶端（页眉）和底端（页脚）都可以有 3 组文字，“页眉”、“页脚”框用来设置页眉与打印页上缘的距离，以及页脚与打印页下缘的距离。这些距离不能比设定的页边距大，否则，页眉或眉脚会和数据重叠。

当选定“水平”居中复选框时，打印的数据会出现在报表水平方向的中央部分。当报表高度足够大时，如果选定“垂直”居中复选框，则打印的数据会出现在报表垂直方向的中央部分。如果同时选定这两个复选框，打印的数据出现在报表的正中央。可以从打印预览框中看出打印数据的位置变化。

3. *页眉和页脚*

“页面设置”对话框中的“页眉/页脚”选项卡如图 4-87 所示。该选项卡用于设置选定工作表的页眉和页脚。打印时，每张报表的顶端可以有左、中、右 3 段叙述性文字，它们叫作页眉。每张报表的底端也可以有左、中、右 3 段叙述性文字，它们叫作页脚。

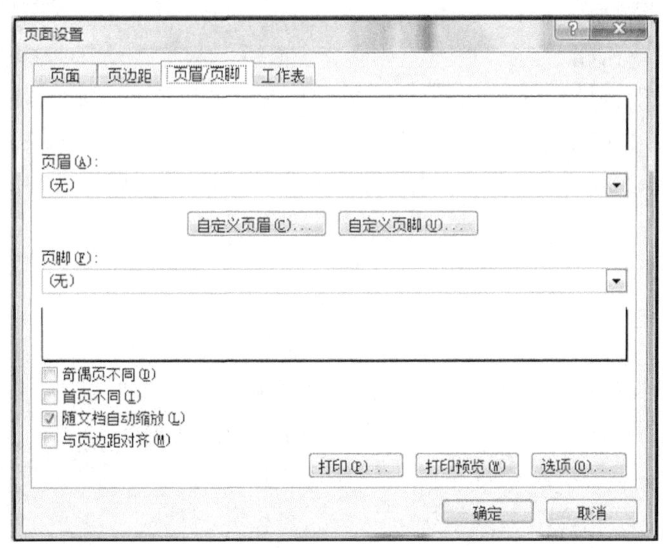

图 4-87 “页眉/页脚”选项卡

其中，“页眉”框的下拉列表中，提供了一些内部页眉，“页脚”框的下拉列表中提供了一些内部页脚，供用户选用。

也可以建立自定义页眉和自定义页脚，方法是单击“自定义页眉”按钮或“自定义页脚”按钮。如果单击“自定义页眉”按钮，Excel 将显示“页眉”对话框，如图 4-88 所示。该对话框用于建立一个自定义页眉。

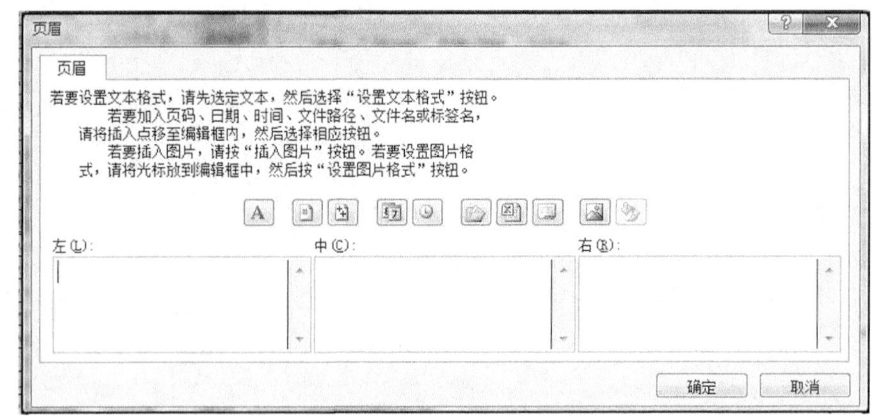

图 4-88 “页眉”对话框

“页眉”对话框的中部显示了 10 个按钮，它们分别用来设置字体、页码、总页数、日期、时间、文件路径、文件名或标签名字，插入图片等。

“页眉”对话框的下部是“左”、“中”、“右”3 个文字框，分别用来设置页眉的左、中、右 3 段文字。页脚设置与页眉类似。

4. 工作表

“页面设置”对话框中的“工作表”选项卡如图 4-89 所示。

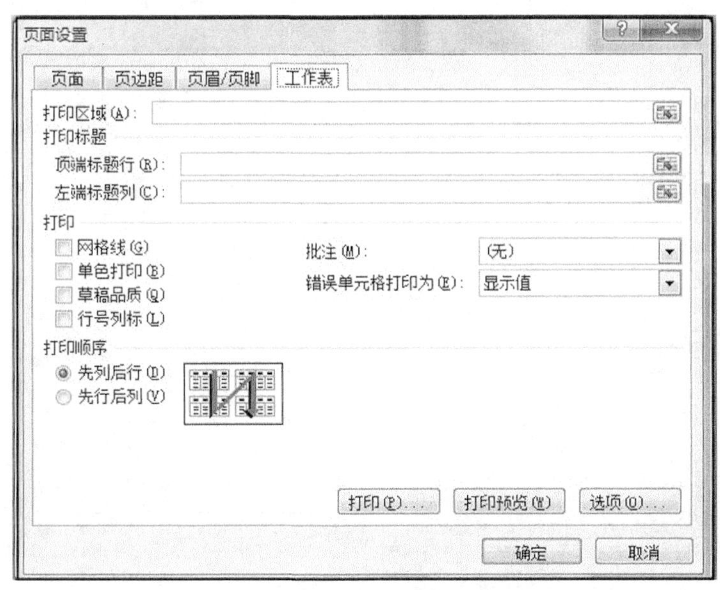

图 4-89　“工作表”选项卡

其中，“打印区域”框用来指定要打印的特定区域。如果要打印的是工作表的某个特定区域，则应该使用该框。指定打印区域的方法有两种：第一种方法是先单击“打印区域”折叠框，然后在工作表中拖曳出要打印的区域。第二种方法是直接在框中键入单元格引用或区域的名字。例如，如果要指定不相邻的单元格区域“A1:B5”和“D1:E5”，则应该在“打印区域”框中键入“A1:B5, D1:E5”，这些不相邻的区域将打印在不同的页上。

“顶端标题行”框和“左端标题列”框用于设置标题行和标题列。只有包含标题的行或列被打印之后，才会打印出标题。例如，如果选定第二页的某一行或列作为打印标题，那么这些标题只在第三页以后的页中打印。

标题行中的文字总是在页的顶部显示，标题列中的文字总是在页的左部显示。

设置标题行有两种方法：一是先单击“标题行”折叠框，然后在工作表中选定单个行，或是选定多个相邻的行。第二种方法是直接输入单元格引用。

设置标题列的方法与此相同。

“打印”框用来指定一些打印选项，例如是否打印网格线、附注、行号列标，单元格是否以单色打印。

“打印”框中有一个“草稿质量”复选框，如果选定这个复选框，Excel 将打印较少的图形，并且不打印单元格的网格线，以缩短打印时间。

“打印顺序”框用来指定打印的顺序，是先列后行，还是先行后列。

4.8.3 打印和预览

在“文件”选项卡下选择“打印”命令，窗口的右侧将显示预览效果，单击“打印”按钮向打印机发出打印命令，如图 4-90 所示。

图 4-90 打印与预览窗口

4.9 小 结

本章主要介绍了 Excel 2010 的基础知识、Excel 2010 的数据输入、Excel 2010 工作表的格式化、Excel 2010 的公式和函数、Excel 2010 的数据库管理、Excel 2010 的图表操作等内容。

重点要求用户掌握 Excel 2010 的启动与退出、Excel 2010 的工作界面、工作簿的创建、数据的录入、公式和函数的使用、单元格的引用、工作表的编辑与管理、工作表的格式化等。难点是公式和函数的使用、单元格的引用、数据的排序、筛选、图表的建立。

第 5 章　PowerPoint 2010 电子演示文稿

学习目标

- 理解 PowerPoint 中的常用术语
- 熟悉 PowerPoint 的基本操作方法
- 熟练掌握演示文稿的建立、编辑、美化及放映

5.1　PowerPoint 2010 概述

PowerPoint 2010 是 Office 2010 办公软件中的一个组件，集文字、图片、声音等媒体于一体，它以幻灯片的形式输入和编辑文字、图形、表格、音频、视频和公式对象等，是人们在各种场合进行信息交流的重要工具。因为其操作简单、多媒体效果丰富，而被广泛用于新产品介绍会、演讲、数据演示等多种场合。

PowerPoint 与前面所学习的 Word 在文档编辑、排版制作等操作过程完全一脉相承，只要掌握好 Word 图文混排的操作方法，PowerPoint 的操作知识就基本掌握了一半。在本章中，先介绍 PowerPoint 与 Word 有哪些共同点和不同点，再介绍 PowerPoint 演示文稿制作的一些要点，使读者能快速地掌握 PowerPoint 演示文稿制作的基本方法。

5.1.1　Word 与 PowerPoint 同与异

由于 Word 与 PowerPoint 同为 Microsoft 公司推出的 Office 系列产品，因此在操作习惯、操作过程上(如文本的格式化、段落的格式化、插入图片、插入表格、插入文本框等一系列的操作)完全是一致的。因此，在正式学习如何使用 PowerPoint 前，梳理好 Word 与 PowerPoint 的同与异，将会使学习 PowerPoint 变得更轻松。

1. Word 与 PowerPoint 应用领域对比

虽然同是 Office 家族下的两个同胞兄弟，但 Word 与 PowerPoint 在日常使用过程中却各有长处，需要根据使用场合、领域的不同选择它们之一来表达信息。表 5-1 所示为 Word 与 PowerPoint 的功能对比一览表。

表 5-1　Word 与 PowerPoint 的功能与适用领域对比一览表

	PowerPoint	Word
应用领域	图文混排的文字处理	一般文字处理与图文混排的处理
文档结构	分层、简洁、概要的纲目结构。一般一张幻灯片为一个版面	详细的纲目结构和内容。同一内容可跨越多个页面
适用范围	需要向公众发布信息的场所，一般需要演讲者解释信息内容	主要面对个人读者，不需要信息提供者在场
页面形式	丰富的动画、音、视频等多媒体	以文字、图片为主要表现形式

在制作 PowerPoint 文档时，由于不了解 Word 与 PowerPoint 的差异，不少用户总喜欢把一大堆的文字挤在一个版面中，认为这样能让听众了解得更清楚，但往往会收到适得其反的效果。

试想一下为什么 PowerPoint 不被命名为 PowerWord 呢？因为 Point 是指观点、重点、要点和核心问题，在 Microsoft 的设计师眼中，他们希望用户能在 PowerPoint 帮助下，使用动感、美观的多媒体展示方式，向听众展示简明、扼要的核心要点信息。如果用户希望向读者提供非常详尽的信息，那就应该采用 Word 软件。

2. Word 与 PowerPoint 版面设计的对比

正如前面所说，由于 PowerPoint 是向听众图文并茂地展示信息。每一个 PowerPoint 演示文稿都由若干页幻灯片页组成，因此，在 PowerPoint 每一页幻灯片版面设计的过程中，其实就是 Word 图文混排知识的应用过程，即综合地使用文本框、图片、艺术字、SmartArt 图等在一个编辑版面中，达到图文并茂的效果，增强每一张幻灯片的可读性。

在 PowerPoint 每一页幻灯片制作的过程中，文档的格式化操作、文本框的插入与美化操作、图片的插入与美化操作、艺术字的插入与美化操作、SmartArt 图的插入与美化操作、表格和图表的插入与美化操作与 Word 是完全一致的，如表 5-2 所示。只要掌握好幻灯片排版的基本原则，再综合应用上述操作知识，一份精美的 PowerPoint 演示文稿就基本上完成了。

表 5-2 Word 与 PowerPoint 的对象操作一览表

操作点	操作过程	Word	PowerPoint
字符	使用功能区中字符组相关的格式化按钮	√	√
文本框、艺术字	在“插入”选项卡中的“文本”组中单击“文本框”或“艺术字”按钮，即可以插入文本框或艺术字	√	√
图片、剪贴画	在“插入”选项卡中的“图像”组中单击“图片”或“剪贴画”按钮，即可以插入图片或剪贴画	√	√
表格	在“插入”选项卡中的“表格”组中单击“表格”按钮，即可进行表格的插入	√	√
SmartArt 图、图表、形状	在“插入”选项卡中的“插图”组中单击 SmartArt、“图表”或“形状”按钮，即可以插入 SmartArt 图、图表或形状	√	√
超级链接	选择文字或图片，在“插入”选项卡中的“链接”组中单击 “超链接”按钮，选择链接对象	√	√
音频、视频文件	在“插入”选项卡中的“媒体”组中单击“视频”或“音频”按钮，选择音视频文件	×	√
幻灯片切换	在“切换”选项卡中的“切换到此幻灯片”组中可设置切换动画	×	√
自定义动画	在“动画”选项卡中的“动画”组中可自定义动画效果	×	√

Tips

PowerPoint 演示文稿可以看作是由若干个图文混排的页面，再加上一些动画方案组成的文档。Word 的编辑知识是整个 Office 使用的基础，建议通过多加练习巩固 Word 基本编辑知识与图文混排知识。

5.1.2 PowerPoint 的工作界面

启动 PowerPoint 2010 后，如图 5-1 所示的工作界面将出现在用户面前。

在该工作界面中，标题栏、功能区、快速访问工具栏、状态栏的布局和功能与 Word 是一致的。文档工作区、视图窗格、备注窗口是 PowerPoint 制作过程中经常使用的功能区域。

图 5-1　PowerPoint 窗口

1. 标题栏

标识正在运行的程序(PowerPoint)和活动演示文稿的名称。如果窗口未最大化，可拖动标题栏来移动窗口。

2. 功能区

提供选项卡页面，包括按钮、列表和命令。

3. 快速访问工具栏

包含某些最常用命令的快捷方式。也可自行添加自己常用的快捷方式。

4. 工作区

工作区也称为文档窗口，是 PowerPoint 窗口中最基本的组成部分，可借助它来制作演示文稿中的幻灯片。

5. 视图窗格

视图窗格位于 PowerPoint 窗口的左边。单击其顶端的选项卡可在“大纲”或“幻灯片”视图之间进行切换。单击窗口右下方的视图切换按钮，也可在不同的视图之间进行切换。

6. 备注窗格

在幻灯片中添加备注信息是为了方便用户在整体的演讲过程中添加提示信息，可以令备注信息只出现在自己的计算机上供自己查看，而不会投影到大屏幕上被观众看到。

5.1.3 PowerPoint 的视图方式

PowerPoint 2010 提供了 4 种不同的视图方式，分别是普通视图、幻灯片浏览视图、阅读视图和备注页视图。在窗口的右下方，有 3 个视图按钮分别对应上述 4 种视图中的前 3 个。在“视图”选项卡中的“演示文稿视图”组中，可在 4 种视图中选择切换命令，如图 5-2 所示。

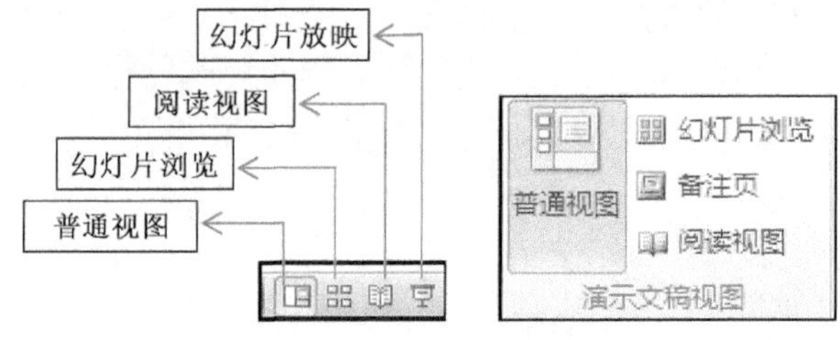

图 5-2 视图方式的切换

1. 普通视图

这是 PowerPoint 2010 默认的视图方式。在该视图方式下，会见到视图窗格、文档窗口、备注窗格等区域。用户既可以在文档窗口中对一张幻灯片中的各个对象进行编辑加工，也可以在视图窗格中重新组织和调整所有幻灯片的排列次序(通过插入、删除、移动、复制幻灯片等操作)，还可以在“备注窗格”中为幻灯片添加或修改备注。备注文字在放映时并不可见，但可以打印出来供演讲者演讲时参考。用户可以通过拖动窗格的边框来调整各窗格的大小。

2. 幻灯片浏览视图

这种视图的效果与在 Word 中进行打印预览时的多页预览效果相似，用户可以在屏幕上同时看到演示文稿的多张幻灯片的缩略图。调整窗口右下角“显示比例”按钮中的显示比例值，可改变在浏览视图中整个屏幕上显示的幻灯片数量和大小。在该视图方式下，对幻灯片的移动、删除或复制都特别方便。

3. 阅读视图

将演示文稿显示为适应窗口大小的幻灯片放映查看。

4. 备注页视图

在该视图方式下，上方为幻灯片编辑区，下方为幻灯片的备注页。用户可在备注页中输入一些提示信息。

5. 幻灯片放映

在“幻灯片”选项卡下的“开始放映幻灯片”组中单击“从头开始”按钮，或按 F5 键，系统会根据用户对幻灯片的各种参数设置，从第 1 张幻灯片开始放映。若单击窗口右下角的“幻灯片放映”按钮，则从当前幻灯片开始放映。若想中途停止放映，则可按 Esc 键，或右击鼠标，从快捷菜单中选择“结束放映”命令。

5.1.4 PowerPoint 制作的基础概念

1. 演示文稿

由 PowerPoint 创建的文档一般包括为某一演示目的而制作的所有幻灯片、演讲者备注和旁白等内容，存盘时以.pptx 为文件扩展名。

2. 幻灯片

演示文稿中的每一单页称为一张幻灯片。每张幻灯片在演示文稿中既是各自独立的，又是相互联系的。制作一个演示文稿的过程就是依次制作一张张幻灯片的过程，每张幻灯片既可以包含常用的文字和图表，也可以包含声音、视频和 Flash 动画。

3. 版式

演示文稿中的每张幻灯片都是基于某种自动版式创建的。在新建幻灯片时，可以从

PowerPoint 提供的自动版式中选择一种。每种版式预定义了新建幻灯片的各种占位符的布局情况，如图 5-3 所示。

4. 占位符

顾名思义，占位符就是先占住一个固定的位置，等着往里面添加内容的。它在幻灯片上表现为一个虚框，虚框内部有“单击此处添加标题”之类的提示语，一旦用鼠标单击之后，提示语会自动消失。当要创建自己的模板时，占位符就显得非常重要，它能起到规划幻灯片结构的作用，如图 5-4 所示。

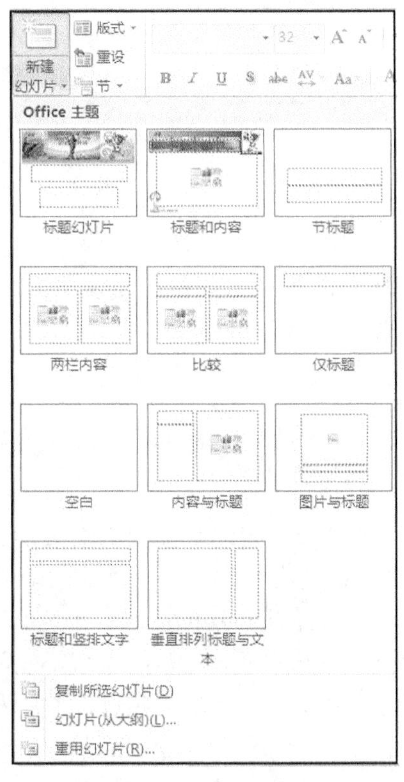

图 5-3　多种版式

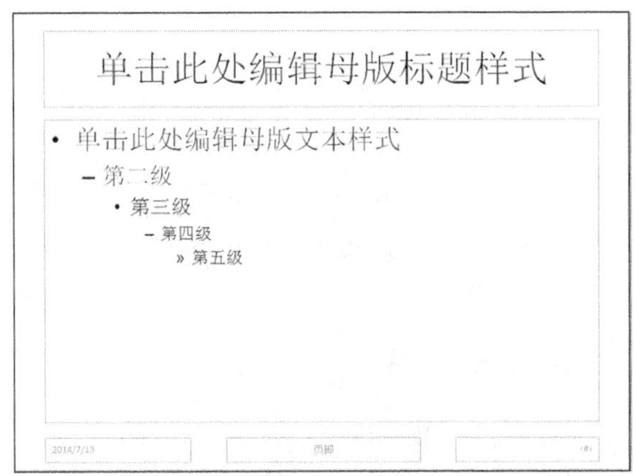

图 5-4　占位符

5.2　创建演示文稿

5.2.1　任务和知识点

在制作 PowerPoint 前，应先完成文字、图片、视音频文件、Flash 动画等素材的收集。然后打开 PowerPoint，把这些素材插入不同的幻灯片页面中，整理成一份精美的演示文稿。

演示文稿的制作过程如图 5-5 所示。制作模板属于 PowerPoint 的高级应用，在本知识单元中，先来学习如何在幻灯片中插入对象。PowerPoint 中可以插入的对象包括文字、图片、剪贴画、表格、图表、SmartArt 等，这些对象的插入和格式设置与 Word 中操作相同，因此这里不再重复介绍基本操作，而主要介绍不同对象的设计原则。除此之外，PowerPoint 中还可以插入声音、视频、Flash 动画等多媒体文件，这些可使 PowerPoint 内容更加形象、生动。

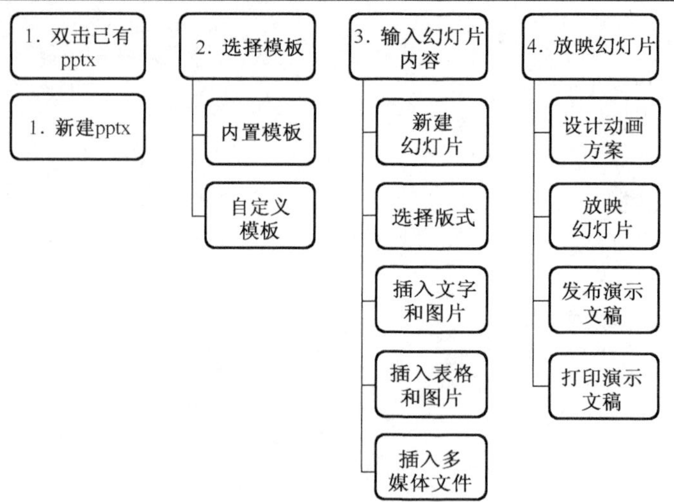

图 5-5 PowerPoint 制作过程

在本知识单元中，需要打开本书光盘“与教材对应的操作文挡\第 5 章\练习 1.pptx”文件，按照本单元中 5.2.3～5.2.5 小节中的讲解进行编辑，最终达到“目标 1.pptx”文件所示效果。制作“练习 1.ppt”的时候，需要输入的文字可在“目标 1.ppt”对应的幻灯片中查看。

5.2.2 基础知识

1. 糟糕的版面案例

PowerPoint 可用于新产品介绍会、演讲、数据演示等多种场合，因此必须向听众准确、清晰地传递幻灯片页中的内容信息。而在演示文稿的制作中，往往在文字和图片的设计、布局等方面存在图 5-6～图 5-9 所示的问题，影响了整个 PowerPoint 信息传递的效果。

图 5-6 中的案例失败之处是演示者把 PowerPoint 当做了 Word 来使用，过多的文字不仅降低了观众的注意力，还会使观众产生烦躁的感觉。所以应记住，PowerPoint 是对主题的归纳和总结，它不是电子文档，不宜出现大面积的文字。

图 5-7 中的案例忽视了文字的易见度，文字配以相似颜色的背景色时，大大降低了文字的清晰度和可见度，所以文字的颜色要与背景色有所区别。

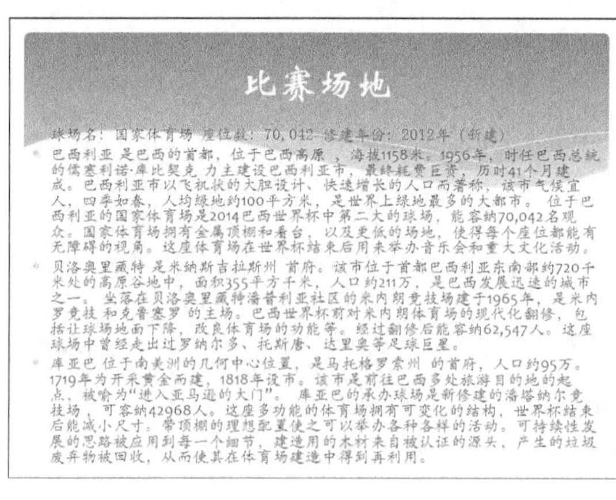

图 5-6 文字过多

图 5-7 文字易见度低

图 5-8 中的案例一眼看过去有眼花缭乱的感觉，文字的颜色过多，缺乏主色调。

图 5-9 中的案例比前面 3 个案例好了很多，但是看起来总有点让人觉得不舒服，这是因为正文部分的文字和图片的布局不合理，无法达到视觉上的平衡。

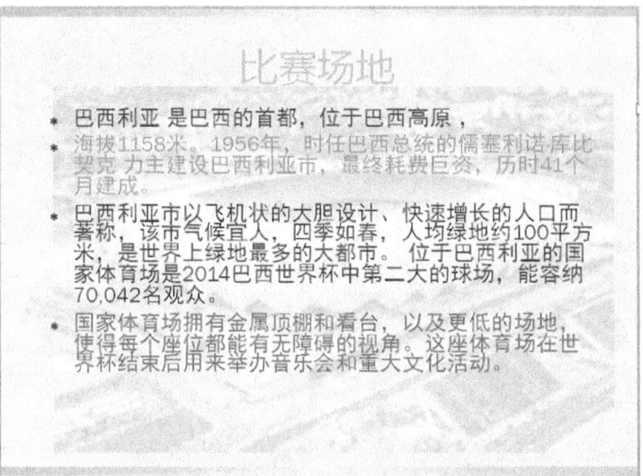

图 5-8　版面缺乏主色调

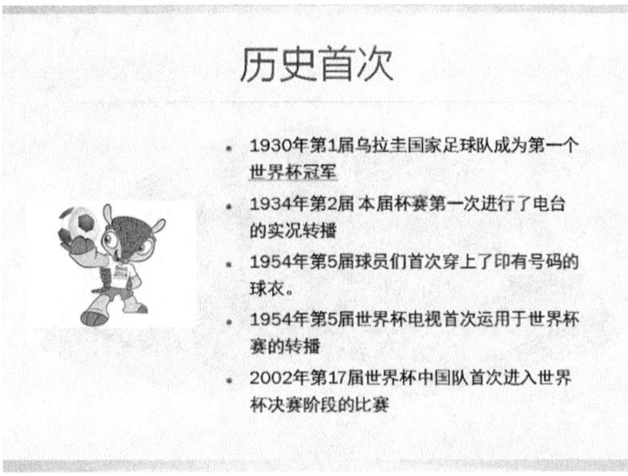

图 5-9　文字和图片的布局不平衡

2. 文字和图片的设计

1) 字体的选择

• “黑体”较为庄重，适用于标题或需要特别强调的区域。

• “宋体”较为严谨，适用于 PowerPoint 正文。从计算机的显示效果来看，该字体显示也最清晰，对比效果好。

• “隶书”和“楷体”源于书法，有一定的艺术特征，可起到画龙点睛的作用。

• 使用“粗体”、“阴影”、“下划线”可强调文字，但不宜大段使用。

2) 字号的选择

• 幻灯片题目字号适合设为 32～44 磅，正文字号适合设为 18～32 磅。

• 各级正文文字中，两个相邻级别的字号不要相差太大，最好数值相差小于 4 磅。

3) 字体颜色的选择

• 同一版面中，文字的颜色不宜超过 3 种，分别用于主题、正文、强调，其中强调部分的文字建议使用红色。

• 文字的颜色要与背景色区别开来，但是不宜使用强对比色。如图 5-10 所示的图案中，同一条直线上的颜色为强对比色。因为文字本身数量较多，密密麻麻，如果使用强对比色会在人眼中产生残影，影响文字的阅读效果。

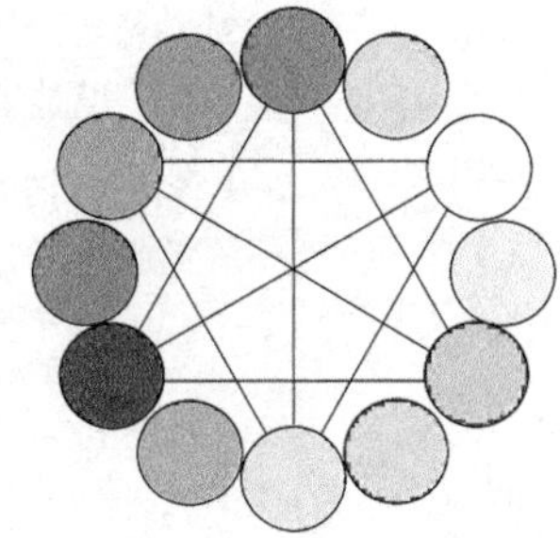

图 5-10　色环图

• 为了提高文字的易见度，还要充分考虑色彩的前进性和后进性。当观察红、橙、黄、绿、青、蓝、紫、灰、白色时，首先跳入眼帘的是红、黄、橙、白 4 钟颜色，因为这 4 种颜色明度高，纯度也高，给人一种前进的感觉，所以叫作前进色；剩下的颜色后进入人的眼帘，称为后进色。这就是颜色的前进性和后进性，多用后进色做背景，而前进色则不宜做背景色。

4) 调整行数和行距

• 一张幻灯片上的文字内容最好控制在 7 行以内。

• 行距太小，不仅降低了文字的易读性，也降低了美观性，理想的行距设置为 1.1～1.25 倍。

5）文字的组织

文字正文部分若采用叙述文体组织语言，则字数会增加，字号就要减小，很容易使观众产生烦躁的感觉，如图 5-11 所示。有效的办法是采用描述性的语言来组织文字，将正文分成 4～6 个段落，每个段落 4～6 个左右的中心词，如图 5-12 所示。这样可以使正文简洁明了，可有效地传达信息。

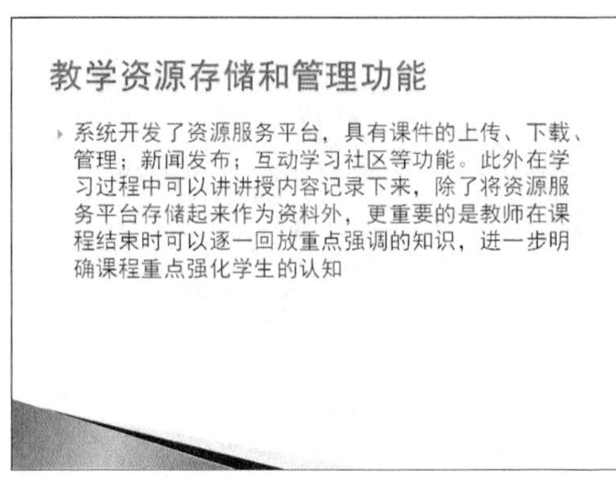

图 5-11　叙述性的文字组织

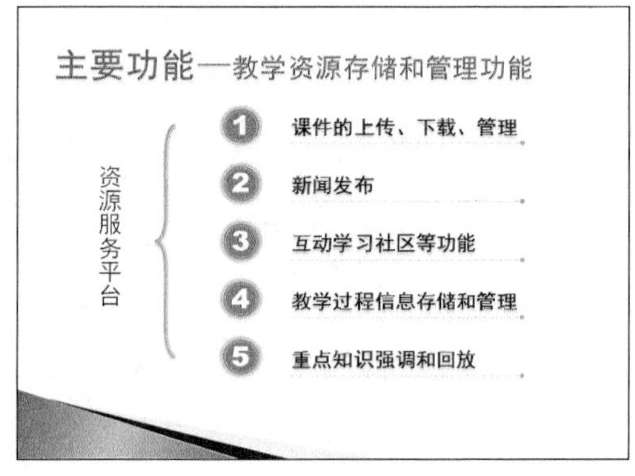

图 5-12　描述性的文字组织

6）艺术字的使用

艺术字有较强的装饰效果，但其易读性比较差，因此只适合于装饰性内容，不适合在信息量较大的正文中使用。

7）灵活使用文本框

文本框是使演示文稿排版起来得心应手的利器，它能自由拖放到幻灯片的任何位置，使演示文稿的版面看起来更加生动。文本框和填充色的搭配使用，可以使文字美观、易读，如图 5-13 所示。

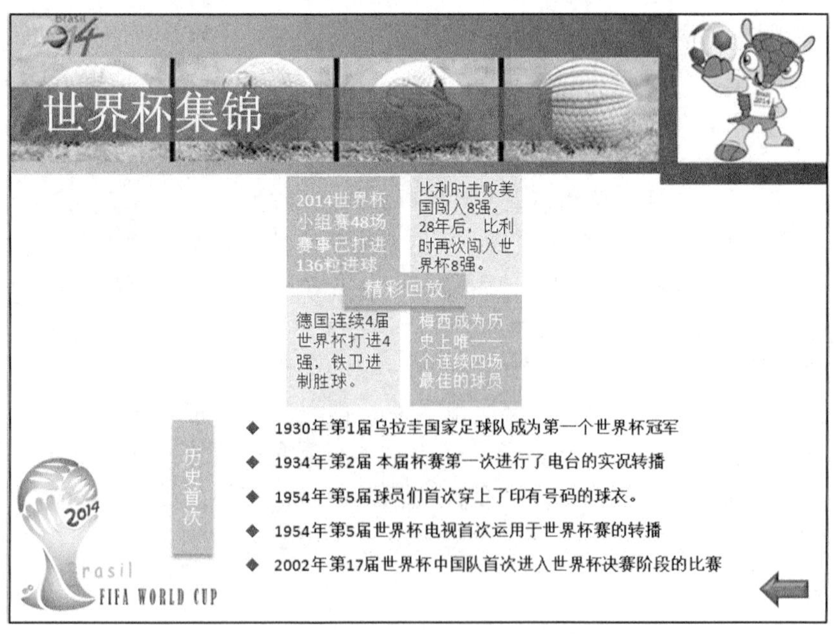

图 5-13　使用多个文本框进行排版

8) 文字和图片的布局

一幅幻灯片的主要组成元素包括底色、标题、正文文字、醒目文字(突出显示或起装饰作用的文字)、图像、动画和视频等。不同类型的元素在人们潜意识里产生的心理重量是不一样的，心理重量越大的元素对人的吸引力就越大，越容易引起人们的注意。一般说来，不同元素的心理重量满足下面关系式(符号“<”表示前者的心理重量小于后者)：底色<正文文字<醒目文字<标题<图像<动画和视频。

在上述关系式的指导下，所谓保持“视觉平衡”，就是要将幻灯片中各元素的相对位置安排得尽量合理，以使得幻灯片左、中、右 3 个部分的心理重量基本相当。例如，图 5-9 中标题、图像都位于幻灯片左侧，正文位于幻灯片右侧，虽然正文面积较大，但标题、图案和图像的心理重量远大于正文，看上去，整幅幻灯片向左倾斜的趋势就非常严重。

在图 5-14 中，将正文移动到中间，将图像移动到右下角，平衡和削减了幻灯片中的不稳定因素。经过这样的调整，幻灯片画面看上去就非常协调和稳定，给人一种轻松、愉悦的感觉。

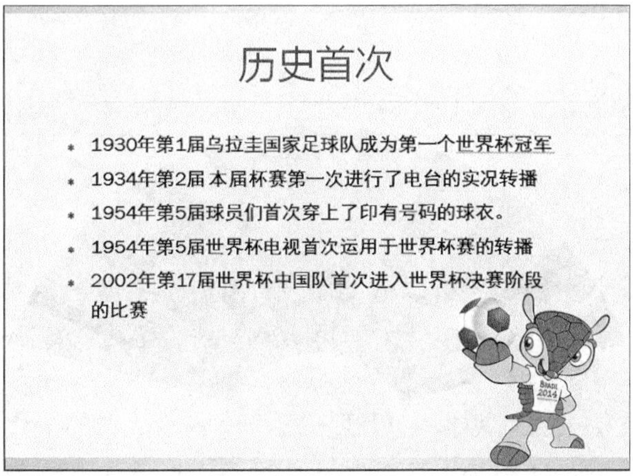

图 5-14　好的版面布局

3. 表格与图表的设计

在演示文稿中使用表格的目的是为了把希望表达的演示内容一目了然地展现在观众面前，帮助其理解。因此，表格设计的关键就在于能使观众迅速把握表格内容。比起表格与文字，图表能更形象地展示设计者想要表达的内容。制作图表的关键在于了解需要向观众传达的内容，并选择能最有效表达该内容的图表类型。

因此，在演示文稿中使用表格与图表并不是简单的插入，更重要的是设计出最恰当的表现形式，把最想表达的内容清晰地呈现在观众面前。

1) 表格的设计

表格适用于罗列最基本的数据资料。在 PowerPoint 中插入和管理表格的方法基本和 Word 中的操作类似。但与 Word 不同的是：PowerPoint 幻灯片中的表格不宜太复杂，一张表格的大小最好能控制在 7 行、7 列以内，因为过多的数据挤占在一张幻灯片里，必然会影响信息的正常传递。

为了更加突出不同行数据间的对比，可以采用以下两种常用的方法对表格进行美化设计：

(1) 每行的文字采用不同的颜色。对不同行的字体设置成不同的颜色，使每行之间的信息加以区别，让传递的信息更加一目了然。

(2)每行表格的底色采用不同的颜色。每行表格的底色采用不同的颜色，使呈现的信息较第一种方法更加美观和明了，如图 5-15 所示。

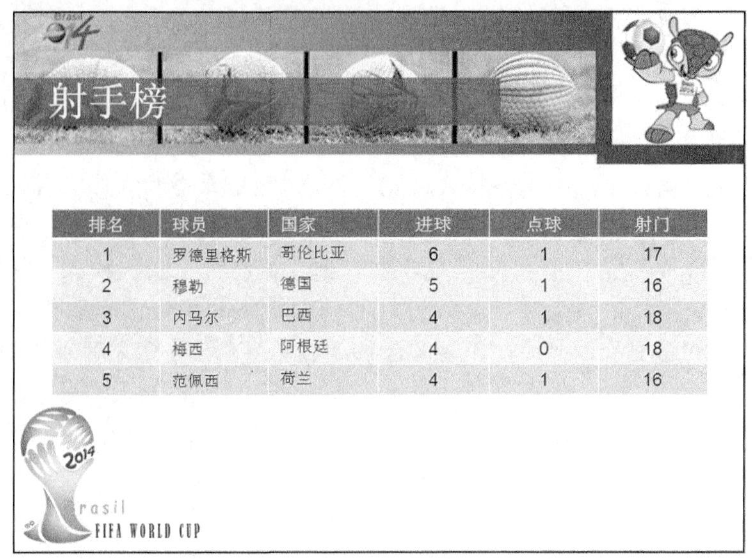

排名	球员	国家	进球	点球	射门
1	罗德里格斯	哥伦比亚	6	1	17
2	穆勒	德国	5	1	16
3	内马尔	巴西	4	1	18
4	梅西	阿根廷	4	0	18
5	范佩西	荷兰	4	1	16

图 5-15　行间底色采用不同的颜色

2)图表的设计

除了表格外，在演示文稿中还可以借助图表直观、形象地展示数据内容，揭示隐藏在数据背后的规律。常用的图表类型有柱形图、折线图和圆饼图。

簇状柱形图(图 5-16)适用于展示不同数据项间的对比关系，堆积柱形图则适用于展示特定类别中各数值间的比例关系。数据点折线图既可以展示数据的变化规律，也可以精确地展示特定数值的大小，三维折线图则更适用于对比展示不同数据项的演变趋势。饼图最适合展示各数据项在总和中的占比，或展示整体与部分之间的关系，分离型三维饼图则适于强调某一个或几个数据项在数据总和中的占比。

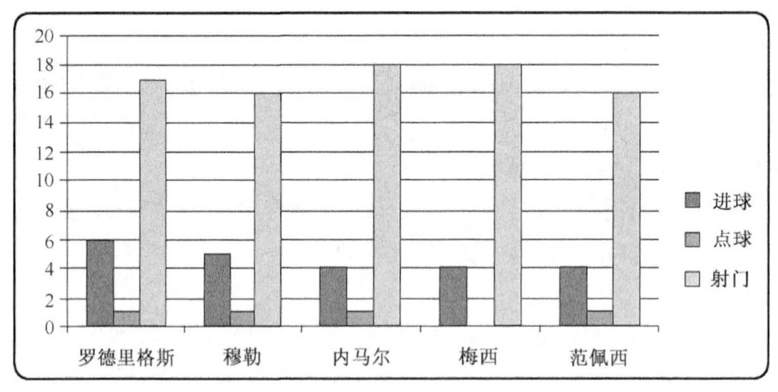

图 5-16　簇状柱形图

4. 超链接的种类

1)链接到本文档中的位置

链接到本文档中的位置是指通过给文字、图片等对象添加超链接，可以实现文档内任意幻灯片之间的跳转，利用此种链接可以实现很好的导航、跳转功能。

2) 链接到现有文件或网页

链接到现有文件或网页是指通过给图片或文字添加超链接，使其链接到相关的文件或网页。利用此种链接可以在不退出演示文稿放映的情况下，直接打开网页或现有文件(如 Word、Excel、视频等)，当关闭网页或原有文件的时候，会回到演示文稿放映界面。这样的形式可以让使用者在放映演示文稿时更顺畅、方便。

3) 链接到电子邮件地址

链接到电子邮件地址是指将链接指向电子邮件，浏览者可以通过单击相关的按钮、文字或图片，直接给某人发电子邮件。该类型的链接使用得较少。

5.2.3　插入新幻灯片

1. *启动演示文稿*

双击本书光盘“与教材对应的操作文档\第 5 章\练习 1.pptx”图标，启动“练习 1.pptx”演示文稿。在标题和副标题占位符中输入如图 5-17 所示的文字，选择字体和文字的颜色，制作出封面幻灯片。

2. *增加新幻灯片*

在“开始”选项卡中的“幻灯片”组中单击“新建幻灯片”按钮，列出若干版式供用户选择，如图 5-18 所示。单击所列的某一种版式，即可在当前的演示文稿中添加一张套用了某种版式的幻灯片。版式套用分两种情形：当插入新幻灯片时，套用版式即可指定当前幻灯片所包含对象及其布局；对旧幻灯片套用版式时，则会调整已有对象的布局，并根据新版式补充对象。要更改现有幻灯片的版式，可在“开始”选项卡中的“幻灯片”组中单击“幻灯片版式”按钮，从列表中选择新的版式即可。

图 5-17　制作标题幻灯片

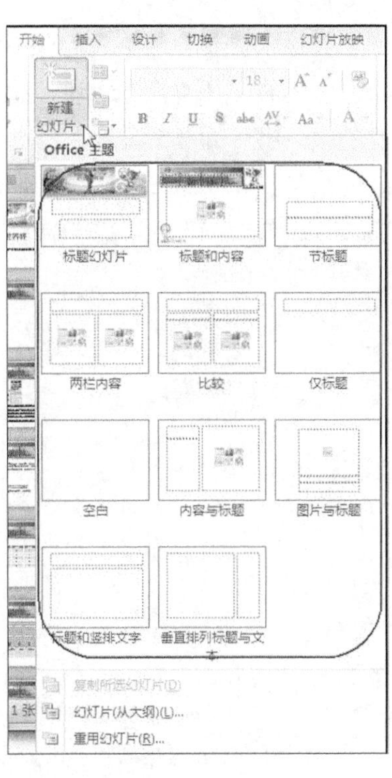

图 5-18　新建幻灯片

Tips

(1) 在 Windows 系统安装 Microsoft Office 2010 软件后，可以选择下列方法之一来启动 PowerPoint 2010。

· 若桌面上有 PowerPoint 快捷方式图标，则双击之。

· 执行“开始”→“所有程序”→Microsoft Office→Microsoft PowerPoint 2010 命令。

· 双击已有的 PowerPoint 文件名。

(2) 启动 PowerPoint 2010 后，会自动新建一个 PowerPoint 文档，且首张幻灯片的版式为文字版式中的“标题幻灯片”版式。所谓版式就是指幻灯片中各对象的布局。

5.2.4 插入文字和图片

1. 插入文字

按以下步骤完成第 2 张、第 3 张幻灯片的制作。

(1) 新建幻灯片：在“开始”选项卡中的“幻灯片”组中单击“新建幻灯片”按钮，选择“标题和内容”版式，插入一张新幻灯片，删除文本占位符，并在标题占位符中输入文字“世界杯集锦”。

(2) 在“插入”选项卡中的“文本”组中单击“文本框”按钮，选择“横排文本框”命令，在幻灯片的左上方拖拽鼠标，画出一个文本框，然后在文本框中输入“2014 世界杯小组赛 48 场赛事已打进 136 粒进球”，并设置文字为“宋体”、16 号，两端对齐，最后调整文本框的大小和位置。

右击文本框，选择“设置文本效果格式”或“设置形状格式”命令都可以对文本框的相关属性进行设计。本案例我们选择“设置形状格式”，打开“设置形状格式”对话框，如图 5-19 所示。在左侧导航栏中选择“填充”选项卡，单击“纯色填充”，从“颜色”下拉框中选择“其他颜色”会打开“颜色”面板，如图 5-20 所示。设置“红色”=142；“绿色”=180；“蓝色”=227。然后在左侧导航栏中选择“文本框”选项卡，在“垂直对齐方式”中选择“中部对齐”，并勾选“不自动调整”属性，如图 5-21 所示。在左侧导航栏中选择“大小”选项卡，设置文本框的“高度”为 3.5 厘米，“宽度”为 3.5 厘米，如图 5-22 所示。单击“确定”按钮。最后，为了提高文字的易见度，将其设置为白色。用同样的方法制作其他 3 个文本框。

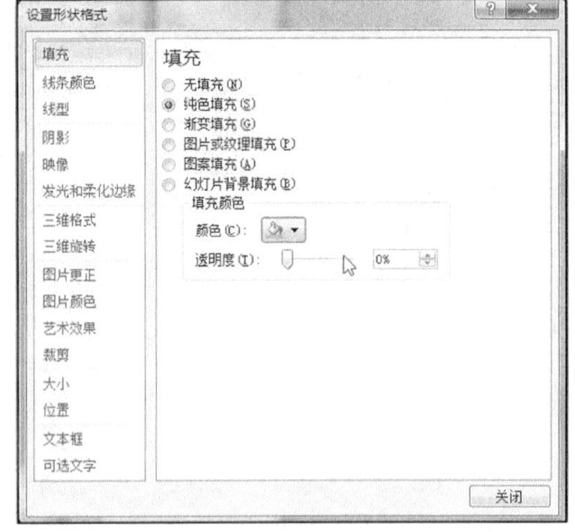

图 5-19 “设置形状格式”对话框

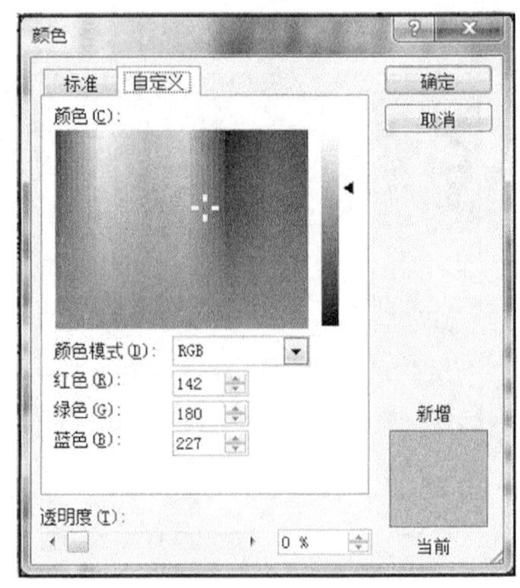

图 5-20 “颜色”面板

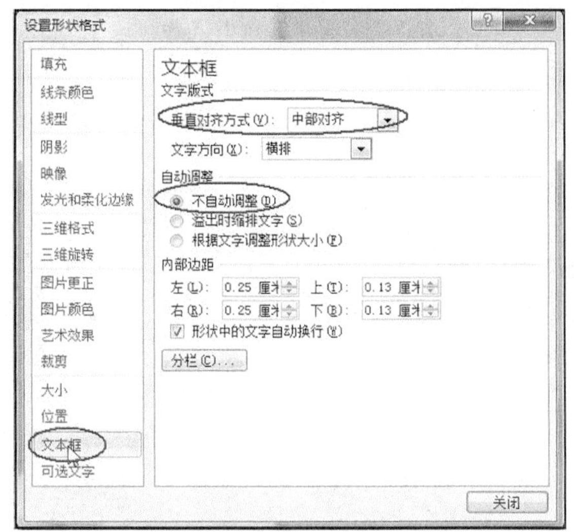

图 5-21　设置文本框文字的对齐方式

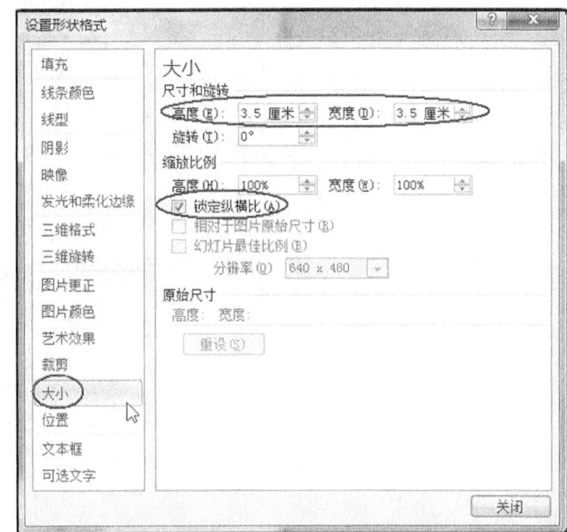

图 5-22　设置文本框的大小

(3) 按照图 5-23 调整好文本框间的相对位置，单击红色文本框，在“绘图工具”→“格式”选项卡中的“排列”组中单击“上移一层”按钮，并选择“置于顶层”命令。最后拖动鼠标选取 5 个文本框，当鼠标变为四向箭头的时候，在“绘图工具”→“格式”选项卡中的“排列”组中单击“组合”按钮，就将这 5 个文本框组合在一起了。

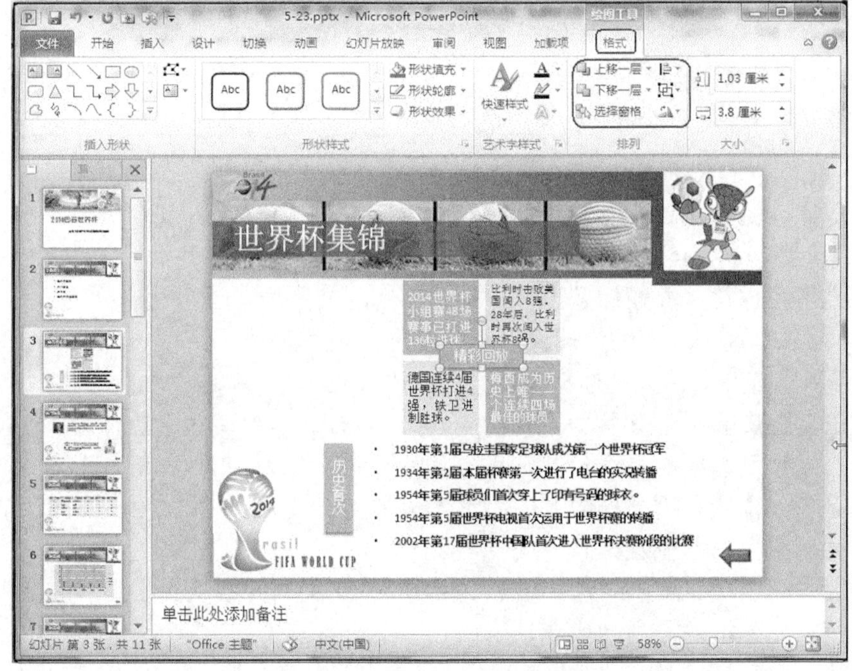

图 5-23　调整文本框的位置

(4) 在“插入”选项卡中的“文本”组中单击“文本框”按钮，选择“竖排文本框”命令，在幻灯片的左下方位置拖拽鼠标，画出一个文本框，然后在文本框中键入“历史首次”的文字。其他操作与步骤(3)相同。

(5) 插入一水平文本框，并输入相应的文字，每一句话要独占一行，并设置文字为“宋体”、

15 号、加粗、左对齐。通过“开始”选项卡中的“段落”组，打开“段落”对话框，设置行距为“1.5 倍”，段前为“3.6 磅”，如图 5-24 所示。

(6) 选择所有文字，通过“开始”选项卡中的“段落”组添加项目符号，选择正方形为项目符号，在“颜色”下拉框中选择深蓝色，如图 5-25 所示。

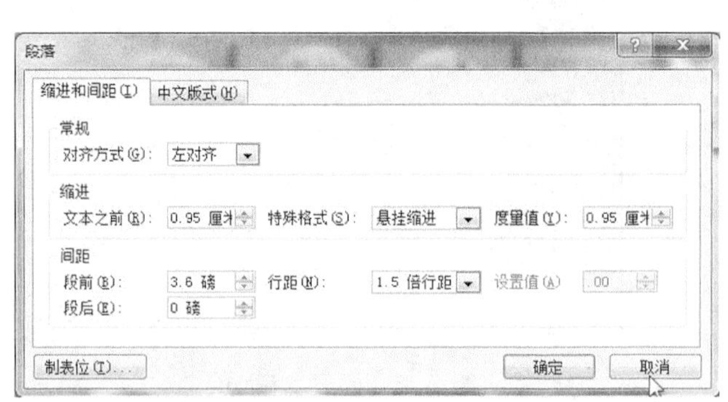

图 5-24　设置行距

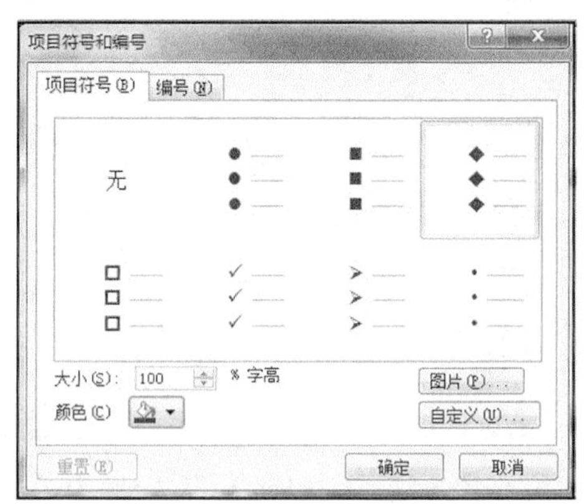

图 5-25　添加项目符号

 Tips

(1) 对于文字字体、字号、字体颜色等的基本操作都可以在“开始”选项卡中的“字体”组中完成。文本工具栏中设置操作与 Word 相似。

(2) 要完成幻灯片的剪切、删除、复制、粘贴等操作，可以在窗口左侧“视图窗口”中，直接右击要操作的幻灯片，在弹出的快捷菜单中选择相应的操作。要移动幻灯片只要选中该幻灯片，按住鼠标左键，就可以拖动幻灯片到指定位置即可。

2. 插入图片和艺术字

下面进行第 4 张和第 5 张幻灯片的制作。

(1) 在“开始”选项卡中的“幻灯片”组中单击“新建幻灯片”命令，选择“标题和内容”版式，删除文本占位符，并在标题占位符中键入标题文字为“世界杯吉祥物”。

(2) 在“插入”选项卡中的“图像”组中单击“图片”按钮，打开“插入图片”对话框，如图 5-26 所示。打开文件夹，选择图片“透明吉祥物.tif”，单击“插入”按钮。然后右击吉祥物图片，在快捷菜单中选择“大小和位置(Z)…”，打开“设置图片格式”对话框，如图 5-27 所示。选择“大小”选项卡，输入“高度”为 9；“宽度”为 12，单击“确定”按钮，然后将图片拖动到合适的位置。用同样的方法在第 5 张幻灯片中插入“C 罗.jpg”和“内马尔.jpg”两张图片，并调整大小和位置。

(3) 依次插入 2 个水平文本框，并输入相对应的文字，并设置文字为“宋体”、18 号、左对齐。最后调整文本框的大小和位置。

(4) 在“插入”选项卡中的“插图”组中，单击“形状”按钮，从“标注”类别中选择“椭圆形标注”选项，如图 5-28 所示。然后在幻灯片中拖动鼠标，画出一个椭圆形标注。单击该标注符的尖端，会出现一个黄色的方形，拖动此方形到吉祥物足球上。通过“设置形状格式”对话框设置“线条颜色”，在“颜色”下拉列表中选择橙色，如图 5-29 所示。

(5) 在“插入”选项卡“文本”组中单击“艺术字”，设置艺术字的方法和 Word 相同，输入文本“我叫犰狳”，如图 5-30 所示。单击“确定”按钮。最后调整艺术字的大小和位置即可。

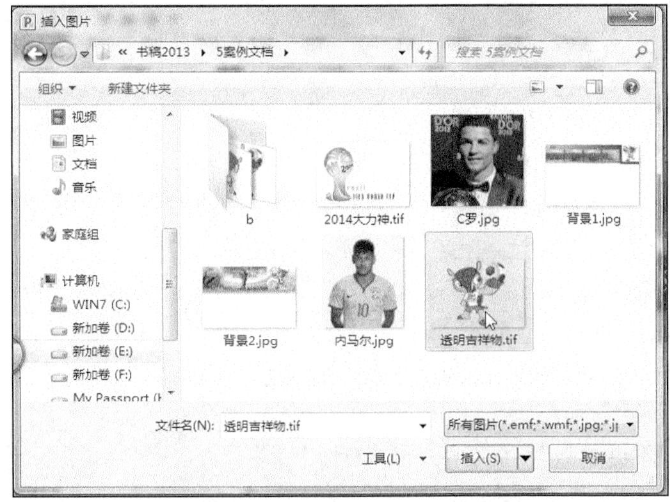

图 5-26　“插入图片”对话框

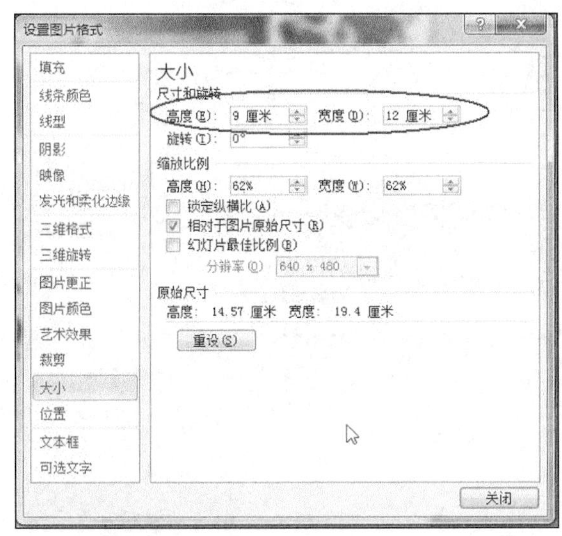

图 5-27　“设置图片格式”对话框

图 5-28　选择标注

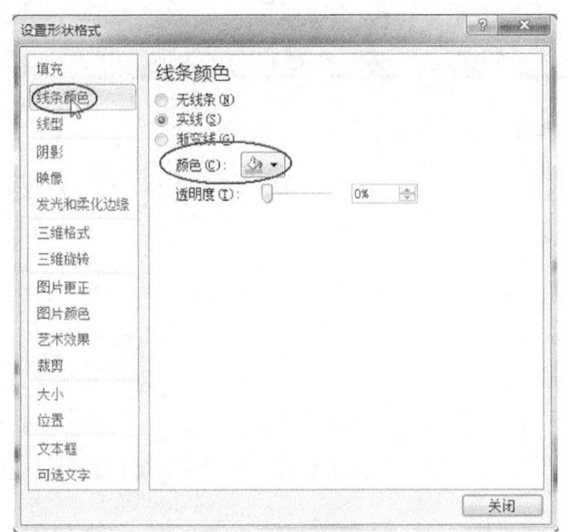

图 5-29　设置线条颜色

图 5-30　调整标注图形

5.2.5 插入表格和图表

1. 插入表格

下面进行第 6 张幻灯片的制作。

(1) 在“开始”选项卡中的“幻灯片”组中单击“新建幻灯片”命令，选择“标题和内容”版式，删除文本占位符，并在标题占位符中键入标题文字“射手榜”。

(2) 在“插入”选项卡中的“表格”组中单击“表格”→“插入表格”，打开“插入表格”对话框。输入“列数”为 6，行数为 6，单击“确定”按钮。在弹出的表格中输入对应的文字和数据，并适当调整文字的字体、大小，表格的大小、位置。关于表格的基本操作，请看 Word 中相关操作，这里不重复介绍。

(3) 选择表格，通过“表格工具”→“设计”标签下的各组功能区，可以直接套用表格样式。本案例选择了“中度样式 2-强调 1”样式，如图 5-31 所示。

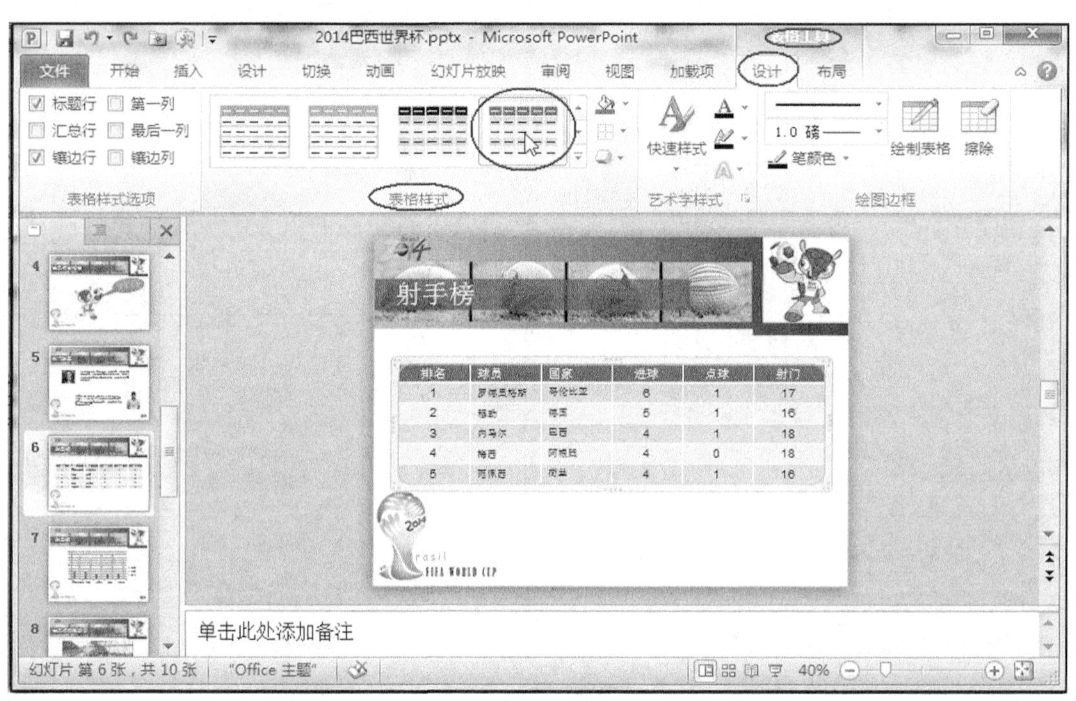

图 5-31 套用表格样式

(4) 通过“表格工具”→“布局”标签下的各组功能区，可以对表格进行一系列的美化操作。例如对齐方式的设置等。

2. 插入图表

下面进行第 7 张幻灯片的制作。

1) 创建图表

(1) 单击“插入”选项卡中的“插图”组中的“图表”按钮，在弹出的“插入图表”对话框中选择“柱形图”→“簇状柱形图”类别，如图 5-32 所示。系统打开一个 Excel 表格，如图 5-33 所示。

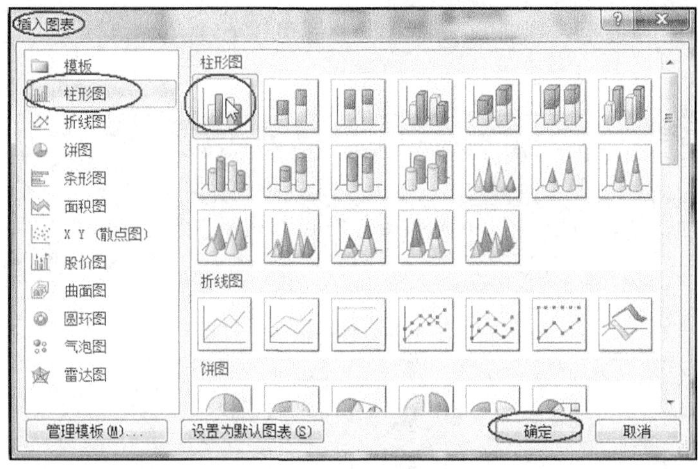

图 5-32　选择图表类型

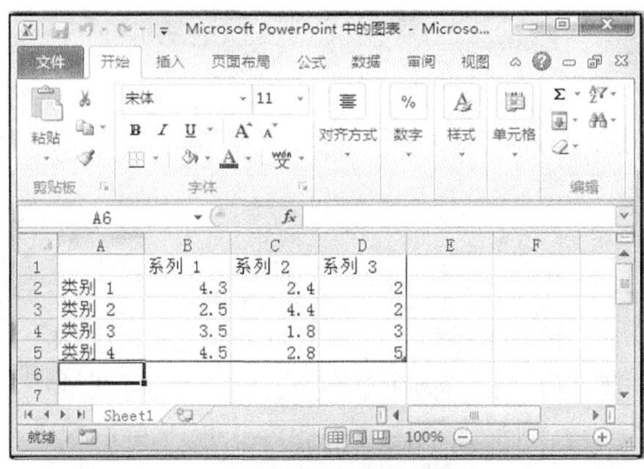

图 5-33　打开数据表格

⑵编辑数据表。在打开的数据表中将数据更改为实际需要展示的数据内容，数据表的编辑与 Excel 的操作一样，可以根据需要增加或删除单元格，并对单元格的数据进行修改。在本例中，其数据表如图 5-34 所示。

图 5-34　数据表的编辑

对数据表的编辑完成后，关闭 Excel，马上就可以看到工作区中显示了如图 5-35 所示的图表。

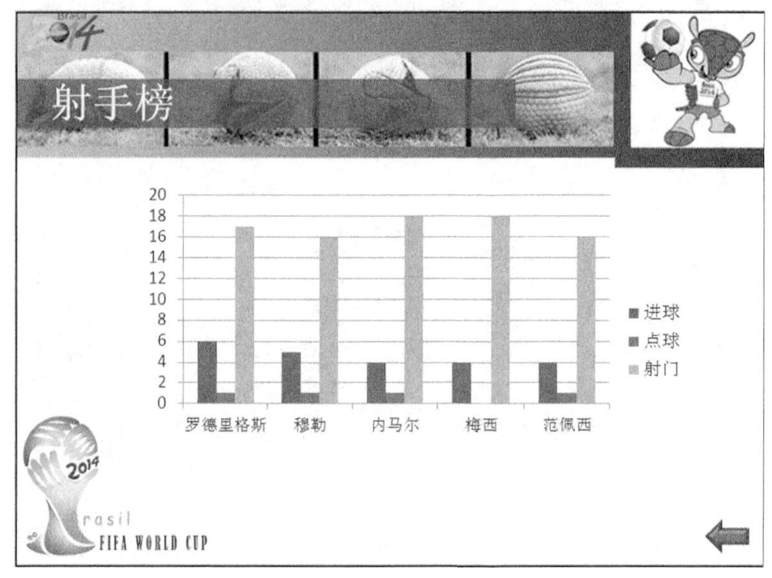

图 5-35　插入图表

2) 设置图表

(1) 设置坐标轴格式。在图表坐标轴上右击，在弹出的快捷菜单中选择“设置坐标轴格式”命令，打开“坐标轴格式”对话框，如图 5-36 所示。在此对话框中，可以在“字体”选项卡中设置坐标轴的字体、字号、颜色等，在“对齐”选项卡中设置坐标轴文字的倾斜方向与角度等。

图 5-36　“坐标轴格式”对话框

(2) 设置背景墙格式。为了使图表更加美观和符合要求，可以对图表进行一系列的修饰。首先可以设置背景墙的格式，在图表中右击，弹出快捷菜单，选择“设置背景墙格式”命令，

打开“背景墙格式”对话框，如图 5-37 所示。在此对话框中，可以根据设计需要设置背景墙的边框颜色、边框样式、背景颜色等。

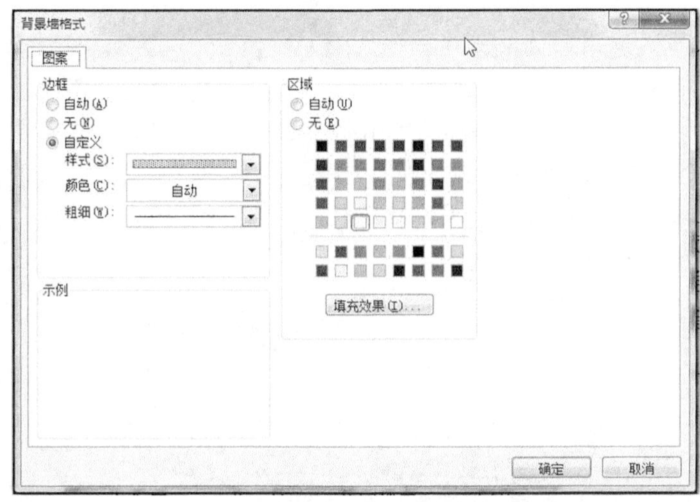

图 5-37　设置背景墙

(3) 设置数据系列格式。将光标移动到方柱上右击，弹出快捷菜单，选择“设置数据系列格式”命令，打开“数据系列格式”对话框，如图 5-38 所示。

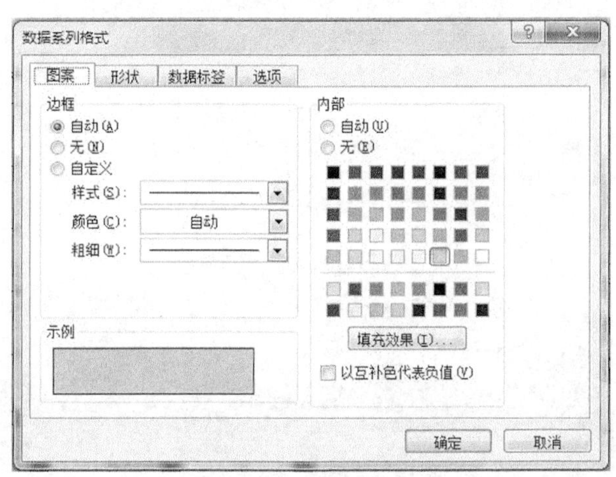

图 5-38　设置数据系列格式

在该对话框中，可以在“图案”选项卡中设置选定方柱的颜色，在“形状”选项卡中设置选定方柱的形状，在“选项”选项卡中设置分类之间的间距等。

(4) 设置图例格式。将光标移动到图例区域上，右击欲修改的图例色块，弹出快捷菜单，选择“设置图例格式”命令，在对话框中，可以对选定图例项的背景颜色进行设置。

(5) 设置图表选项。将光标移动到图表的空白区域上右击，弹出快捷菜单，选择“图表选项”命令，在“图表选项”对话框中可以为图表、坐标轴添加标题，并对图表辅助线的显示进行设置。

(6) 设置图表类型。将光标移动到图表的空白区域上右击，弹出快捷菜单，选择“图表类型”命令，在弹出的对话框中可选择不同的图表类型。常用的图表类型有柱形图、折线图和圆饼图。

5.2.6 插入多媒体文件

1. 插入声音

打开本书光盘“与教材对应的操作文档\第 5 章\练习 2(插入多媒体).pptx”文件，单击第 1 张幻灯片，按如下步骤操作。

(1)插入背景音乐。在“插入”选项卡中的“媒体”组中单击“音频”按钮，从列表中选择“文件中的音频”，会弹出“插入音频”对话框，如图 5-39 所示。指定查找范围，然后在文件夹中双击“Ricky Martin - Vida(2014 巴西世界杯).mp3”声音文件名，在当前幻灯片中会出现一个喇叭图案和音乐播放条，如图 5-40 所示。用鼠标拖动该小喇叭到幻灯片的右下方。

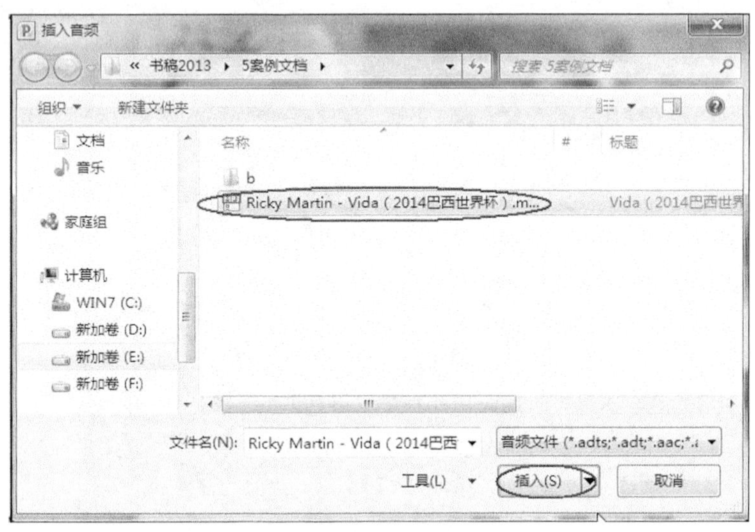

图 5-39 选择背景音乐

图 5-40 插入背景音乐

(2)设置背景音乐播放模式。在插入声音后，通过“音频工具”→“播放”选项卡中的“音频选项”组设定音乐是自动播放还是单击才开始播放，播放时是否需要隐藏喇叭等，如图 5-41 所示。

图 5-41　设置播放模式

Tips

(1) 如果 PowerPoint 演示文稿中需要插入多媒体元素，必须先将该多媒体素材存放在与演示文稿相同的目录中。因为多媒体元素并不会嵌入 PowerPoint 文件中，而是链接到 PowerPoint 文件中，为了保证链接路径的一致性，必须进行这样的操作。

(2) 虽然 PowerPoint 的剪辑管理器中也内置了一些声音文件，但一般说来，在制作演示文稿时最好事先准备好背景音乐文件，这样可能和演示文稿的主题配合得更加完美。PowerPoint 中可以插入多种格式的声音文件，如 WAV、WMV、MP3、MID 等，可以先通过音频编辑软件把背景音乐处理好，然后再把音乐文件放在与该演示文稿同一个目录中。

2. 插入视频

打开本书光盘“与教材对应的操作文挡\第 5 章\练习 2(插入多媒体).pptx”文件，单击第 8 张幻灯片，按如下步骤操作。

在“插入”选项卡中的“媒体”组中单击“视频”按钮，从列表中选择“文件中的视频”命令，会调出“插入视频”对话框。指定查找范围，然后在文件夹中双击“2014 年巴西世界杯开幕式.wmv”视频文件名，在当前幻灯片中会出现一个视频窗口和播放条，如图 5-42 所示。

图 5-42　插入视频

再次提醒：视频、音频文件存放的路径必须与演示文稿是同一个目录，这样才便于接下来的演示文稿发布操作。

Tips

在 PowerPoint 中还有一种利用 PowerPoint 的 Windows Media Player 控件插入视频文件的方法。

3. 插入 Flash 动画

在幻灯片中插入 Flash 动画，要通过插入 Flash 控件进行。所以先要将 PowerPoint 2010 中的控件工具箱添加到快速工具栏，以方便操作。实现方法如下：

在“文件”选项卡中选择“选项”命令，弹出“PowerPoint 选项”对话框，单击“快速访问工具栏”选项，选择“开发工具选项卡”，从列表中选择“控件”，并按“添加”按钮，如图 5-43 所示。完成操作后在快速访问工具栏上即添加了控件工具箱。

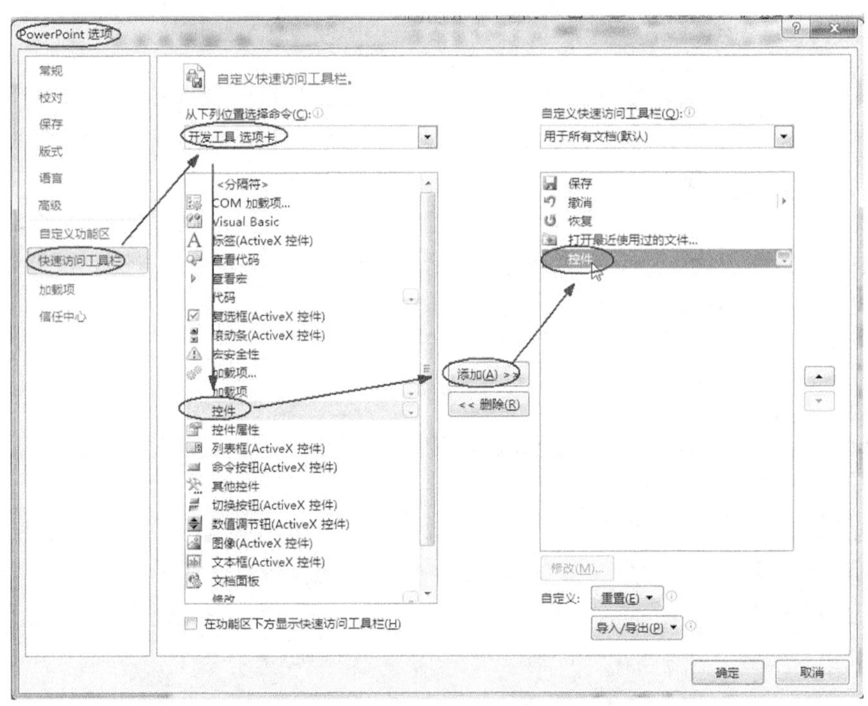

图 5-43　向“快速访问工具栏”添加控件工具箱

打开本书光盘“与教材对应的操作文档\第 5 章\练习 2(插入多媒体).pptx”文件，单击第 9 张幻灯片，按如下步骤操作。

(1) 在快速工具栏中单击“控件”按钮，如图 5-44 所示。从“控件工具箱”中选择“其他控件”选项。

(2) 弹出“其他控件”对话框，在列表中选择 Shockwave Flash Object 选项，如图 5-45 所示。

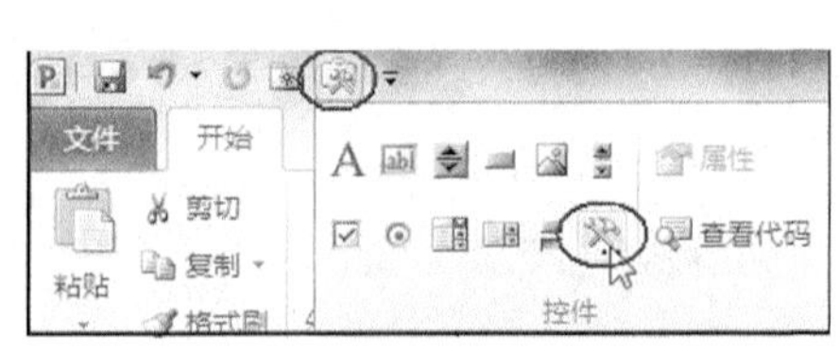

图 5-44　选择控件

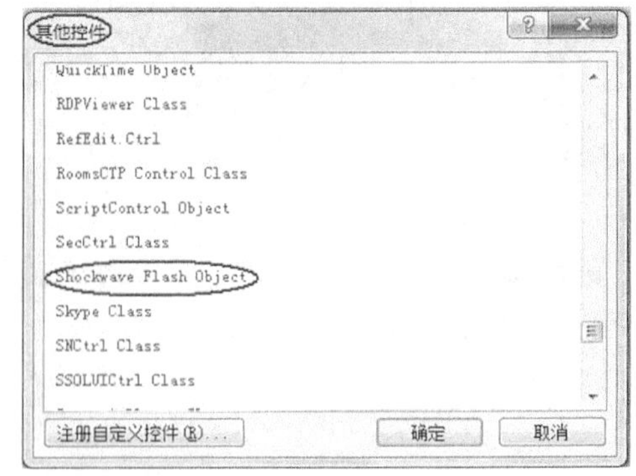

图 5-45　选择 Shockwave Flash Object

(3) 鼠标变成十字，在幻灯片中画出矩形区域以播放动画，如图 5-46 所示。

(4) 在绘制出的区域中右击，弹出快捷菜单，选择“属性”命令，打开“属性”对话框，如图 5-47 所示。在“属性”对话框中单击 Movie 选项，输入 Flash 文件名。设置完成后，单击“确定”按钮，然后放映该幻灯片，所期待的画面就出现了。

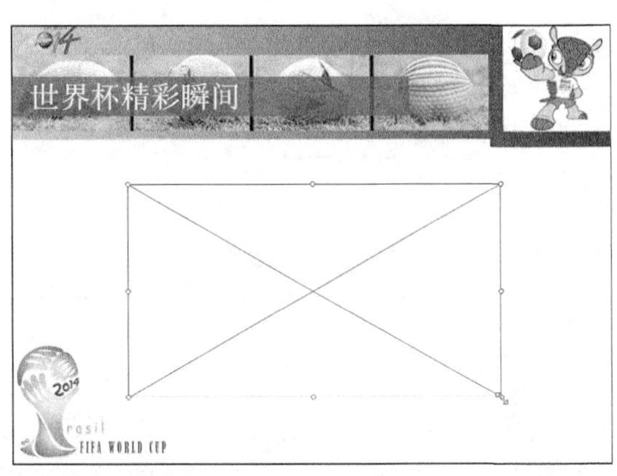

图 5-46　画出播放区域

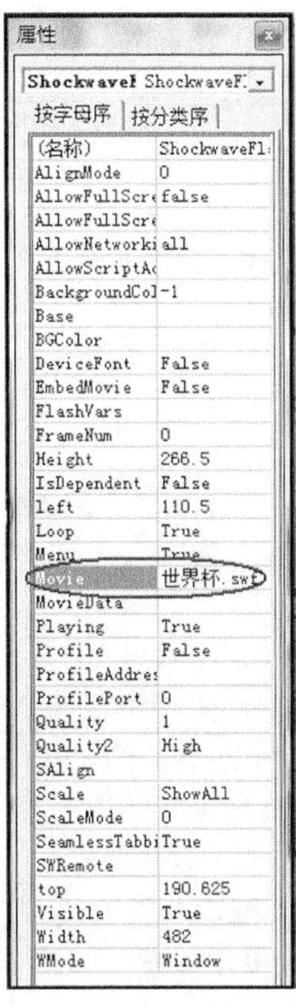

图 5-47　选择 Movie 选项

Tips

(1) 在添加 Flash 控件前，必须确认当前系统已经安装了 Flash 软件，否则控件将无法插入 PowerPoint 中。此外，动画文件存放的目录必须与演示文稿保存的目录一致。

(2) 在播放 Flash 的过程中，想要实施下一个动画或转换画面而单击鼠标时，很可能导致幻灯片放映中止。因此，放映插入 Flash 文件的幻灯片时，使用键盘控制比使用鼠标控制更好。使用键盘进行放映操作时，按上下方向键可实现在前后幻灯片中的转换，按 Esc 键则可结束幻灯片的放映。此外，在放映中按 F1 键还可以打开列有各按键及其操作功能的帮助窗口。进行正式演示前，最好能提前熟悉幻灯片放映时所需的各种按键功能。

5.2.7　插入超级链接

1. 链接到本文档位置

(1) 打开本书光盘“与教材对应的操作文挡\第 5 章\练习 3(插入超级链接).pptx”文件，单击第 2 张幻灯片。选择文字“世界杯集锦”，单击右键，在弹出的快捷菜单中选择“超链接”命令，弹出“插入超链接”对话框。

(2)在“插入超链接”对话框中，选择窗口左侧的“链接到”列表中“本文档中的位置”选项，选择超链接的目标幻灯片“3．世界杯集锦”，如图5-48所示。单击“确定”按钮。用同样的方法完成其他3行文字的链接。

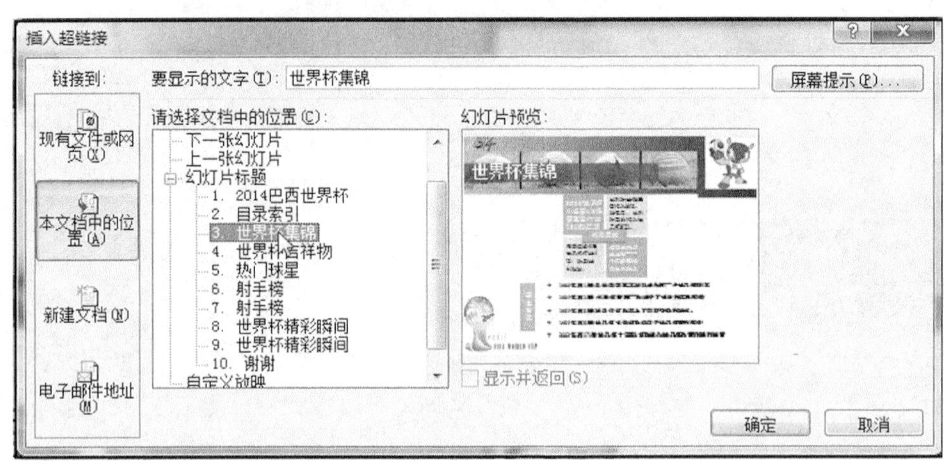

图5-48 “插入超链接”对话框

(3)在第3张幻灯片中插入一左向箭头自选图形，并添加“超链接”，在对话框中选择链接到“本文档中的位置”，选择超链接的目标幻灯片“2．目录索引”，完成由第3张幻灯片到目录索引幻灯片的链接。

(4)将设好链接的左向箭头自选图形分别复制到第5张、第7张幻灯片的右下角，完成幻灯片之间的跳转设置。

2．链接到原有文件或网页

如果需要链接到某个文件或网页，选择“插入超链接”对话框，在“链接到”列表中单击“原有文件或网页”选项，在其右边选择需要链接的文件，最后单击“确定”按钮即可。如果要链接到网页，直接在地址栏中输入要链接的网址即可。

Tips

给文字设置超链接以后，文字会出现下划线，并改变颜色。当演示文稿放映时，单击该文字，打开超链接后，文字的颜色将会再次改变。但使用者经常会发现，设置超链接或打开超链接后的文字，文字的颜色与背景色相似，不易识别。为了解决这个问题，需要更改文字的颜色。

在“设计”选项卡中的“主题”组中单击“颜色”按钮，如图5-49所示。在下拉列表中选择“新建主题颜色”，弹出“新建主题颜色”对话框，图5-50所示。在这个对话框中可更改文字颜色、超链接颜色、已访问的超链接颜色等。例如，在超链接项目左侧色板中，如果选择红色，那么幻灯片中超链接文本的颜色就更改为红色了。

要制作精美、实用的PowerPoint演示文稿，插入文字、图片、表格和图标、视音频文件等对象是最基本的操作。但要做到美观、合理就需要对这些插入的对象进行精心的设计和布局，从文字的颜色、字体、大小到版面的色调、布局都要设计，所以在熟练掌握幻灯片对象插入操作的基础上，要反复练习，仔细体会演示文稿的设计原则。

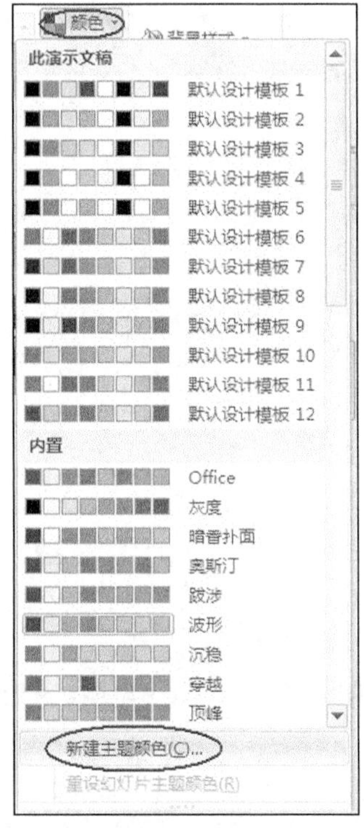

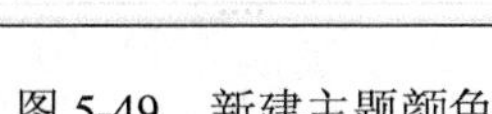

图 5-49　新建主题颜色

图 5-50　更改超链接颜色

5.3　美化演示文稿外观

5.3.1　任务和知识点

下面将学习制作适合不同主题、不同场合的个性化演示文稿外观。PowerPoint 提供了强大的个性化外观制作工具——幻灯片母版，幻灯片母版不仅使演示文稿披上了吸引眼球的个性化外衣，更使幻灯片具有统一的设计样式，便于编辑更改。本知识单元的任务就是制作出适合“2014 巴西世界杯”主题的演示文稿外观，如图 5-51 所示。

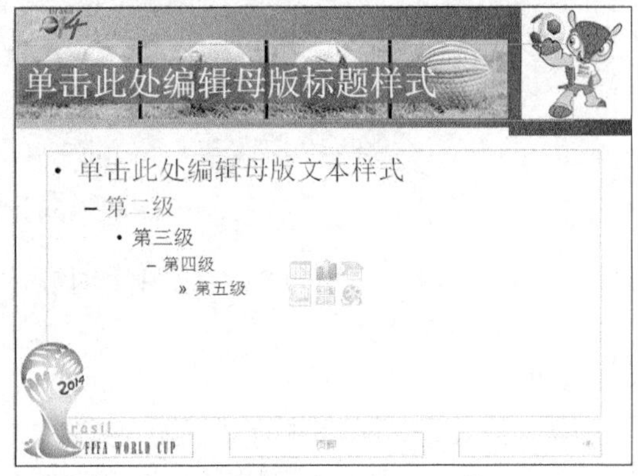

图 5-51　个性化幻灯片母版

在本知识单元中，需要打开本书光盘“与教材对应的操作文挡\第 5 章\练习 4(幻灯片母版).pptx”文件，按照本单元 5.3.3 小节和 5.3.4 小节中的讲解进行编辑，最终达到本书光盘“与教材对应的操作文挡\第 5 章\目标 4(幻灯片母版).pptx”所示效果。

5.3.2　基础知识

1. *母版*

PowerPoint 为每一个演示文稿创建了一个母版集合，母版中的信息一般是共有的信息，改变母版中的信息可统一改变演示文稿的外观。如把公司的标记、网址、演示者的姓名等信息放到幻灯片母版中，可使这些信息在每一张幻灯片中以背景图案的形式出现。母版的种类可分为幻灯片母版、讲义母版和备注母版几种。

1) 幻灯片母版

幻灯片母版是存储模板信息的设计模板的一个元素。幻灯片母版中的信息包括字形、占位符大小和位置、背景设计和配色方案。用户通过更改这些信息，就可以更改整个演示文稿中幻灯片的外观。

在功能区切换到“视图”选项卡，在“演示文稿视图”组中单击“幻灯片母版”按钮，打开幻灯片母版视图，如图 5-52 所示。

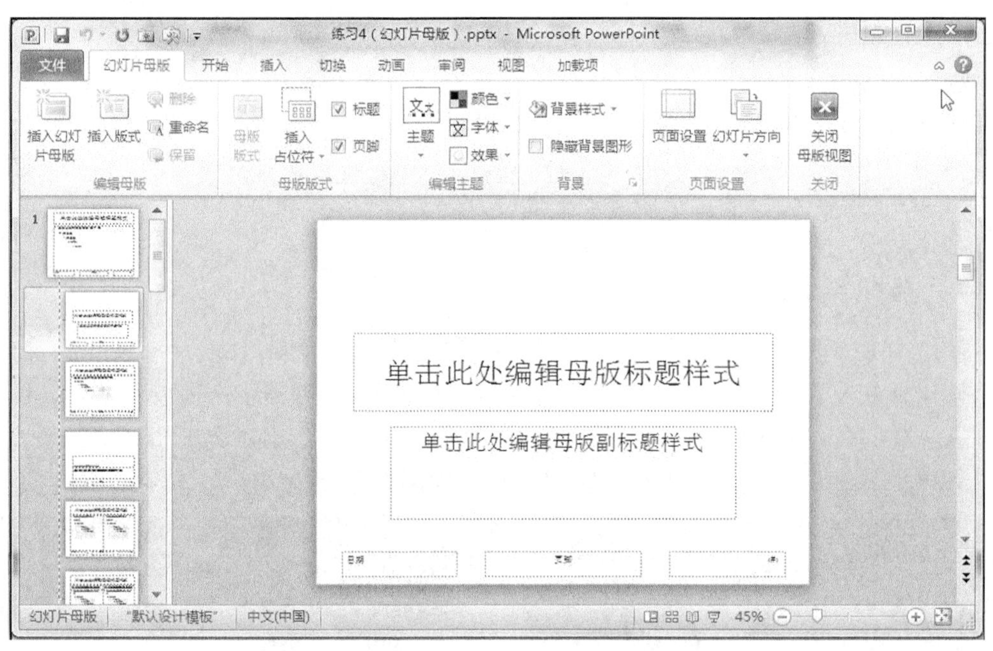

图 5-52　幻灯片母版视图

在幻灯片母版中可以插入应用于幻灯片正文的背景图片、页脚及徽标等，并能调整文本位置、指定文本样式。

2) 讲义母版

因为讲义是发放到观众手上的材料，比起插入背景图片使界面看上去华丽漂亮的设计来说，输入标题、添加徽标或页脚的简洁设计更为合适。

讲义母版是为制作讲义而准备的，通常需要打印输出，因此讲义母版的设置大多和打印

页面有关。它允许设置一页讲义中包含几张幻灯片，设置页眉、页脚、页码等基本信息。在讲义母版中插入新的对象或者更改版式时，新的页面效果不会反映在其他母版视图中。

在功能区切换到“视图”选项卡，在“演示文稿视图”组中单击“讲义母版”按钮，打开讲义母版视图，如图 5-53 所示。

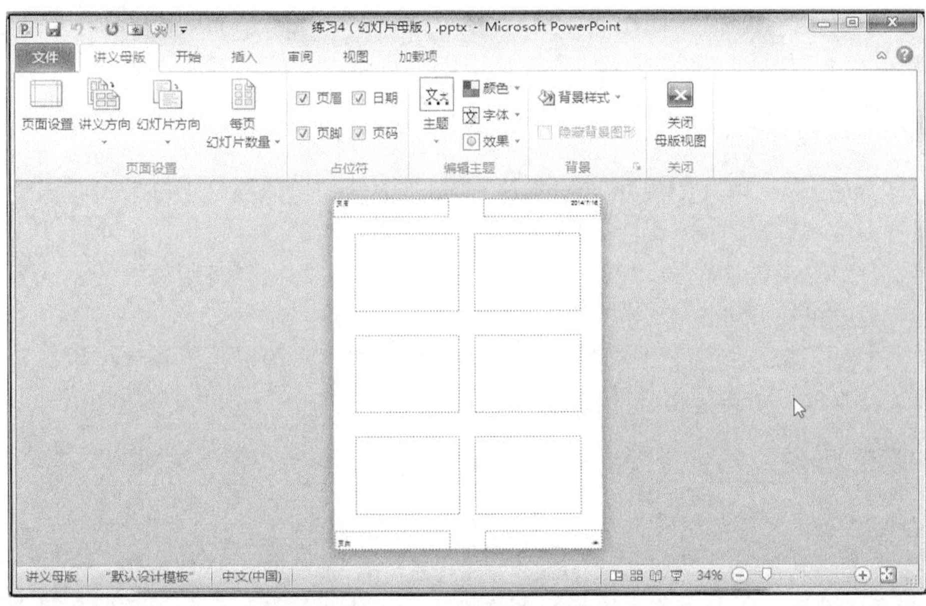

图 5-53　讲义母版视图

3) 备注母版

在“视图”选项卡中的“演示文稿视图”组中单击“备注母版”按钮，打开备注母版视图，如图 5-54 所示。对备注内容进行打印后，既可用作演示时的参考文稿，也可发放给观众作为讲义。与其他母版一样，备注母版也能编辑背景、字体及插入对象等。

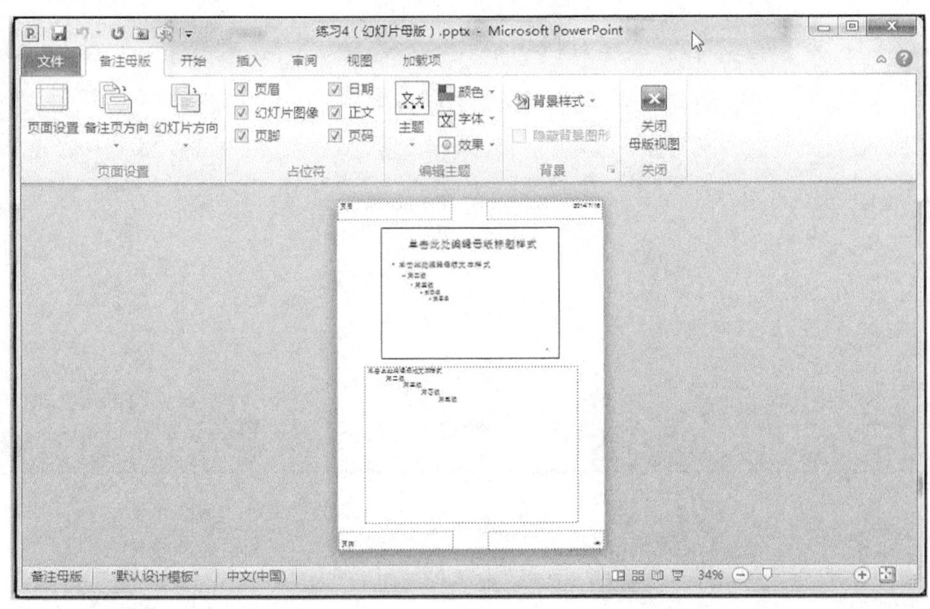

图 5-54　备注母版视图

2. 模板

模板是指预先定义好格式的演示文稿，是保存为.potx 文件的一张幻灯片或一组幻灯片的图案或蓝图。模板可以包含版式、主题颜色、主题字体、主题效果和背景样式，甚至还可以包含内容。PowerPoint 提供了多种不同类型的内置免费模板，也可以在 Office.com 和其他合作伙伴网站上获取用于自己演示文稿的数百种免费模板，当然还可以创建自己的自定义模板，然后存储、重用及与他人共享它们，合理使用模板可以大大提高工作效率。

5.3.3 使用已有模板

使用 PowerPoint 内置的或在 Office.com 和其他合作伙伴网站上获取的模板创建演示文稿，可以省去很多设计时间，大大加快演示文稿制作的速度。

在“文件”选项卡中单击“新建”命令，在窗口的中部出现可用模板的主题列表，从列表中选择合适的模板即可。

在实际的使用中，当现有的模板无法满足我们需求时，可以自己设计模板，也可以在现有模板上进行修改，以符合自己的实际需要。

5.3.4 自定义母板

1. 自定义演示文稿的背景

(1)打开本书光盘“与教材对应的操作文挡\第 5 章\练习 4(幻灯片母版).pptx”文件。

(2)在“视图”选项卡中的“母版视图”组中，单击“幻灯片母版”按钮，进入幻灯片母版编辑界面，如图 5-55 所示。现在可以开始设计母版了。

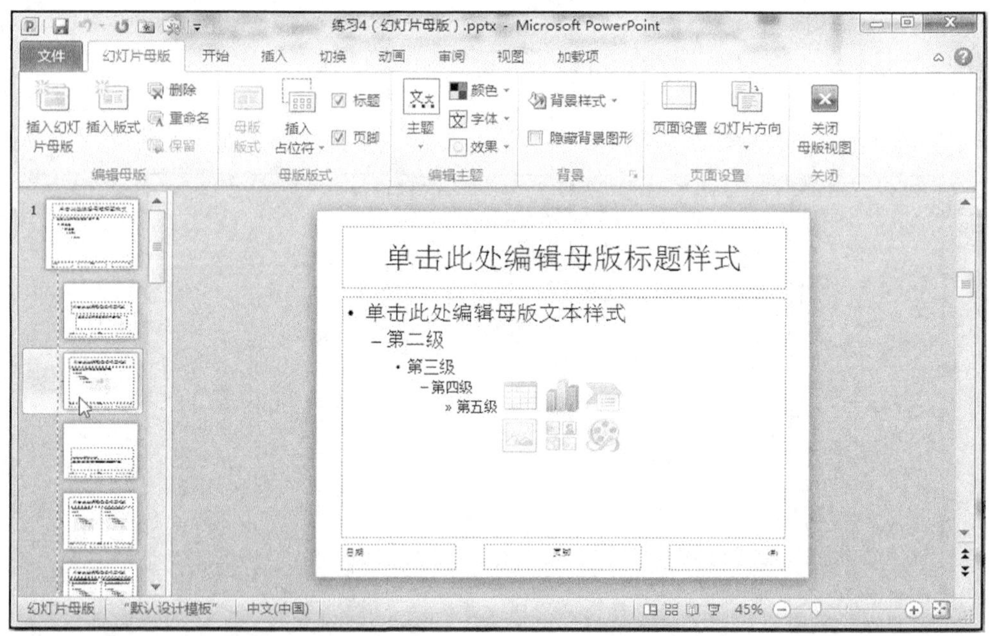

图 5-55 编辑母版

(3)选择标题母版。标题母版是幻灯片母版的一种特殊形式，它只适用于标题幻灯片版式的演示文稿幻灯片，如图 5-55 所示，左侧视图的第二张幻灯片为标题幻灯片，鼠标停留在该

幻灯片时有提示。在“插入”选项卡中的“图像”组中单击“图片”按钮，选择首页背景图片所在的路径(文件路径：本书光盘“与教材对应的操作文挡\第 5 章\背景 1.jpg”)，单击“插入”按钮，如图 5-56 所示。

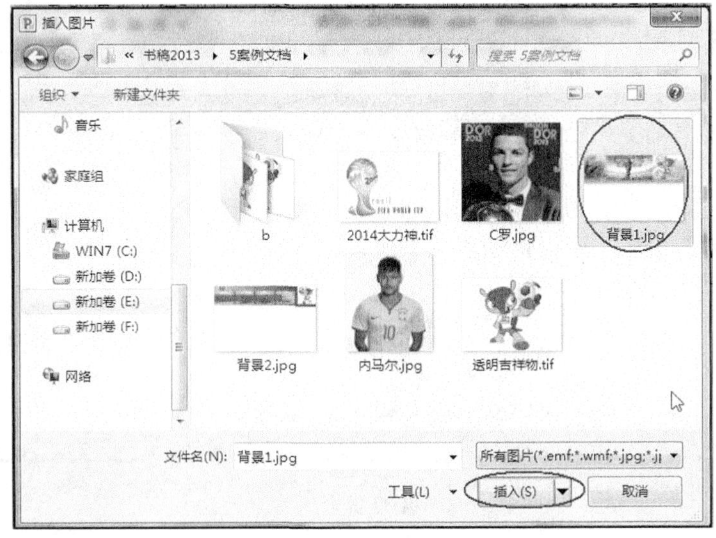

图 5-56　选择图片

(4) 调整图片大小使之与幻灯片匹配，在图片上右击，弹出快捷菜单，选择“置于底层”命令，标题幻灯片的背景图就设计好了，如图 5-57 所示。

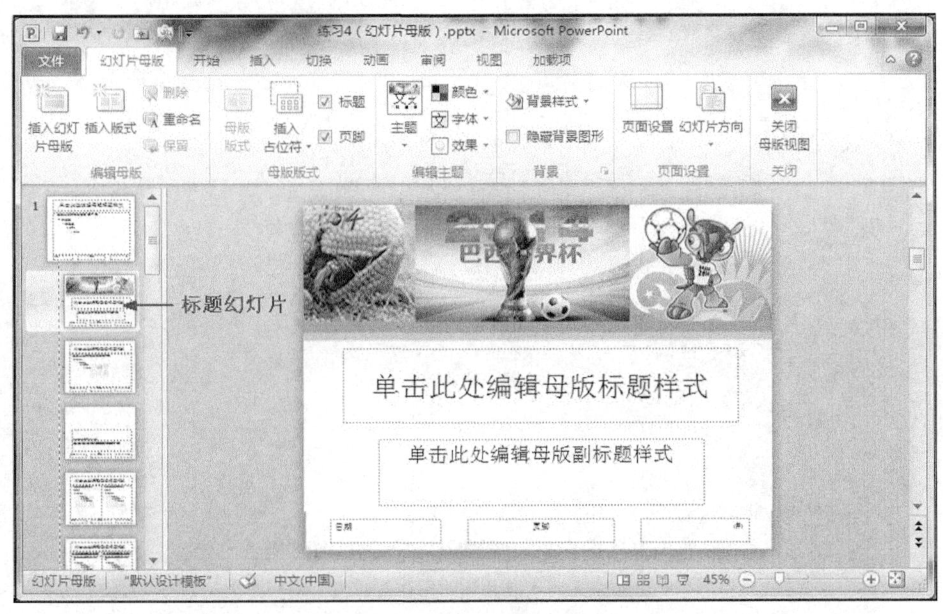

图 5-57　标题幻灯片背景设计

(5) 用同样的方法为幻灯片母版添加背景图片，背景图片所在的路径(文件路径：本书光盘“与教材对应的操作文挡\第 5 章\背景 2.jpg)。然后为幻灯片母版插入个性化标识图——大力神奖杯图片(文件路径：本书光盘“与教材对应的操作文挡\第 5 章\2014 大力神.tif”)，适当调整占位符的位置，将标题文字改为白色，如图 5-58 所示。

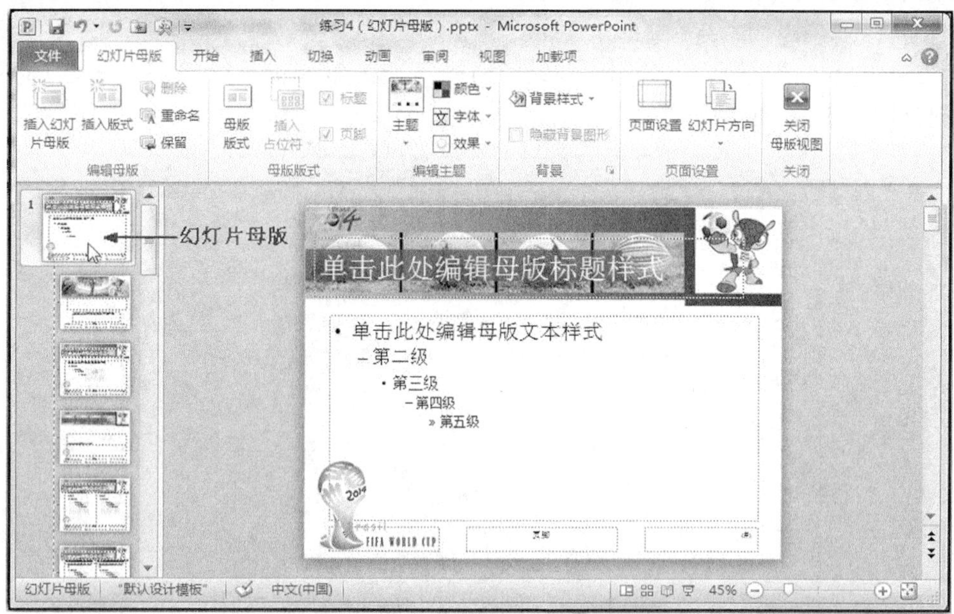

图 5-58　幻灯片母版背景设计

(6)如果想使用多个母版，那么可以继续设计更多的母版。在“幻灯片母版”选项卡的“编辑母版”组中单击“插入幻灯片母版”按钮，即可添加另外一组标题母版和幻灯片母版，如图 5-59 所示。

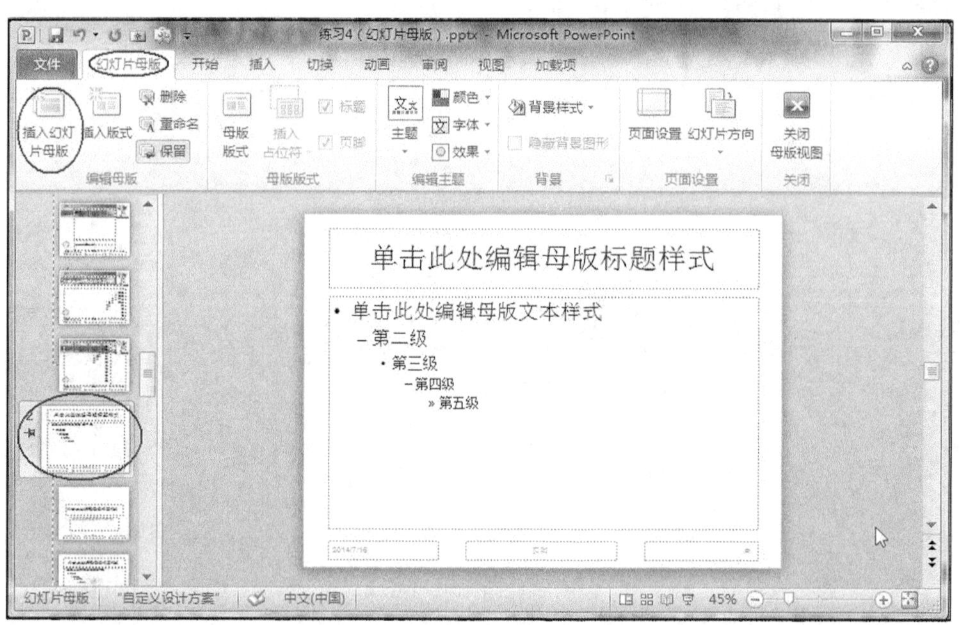

图 5-59　插入新母版

2. 格式化演示文稿的文本

制作 PowerPoint 时，文字和布局的设计直接影响幻灯片的信息展示效果。为了让 PowerPoint 展示的信息更加醒目，必须对文本的位置、颜色、字体、字号进行修改，以更加突出所传达的信息。

1) 调整文本框的位置

幻灯片母版中自动生成的文本框与刚才插入的背景所预期的文本出现位置并不一致，如图 5-60 所示。因此，需要选中“母版标题样式”文本框与“母版文本样式”文本框，拖动到适合的位置，最终的效果如图 5-61 所示。使用同样的办法，调整幻灯片母版的文本框位置。

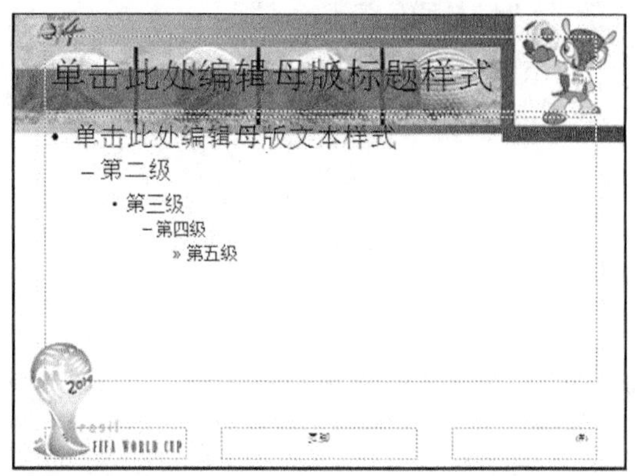

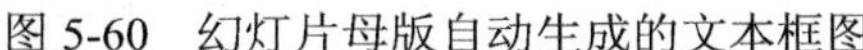
图 5-60　幻灯片母版自动生成的文本框图

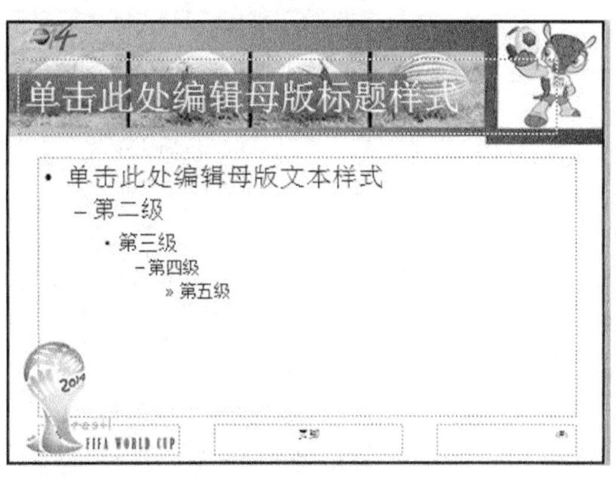

图 5-61　调整后的幻灯片母版文本框位置

2) 调整文本的字体、颜色与字号

添加背景后，我们发现部分文字的格式需要调整，如图 5-60 所示。通过“开始”选项卡中的“字体”组对文本进行自定义，重新定义后的效果如图 5-61 所示。

母版都定义完后，可单击“关闭母版视图”按钮，返回幻灯片设计界面中。

返回幻灯片设计界面后，可以发现刚才所定义的母版样式会出现在“设计”选项卡中的“主题”组的最前面，如图 5-62 所示。

图 5-62　自定义母版出现在“主题”组中

在“主题”组中还可根据需要套用不同主题，使 PowerPoint 的外观变得美观、生动，而且随需应变。把鼠标停留在某个主题上，即可预览套用后的效果。

如果对刚才设计好的母版满意，并想将该母版应用到日后新设计的演示文稿中，则可以把母版保存为演示文稿设计模版。步骤如下：

(1)选择“文件”→“另存为”命令，弹出“另存为”对话框，在该对话框中，选择保存类型为“PowerPoint 模板(*.potx)”，输入文件保存名称“世界杯”，如图 5-63 所示。

图 5-63 保存为模板

(2)单击“保存”按钮完成保存后，模板会自动存放在如图 5-63 所示的位置，该文件夹中统一存放着 PowerPoint 的模板。

(3)当新建文件的时候，刚存放好的“世界杯”模板将出现在“我的模板”类别中，如图 5-64 所示。可供再制作演示文稿时重复使用。

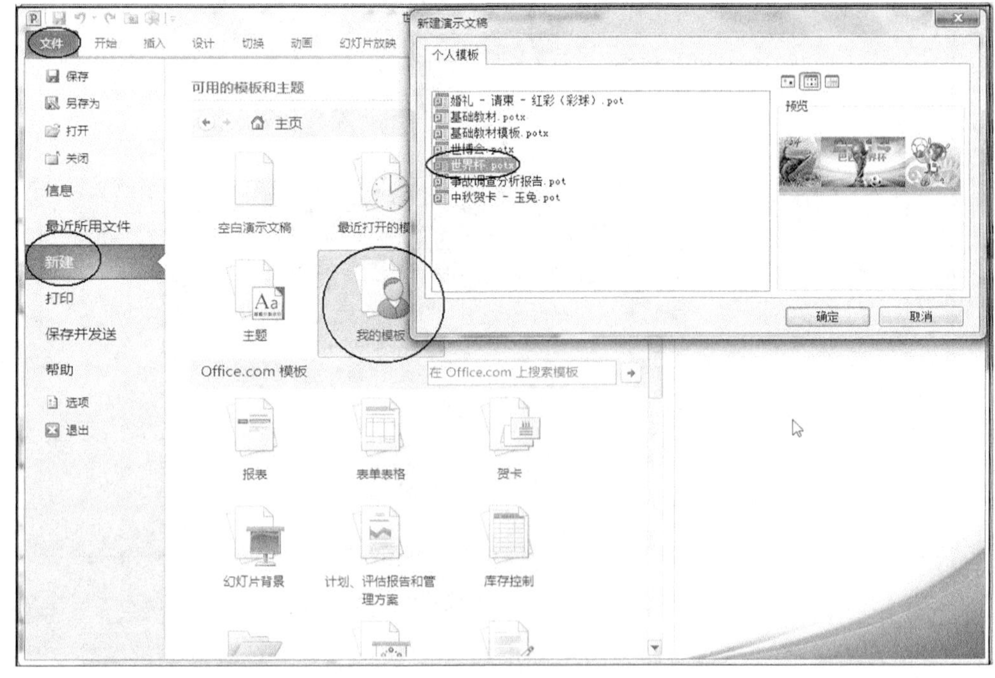

图 5-64 可使用自定义的模板新建文件

5.3.5　套用主题

1. 套用模板

新建一个 PPT 文档，或者打开一个已有的文档，在“设计”选项卡中的“主题”组中可以看到已经安装了的所有的模板，单击右边的下拉箭头，会看到更多，有内置的，也有来自 Office.com 的，喜欢哪个，就可选择哪个。当前的演示文稿就快速地套用了一个模板（图 5-65）。

图 5-65　模板列表

2. 应用多个幻灯片模板

用第一种方法幻灯片只能应用同一种模板，如果觉得整个幻灯片都是同一个模板有点单调，那么可以给演示文稿中的幻灯片选用各种模板：在“普通”视图下选中要应用模板的幻灯片（如果有多个幻灯片要应用同一模板，可以按住 Ctrl 键逐个选择），再将鼠标指向“设计”选项卡中的“主题”组中显示的某个模板，单击右侧的下拉按钮打开菜单，如图 5-66 所示。选择其中的“应用于选定幻灯片”即可。

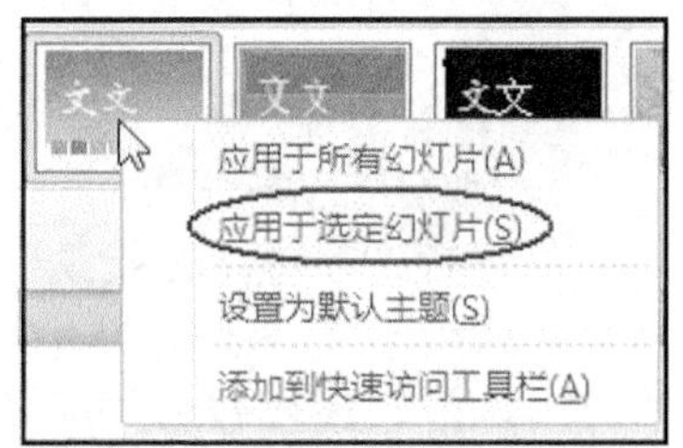

图 5-66　应用于选定幻灯片

3. 快速使用其他的幻灯片模板

首先打开希望更改模板的演示文稿，然后在“设计”选项卡的“主题”组中，单击下拉箭头，单击“浏览主题”选项。然后就可以在弹出的“选择主题或主题文档”对话框中选择想要使用的模板文件.potx 或者.pptx、.pps 文件，模板即可套用在当前演示文稿中。

4. 将外部模板安装为 powerpoint 内部模板

模板是以文件的形式存放的。因此，如果从网上或光盘上找到一些 PPT 模板，只要把它们复制并粘贴到安装目录 Microsoft\Templates 文件夹下即可成为内部模板。

5.3.6　任务总结

演示文稿的模板就像是橱窗里的衣服，当我们出席不同的场合、参加不同主题的宴会时，就需要换上不同的衣服。但是幻灯片的内置模板却不足以满足我们这样的需求，因此我们要自己动手设计这些个性化的模板，就像专门为一些场合订制衣服一样。用这样的模板作为演示文稿的外观，不仅美观、个性，更贴切主题、场合。当然为了表现衣服主人的某些特质，可以加入特有的标志，如校徽、电子邮箱、网址等。除此之外，模板可以统一整个演示文稿的样式和风格，如可以在幻灯片母版中一次设置所有幻灯片中标题栏的字体、大小、动画效果等。因此，多做几套模板保存起来，以备不时之需是很有必要的。

5.4 放映演示文稿

5.4.1 任务和知识点

适当的动画效果不仅可以让演示文稿生动活泼，还可以控制演示流程并突出关键信息。动画效果的应用对象可以是整个幻灯片、某个画面或者某一幻灯片对象（包括文本框、图表、艺术字和图画等）。不过应该记住一条原则，那就是动画效果不能用得太多，而应该让它起到画龙点睛的作用，太多的闪烁和运动画面会让观众注意力分散甚至感到烦躁。

在本知识单元中，需打开本书光盘“与教材对应的操作文挡\第 5 章\练习 5.pptx”，按照本单元 5.4.3 小节和 5.4.4 小节中的讲解进行编辑，最终达到“目标 5（幻灯片切换）.pptx”所示效果。具体的任务描述如下：

任务描述	知识点
设置“练习 5（幻灯片切换）.pptx”的幻灯片切换效果为“形状”，类别为“圆”	幻灯片切换
设置“练习 5（幻灯片切换）.pptx”中第 2 张幻灯片的动画效果与“目标 5.pptx”第 2 张幻灯片的动画效果相同	自定义动画

5.4.2 基础知识

幻灯片动画方案包括页与页之间切换的动画和同一页不同对象中的动画两种不同形式。

1. 幻灯片切换动画

幻灯片切换效果是指从上一张幻灯片切换至下一张幻灯片时采用的效果，为的是在幻灯片切换时吸引观众的注意力，提醒观众新的幻灯片开始播放了。幻灯片切换效果可在“切换”选项卡中的“切换到此幻灯片”组中进行设置，如图 5-67 所示。

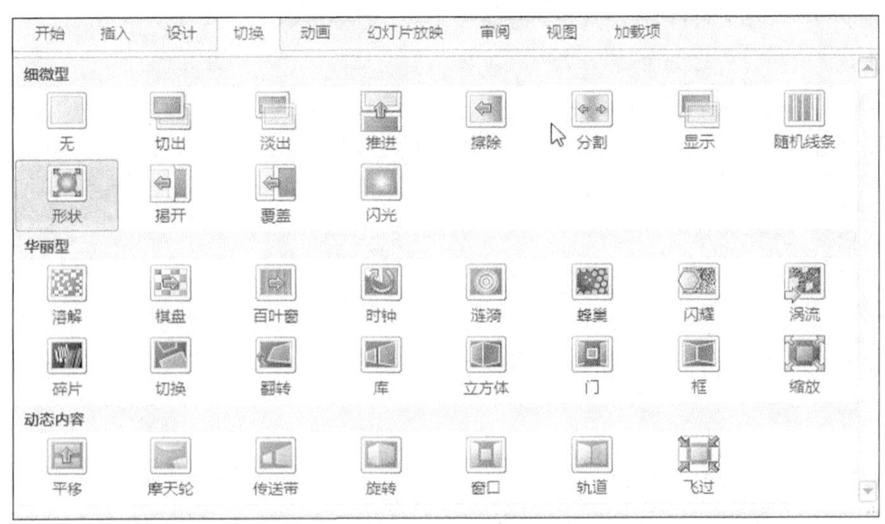

图 5-67 设置幻灯片切换效果

说明：

(1)“切换到此幻灯片”组中提供了许多种不同的切换风格，如图 5-68 所示。选择切换风格后，通过“效果选项”，可以选择不同的切换效果，如图 5-69 所示。

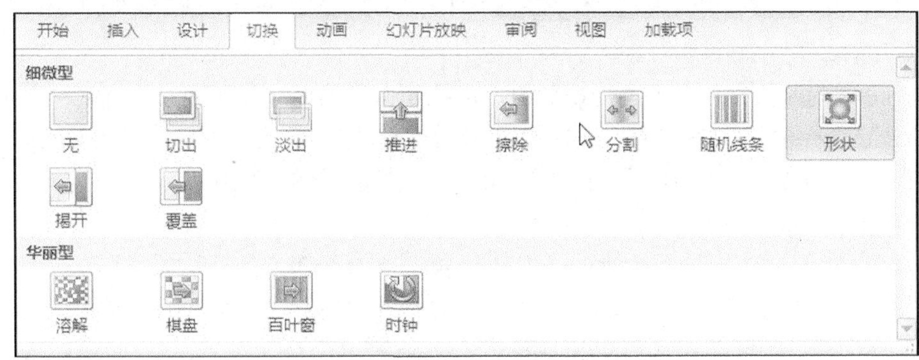

图 5-68　选择切换风格

(2) 效果选项：对应所选风格的具体效果。

(3) 声音：可选择切换幻灯片时是否需要添加切换声音。设置后，播放幻灯片时就会自动播放你所选择的声音效果。单击“切换方式”下拉菜单，在弹出的列表中选择想要的声音效果，如图 5-70 所示。

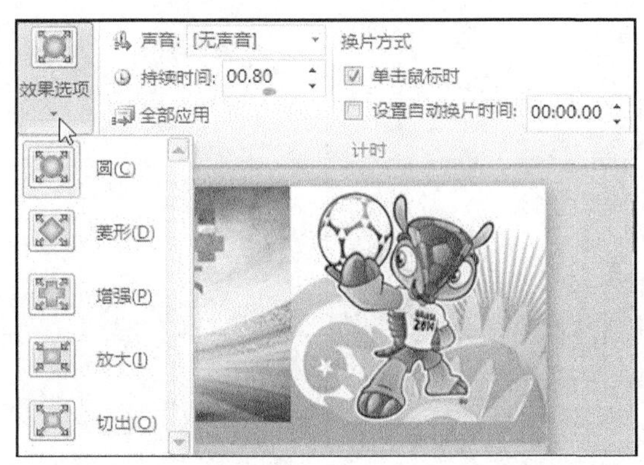

图 5-69　设置切换效果

声音: [无声音]　换片方式
[无声音]
[停止前一声音]
爆炸
抽气
锤打
打字机
单击
电压
风铃
风声
鼓声
鼓掌
激光
疾驰
箭头
收款机
推动
微风
硬币
炸弹
照相机
其他声音...
播放下一段声音之前一直循环(N)

图 5-70　设置切换声音

(4) 全部应用：设置好一种切换效果后，只需单击“全部应用”按钮，即可将这种效果应用到所有的幻灯片中。

(5) 换片方式：设定是单击鼠标时换片还是一定的时间后自动换片。

Tips

一般情况下，一个演示文稿的所有页面的切换方式应该是统一的，幻灯片的切换效果一般不宜太花俏，且不宜选择刺耳的声音作为切换声音，建议切换效果的应用范围选择“应用于所有幻灯片”。

2. 页内对象自定义动画

制作幻灯片的时候，加入动画切换效果，便能使自己的幻灯片在展示的时候更加绚丽夺目。

Microsoft PowerPoint 2010 演示文稿中的文本、图片、形状、表格、SmartArt 图形等都能拥有自定义动画方案，可以赋予它们进入、退出、大小或颜色变化，甚至移动等视觉效果。而且同一个对象可以多次定义其动画效果。

PowerPoint 2010 中有以下 4 种不同类型的动画效果，如图 5-71 所示。

- “进入”效果。例如，可以使对象逐渐淡出焦点、从边缘飞入幻灯片或者跳入视图中等。
- “强调”效果。例如，使对象放大或缩小、透明或陀螺旋等。
- “退出”效果。例如，使对象飞出幻灯片、从视图中消失或者从幻灯片旋出等。
- 动作路径。使用这些效果可以使对象上下移动、左右移动或者沿着星形或圆形图案移动(与其他效果结合)。

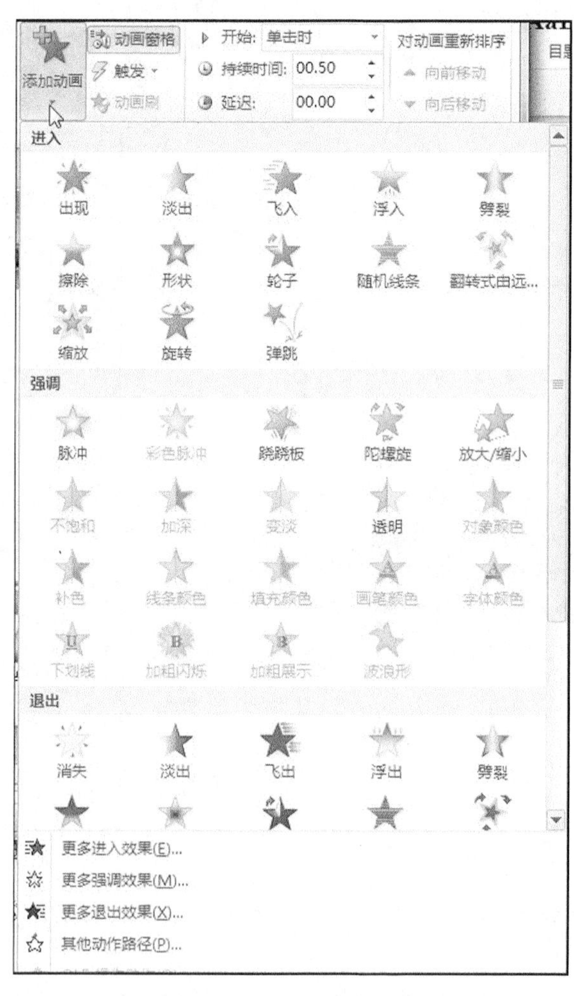

图 5-71 动画效果

5.4.3　设计动画方案

1. 设计幻灯片切换动画

打开本书光盘“与教材对应的操作文挡\第 5 章\练习 5(幻灯片切换).pptx”文件，设置幻灯片切换效果为“形状”，类别为“圆”。步骤如下：

(1) 在“切换”选项卡中的“切换到此幻灯片”组中选择形状，如图 5-72 所示。

(2) 在“效果选项”下拉列表中选择“圆”。

(3) 单击“全部应用”按钮。单击“播放”按钮可以预览动画效果。

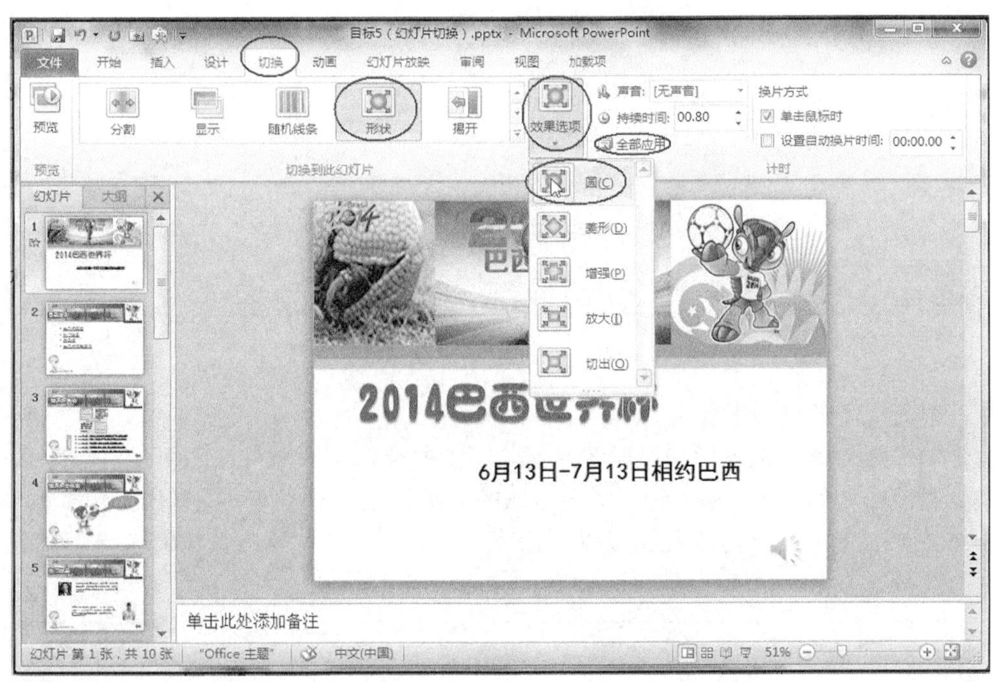

图 5-72　设计幻灯片切换动画

2. 设计自定义动画

1) 插入自定义动画

打开本书光盘“与教材对应的操作文挡\第 5 章\练习 5(幻灯片切换).pptx”文件，参照“目标 5(幻灯片切换).pptx”效果设置第 2 张幻灯片的动画效果。步骤如下：

(1) 选择第 2 张幻灯片。选取文字，在“动画”选项卡中的“动画”组中选择“形状”类别，下拉列表中提供了更多的选择。

(2) 在“效果选项”下拉列表中选择方向“放大”，形状“菱形”，“开始”属性选“单击时”。单击“动画窗格”按钮，可以在右侧动画窗格中看见定义好的动画效果演示，如图 5-73 所示。更多动画属性的修改也可在动画窗格中完成。

2) 调整自定义动画

当添加动画效果完成后，在动画窗格中就可以看到该张幻灯片已经添加的动画效果列表，如图 5-74 所示。窗格下方的“计时”组中有个“重新排序”上下箭头，用户可更改动画的播放次序。

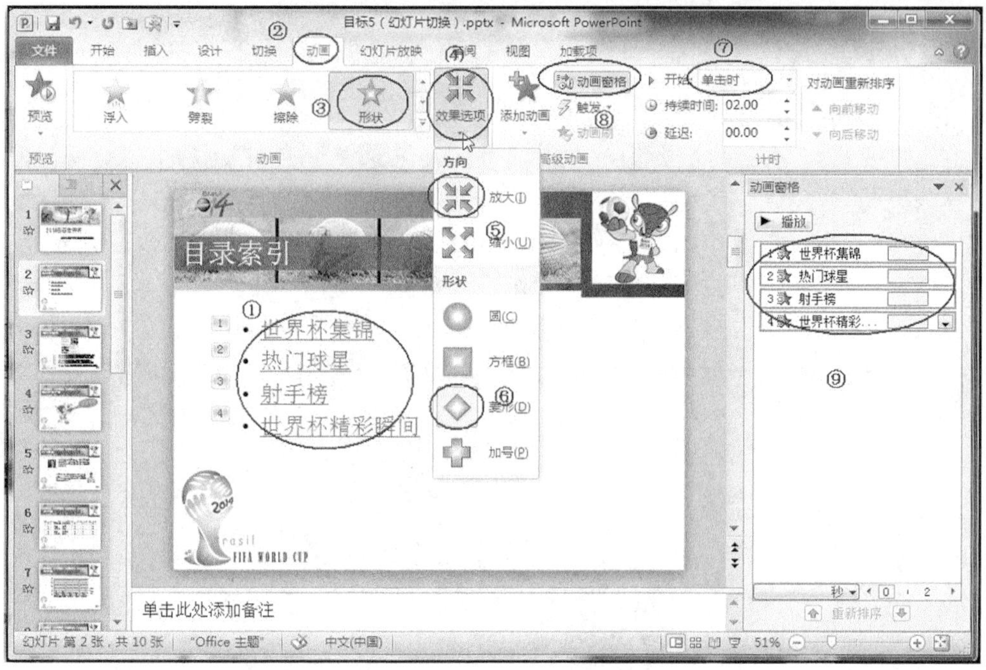

图 5-73　添加自定义动画

3) 自定义动画的高级设置

本张幻灯片动画效果不做高级设置，但除了上面介绍的设置外，还可以对自定义动画进行更高级的设置。在动画窗格中选择需要编辑的动画效果，下拉列表中列出了更多编辑功能，如图 5-75 所示。单击“删除”按钮可以删除某个动画效果。可单击“效果选项”命令做更多的编辑修改。

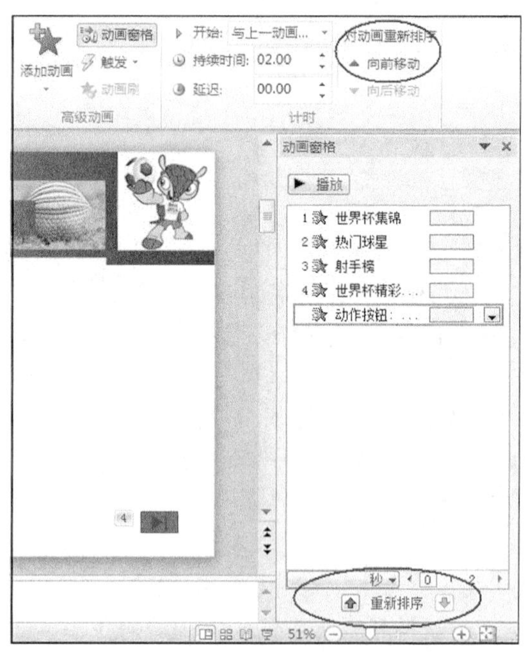

图 5-74　调整自定义动画

图 5-75　动画高级设置

选择“效果选项”命令，打开效果选项对话框，如图 5-76 所示。在“效果”选项卡中，可以进行以下的设置。

- “方向”：放大或缩小。
- “声音”：动画效果出现时的声音，可以播放自定义的声音，但只支持 wav 格式。
- “动画播放后”：选择动画效果播放后动画对象的颜色是否有变化。
- “动画文本”：可选择文本动画的出现方式是整段文字出现、按字/词出现还是按字母出现。

在“计时”选项卡中(图 5-77)，可以进行以下的设置。

图 5-76 “效果”选项卡

图 5-77 “计时”选项卡

- “开始”：确定动画什么时候开始播放。有 3 种选择，即单击时、与上一动画同时、上一动画之后。
- “延迟”：动画效果延时出现的时间。
- “期间”：动画效果播放的速度。
- “重复”：是否重复播放动画效果。

Tips

对于同一个对象，可以多次定义其动画的效果，使动画方案变得更加的强大。

对于不同的动画效果，“效果选项”对话框会有差异。

5.4.4 演示文稿的放映

1. 幻灯片的放映

在“幻灯片放映”选项卡中的“开始放映幻灯片”组中，选择“从头开始”按钮，可以从首张幻灯片开始放映。若要从当前幻灯片开始放映，只要单击“从当前幻灯片开始”按钮即可，如图 5-78 所示。

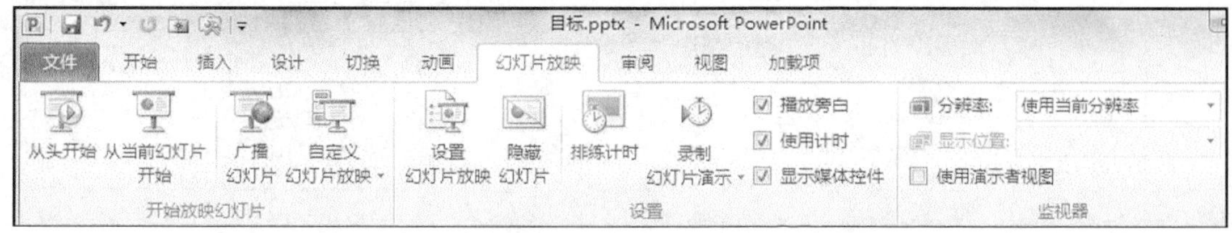

图 5-78 选择幻灯片放映方式

2. 在放映幻灯片期间使用墨迹

放映幻灯片时，可以在幻灯片的任何地方添加手写备注。在幻灯片放映视图中右击，在快捷菜单中选择“指针选项”→“笔”或“荧光笔”命令，就可以在幻灯片上进行书写了，如图 5-79 所示。选择“箭头”命令即可使鼠标指针恢复正常，选择“擦除幻灯片上的所有墨迹”命令可以删除刚才手写的墨迹。

3. 设置放映方式

若想设置从第几张幻灯片开始放映，直到第几张幻灯片结束，在“幻灯片放映”选项卡中的“设置”组中选择“设置幻灯片放映”按钮，弹出“设置放映方式”对话框，然后根据需要进行设置，如图 5-80 所示。

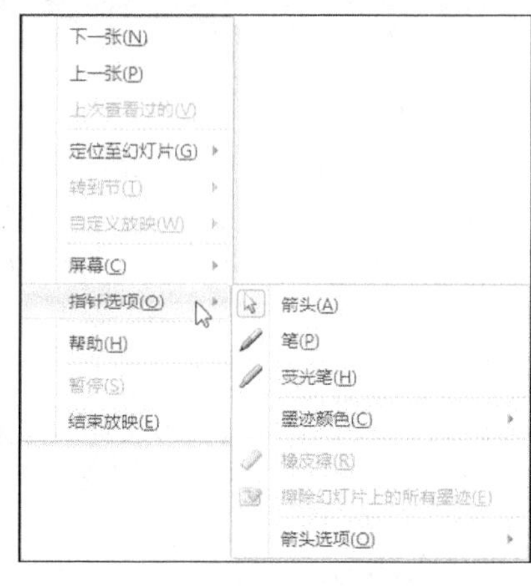

图 5-79 选择墨迹

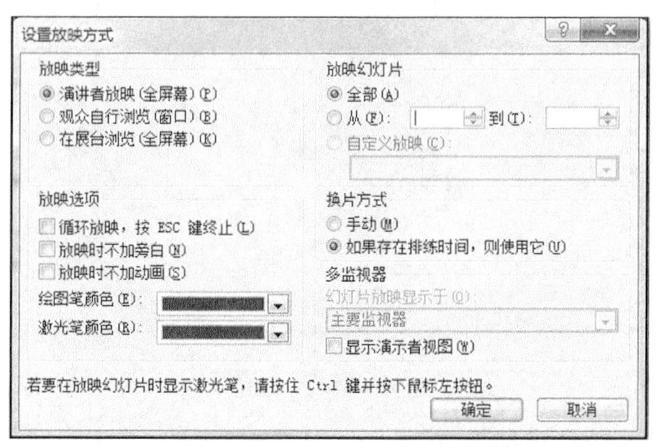

图 5-80 “设置放映方式”对话框

4. 排练计时

在“幻灯片放映”选项卡中的“设置”组中选择 “排练计时”命令，按需要的速度把幻灯片放映一遍，到达幻灯片结尾时，单击“是”按钮，认可排练时间；或单击“否”按钮，重新开始排练。设置排练时间后，幻灯片在放映时，若没有单击鼠标，即按排练时间放映。

5. 录制旁白

在播放幻灯片的时候，对于一些重点问题需要阐述，如果用文字的方法介绍可能要在幻灯片中写很多文字才能概括清楚，遇到这种情况可利用 PowerPoint 的录制旁白功能，给文稿加入声音介绍。要录制语音旁白，需要有声卡、话筒和扬声器。在“幻灯片放映”选项卡的“设置”组中单击“录制幻灯片演示”按钮，选择开始录制的位置，如图 5-81 所示。弹出“录制幻灯片演示”对话框，在保证话筒正常工作的情况下，单击“开始录制”按钮，如图 5-82 所示，幻灯片放映视图。此时一边控制幻灯片的放映，一边通过话筒输入语音旁白。直到放映完所有幻灯片，遇到黑色的“退出”屏幕时单击鼠标。

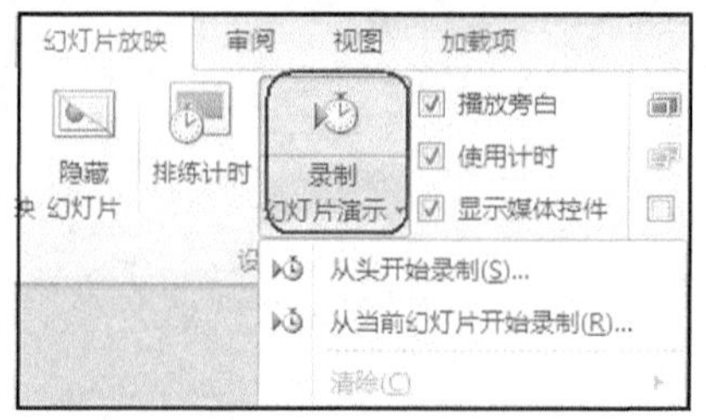

图 5-81 录制幻灯片演示

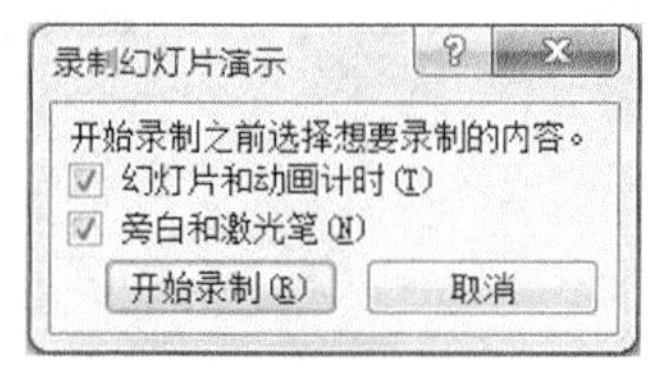

图 5-82 选择开始录制

旁白是自动保存的，而且会出现提示框询问是否要保存放映时间，需要保存单击“保存”按钮，否则单击“不保存”按钮。

Tips

在演示文稿中每次只能播放一次声音，因此如果已经插入了自动播放的声音，语音旁白会将其覆盖。

5.4.5　演示文稿的发布

演示文稿制作完成后，就需要根据使用的需要保存并发布演示文稿。常用的发布方式有 4 种。

1. 直接复制演示文稿

此种方法最简单、方便，只要将制作完成的演示文稿的整个目录复制到 U 盘上进行保存就行了。但需要注意以下几点：

• 必须保证演示文稿中超链接的所有外部文件(文档、视频、音频)都放在与演示文稿同一个目录中。这点在制作的过程中已经反复提醒过多次了。

• 确保运行该演示文稿的计算机所安装的 PowerPoint 版本与制作版本一致，不然可能会出现自定义动画不能正常播放的情况。

• 如果在演示文稿中使用了其他一些艺术字体，必须保证运行该演示文稿的计算机也安装了对应的字体，不然艺术字体将无法正常显示。

2. 将演示文稿打包成 CD

打开制作完成的演示文稿，在“文件”选项卡中选择“保存并发送”命令，在级联菜单中选择“将演示文稿打包成 CD”命令，在右窗口中单击“打包成 CD”按钮，如图 5-83 所示。

图 5-83　打包成 CD

在“打包成 CD”对话框中，列出了一些打包选项，如图 5-84 所示。可以在“将 CD 命名为”输入框中输入打包 CD 的名称。可以根据需要，单击“复制到文件夹”按钮将演示文稿打包到硬盘中或移动存储设备中；如果计算机安装了刻录机，单击“复制到 CD”按钮直接把演示文稿刻录到光盘中。如果对打包的设置有特殊要求，还可以单击其中的“选项”按钮打开“选项”对话框，重新设置一些打包参数，如图 5-85 所示。

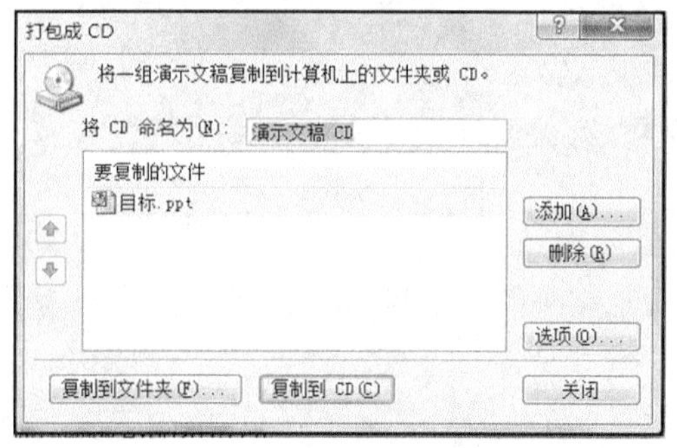

图 5-84 “打包成 CD”对话框

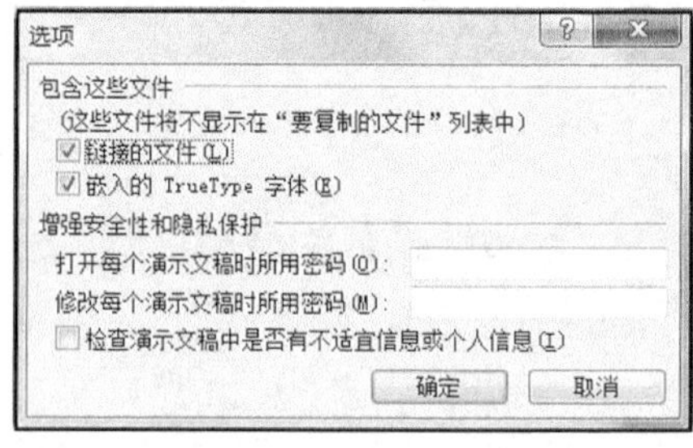

图 5-85 “选项”对话框

建议选中“包含这些文件”选项区中的所有选项。如果有保密的需要，还可以设置演示文稿的打开密码和修改文稿密码。

用该方法打包的优点是可以在没有安装 PowerPoint 软件的机器上播放该演示文稿，但演示文稿中运用的宏或控件在其他计算机上有可能不能正常播放，还需要手动修改。

3. 打印演示文稿

在“文件”选项卡中选择“打印”命令，如图 5-86 所示。在右侧设置区中，通过“打印全部幻灯片”下拉列表可以选择打印的范围，如图 5-87 所示。通过“整页幻灯片”下拉列表可以选择打印的版式(整页幻灯片、备注页、大纲)，如图 5-88 所示。通过“颜色”下拉列表可以选择以彩色、灰度或纯黑白方式打印文稿，如图 5-89 所示。

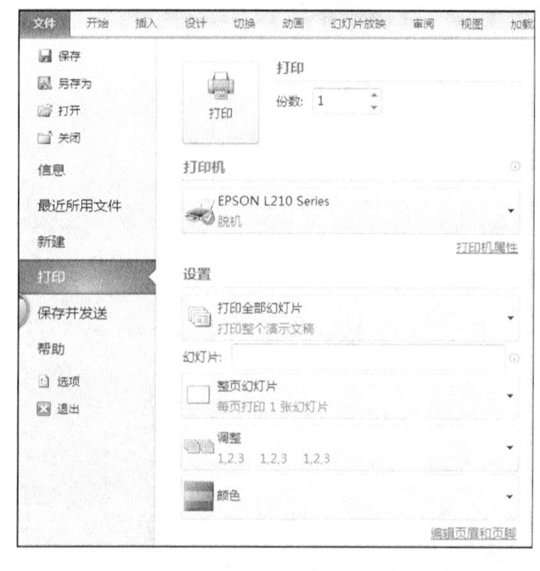

图 5-86 打印演示文稿

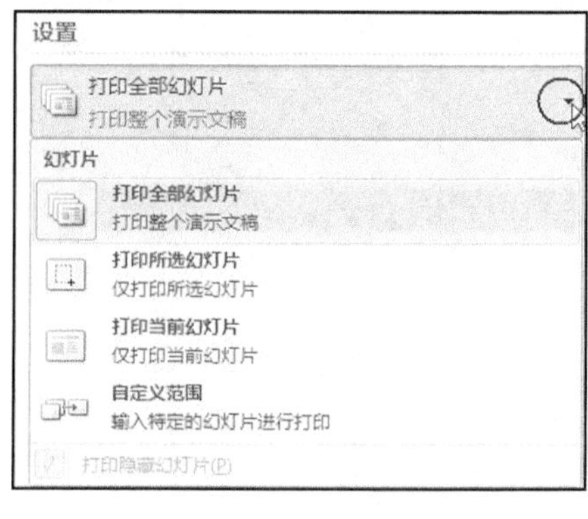

图 5-87 打印全部幻灯片

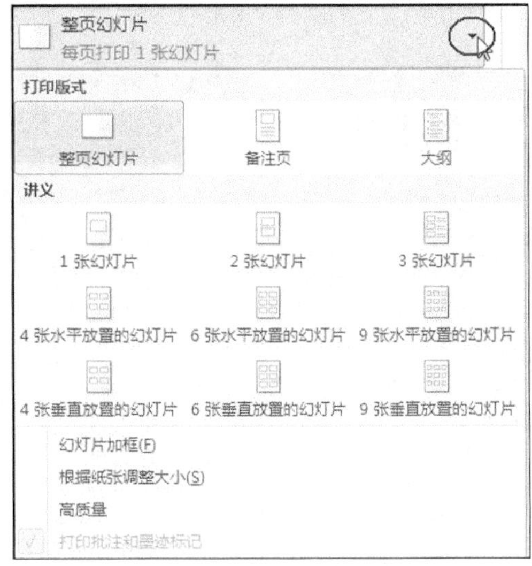

图 5-88　打印整页幻灯片

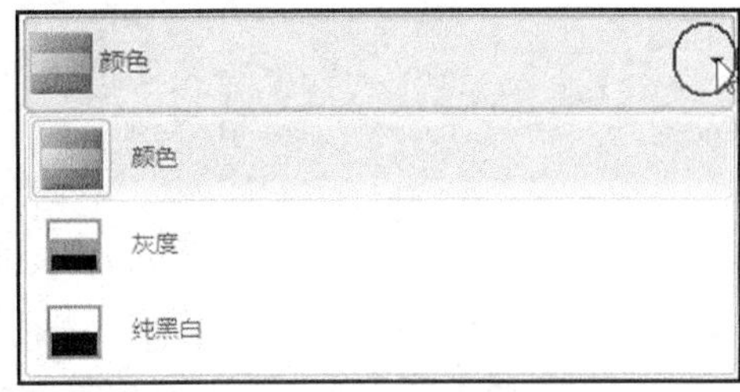

图 5-89　选择打印颜色

5.4.6　任务总结

演示文稿与 Word 的一个重要区别就是，演示文稿中可以设置多种动画效果，这些动画效果的设置可以突出关键信息，起到画龙点睛的作用。但是动画效果的使用切忌不可乱而繁杂，过多、过于花俏的动画效果在吸引观众注意力的同时，却分散了观众对主题内容的关注，因此动画效果的使用要恰到好处。演示文稿的放映方式有多种，可以根据需要选择。同时，使用者在演示时，为了使观众有一个整体的、更详细的了解，也可以提前打印出演示文稿，发给观众。

5.5　小　　结

本章主要介绍了 PowerPoint 的基本功能和编辑环境；演示文稿的建立、编辑、修改、存储和放映。要求用户掌握以上内容，重点学会在幻灯片中加入多媒体元素。

第 6 章　计算机网络基础

学习目标

- 了解网络的形成、发展和按覆盖范围的基本分类
- 了解局域网的特点与功能
- 理解局域网的基本组成
- 熟练掌握设置共享资源的基本操作
- 了解广域网的概念、基本组成和常见的网络拓扑结构
- 理解网络协议和 TCP/IP 网络协议的基本概念
- 了解 IP 地址、网关和子网掩码的基本概念
- 理解域名系统的基本概念
- 了解 Internet 的发展历史，作用与特点，提供的常规服务，以及常用接入方式
- 掌握通过局域网、无线网络和拨号网络接入 Internet 的方法
- 了解通过代理服务器访问 Internet 的方法
- 了解网络检测的简单方法

在计算机网络飞速发展的今天，许多计算机都接入了各种各样的网络，没有接入网络的计算机就如同一座信息孤岛，不能与外界进行信息交互和资源共享。本章将介绍计算机网络的相关基础知识，包括其发展历史、网络种类、网络协议、各类网络的特点，以及如何接入网络等。

6.1　计算机网络的形成与发展

所谓的计算机网络，当然是指与计算机紧密结合的网络。1946 年 2 月 14 日，全球第一台计算机（ENIAC）在美国的宾西法尼亚大学诞生，如图 6-1 所示。然而这个占地面积达 139 平方米、重 30 吨的庞然大物并没有与计算机网络扯上半点关系，因为以它每秒执行 5000 次加法运算的速度在当时来说已经是一个质的飞跃，人们除了赞叹它的运算能力之外并没有对它有其他要求。

图 6-1　第一台计算机 ENIAC

随着计算机技术的不断发展，尤其是半导体和集成电路的使用，计算机的运算能力以几何级数的方式增长，而其体积在相应地缩小。不过与此同时，计算机应用规模及用户需求的增长速度却远远超过了计算机技术的发展速度，计算机单机运算处理能力已经无法满足人们的要求。在这样强烈的社会需求下，计算机网络诞生了。

6.1.1　面向终端的计算机通信网

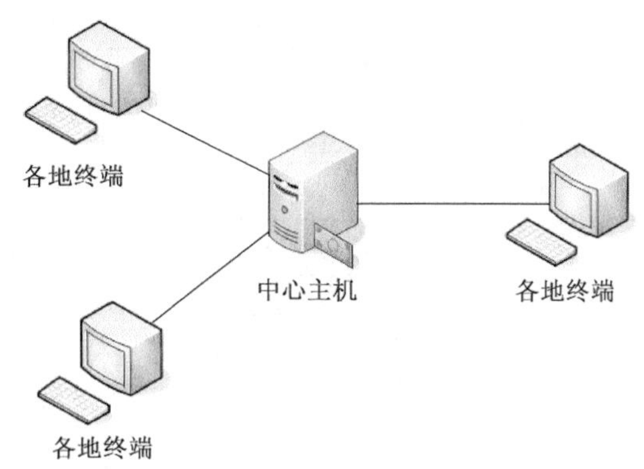

图 6-2　面向终端的计算机通信网示意图

在 20 世纪 60 年代，这类只有一台计算机主机，各地终端围绕中心计算机分布在各处的远程联机系统风靡一时。各终端机器并不具备自主处理能力，它们只是通过通信线路使用中心主机的硬件和软件资源来完成任务。当时美国航空公司与 IBM 联合开发了一个基于这种计算机网络的飞机票订票系统，全国各地的订票终端均将需要处理的订票信息通过网络传到中心计算机，然后由中心计算机将处理好的数据显示到各终端上，如图 6-2 所示。

6.1.2　面向资源子网的计算机网络

随着技术和社会的发展，越来越多的机构和组织甚至个人拥有了自己的计算机主机，多台主机互联的通信系统也应运而生，形成了一个以众多主机组成的资源子网，网上的用户可以彼此共享网内的软件和硬件资源。这个时期最典型的代表就是美国国防部开发的 ARPANET(图 6-3)。1969 年，在当时“实验室冷战”的国际大环境下，美国国防部为了避免军事指挥中心在遭受苏联核武器攻击后全国军事指挥处于瘫痪状态，所以就设计了这样一个分散的指挥系统——它由一个个分散的指挥点组成，当部分指挥点被摧毁后其他点仍能正常工作，而这些分散的点又能通过某种形式的通信网取得联系。ARPANET 从最初的 4 个节点一直发展下来，到了 1975 年，APRANET 已经拥有遍布全美的 100 多个节点。除了发展规模之外，APRANET 在技术上带动了 TCP/IP 协议簇的开发和利用，为了日后全球互联网(Internet)的诞生打下了坚实的基础，因此 ARPANET 一直被认为是 Internet 的前身。

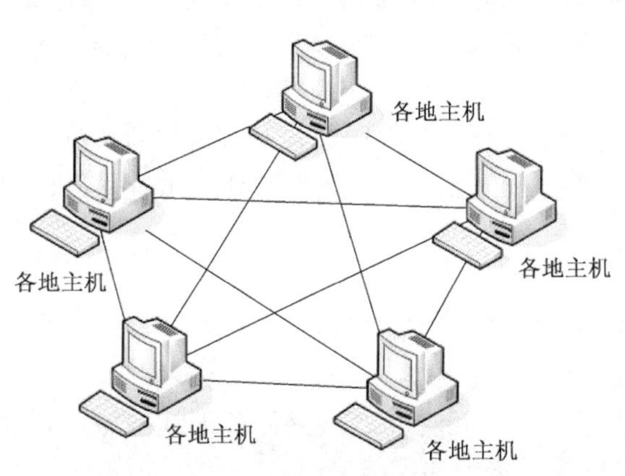

图 6-3　面向资源子网的计算机网络

6.1.3　国际化标准化的计算机网络

早期的各种网络在许多方面都是混乱，彼此的兼容性成为了限制计算机网络发展的瓶颈。为了使不同类型的网络能够互联互通，国际标准化组织 ISO 在 20 世纪 80 年代早期提出了一个能使各种计算机在世界范围内互联成网的标准框架——开放系统互连参考模型 OSI/RM (Open System Interconnection Reference Model)，如图 6-4 所示。OSI 把网络的不同功能细分成 7 层，把网络的组成部件标准化，让不同类型的网络硬件和软件相互通信，为日后计算机网络的高速发展奠定了基础。现在覆盖全球范围的互联网(Internet)所使用的 TCP/IP 协议集便是参考 OSI 模型开发出来的。

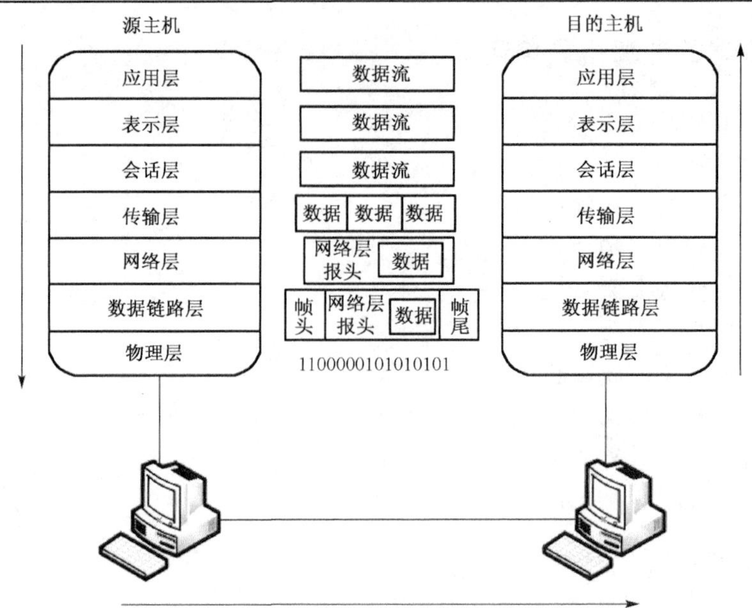

图 6-4　OSI 参考模型中的网络工作流程示意图

6.1.4　以下一代互联网为中心的新一代网络

现在的计算机网络虽然已经取得了空前的成功，但是各种设计上的缺陷也不断暴露出来。例如，IPv4(Internet Protocol version 4)地址资源的消耗殆尽，严重影响了互联网的拓展。所以解决现有问题，采用更高速、更智能网络技术的下一代互联网已成为新一代计算机网络的发展重心。现在，随着 IPv6(Internet Protocol version 6)的研发及网络设备对其兼容的广泛性不断提高，新一代更高效、更易管理、更安全的计算机网络雏形已经面世，新摩尔定律的传奇将会继续上演甚至在日后会被超越和打破。

6.2　计算机网络的分类

计算机网络的分类有很多种，按网络连接介质来分，可分为有线网络和无线网络。有线网络经常使用的介质有同轴电缆、双绞电缆和光纤等。常用的无线网络技术有红外线、蓝牙、WI-FI、GPRS，以及各种 3G 和 4G 等。

按网络覆盖地理范围的大小来分类的话，计算机网络可以分为局域网 LAN(Local Area Network)、城域网 MAN(Metropolitan Area Network)、广域网 WAN(Wide Area Network)和互联网(internetwork)等。下面将详细介绍几种按覆盖范围来分类的计算机网络。

6.2.1　局域网

1. 局域网的概念和特点

局域网通常是指那些规模不大、覆盖范围不超过十几千米的计算机网络。绝大部分的局域网都是从属于某一个机构、单位或个人的，它们由拥有者完全管理及控制，使用的线路基本上都是独立的、专用的，所以局域网一般能够提供 10Mbit/s 或以上的高数据传输速率和低误码率的高质量数据传输。

Tips

现在市面上能采购到的绝大多数局域网设备已经支持 100Mbit/s 的传输速率，还有相当一部分是 100/1000Mbit/s 自适应的。如果想使用高速局域网，一方面要注意购买支持该速度的网络设备，另一方面则是按规范铺设高速双绞电缆(CAT5E 支持 100Mbit/s；CAT6 支持 1000Mbit/s)。

2. 局域网的组成

局域网一般由服务器、用户工作站、网卡、网络设备和传输介质 5 个部分组成，如图 6-5 所示。

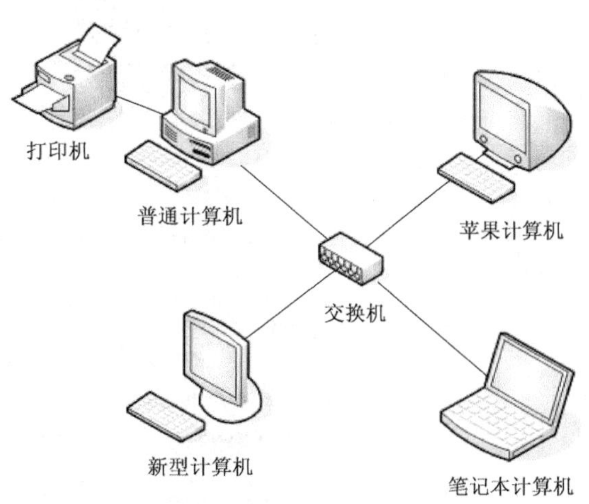

图 6-5　局域网

1) 服务器

服务器其实也是一种计算机，但它有别于一般的个人计算机。因为服务器需要同时向网络上的多个用户提供各种网络服务，对机器处理能力和稳定性的要求要比个人工作站高很多，所以早期的服务器更多为硬件架构与微型计算机有很大区别的小型机甚至大型机。但是随着 x86 架构微型计算机的不断发展，在机器处理能力、稳定性、易用性、扩展性和价格之间取得了一个很好的平衡点，目前很大一部分中小型应用已经改用 x86 架构的服务器。在局域网中，服务器通常会提供文件服务、打印服务和数据库服务等，而在 Internet 上，还有更多不同的服务种类，包括 IM 服务(Instant Messaging，实时通信)、Web 服务、FTP 服务及电子邮件服务等。

2) 用户工作站

工作站(Workstation)比起服务器，它直接接受各个使用者控制，所以更注重使用者的感受。它是一种以个人计算和分布式网络计算为基础，主要面向各专业应用领域，解决用户多样的桌面应用需求的高级计算机。常见的工作站主要安装 Windows 和 Linux 操作系统，也有一小部分使用 Apple 公司的 Mac OS 操作系统。这些不同的操作系统均能通过网络互相通信，访问服务器上的资源。

3) 网卡

网卡又称通信适配器、网络适配器(adapter)或网络接口卡 NIC(Network Interface Card)，计算机通过它与外界局域网进行物理上的连接。网卡种类很多，传输速度和所连接的介质种类都不尽相同，用户应该选择与网络中的设备相匹配的网卡。

4) 网络设备

常见的局域网网络设备有集线器、交换机和路由器等，应根据不同的网络拓扑和对网络性能要求选用不同的网络设备。例如，要求网络达到 100Mbit/s 传输速率的话就不应该选用 10Mbit/s 的网络设备，同时要保证网络的另一端也同样支持该传输速率；要求高安全性、网络带宽高利用率的话就应该选用交换机而不应该选用集线器，同时应该选用有线网络而不应该选用无线网络。

5) 传输介质

如前所述，网络的传输介质有很多种类，不同拓扑、不同功能要求的网络应配以不同的网络介质。局域网目前常用的传输介质有同轴电缆、双绞线、光纤和无线 Wi-Fi 等，用户应选用与网卡和网络设备相匹配的传输介质，以充分发挥网络的性能。

3. 在 Windows 7 环境下设置共享资源

在设置共享资源之前，我们先来了解一下 Windows 7 的基本网络设置。Windows 7 提供了 3 种网络类型供用户选择，分别为家庭网络、工作网络和公用网络。当用户使用 Windows 7 在一个地方进行网络连接，系统会自动弹出“设置网络位置”对话框，要求用户对当前位置接入的网络作一个定义，如图 6-6 所示。一旦用户对网络位置进行了选择，那么操作系统将会自动套用预设的相应的共享设置。

如果在设置完成前不小心把“设置网络位置”对话框关掉，可以在“控制面板”的“网络和共享中心”里重新设置。

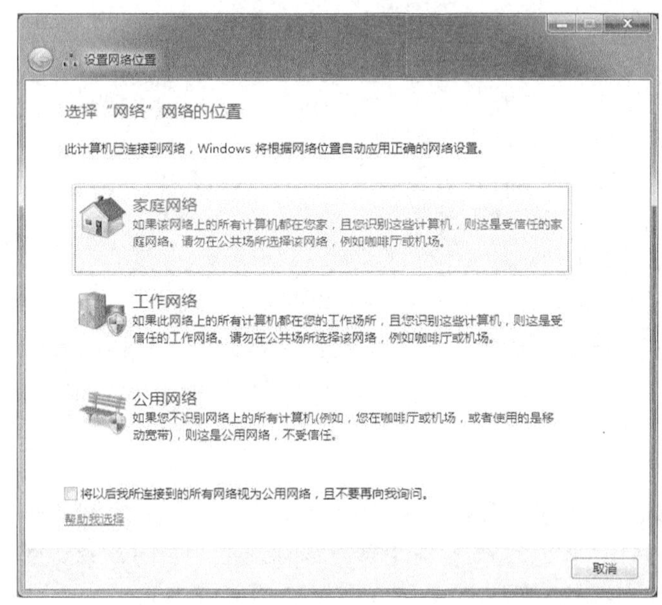

图 6-6 “设置网络位置”对话框

1) 家庭网络

当用户确保所有在该网络内的计算机均是可信任的，并且都使用 Windows 7 作为计算机操作系统时，就可以选择该选项，如图 6-7 所示。例如在自己家中，或者在一个小规模的企业内部，又或者在宿舍内等小型网络环境均适用该选项。选择该选项之后，系统会生成一个家庭组，并有简单的选项让用户选择需要共享 Windows 7 库的内容，然后会列出该家庭组的初始密码。只要使用该密码，其他在此网络中的计算机均可以加入该家庭组中，组中各成员共享给家庭组的资源可以互相使用，无需再进行身份验证。除非该家庭组被取消重建，否则这是一种一次验证永久使用的简易共享资源模式，易用性高但安全性不足，不适宜用来共享一些敏感或机密的资料。

2) 工作网络

很多用户难以理解“家庭网络”和“工作网络”的区别，因为两者适用的范围其实相差无几，即便是在 Windows 7 的预设“高级共享设置”里面，“家庭网络”和“工作网络”也是共用同一个配置的。那到底它们之间有什么区别呢？试想一下，“家庭网络”中要求所有成员均使用 Windows 7，这个要求在一个极小的网络范围内可能是容易实现的，但是在一个稍有规模的网络内就不一定可以实现了。比如说网内计算机数量从 10 台以下变成 30 台甚至 50 台，为了实现局域网内的资源共享而要求这些计算机全部安装 Windows 7 是不现实的。2013 年，Microsoft 公司在 Windows 占有的市场份额报告中指出，Windows XP 和 Windows 7 各占了 40% 左右，其余由 Windows Vista、Windows 8 和其他比 XP 更旧的 Windows 分割。单就 Windows 内部就已经有足够有力的竞争者让用户无法完全统一使用 Windows 7，更不用说还有为了各种特别用途而存在的 Redhat Linux 和苹果 Mac OS 等操作系统了。

图 6-7　家庭组

“工作网络”只要求处于该网内的 Windows 主机均使用相同的工作组名便可以在工作组内浏览各成员共享出来的资源列表。但如果需要使用该共享资源，则需要用户授权，除非该资源共享时就已经设置成“公用文件夹共享”或“关闭密码保护共享”。在这里我们看到，“工作网络”的共享方式已经开始跟计算机用户挂钩了。为了提高共享资源的安全性，这一步骤是必须的，“家庭网络”那种一次授权永远使用的方式在“工作网络”中已不再生效。

Tips

可以在“控制面板”的“系统”中对“计算机名称、域和工作组设置”进行“更改设置”，然后在“系统属性”窗口中点“网络 ID”，选择“这台计算机是商业网络的一部分，用它连接到其他工作中的计算机”，选择“公司使用没有域的网络”，然后就可以重新对工作组名进行自定义了，如图 6-8 所示。

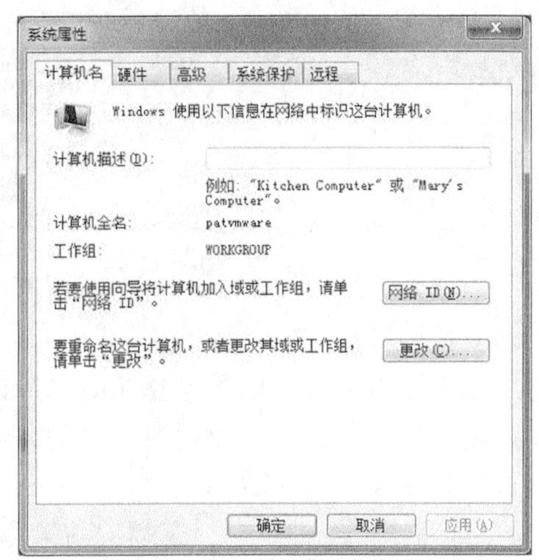

图 6-8　系统属性

3) 公用网络

当用户使用公共场合提供的网络接入时，Windows 7 建议用户选用“公用网络”。“公用网络”在“高级共享设置”里是一个独立的配置文件，与“家庭或工作”分隔开。它们两者之间的最大差别就是“公用网络”默认选择了“关闭网络发现”及“关闭文件和打印机共享”，如图 6-9 所示。在不受信任的网络环境下，这些选项为了保障用户的计算机安全在全局设置上关闭了共享服务，而不需要用户针对每一个曾经设置了共享的资源进行重新设置。

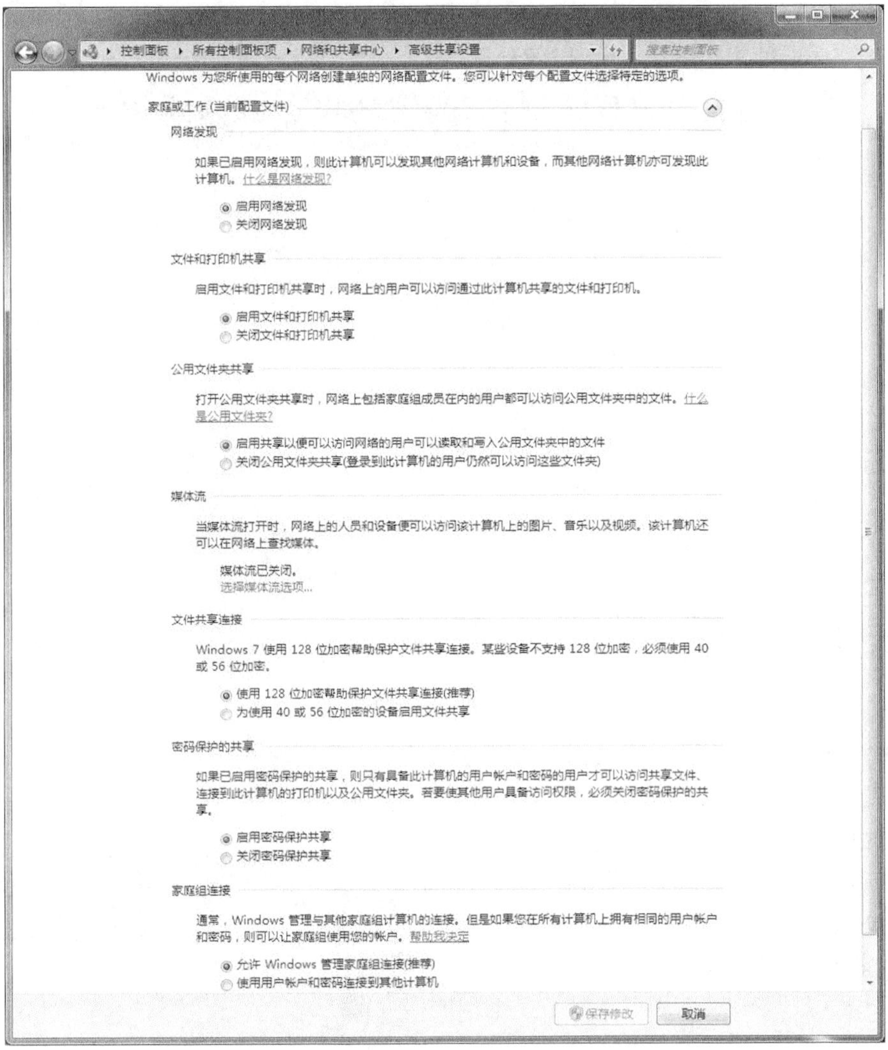

图 6-9　高级共享设置

4) 设置共享资源

除了设置家庭组时有 Windows 7 库的简易共享供选择之外，Windows 7 还秉承了 Windows 的家族风格，用户可以对需要共享的资源进行单独设置，如图 6-10 所示。用户要对 test 文件夹进行共享设置的步骤如下：

(1) 右击 test 文件夹，在弹出的菜单中选择“共享”选项。

(2) 如果用户处于家庭网络中，并打算向家庭组成员共享资源，选择“家庭组(读取)”或“家庭组(读取/写入)”选项即可。

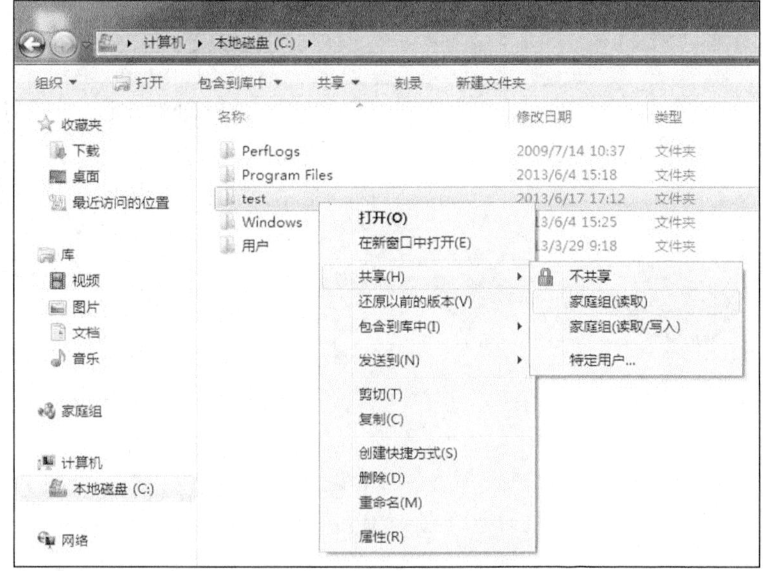

图 6-10　共享文件夹

(3) 如果用户并不打算仅向家庭组共享资源，则应该选择“特定用户”选项。

(4) 在“文件共享”窗口中添加授权使用共享文件的用户，编辑其访问权限，然后单击“共享”按钮，如图 6-11 所示。

(5) 假设用户需要共享整个本地磁盘，Windows 7 提供的“高级共享”窗口基本上跟文件夹安全属性窗口一致，此处不再赘述。

图 6-11　“文件共享”对话框

Tips

如果需要访问共享资源的计算机使用的用户名和密码跟拥有访问共享资源权限的用户名和密码一致的话，在访问共享资源时不需要重新输入用户名和密码，否则需要输入相应的用户名和密码来获取共享资源。

6.2.2 城域网

私有的城域网基本上与局域网如出一辙，只是覆盖范围比局域网要更大。使用的线路除了是专用的之外，也有部分可能是租用的公用网络。为实施长距离网络连接、降低建设技术难度及成本，近年来，越来越多的大城市推行公用的城域网，这类城域网的建设目的是为了方便人们在城市里面更方便地享受公共网络接入服务，如图 6-12 所示。例如，北京、天津、上海及广州等城市陆续建成无线城域网，只要有无线城域网信号覆盖的地方人们都可以使用各种终端（符合无线城域网技术标准的智能手机、PDA 及笔记本电脑）轻松地与朋友进行视音频交互、传送电子文档和获取最新资讯等。

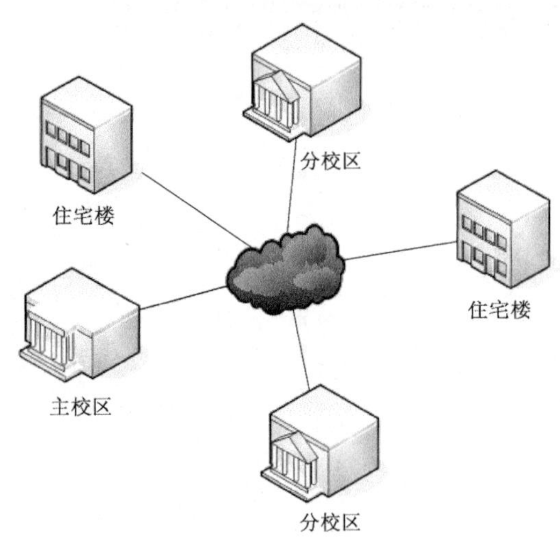

图 6-12　城域网

6.2.3 广域网

1. 广域网的概念和特点

广域网覆盖的范围从几个城市直到横跨几个国家，甚至几个大洲都有可能，如图 6-13 所示。广域网通常服务于跨国集团或者世界性组织，这些集团和组织在全球各地均拥有分支机构，广域网为它们提供了一个相对比较安全和稳定的综合业务平台。由于覆盖的范围十分大，各地地理特征复杂，所以广域网使用到的网络技术十分广泛，各类铜线、光纤、无线信号及卫星信道均可应用到广域网里面。

广域网的通信子网主要使用分组交换技术，而且目前大部分广域网都采用存储转发方式进行数据交换。广域网中的交换机先将发送给它的数据包完整接收下来，然后经过路径选择找出一条输出线路，最后交换机将接收到的数据包发送到该线路上去，以此类推，直到将数据包发送到目的节点。广域网的通信子网可以利用公用分组交换网、卫星通信网和无线分组交换网，将分布在不同地区的局域网或计算机系统互连起来，达到资源共享的目的。

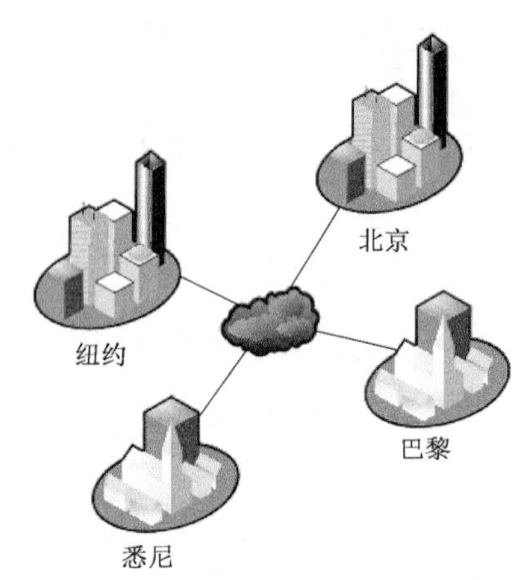

图 6-13　广域网

根据不同的网络需求，广域网可以提供面向连接和无连接两种服务模式。而对应于两种服务模式，广域网有两种组网方式：虚电路方式（在数据传输开始前建立一条逻辑电路连接源主机和目的主机，传输过程不需要为每个数据报进行单独的路由选择）和数据报方式（不事先建立逻辑电路，每个数据报都要经过独自的路由选择才能到达目的地）。广域网的特点如下：

- 适应大容量与突发性通信的要求。
- 适应综合业务服务的要求。
- 开放的设备接口与规范化的协议。

• 完善的通信服务与网络管理。

通常广域网的数据传输速率比局域网低，而信号的传播延迟比局域网要大得多。广域网的典型速率是从 56K～155Mbit/s，现在已有 622Mbit/s、2.4Gbit/s 甚至更高速率的广域网。传播延迟可从几毫秒到几百毫秒，尤其是使用卫星信道的时候，受云层及天气情况的影响，传播延迟会变得更长。

2. 广域网的组成

广域网是由许多交换机组成的，交换机之间采用点到点线路连接，几乎所有的点到点通信方式都可以用来建立广域网，包括租用线路、光纤、微波、卫星信道。广域网一般只包含 OSI 参考模型的底下 3 层。也可以说广域网是由多个处于不同地域的局域网通过多种不同的网络连接技术连接组合而成的。

6.2.4　互联网

互联网在这里并不是特指国际互联网(Internet)，而是指一个连接了多种不同标准、不同规模、不同所属、不同使用目的的计算机网络的网络分类。因为目前全球并存着许多不同的网络，互联网作为这些网络的网关，实现了不同网络间的物理连接及网络协议转换，使得不同的网络平台能够实现互联互通，所以互联网又叫做网际网，意思为存在于网络之间的网络。现今世界上最成功、最广为人知的互联网当然就是国际互联网了，它是一个使广大用户能够相互交流、相互沟通、相互参与的互动平台。互联网的技术特性使得国际互联网并不是以某个个人、机构、组织或者国家的意志而存在的，它反映了人类所共赏的无私精神，同时也使人们学会如何更好地和平共处。据 CNNIC 的统计，截至 2012 年 12 月底，中国互联网网民数量达 5.64 亿，网民规模居全球第一。

6.3　常见的网络拓扑

网络中各台计算机连接的方式叫做“网络拓扑结构”(Topology)。网络拓扑是指用传输介质互连各种设备的物理布局，特别是计算机分布的位置及电缆如何通过它们。由于每种拓扑都有它自己的特点，所以在设计一个网络的时候，应根据自己的实际情况选择正确的拓扑方式。常见的网络拓扑有下面几种。

6.3.1　总线型

总线型拓扑使用一根线缆来连接网络中的所有设备，布局简单明了，使用方便。但是在这个网络上的设备不得不共享同一条线缆，在同一时刻只能允许一对网络上的节点使用网络进行通信，效率低下。总线型拓扑在早期的局域网中很常见，通常是使用一根同轴电缆作为网络中的总线，并且会在总线的末端加上一个终结器，用来接收已到达线缆末端的信号，减少误码，如图 6-14 所示。

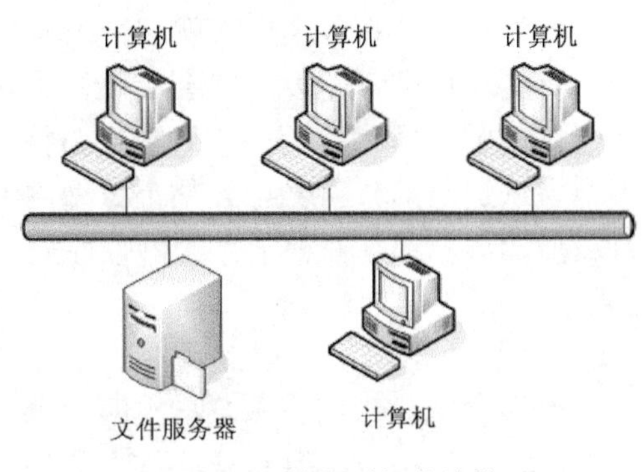

图 6-14　总线型拓扑结构

6.3.2 星型

星型拓扑是目前以太网中使用得最普遍的物理拓扑结构。网络中各个节点都会与网络的中心节点(通常是集线器、交换机或路由器)单独连接起来，呈辐射状排列在中心节点周围，如图 6-15 所示。由于网络中的每台主机都是通过独立的线缆连接到中心设备，所以网络上的单点故障(除了中心点外)并不会影响网络上其他节点正常使用网络。中心节点的存在，既是星型拓扑的优点，同时也是其缺点。对中心节点进行合理的配置和管理，能够提高网络的传输效率及安全性，但中心节点一旦出现故障，则整个网络都无法连通。

6.3.3 环型

顾名思义，环型拓扑就是把网络中所有节点结成一个环型，如图 6-16 所示。在物理结构上，环型拓扑跟总线拓扑有一个很明显的区别，就是环型网络拓扑没有始端和末端。而在传输方式上，环型拓扑也有其独特之处。在环型网络上的各节点都循着同一个方向传递数据，数据在环里面的传输过程中，在每个节点处都会停留。在某节点停留时，该节点会检查传入的数据里面有没有其他节点传给自己的数据，同时把自己想要传输的数据和目的地址添加上去，然后让数据继续沿着环传输，直到到达目的节点为止，这种传输方式的优点就是网络中不会有任何冲突。但是由于环型网每个节点及通往各个节点的线缆都是网络上不可或缺的一部分，所以如果网络出现任何地方的单点故障，将会导致整个环型网络瘫痪。

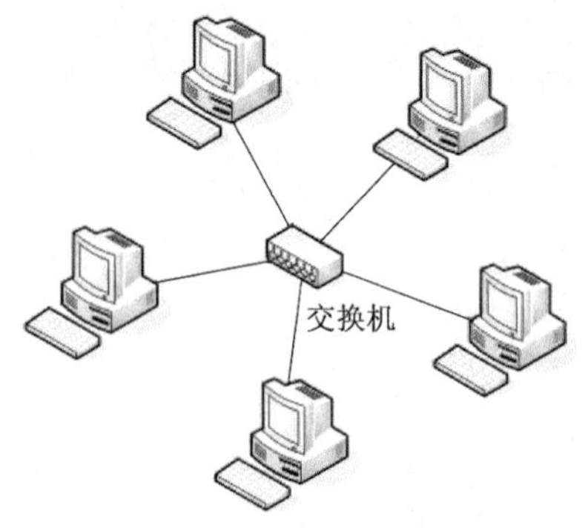

图 6-15　星型拓扑结构

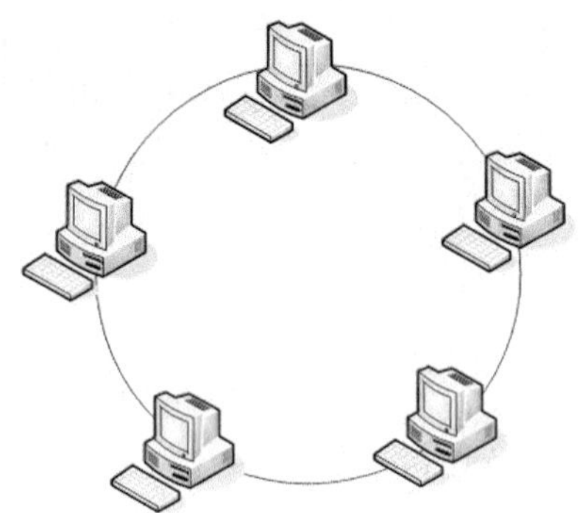

图 6-16　环型拓扑结构

6.3.4 树型

树型拓扑从拓扑图上看就如同一棵树，树的顶点为整个网络的根节点，如图 6-17 所示。根节点的作用非常重要，它会接收树上任何一个节点需要发送到另一个节点的数据，然后进行全树范围的广播。所以树型网络拓扑的根节点跟星型网络拓扑的中心节点一样关键，假如根节点遭遇故障，将会导致整个树型网络瘫痪。树型拓扑的优点在于扩展十分方便，易于进行故障隔离，但是对根节点的依赖性太大。

6.3.5 网状型

所谓的网状型拓扑，是指在网中每个节点与其他节点之间都两两相连，整个网络编织成一个网状的结构，如图 6-18 所示。这种布线方式提供了冗余连接，即便任何一个节点或任何

一条线路出现故障，也不会影响整个网络的正常运作。但是随着节点的增加也会带来高昂的管理成本和铺设线路的费用，所以网状型结构只在大型广域网的骨干层中才会使用。

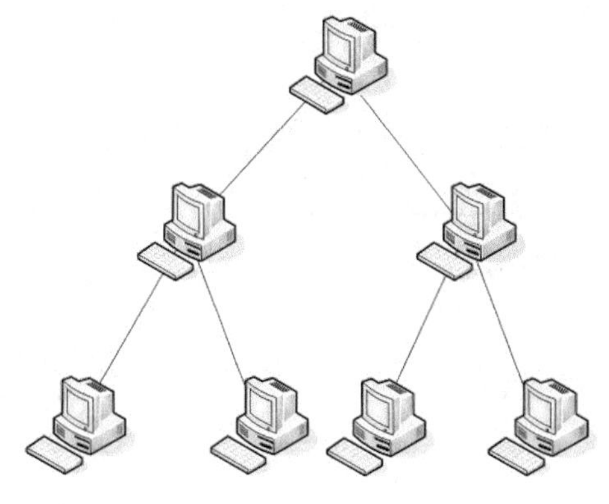

图 6-17　树型拓扑结构

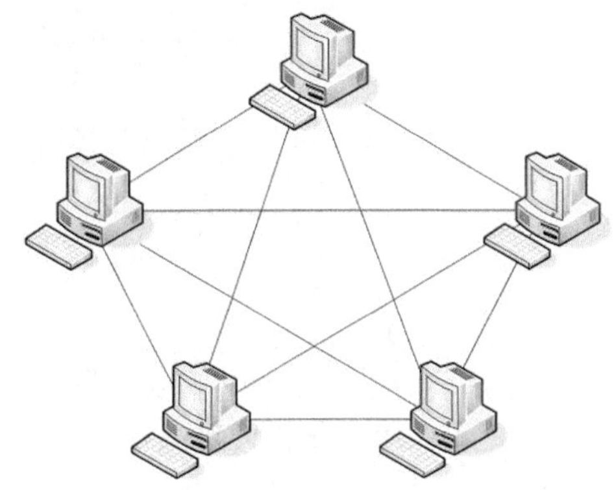

图 6-18　网状型拓扑结构

6.4　常见的网络协议

前面的章节中介绍了网络是怎样连接起来的，但是连到网络上的计算机又是怎样交换信息的呢？由于在网络上存在着许多使用不同硬件、不同操作系统的计算机，在这些不同的计算机之间需要使用同一种“语言”才能实现互相通信、资源共享的目的，而这种“语言”就是网络协议。网络协议是网络上所有设备(网络服务器、计算机及交换机、路由器、防火墙等)之间通信规则的集合，它规定了通信时信息必须采用的格式和这些格式的意义。

早期的计算机网络基本上都是只考虑在特定的环境条件下完成特定的任务，设计目标清晰明确，所以网络的设计也显得相对简单。但随着网络不断发展，为了使不同系统实体间能进行通信，网络的设计变得异常复杂，假如把整个过程作为一个整体来处理，那么任何一点小小的改变都可能导致整个系统的修改。所以网络的设计不可能按照传统的方法，只能根据一定的结构模型，将整个体系进行分层，将所有相关的功能进行分类，在不同层次中予以实现。这种分层的结构和各层协议的集合成为网络体系结构。当中最广为人知的便是由 ISO 提出的、现今作为网络通信准则的 OSI 参考模型。下面介绍的 TCP/IP 协议集便是参考 OSI 模型开发出来的。

6.4.1　TCP/IP 协议集

1. TCP/IP 简介

在前面介绍互联网的时候我们已经知道，现在的国际互联网 Internet 中使用的基本协议就是 TCP/IP 协议集，它起源于军事用途的 ARPANET，所以它能适应各种不同的连接方式，同时又能在艰苦的战争中和恶劣的自然环境下完成传输任务。TCP/IP 协议集中，有两个协议占据了最重要的位置，即用来命名 TCP/IP 协议集的 TCP(传输控制协议)和 IP(互联网协议)。TCP/IP 分 4 层，从上到下分别是应用层、传输层(也叫 TCP 层)、网络层(也叫 IP 层)和物理链路层，如图 6-19 所示。除了 TCP 和 IP 外，TCP/IP 协议集还包含了很多其他协议，如之后会介绍的 HTTP、SMTP 和 FTP 等协议，它们都是面向特定作用的应用层协议。

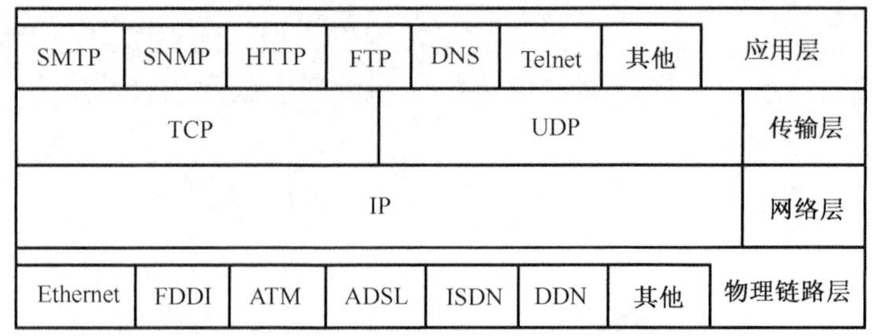

图 6-19　TCP/IP 协议集分层结构图

2. TCP/IP 工作过程

当应用软件处理好数据需要往外传递的时候，与应用层相对应的高层协议（如 FTP 软件使用 FTP 协议）会首先完成数据有关表示、编码、加密及会话控制等方面的工作，然后将数据流下放到传输层。

传输层的主要作用是提供从源主机到目的主机的传输服务。用邮局、邮递员和信件之间的关系来举个例子。在邮局里面有两个不同方式的邮递服务，TCP 服务保证客户的邮件能够无差错地传输到目的地，但是需要的时间和消耗的资源会相对较多；UDP（User Datagram Protocol，用户数据报协议）服务则迅速很多，因为 UDP 不会对传递的邮件进行分组顺序检查，也不会对邮件是否顺利到达目的地作一个差错控制，它把这些任务都交给了收件人，即应用层协议去完成。所以我们通常把数量大的、重要的、不能丢失的数据用 TCP 来传递；把小量的、不太重要的、需要快速完成传送的数据用 UDP 来传递。当选择好用什么服务之后，它们会把数据流按照各自的传输特点分成若干段，并将每段数据套上一个相对应的信封，这个过程称为协议封装，被封装好的数据称为数据报。之后将会介绍的 HTTP 协议、SMTP 协议及 FTP 协议都是基于 TCP 协议的。

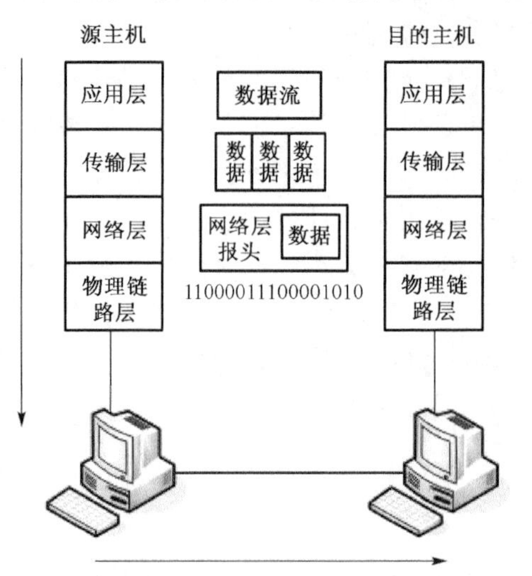

图 6-20　TCP/IP 协议工作简图

被封装好的数据报继续往下被送到网络层，在网络层有 IP 邮递员，它负责把传输层送下来的数据报再套上一个 IP 信封，并且在 IP 信封上标识好目的主机的地址。我们把这些经过 IP 封装之后的数据称为数据包，又叫数据分组。

这一切都准备好了之后数据包便可以开始经过物理链路层成为各种信号发送出去了，就如同邮件被搬上了汽车、轮船和飞机一样，经过不同的道路和航线送抵目的地邮局。到了目的地邮局之后邮件又从 TCP/IP 的最底层开始，一层一层往上解封装，并最终还原成为数据，如图 6-20 所示。

3. IP 地址、网关和子网掩码的基本概念

1）IP 地址

在上述的例子里面，我们提到 IP 协议需要把数据封装并标识上目的主机的地址，这个地址能够帮助源主机在广阔的网络世界里识别和定位目的主机，我们把这个地址称为 IP 地址。

IP 地址的形式跟我们平时使用的地址形式很不一样，它由 32 位二进制数组成，为了方便人们阅读和记忆，计算机显示的 IP 地址会把 32 位二进制数转换成 4 段的十进制数。由于每

段 IP 地址是由 8 位二进制数转换而来的，所以在十进制形式显示时，IP 地址的数值范围只能是从 0～255，然后每段使用“.”分隔，例如：211.66.111.254。每个 IP 地址由两部分组成：第一部分称为网络标识，第二部分称为主机标识。上述例子里面的 IP 地址的网络标识为 211.66.111，主机标识为 254，可以简单地理解为该主机是位于 211.66.111 网段上的 254 号主机，就如现实地址那样区分街道号码和门牌号码。根据两个部分长短的不同，IP 地址被分成 A、B、C、D、E 五类。A 类地址是 IP 地址第一段，数值为 1～126；B 类地址则是 128～191；C 类地址是 192～223；D 类地址是 224～239；余下的 E 类地址则是 240～255。不同分类的 IP 地址网络标识部分长度并不相同，A 类的网络标识部分是 IP 地址的第一段数值，B 类则是前两段数值，而 C 类则是前 3 段数值。D 类和 E 类用途比较特殊，在这里就不详细介绍了，如有兴趣可以查阅相关资料。

IP 地址的作用很重要，目前 IPv4 能生成和分配的 IP 地址总数约 40 亿个。每台接入到国际互联网的计算机或设备均需要一个独一无二的 IP 地址，但是由于 IP 地址分配的极其不合理，所以导致目前 IP 地址资源十分紧张。而 IPv6 作为 IPv4 的替代版本则最多能提供 3.4×10^{38} 个 IP 地址，足以满足我们现在能设想到的所有需求。

2) 网关

简单来说，网关就是将两个或者两个以上的网络连接在一起，并带有路由功能的设备。它可以是一台配置好路由功能并带有多网卡的计算机，也可以是一台路由器，也可以是一台具有三层路由能力的交换机。一个计算机可以同时拥有多个网关，就好比一栋大厦同时有若干个出口一样，但是默认网关则只有一个，就如大厦的正门也只有一个一样。默认网关是在缺省情况下就使用的网关，除非所处的网络环境比较复杂，否则现在的主机大多数只使用默认网关来与其他网络的计算机进行通信。由于网关是通往其他网络的“关口”，所以有效的网关地址肯定是跟主机地址处于同一个网段上的 IP 地址。

3) 子网掩码

为了节省 IP 地址资源和方便管理网络，我们需要把某些大网络细分成若干个小网络，这个时候就需要另一组由 32 位二进制的数值组成的子网掩码来对网络进行标识。例如，在默认的一个 A 类网络里面，126.0.0.1～126.255.255.254 有 16777214 个 IP 地址，但往往实际上并不太可能把这样数量规模的主机都放在这个网段里面。假如使用 C 类地址的默认子网掩码 255.255.255.0 来对这个 A 类网络进行划分，那么这个 A 类网络就会被划分成 65536 个网络，每个网络能容纳 254 台主机。子网掩码的术语是扩展的网络前缀码，它并不是一个地址，不能独立使用，但它可以确定一个 IP 地址哪一部分是网络标识，哪一部分是主机标识，其中子网掩码 1 的部分对应到 IP 地址上代表网络标识，0 的部分对应到 IP 地址上代表主机标识。其中 A 类地址的默认子网掩码为 255.0.0.0；B 类地址的默认子网掩码为 255.255.0.0；C 类地址的默认子网掩码为 255.255.255.0。

4) 在 Windows 7 中 TCP/IP 的参数设置

在 Windows 7 中，设置 IP 地址、子网掩码、默认网关和 DNS (Domain Name System，域名系统) 服务器地址等参数有两种方式，一种是自动设置，另一种是人手手工设置。在计算机数量不多及 TCP/IP 参数基本不会发生变化的情况下，网络管理员或者用户通常会手动一台一台地去为在网络上的计算机设置这些参数。但是如果计算机数量很多，网络管理员则会在网络上设置一台 DHCP (Dynamic Host Configuration Protocol，动态主机配置协议) 服务器，然后通过这个服务器来自动给网络中的计算机分配 IP 地址、子网掩码、默认网关和 DNS 等参数，如图 6-21 所示。假如网络参数发生了变化，网络管理员只需要更新 DHCP 服务器的设置就能使网络上的计算机获得新的网络参数。

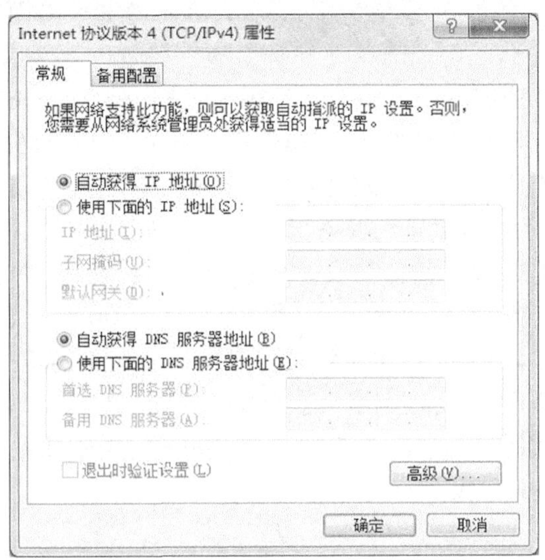

图 6-21　Internet 协议 (TCP/IP)属性对话框

6.4.2　HTTP 协议

当我们在浏览器上输入www.gdou.com 并按下 Enter键之后，就能够访问华南师范大学网络教育学院的网站，但是与此同时在浏览器的地址栏里面出现的却是 http://www.gdou.com。这行字符称为 URL(Uniform Resource Locator，统一资源定位器)，其中“http://”意思是使用 http 协议传输；“www”表示这是一个 WWW(World Wide Web，万维网)站点；“gdou.com”表示华南师范大学网络教育学院的域名。这几个要素组合起来就成为了一个完整的 URL，就像清晰地标识了目的地的门牌号码一样，知道目的地之后就可以通过网络去访问它了。

HTTP 协议(HyperText Transfer Protocol，超文本传输协议)是用于从 WWW 服务器传输超文本到本地浏览器的传送协议。它可以使浏览器更加高效，使网络传输减少。它不仅能保证计算机正确快速地传输超文本文档，还能确定传输文档中的哪一部分，以及哪部分内容首先显示(如文本先于图形)等。这就是为什么在浏览器中看到的网页地址都是以http://开头的原因。

6.4.3　SMTP 协议

电子邮件服务器之间通过 SMTP(Simple Mail Transfer Protocol，简单邮件传输协议)进行通信来收发电子邮件。它是一组用于由源地址到目的地址传送邮件的规则，由它来控制信件的中转方式。SMTP 协议属于 TCP/IP 协议集，为了保证邮件能完好无缺地到达目的服务器，SMTP 使用 TCP 协议来传输，同时使用 IP 协议帮助每台计算机在发送或中转信件时找到下一个目的地。通过 SMTP 协议所指定的服务器，就可以把电子邮件寄到收信人的服务器上了，整个过程只要几分钟。

6.4.4 FTP 协议

为了方便在网络上下载或者上传文件，人们开发了 FTP(File Transfer Protocol，文件传输协议)。正如其名所示，FTP 的主要作用就是让用户连接上一个 FTP 服务器并查看这个 FTP 服务器上有哪些文件，然后把文件从服务器上下载到本地计算机，或把本地计算机的文件上传到服务器上去。FTP 跟 SMTP 类似，同样是使用 TCP 协议传输，也是客户端/服务器应用，它需要在主机上运行一个客户端软件来访问安装了 FTP 服务端软件的服务器。

6.4.5 DNS 协议

通过对 IP 地址的学习大家都知道，IP 地址由一组 32 位二进制数值组成，虽然计算机已经将其转换成十进制显示，但对于人们的记忆来说依然还是一个大麻烦。据调查，截至 2008 年 3 月，世界上约有 1.6 亿个网站，人们不可能记下每一个他们需要访问的站点服务器的 IP 地址，而且有些时候网站因技术原因需要调整服务器的 IP 地址，应使用域名(Domain Name)来记忆和表示站点以解决这些烦恼。把特定网站的域名与其服务器 IP 地址对应起来，并把这些记录存放到 DNS 服务器上，当人们在浏览器上输入站点域名的时候，用户的计算机便会通过网络连接到 DNS 服务器上查询该域名所对应的 IP 地址，得知结果后再凭对方的 IP 地址进行访问。由于 DNS 所需传递的数据量十分少，而且需要尽快得出结果，所以 DNS 是使用 UDP 协议来传输的。

域名系统采用层次结构，它按地理域或按机构域进行分层，书写中采用圆点将各个层次隔开，分成层次字段。例如 www.scnu.edu.cn，最右边一段为最高域名 cn(China)，表示该机构是一个中国机构；次高域名 edu(education)表示这是一个教育机构；而最后一段域名 scnu(South China Normal University)，表示这个机构的名字，华南师范大学；最左边一段 www 为主机名，意思是提供 WWW 服务的主机。机构性域名和常见地理性域名如表 6-1 所示。

表 6-1 机构性域名和常见的地理性域名表

机构性域名		常见地理性域名	
域 名	含 义	域 名	含 义
com	商业机构	cn	中国大陆
edu	教育机构	hk	中国香港
net	网络服务提供者	tw	中国台湾
gov	政府机构	mo	中国澳门
org	非盈利组织	us	美国
mil	军事机构	uk	英国
int	国际机构，主要指北约组织	ca	加拿大
nfo	一般用途	fr	法国
biz	商务	in	印度
name	个人	au	澳大利亚
pro	专业人士	de	德国
museum	博物馆	ru	俄罗斯
coop	商业合作团体	jp	日本
aero	航空工业	kr	韩国

6.5 国际互联网

6.5.1 Internet 的发展历史

1. Internet 的发展

1) Internet 的诞生

在冷战时代，美国军方担心军事指挥中心一旦受到苏联的核弹攻击便无法控制全国军队，所以美国国防部下属的高级计划研究署(ARPA)出资赞助大学的研究人员开展网络互联技术研究，目的是构建一个全国性的作战指挥系统，即使某一节点被核弹攻击受到摧毁也不至于整个指挥网络瘫痪。很快，研究人员在美国 4 所大学之间组建了一个实验性网络，命名为 ARPANET。ARPANET 利用了数据包这一新概念，使数据经过不同路径到达目的地，重组后得到原数据。随后，深入的研究促使了 TCP/IP 协议的出现和发展，并由于 TCP/IP 成功的技术特性，使得随后的 ARPANET 均使用 TCP/IP 协议。这标志着 Internet 的正式诞生。

2) Internet 名称

在前面我们已经提到所谓的互联网 internetwork 是一种网络分类，它把许许多多不同的网络连接到一起，所以也被称为网际网。而 ARPANET 实际上就是一个 internetwork，研究人员简称之为 internet。同时研究人员用 Internet 这一称呼来特指为研究所建立的网络原型，这一称呼一直沿用至今。所以在书面上使用 internet 表示的是 internetwork，而使用 Internet 则是特指现在的国际互联网。

3) Internet 的发展

20 世纪 80 年代后的冷战时代，苏联陷入经济危机，国家实力已经被美国远远甩开，美国成为当时全球唯一的超级大国，不少为军事目的开发的技术也逐渐开始向民用过渡，ARPANET 也不例外。当时美国国家科学基金会(NSF)希望把现有的 ARPANET 扩展到全国每一位科学家和工程人员，使他们可以利用网络方便地开展科学研究。但是军方强硬的态度使 NSF 放弃了初衷，后来 NSF 成功地游说了国会，获得资金重新组建了技术规格与 ARPANET 一样的 NSFNET。NSFNET 通过分层接入的方式扩大了网络的容量，把美国的大学和科研机构纳入网中，最后 NSFNET 取代了 ARPANET 成为 Internet 的主干网。由于当时 NSFNET 还是美国政府出资建设的，所以 NSFNET 还没有进行商业化。

到了 20 世纪 90 年代，接入 Internet 的计算机远远超出了网络的负荷，同时美国政府也意识到自己无力承担网络扩展所需的全部费用。后来 NSF 鼓励 MERIT、MCI 和 IBM 三家商业公司接管了 NSFNET，自此商业机构开始大举进入 Internet。Internet 的商业化开拓了其在通信、资料检索和客户服务等方面的巨大潜力，促成了 Internet 发展的飞跃，并最终走向全世界。

从 20 世纪 90 年代后期至今，下一代互联网的研究开发正进行得如火如荼，世界各国均积极响应并投身于此，希望能成为新一代互联网的受益者。

2. 中国的 Internet

我国从 1994 年 4 月 20 日开始正式通过 64Kbit/s 的专线连入 Internet，被国际上正式

承认为接入 Internet 的国家。从此，Internet 在中国开始了十分迅猛的发展，CNNIC 2012 年互联网发展报告显示，目前中国的国际出口带宽已经有 1 899 792Mbps。我国 Internet 规模的不断发展壮大，在社会、经济、文化、军事等各个领域发挥着重要的作用。我国主要国际出口骨干网如表 6-2 所示。

表 6-2　主要国际出口骨干网

中国宽带互联网（CHINANET）
中国科技网（CSTNET）
中国教育和科研计算机网（CERNET）
中国移动互联网（CMNET）
中国联通互联网（UNINET）
中国国际电子商务网（CIECNET）

1998 年，清华大学依托 CERNET 建设了全国第一个 IPv6 试验网，标志着我国开始了对下一代互联网技术研究的开始。近年来与下一代互联网相关的实验项目不断启动，并取得了不少成绩。例如，我国下一代互联网研究标志性项目 CNGI 核心网 CERNET2 正式开通，引起了世界各国的高度关注，对全面推动我国下一代互联网研究及建设有重要意义。

6.5.2　Internet 的特点

1. Internet 的开放性

Internet 对接入的计算机并没有类型上的要求，它是对所有种类的计算机开放的，只要安装了 TCP/IP 协议就能通过不同的物理连接手段随时随地接入 Internet。这个就是 Internet 设计上的最大优点。

2. Internet 的平等性

因为 Internet 是不从属于某一个人、某一机构或某一国家的，所以任何人对于 Internet 来说都是平等的，任何人都可以自由地与 Internet 连接起来或者从 Internet 上断开连接。

3. Internet 技术通用性

得益于 TCP/IP 协议集的技术特性，Internet 允许使用各种通信介质，包括电话线、专用数据线、光纤、无线 Wi-Fi 和卫星信号等。

4. Internet 专用协议

Internet 专用协议 TCP/IP 简洁而实用，当年正是使用了 TCP/IP 协议，由于其高效和通用，使得 Internet 的规模迅速发展，才达到今天空前庞大的规模。

5. Internet 内容广泛

Internet 非常庞大，海纳百川，包罗万象，信息内容无所不包：有学科技术的各种专业信息，也有与大众日常工作与生活息息相关的信息；有严肃主题的信息，也有体育、娱乐、旅游、消遣和奇闻逸事一类的信息；有历史档案信息，也有现实世界的信息；有知识性和教育性的信息，也有消息和新闻的传媒信息；有学术、教育、产业和文化方面的信息，也有经济、金融和商业信息等。

6.5.3　Internet 常用的接入方式

由于 Internet 遍布全球，为了为用户提供接入服务，全球各地均有不少 Internet 服务提供商（ISP， Internet Service Provider）。ISP 能提供各种各样的接入方式来满足不同实际环境和不同网络需求的用户的接入需要，常用的接入方式有：电话拨号接入、ADSL 接入、Cable Modem 接入和局域网接入等，如表 6-3 所示。

表 6-3 常见接入 Internet 方式

接入方式	速度/(bit/s)	特点	适用对象
电话拨号	56K	方便，速度慢	个人及临时用户上网
ISDN	128K	较方便，速度慢	个人
ADSL	512K～24M	速度较快	个人及小企业
Cable Modem	8M～48M	利用有线电视的同轴电缆来传递数据信息，速度快	个人及小企业
局域网接入	10M～100M	需要附近有 ISP，速度快	个人及小企业
光纤接入	大于 100M	接入成本及技术要求高，速度快	大中型企业
无线局域网	信号充足时 11M～108M	方便，速度较快	移动笔记本计算机用户
GPRS、CDMA、3G	从几十 K 到几百 K 不等	方便，速度较慢	智能手机用户

1. 电话拨号

电话拨号是个人用户最早接入 Internet 的方式之一，也是最广泛使用的接入方式。因为比起其他接入方式，电话拨号方式只需要依托普通的电话线路和一台调制解调器(Modem)，就可以轻松方便上网了。如果不是经常长时间使用电话拨号接入服务，可以直接拨号 96169，在用户名一栏输入 96169，即可连接上 Internet，无需额外手续，连接 Internet 产生的费用将会一并算到电话通话费中(此号码为广东电信 ISP 提供，其他省份的号码请咨询当地 ISP)。但是电话拨号接入互联网的最高速度一般只有 56Kbit/s，所以这样的速度很难吸引多种网络服务需求的用户群。

2. ADSL

ADSL 是新兴的宽带接入服务，接入带宽从 512Kbit/s 到 24Mbit/s 不等。接入 ADSL 需要首先到当地 ISP 注册登记，并开通属于用户个人专有的账号。ADSL 是从 ISP 局端通过电话线连接到用户的数据语音信号分离器，然后再从分离器的数据接口连接到 ADSL Modem，最后从 ADSL Modem 通过双绞线连接到用户计算机的网卡，连接方式比电话拨号复杂。所以尝试连接 ADSL 前应该充分做好相关软件和硬件的准备工作。

在 Windows 7 下，用户并不需要安装额外的拨号软件，因为 Windows 7 已经集成了 ADSL 拨号所需要的 PPPoE 协议，只需要在计算机上做一些相应的设置即可。

(1)在“开始菜单”里打开“控制面板”，然后打开“网络和共享中心”窗口。

(2)选择“设置新的连接或网络”和“宽带 PPPoE”。

(3)在用户名和密码框里面输入对应的用户名、密码及连接名称，依次完成向导步骤，那么 ADSL 连接就完成了。

(4)以后只需要在屏幕右下角网络图标中单击 ADSL 连接图标，便可以开始进行连接了。

3. 局域网

电话拨号和 ADSL 拨号连接都使用了公共电话线作为长距离的传输介质，尽管 ADSL 的带宽是电话拨号带宽的 10～160 倍，但与网卡和双绞线所组成的网络的带宽相比还是有明显差距，为了满足不同环境、不同使用群体的需求，ISP 还直接提供通过局域网接入 Internet 的服务。

1)通过局域网直接接入

这种情况通常是 ISP 提供一条宽带线路接入某机构的局域网中，并且提供该机构用户数量所需的 IP 地址，通过该局域网网络设备的路由和交换，使桌面计算机直接接入互联网，实现 10/100Mbit/s 的宽带接入。例如我国的 CERNET，ISP 把光纤拉到各所学校的中心机

房，老师和学生的计算机通过各自的校园网接到学校中心机房，再由学校中心机房接入 Internet 中。

2)通过局域网内的代理服务器接入

这种情况和上述的情况基本一致，唯一不同的是由于 IP 地址资源的匮乏，ISP 没办法提供足够多的 IP 地址给用户，所以用户只能在局域网内搭建一台代理服务器，让更多用户通过代理服务器来访问 Internet。使用代理服务器接入 Internet 能够节省有效 IP 地址，同时由于内部用户的计算机只是使用私有的 IP 地址，Internet 上的用户无法主动地连接到它们，所以增加了计算机使用网络的安全性。但是需要注意的是，代理服务器的带宽、数据处理能力和稳定性直接影响到局域网内其他用户的连接质量。

无论上述的哪种接入方式，用户都必须首先安装好本地计算机网卡的驱动程序，为操作系统安装好 TCP/IP 协议集，并且进行相应的设置(在 Windows 7 下 TCP/IP 参数的详细设置方法参见 6.4.1 小节)，确保计算机能正常接入本地局域网。

4. 无线网络

无线网络是一个范围很广泛的技术名词，当中涉及的技术林林总总，但按照终端接入距离来划分的话，常见的无线网络接入 Internet 的方式有两大类。

1)终端接入距离在半径几十米范围以内的——WLAN

WLAN(Wireless Local Area Networks)无线局域网，也经常被称为 Wi-Fi，是一种使用 2.4GHz 和 5GHz 射频信号进行数据传输的网络技术。WLAN 主要针对的是楼宇内终端无线接入方案。单个 WLAN 的网络设备，如无线路由器和无线访问接入点，建成的无线局域网覆盖范围只有半径几十米，适用于普通家庭。但是由多个无线网络设备可以组成一个覆盖整栋大楼的大型无线局域网，适用于企业或作为移动服务运营商的扩展服务。

WLAN 只负责终端接入网络的最后一部分，至于用户接入 WLAN 后是否能连接 Internet 则不是 WLAN 所需要解决的问题。例如，现在有相当多的家庭都是使用 ADSL+无线路由器这种接入 Internet 的方式。在这个接入方案里，ADSL 负责连接 Internet；无线路由器则负责在家庭内部发射射频信号，让无线终端，如笔记本电脑、平板电脑和智能手机等接入 WLAN，然后通过 ADSL 连接到 Internet。

目前 WLAN 常用的有以下几种标准：

- IEEE802.11a 使用 5GHz 频率，最大支持 54Mbit/s 的接入速率。
- IEEE802.11b 使用 2.4GHz 频率，最大支持 11Mbit/s 的接入速率。
- IEEE802.11g 使用 2.4GHz 频率，最大支持 54Mbit/s 甚至 108Mbps 的接入速率，同时向下兼容 802.11b 设备。
- IEEE802.11n 使用 2.4/5GHz 频率，最大支持 600Mbit/s 接入速率，同时兼容 802.11a/b/g 设备。

WLAN 的接入方法十分方便简单，在终端搜索相关无线网络的 SSID，然后单击连接，输入相应的接入密码便可以完成连接。

Tips

WLAN 虽然相当容易接入和使用，但由于其数据传输是通过射频信号发射的，所以其相关的安全问题层出不穷。建议用户在设置无线网络设备的时候选择 WPA2 或以上级别的加密方式，并设置好密码，防止别人盗用网络。同时，在公共场合接入 WLAN 的时候要谨防是别人故意开放出来让用户接入的钓鱼 WLAN，因为一旦接入别人的 WLAN，用户在 WLAN 内的行为将会被一一记录，包括各种账号和密码也会被记录甚至盗用。

2)终端接入距离几百米甚至几千米——GPRS、3G 和 4G

这种接入方式通常都是由移动网络运营商提供的 Internet 接入服务，终端多为智能手机、平板电脑和笔记本电脑等设备。使用这种接入方式的终端都有一个共同点，就是要使用移动网络运营商提供的 SIM 卡作为身份标识，并且以流量或在线时长作为计费单位。

GPRS(General Packet Radio Service)通用分组无线服务，是 GSM 移动电话用户可用的一种移动数据业务，由于其处于 2G 和 3G 时代之间，GPRS 通常被形容为“2.5G”。GPRS 接入速率从 56～114Kbit/s，特殊情况下可以达到 171.2Kbit/s。

我国的 3G 业务分为中国移动的 TD-SCDMA、中国联通的 WCDMA 和中国电信的 CDMA 2000 EVDO 三种。它们的技术各有特点，接入速率最高可达 21.6Mbit/s。其中 TD-SCDMA 为我国自行研发的 3G 标准，具有自主的知识产权，标志着我国在移动通信领域已进入世界领先之列。

4G 作为目前最新的移动通信技术，结合了 3G 和 WLAN 的技术优势，拥有高达 100Mbit/s 的接入速率。

6.5.4 Internet 常见的服务

前面我们提到 Internet 上的内容十分广泛，包罗万象，无所不有，为了使用户更方便地获得各种各样的信息，Internet 提供了非常丰富且与时俱进的服务。下面列举一些最常见的服务。

1) WWW(World Wide Web，万维网)

万维网是一种高级的、标准的、通过 Internet 为用户传递超级文本(Hyper Text)的方法，它通过各种浏览器就能访问里面包含的文字、图像、音频、视频及其他所有的数字化信息。WWW 使用 HTML(Hyper Text Mark-up Language，超文本标记语言)作为描述语言。通过 HTML 文本，配以多种多媒体便能制作出内容丰富、绚丽多彩的 Web 页面。现在，众多 ICP(Internet Content Provider，互联网内容提供商)已经不再停留在通过 Web 来提供资讯和多媒体信息的阶段了，网页邮箱、网页游戏、网上同学录等均可通过 Web 页面形式提供。不过有一件事是没有改变的，就是 WWW 依然主要采用我们之前介绍过的 HTTP 协议来访问。

2) E-mail(电子邮件)

电子邮件是 Internet 上应用最广泛的服务之一，而中国人在本土第一次使用互联网就是从钱白天教授发出我国的第一封电子邮件开始。通过 Internet 电子邮件系统，可以与世界上任何一个角落的网络用户互通电邮，内容从普通文本到图像、声音甚至视频均可，同时还无需支付邮寄实物的邮费(只需支付互联网使用费)。电子邮件使用简易、投递迅速、收费低廉、易于保存、收发地点遍布世界任何一个有计算机能接入互联网的角落的优点，使得它被广泛使用。

从之前的章节我们了解到，电子邮件是使用 SMTP 协议在邮件服务器之间发送投递的。而大多数的电子邮件客户端则使用 POP3(Post Office Protocol 3，邮局协议的第 3 个版本)协议从电子邮件服务器下载邮件，我们之后还会介绍的 Outlook，它就可以使用 POP3 从邮件服务器下载电子邮件。当然除了 POP3 之外，还有不少邮件服务器让用户通过 Web 方式和 IMAP 收发邮件，使得用户只需要一个浏览器就能完成电子邮件的收发。

3) FTP（文件传输）

在前面的章节我们已经介绍过 FTP 协议，它是 Internet 上最古老、最传统的服务之一。FTP 的最大作用就是使用户能在两个联网的计算机之间传输文件，它是 Internet 上传输大文件的最主要、最安全的方法之一。近年来，P2P 下载（Point to Point，点对点下载）方式大行其道，使用 P2P 技术的下载软件，如 BT、emule 之类，其优点非常明确，因为采取多源传输的关系，所以下载的人越多速度越快。但其缺点也相当明显：多源传输对硬盘损伤比较大，缩短硬盘寿命；对内存占用较多，影响计算机整体运行速度；文件的安全性没法保障；而且不能解决上传文件的问题，所以 FTP 依然是最可靠的文件传输方法之一。

4) Search Engines（搜索引擎）

搜索引擎其实也是一种 Web 应用，只是搜索引擎在后台使用某些程序把 Internet 上的大量信息归类，然后按用户输入的关键字进行检索，再以 Web 的形式把这些信息展示出来，帮助人们在茫茫网海中搜寻所需要的信息。目前比较流行的搜索引擎有 www.google.com 和 www.baidu.com。

5) IM（Instant Messaging，实时通信）

实时通信可以分为两种不同的方式，一种是进入某个 Web 聊天室和其他进入同一个聊天室的人通过文字或视音频进行通信；另一类则是通过特定的 IM 客户端，如 QQ 和 IRC 之类的应用软件，通过对应的服务器与同样使用这些客户端的朋友或者陌生人交流，同样可以采用文字或视音频等方式进行通信。实时通信的优点在于通信费用便宜、方便，无论通信双方相隔多远，只要接入 Internet 就能相互交流，而且不需要像电话那样实时应答，交流双方可以在各自空闲的时候再留言通信。

6) BBS（Bulletin Board System，电子公告板）

对比 IM，BBS 更侧重于一种非实时的通信交流。BBS 就如一块很大的黑板报，每个人都可以在上面根据不同分类和主题发表自己所经历的事情，发表对某些问题的个人看法，或者就某些问题提出疑问，寻求其他人浏览并答复，解决问题。现在大部分的 BBS 都是 Web 形式的，它没有特定的交流目标，也不需要参与交流的人同时在线，看到自己有兴趣的话题都可以参与交流。

7) Blog（博客）

“博客”一词是从英文单词 Blog 翻译而来。Blog 是 Weblog 的简称，而 Weblog 则是由 Web 和 Log 两个英文单词组合而成。简单地说，就是用户在 Web 上记录下心情、兴趣、想法和心得，包括对大至时事新闻、国家大事，小至一日三餐的个人观点、个人看法，是人们通过互联网发表各种思想的虚拟场所。

8) 社交应用

随着 Facebook 和 Twitter 在国外声名大噪，国内的开心网和微博紧随其后占领国内暂时空白的市场。社交网站和社交软件糅合并改进了 Internet 上提供的几种常用服务，并且在计算机、平板电脑和智能手机等各种终端上实现了跨平台提供服务，目的是为了让人们随时随地分享各自的感受，与朋友们互动。

9) 远程教学

远程教学是近年新兴的一种利用网络、多媒体、计算机设备等技术，克服传统教学的局限性而形成的新型教学模式。它不仅打破了传统的时空限制，也能充分利用高质量的教育资源，最大限度地发挥教育功效，所以是现在也是未来重要的教学手段。如华南师范大学网络教育学院的远程教学服务，就已经把上述多种 Internet 服务手段灵活运用到整个远程教学过程当中，让其为教学活动服务。学生们通过网络学院的学习不但可以掌握到所学专业的专业知识，并且通过日常学习的锻炼，可了解和熟悉最新的计算机信息技术，以便在激烈的信息化社会竞争中立于不败之地。

6.6　网络故障的简单诊断

Microsoft 公司在 Windows 操作系统中配备了一些命令，用于检测和帮助用户排除网络连接方面遇到的问题，如 ipconfig 和 ping 命令等。

1. ipconfig 命令

ipconfig 主要作用是显示当前计算机的 TCP/IP 参数信息，让用户检查关于对 TCP/IP 的配置有没有出错。尤其是在 DHCP 的环境下，可以让用户了解到 DHCP 服务器有没有把连接到网络所必须的参数成功地配置到本地计算机上。

首先打开“开始”菜单，选择“所有程序”，然后选择“附件”中的“命令提示符”选项，在命令提示符窗口中输入“ipconfig/all”后按 Enter 键，得到的结果便是本地计算机详尽的 TCP/IP 配置信息，如图 6-22 所示。该计算机并没有使用 DHCP 服务而是手工配置了固定有效的 IP 地址，通过局域网直接接入互联网。在 ipconfig 命令返回的信息中，最关键的莫过于 IP 地址、子网掩码、默认网关和 DNS 服务器这几项，因为这几项中的任一项出错都将会影响用户正常访问 Internet。

图 6-22　ipconfig 命令使用结果 1

如果用户是处于 DHCP 环境下，使用“ipconfig/all”之后，发现 DHCP 服务器并没有将正确的 TCP/IP 参数配置到本地计算机的话，那么，可以使用“ipconfig/renew”，来请求 DHCP 服务器再次对本机的 TCP/IP 进行配置。如果已经成功地从 DHCP 服务器获得相关配置，那么 ipconfig 将会显示 DHCP 的 IP 地址和本地计算机所获得的地址的预计失效日期时间，如图 6-23 所示。

```
管理员: 命令提示符
Microsoft Windows [版本 6.1.7601]
版权所有 (c) 2009 Microsoft Corporation。保留所有权利。

C:\Users\Pat>ipconfig/all

Windows IP 配置

   主机名  . . . . . . . . . . . . . : patvmware
   主 DNS 后缀 . . . . . . . . . . . :
   节点类型  . . . . . . . . . . . . : 混合
   IP 路由已启用 . . . . . . . . . . : 否
   WINS 代理已启用 . . . . . . . . . : 否
   DNS 后缀搜索列表  . . . . . . . . : localdomain

以太网适配器 本地连接:

   连接特定的 DNS 后缀 . . . . . . . : localdomain
   描述. . . . . . . . . . . . . . . : Intel(R) PRO/1000 MT Network Connection
   物理地址. . . . . . . . . . . . . : 00-0C-29-1E-43-46
   DHCP 已启用 . . . . . . . . . . . : 是
   自动配置已启用. . . . . . . . . . : 是
   本地链接 IPv6 地址. . . . . . . . : fe80::4981:b0ee:eb90:e61a%11(首选)
   IPv4 地址 . . . . . . . . . . . . : 192.168.72.128(首选)
   子网掩码  . . . . . . . . . . . . : 255.255.255.0
   获得租约的时间  . . . . . . . . . : 2013年6月19日 10:06:05
   租约过期的时间  . . . . . . . . . : 2013年6月19日 12:21:03
   默认网关. . . . . . . . . . . . . : 192.168.72.2
   DHCP 服务器 . . . . . . . . . . . : 192.168.72.254
   DHCPv6 IAID . . . . . . . . . . . : 234884137
   DHCPv6 客户端 DUID  . . . . . . . : 00-01-00-01-18-E6-A3-C3-00-0C-29-1E-43-46

   DNS 服务器  . . . . . . . . . . . : 192.168.72.2
   主 WINS 服务器  . . . . . . . . . : 192.168.72.2
   TCPIP 上的 NetBIOS  . . . . . . . : 已启用
```

图 6-23　ipconfig 命令使用结果 2

2. ping 命令

ping（Packet Internet Grope，互联网包探索器）命令是一个使用频率极高的实用程序，除了在 Windows 之外，各种版本的 Linux、UNIX，甚至连网络设备的系统上都配有这个程序。它的工作原理能够简单理解为主机通过 UDP 协议向目的主机发送出一些 ICMP（Internet Control Message Protocol，互联网控制报文协议）数据包，请求目的主机的回应，目的主机收到请求之后就会返回一个同样大小的数据包，根据返回的数据包就可以确定源主机和目的主机之间的网络连接正常，两台主机相关的 TCP/IP 配置也正确。假如发现网络连接有异常，通过 ping 一系列特定的目的主机，也可以帮助我们对问题进行诊断。

(1) 按照之前的步骤打开命令提示符，然后输入 ping 127.0.0.1（回送地址：127.0.0.1，表示本地计算机，一般用于测试使用），按 Enter 键。如果有应答，表示本机 TCP/IP 已正常被安装，如图 6-18 所示；否则，表示 TCP/IP 的安装或者运行存在某些最基本的问题，解决方法是重装 TCP/IP 协议，并重启计算机（图 6-24）。

```
管理员: 命令提示符
Microsoft Windows [版本 6.1.7601]
版权所有 (c) 2009 Microsoft Corporation。保留所有权利。

C:\Users\Pat>ping 127.0.0.1

正在 Ping 127.0.0.1 具有 32 字节的数据:
来自 127.0.0.1 的回复: 字节=32 时间<1ms TTL=128
来自 127.0.0.1 的回复: 字节=32 时间<1ms TTL=128
来自 127.0.0.1 的回复: 字节=32 时间<1ms TTL=128
来自 127.0.0.1 的回复: 字节=32 时间<1ms TTL=128

127.0.0.1 的 Ping 统计信息:
    数据包: 已发送 = 4，已接收 = 4，丢失 = 0 (0% 丢失)，
往返行程的估计时间(以毫秒为单位):
    最短 = 0ms，最长 = 0ms，平均 = 0ms

C:\Users\Pat>_
```

图 6-24　ping 命令使用结果

(2)ping 本机的 IP 地址，正常情况下本地计算机应该始终都能对 ping 命令作出应答，假如没有则表示可能在网络上存在着另一台与本机 IP 地址相同的计算机。此时可拔下网线再进行测试，如果发现测试通过，则应该与网络管理员协商解决 IP 地址冲突问题。

(3)通过上述两个测试之后，基本可以证实本地计算机的安装和配置是没有问题的。接下来，可以尝试 ping 一下局域网内其他计算机的 IP 地址。这个测试可以排除局域网的线缆是否存在问题，或者局域网的子网划分是否正确。

(4)ping 网关 IP 地址，如果测试通过，则表示本机到网关之间的连接是正常的，否则应该好好检查两者之间的网络连接和相关配置。有些时候，为了保障网关的网络安全，网络管理员可能会在网关部署防火墙，防火墙的配置不正确也会导致本地局域网无法与网关连通。

(5)ping 远程 IP 地址，如果测试通过，则表示从本地计算机能正常通过默认网关连接到 Internet。

(6)ping 某个著名的网站域名，如 ping www.qq.com，若 ping 命令不能正常解释该域名对应的 IP 地址，则表明可能是 DNS 服务器配置的 IP 地址不正确或 DNS 服务器有故障。

当本地主机出现网络连接问题时，通过上述几个测试，能够帮助我们简单地进行诊断，对其进行针对性的维护或修复。但是，即使上述的测试全部通过了，也并不能表示所有的网络配置都正常，某些子网掩码的错误可能无法用这些方法检测出来。

第 7 章　Internet 的应用

学习目标：

- 了解文本、超文本、Web 页的超文本结构和 URL 的基本概念
- 熟练掌握 Internet Explorer 的打开和关闭
- 熟练掌握浏览网页的基本操作
- 掌握 Internet Explorer 浏览器选项参数的基本设置和收藏夹的基本使用
- 熟练掌握信息搜索的基本方法和常用的搜索引擎的使用
- 了解博客和社交网站的使用，以及电子邮件的基本概念
- 掌握 Outlook 基本参数的设置
- 熟练掌握 Outlook 电子邮件管理的基本操作
- 掌握 Outlook 联系人的使用
- 了解 Web 格式邮件的使用、FTP 的基本概念和 FileZilla 的基本操作
- 了解在 Internet Explorer 浏览器中访问 FTP 站点的基本操作

通过前面章节的学习，我们了解了计算机网络发展的历史，掌握了它的基本原理和连接方法。在连接到 Internet 后，我们就可以通过 WWW、E-mail、FTP 等各种服务使用国际互联网上丰富的资源了。但要想熟练地在网上“冲浪”，必须先了解 Internet 的特性，掌握各种服务工具的基本使用方法与技巧。本章将重点介绍万维网浏览器 Internet Explorer、电子邮件客户端 Outlook 和 FTP 客户端 FileZilla 等的使用方法。

7.1　浏 览 网 页

7.1.1　网页浏览的基本知识

1. 超文本标记语言

首先让我们来区分两个概念，文本与超文本。所谓文本，指的是可见字符(文字、字母、数字和符号等)的有序组合，又称可见文本；而超文本，指的是除了普通文本外，还包括一些具体的链接，这些包含链接的文本就被称为超文本。HTML(Hyper Text Mark-up Language，超文本标记语言)是 WWW 的描述语言，由 Tim Berners-Lee 提出。设计 HTML 语言的目的是为了能把存放在一台计算机中的文本或图形与另一台计算机中的文本或图形方便地联系在一起，形成有机的整体，人们不用考虑具体信息是在当前计算机上还是在网络的其他计算机上。这样只要使用鼠标在某一文档中单击某一链接，Internet 就会马上转到与此链接相关的内容上去，而这些信息可能存放在网络的另一台计算机中。

HTML 文本是由 HTML 命令组成的描述性文本，HTML 命令可以包含文字、表格、图形、动画、音频、视频和链接等。HTML 的结构包括头部(Head)、主体(Body)两大部分。头部描述浏览器所需的信息，主体包含所要说明的具体内容。

2. 统一资源定位器

URL(Uniform Resource Locator，统一资源定位器)是 WWW 中各类资源的定位信息，即所谓的网址。URL 地址格式排列为：

<服务类型>://<主机 IP 地址或域名>:<端口(缺省情况下是 80)>/<资源在主机上的路径>

例如，http://news.qq.com/a/20130619/024199.htm 就是一个典型的 URL 地址。客户端程序首先看到 http(超文本传送协议)，便知道处理的是 HTML 链接。接下来的 news.qq.com 是站点地址，再接着是目录 a/20130619/，最后是超文本文件 024199.htm。

3. 浏览器

浏览器是用户浏览网页时使用的客户端软件，用户通过它可迅速及轻易地浏览 WWW 上的各种资讯。网页一般是由通用 HTML 组成的，但有些网页因为包含了特别的组件，所以需使用特定的浏览器才能正确显示。个人计算机上常见的网页浏览器除了与 Windows 捆绑发售的 Microsoft Internet Explorer 外，还有 Mozilla 的 Firefox、Apple 的 Safari 和 Google 的 Chrome 等。

7.1.2 Internet Explorer 的使用

1. Internet Explorer 简介

为了快速掌握 Internet Explorer(IE)的使用方法，用户首先应对 IE 窗口有所了解。在 Windows 7 的任务栏上，单击任务栏上的 IE 图标便可以打开 IE 窗口，如图 7-1 所示。IE 窗口由标题栏、菜单栏、工具栏、地址栏、链接工具栏、Web 窗口和状态栏组成。

图 7-1 Internet Explorer 窗口

• 标题栏：位于 IE 工作窗口的顶部，用来显示当前正在浏览的网页名称或当前浏览网页的地址，方便用户了解 Web 页面的主要内容。

• 菜单栏：位于标题栏下面，显示可以使用的所有菜单命令。

• 工具栏：也叫命令栏，位于菜单栏下面，存放着用户在浏览 Web 页面时常用的工具按钮，使用户可以不用打开菜单，而是单击相应的按钮来快捷地执行命令。

• 地址栏：位于标题栏的下方，可查看当前打开的 Web 页面地址，也可查找其他 Web 页。在地址栏中输入地址后按 Enter 键，就可以访问相应的 Web 页。例如，在地址栏中输入 www.gdou.com，按 Enter 键之后就可访问华师在线的主页。用户还可以通过地址栏上的下拉列表框直接选择曾经访问过的 Web 地址，进而访问该 Web 页。

• 功能区：为用户提供查看“历史记录”、“搜索”等相应的操作功能。

• 工作区：用户查看网页的地方，也是用户跟各种 Web 应用程序交互的地方。

• 状态栏：位于 IE 窗口的底部，显示当前用户正在浏览的网页下载状态、下载进度和区域属性。

如果要关闭浏览器，可以单击 IE 窗口右上角的“×”图标，或者右击任务栏中的 IE 按钮，在弹出的列表菜单中单击“关闭”即可退出正在浏览的网页。

2. Internet Explorer 的基本操作

1) 浏览网页

(1) 如图 7-2 所示，在浏览器地址栏中单击鼠标左键，使地址栏中的字符呈反色显示。

图 7-2　Internet Explorer 地址栏

(2) 输入要浏览的网站的 URL 地址，然后按 Enter 键即可。

2) IE 的常用工具和操作使用

(1) “返回”按钮可以使 IE 返回到上一 Web 页面，而如果要转到下一页，单击工具栏上的“前进”按钮。

(2) 如果要中断正在浏览的 Web 页面链接，可以单击工具栏上的“停止”按钮。

(3) 如果 Web 网页看到的信息是过期的信息，或者网页的图片、音乐和视频等加载不正常，可以单击“刷新”按钮重新载入该页面。

(4) “主页”按钮是打开浏览器时自动加载的页面。主页的设置在后面的章节中介绍。

(5) 如果要在 Internet 上查找某些资源，可以单击“搜索”按钮，通过设定搜索服务提供商和输入要搜索的关键字进行搜索。默认的搜索服务提供者是 Microsoft 的“Bing”必应。

(6) 单击“收藏夹”按钮之后，IE 会出现一个下拉菜单，然后按一下“固定收藏中心”后 IE 会在“工作区”左方出现“功能区”，显示收藏夹里的内容，方便用户在收藏的网页中进行选择。

如果在 Web 页面上遇到想设置为计算机桌面墙纸的图片，可以在工作区中右击该图片，在弹出的菜单中选择“设置为背景”命令。

如果想把某个网页保存在本地磁盘以方便日后脱机时浏览，可以在“文件”菜单中选择“另存为”命令。在“保存网页”对话框中可以选择保存的路径、文件名和保存的类型等。如果“保存类型”选择了“网页，全部”，即保存下来的网页会连同页面上的图像、音频和其他

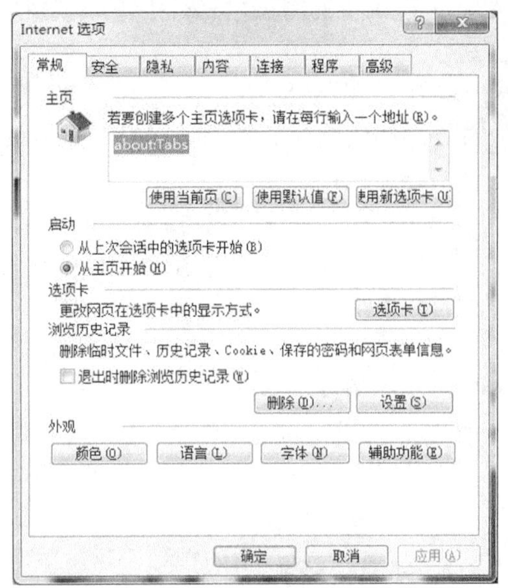

图 7-3 “Internet Explorer 选项”窗口

文件一并保存下来，并按照网页里面 HTML 语言描述的路径生成对应的文件夹；如果选择了“Web 档案，单一文件”，那么 IE 会把该网页上所有信息下载下来，集成到一个文件里面；如果选择了“网页，仅 HTML”的话，那么 IE 就只会保存 Web 页信息，但不会保存其他多媒体类别的文件；如果只需要保存当前网页的文本信息，可以选择“文本文件”。

3. Internet Explorer 的基本设置

“Internet Explorer选项”设置窗口包括“常规”、“安全”、“隐私”、“内容”、“连接”、“程序”和“高级”7 个选项卡，如图 7-3 所示。在 IE 的菜单栏中单击“工具”，然后在下拉菜单中单击“Internet 选项”，便能打开 Internet 选项对话框。

1）“常规”选项卡

该选项卡可以更改 IE 默认主页、设置 Internet 临时文件夹的属性和更改访问历史记录的保存设置等。

在启动 IE 浏览器的同时，IE 会自动打开其默认主页。Windows 7 安装好之后，默认主页为 MSN 中文网的页面。如果用户想修改默认主页，可以参考以下步骤：

(1) 启动 IE 浏览器。

(2) 打开要设置为默认主页的 Web 页面。

(3) 选择“工具”菜单，然后选择“Internet 选项”命令，打开“Internet 选项”对话框，在“主页”选项组中单击“使用当前页”按钮即可将启动 IE 时打开的默认主页设置成当前打开的 Web 页面；如果单击“使用默认页”按钮，则可以恢复回原来默认的设置；若单击“使用新选项卡”按钮，则 IE 启动时不会打开任何网页。

在 IE 中，用户只要单击工具栏上“收藏夹”的按钮中的“历史记录”选项卡就可以查看曾经浏览过的网站记录，时间久了之后历史记录会越来越多。这时候如果用户觉得有必要清理一下，可以在“常规”选项卡的“浏览历史记录”选项组中单击“删除”按钮。还可设定历史记录的保存时间，让操作系统定时为你清理历史记录。

2）“安全”选项卡

“安全”选项卡是关于用户在浏览 Web 内容时所涉及的安全设置，其中包括 Internet、本地 Intranet、受信任的站点、受限制的站点的内容设置。除此之外，在这里还可以对“该区域的安全级别”进行设置，其中包括“自定义级别”和“默认级别”。

3）“隐私”选项卡

在“隐私”选项卡中用户可以通过移动滑块来为 Internet 区域选择一个浏览的隐私设置，即设置浏览网页时，是否允许使用 Cookie 的限制。在选项卡的下半部分，用户可以对“弹出窗口阻止程序”选项组进行设置，可以针对不同的网站设置是否允许该网站弹出新的 IE 窗口。

4）“内容”选项卡

“内容”选项卡可以分别对“家庭安全”、“证书”、“自动完成”和“源和网页快讯”4 个方面进行设置。“家庭安全”设置可以帮助我们控制在 IE 上浏览的 Internet 内容是否符合相对应

的等级限制，以保护青少年免受不良内容的影响；“证书”选项组可以用来管理用户获得的电子证书；“自动完成”选项组用于设置是否保存个人在浏览网页时留下的用户名和密码之类的个人信息，以便下次访问时再自动使用；“源和网页快讯”用于获取并提示用户网站的内容更新。

5）“连接”选项卡

“连接”选项卡如图 7-4 所示。在该选项卡中除了可以设置或者添加一个 Internet 网络连接，还可以设置连接的代理服务器及设置局域网，包括其中的“自动配置”和“代理服务器”等。如果需要为局域网浏览网页设置代理服务器，可以单击“局域网设置”按钮，在弹出的“局域网(LAN)设置”对话框中设置相应的代理服务器地址及端口号等，如图 7-5 所示。

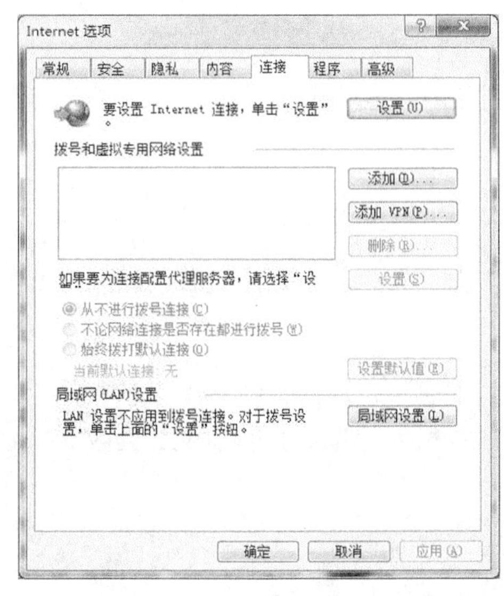

图 7-4 “连接”选项卡

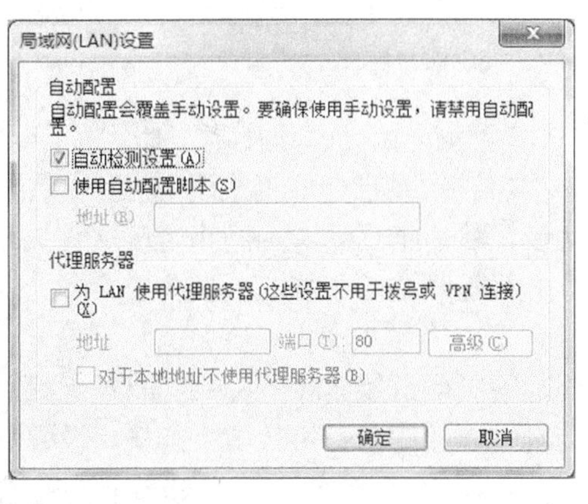

图 7-5 代理服务器设置

6）“程序”选项卡

该选项卡可以指定 Windows 自动用于每个 Internet 服务的程序，其中包括 HTML 编辑器、电子邮件等。可以通过单击“设为默认浏览器”按钮，将 IE 重新设置为系统默认使用的浏览器软件；单击“管理加载项”按钮则可以对加载到 IE 的插件进行管理。

7）“高级”选项卡

“高级”选项卡中的设置有很多，主要是对 IE 个性化浏览进行设置，其中包括 HTTP 1.1 设置、安全、多媒体、辅助功能、国际、加速的图形和浏览等多方面的设置，如图 7-6 所示。

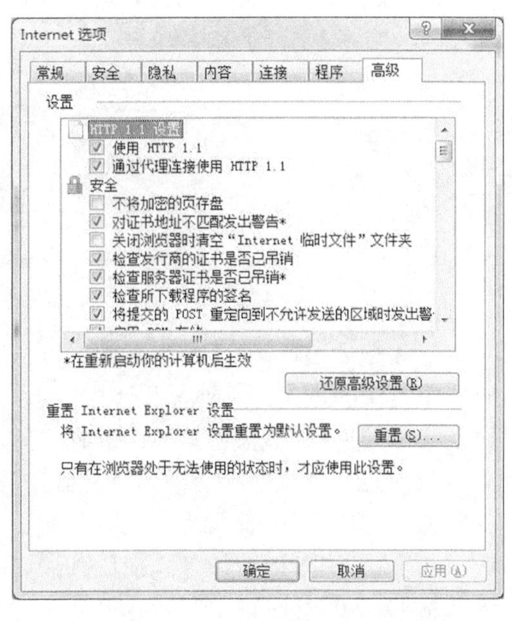

图 7-6 “高级”选项卡

4. Internet Explorer 浏览器收藏夹的基本使用

1）收藏夹的功能

用户可以将喜爱的网页添加到收藏夹中，并对它们进行分门别类地保存，以后有需要时就可以通过收藏夹快速访问所需的网页。

2)添加到收藏夹

将某个 Web 页添加到收藏夹的步骤如下：

(1)转到要添加到收藏夹列表的 Web 页。

(2)打开“收藏夹”菜单，单击“添加到收藏夹”选项，打开“添加收藏”对话框，如图 7-7 所示。

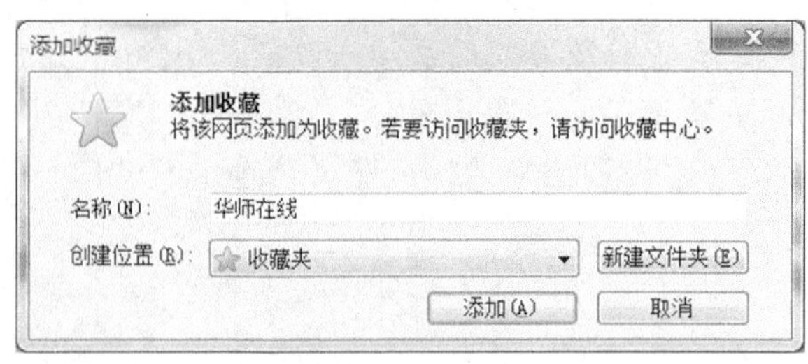

图 7-7　“添加收藏”对话框

(3)在出现的“添加收藏”对话框的“名称”文本框中输入该页的新名称，然后单击“确定”按钮。如果想把该页收藏到某个特定类别的目录下，可以在“创建位置”选项后单击下拉菜单，然后把页面添加到指定的文件夹下。

3)添加到收藏夹栏

为了方便用户使用，收藏夹中还有一个“添加到收藏夹栏”的便捷功能，就是把用户需要添加的页面链接直接保存到“收藏夹栏”目录中，这样用户便马上可以在 IE 的收藏夹栏中看到刚刚添加的网页链接了，如图 7-8 所示。

图 7-8　添加到收藏夹栏

4)整理收藏夹

当收藏的 Web 页不断增加时，用户可以将它们组织到文件夹中，也可以创建新的文件夹来组织收藏的项目。具体操作步骤如下：

(1)打开“收藏夹”菜单，选择“整理收藏夹”选项。

(2)弹出“整理收藏夹”对话框，如图 7-9 所示。单击“新建文件夹”按钮，然后键入文件夹的名称，按 Enter 键即可。

(3)将列表中的快捷方式拖放到合适的文件夹中。如果因为快捷方式或文件夹太多而导致无法拖动，可以先选择要移动的网页，然后单击“移动”按钮，在弹出的“浏览文件夹”对话框中选择合适的文件夹，单击“确定”按钮即可。

图 7-9 整理收藏夹窗口

(4) 如果有某些需要删除的网页，可以直接选择要删除的网页，然后单击“删除”按钮。

5) 使用已收藏网页

收藏夹列出了收藏的网页以便快速查看。每次需要打开该页时，只需要单击 IE 工具栏上“收藏夹”按钮，然后在出现的下拉列表菜单中单击需要的网页地址即可打开所需网页。

7.1.3 搜索引擎

在互联网发展初期，网站相对较少，信息查找比较容易。随着互联网上信息爆炸式的发展，网上的信息越来越多，Internet 用户想找到所需的资料如同大海捞针。为满足大众信息检索的需求，一种被称为“搜索引擎”的网站便应运而生了。这类网站能够通过 Internet 接受用户的查询指令，并向用户提供符合其查询要求的信息资源网址。

搜索引擎使用下面两种方法自动地获得各个网站的信息，并将这些信息分类整理保存到自己的数据库中。定期搜索，即每隔一段时间，搜索引擎主动派出“机器人”程序，对指定范围的 IP 地址的互联网站进行检索，一旦发现新的网站，就自动提取网站的网页信息和网址加入自己的数据库。另一种是靠网站的拥有者主动向搜索引擎提交网址，它在一定时间内向提交的网站派出“蜘蛛”程序，扫描该网站并将有关信息存入数据库，以备用户查询。

当用户以关键词查找信息时，搜索引擎会在数据库中进行搜寻，如果找到与用户要求相符的网站，便采用特殊的算法(通常根据网页中关键词的匹配程度、出现的位置/频次等)计算出各网页的信息关联程度，然后根据关联程度高低，按顺序将这些网页链接返回给用户。

搜索引擎分为全文搜索引擎和分类目录搜索引擎，其中全文搜索引擎的代表有 Google (www.google.com) 和百度 (www.baidu.com)，分类目录搜索引擎的代表有雅虎、搜狐、新浪等。不过现在这些站点一般都同时提供全文搜索和分类目录两种服务。每个搜索引擎都有自己的一套复杂查询算法，但这些算法对用户是透明的。下面主要介绍使用关键字进行查询的基本操作。

1. 关键字查询

在搜索引擎中输入关键词，然后单击“搜索”按钮就行了。当需要用到多个关键词以缩少搜索结果时，只需要在多个关键词之间加个空格，搜索引擎自动默认为“AND”运算，搜索到的网页将包含所有输入的关键词。

2. 使用逻辑符号

• 双引号用 (" ")：利用双引号查询完全符合关键字串的网站。例如：输入“中国女足”找出包含“女足”的网站，而不会找出包含“男足”的网站。

· 使用加号(+)：在关键词的前面使用加号，也就等于告诉搜索引擎该单词必须出现在搜索结果中的网页上，例如，输入“电脑+电话”。

· 使用减号(–)：在关键词的前面使用减号，也就意味着在查询结果中不能出现该关键词。

· 使用通配符(*和?)：前者表示匹配的数量不受限制，后者匹配的字符数为一个，主要用在英文搜索引擎中，如输入“c*puter”，“comp?ter”。

3. 使用布尔检索

所谓布尔检索，是指通过标准的布尔逻辑关系来表达关键词与关键词之间逻辑关系的一种查询方法。

· and，称为逻辑“与”，用 and 进行连接，表示它所连接的两个词必须同时出现在查询结果中，如输入“computer and book”，它要求查询结果中必须同时包含 computer 和 book。

· or，称为逻辑“或”，它表示所连接的两个关键词中任意一个出现在查询结果中就可以。

· not，称为逻辑“非”，它表示所连接的两个关键词中应从第一个关键词概念中排除第二个关键词，如输入“automobile not car”表示结果中不出现 car。

· near，它表示两个关键词之间的词距不能超过 n 个单词。

4. 使用括号

当两个关键词用另外一种操作符连在一起，而又想把它们列为一组时，就可以对这两个词加上圆括号。

5. 使用元词检索

大多数搜索引擎都支持“元词”(metawords)功能，依据这类功能用户把元词放在关键词的前面，这样就可以告诉搜索引擎你想要检索的内容具有哪些明确的特征。例如，在搜索引擎中输入“title:清华大学”，就可以查到网页标题中带有清华大学的网页。在键入的关键词后加上“domain:org”，就可以查到所有以 org 为后缀的网站。

其他元词还包括：“image:”用于检索图片，“link:”用于检索链接到某个选定网站的页面，“URL:”用于检索地址中带有某个关键词的网页。

6. 使用关键字母

· 仅搜索网站的网址：在关键字前加“u:”，搜索引擎仅会查询网址。例如，在网页中的搜索框中输入“u:yahoo.com”，单击“搜索”按钮，则统一资源定位器中包含“yahoo.com”字符的网址将全部显示出来。

· 仅搜索网站标题：在关键字前加“t:”，搜索引擎仅查询网站的名称。例如，在网站搜索框中输入“t:网络技术”，单击“搜索”按钮，含有“网络技术”几个字的网站标题将显示出来。

7. 使用高级搜索功能

高级搜索可以指定搜索结果包含哪些内容，指定搜索语言，指定文件格式，指定网域和日期等。

8. 了解各大搜索引擎的产品

各搜索引擎均有自己特别的产品，如 Google 地图搜索、百度音乐搜索对我们都很有用。另外，雅虎的目录搜索以网页内容分类也便于我们检索网络信息。

7.1.4 社交网络

社交网络其实应该是社交网络服务(Social Network Service)，因为中文使用习惯，人们将其简称为“社交网络”。社交网络服务是各种 Internet 服务的糅合和改进，目的是为了更好地将各种互联网提供的基本服务应用到人们的社交生活中去。目前社交网络服务中比较流行的有博客、微博、社交网站和各种即时通信应用。

1. 博客

博客(BLOG)又翻译为网络日志和部落格等，最开始的时候作为个人日记网络化而设计出来，后来逐渐发展成为个人观点和个人兴趣爱好的交互平台。博客的篇幅通常比较长，可以让用户完整叙述事情、描述事物和阐述观点等，同时可以添加图片、音乐和视频来润饰博客。

中国博客业务开始于 2000 年，2004 年开始大放异彩，各大门户网站包括新浪和搜狐等也开始提供博客服务。但随着微博的出现，博客的发展势头已大不如前。目前，新浪、网易、腾讯、搜狐和百度等国内知名的大网站均提供博客服务。用户只需要登录这些网站，注册一个用户名即可获得免费服务。

2. 微博

微博源于美国的 Twitter，是一个基于用户关系的信息分享、传播及获取平台，用户可以通过 Web、平板电脑或智能手机等各种客户端组建个人社区，以 140 字左右的文字更新信息，并实现即时分享。新浪在 2009 年首先推出了中国的微博，腾讯紧随其后参与微博业务，还一度为“微博”这一冠名权展开争夺，结果新浪斥资买下 weibo.com 域名，让其微博业务“名正言顺”。

微博与博客最大的区别在于微博利用人们零碎的时间，在片言只语之间交流，更实时、更便捷。现在，当人们需要长篇大论地描述事件的时候才会使用博客，无论是作者还是读者，均需要一段比较长的时间才能完成写作和阅读。没有人会在博客上只写一句“我去上班了，今天天气真不错！”，也不会有人在微博上细细叙述今日一整天的工作。这就是博客与微博的差异。

3. 社交网站

从广义上来说，凡是提供给人们进行社交活动的网站均可被认为是社交网站。但如果按照这样定义的话，那么以前各大门户网站提供的 BBS 讨论区也有专门给人们用来社交的版面，它们也是社交网站吗？本文的“社交网站”狭义地特指那些以社交为目的而建立的，并提供网站 API(Application Programming Interface，应用程序编程接口)给第三方开发组件的网站。国外最典型的代表为 Facebook，而国内则为开心网(kaixin001.com)和人人网等一系列网站。

开心网建于 2008 年，因为当时移动智能终端还相对匮乏，大部分网民依然是靠计算机和浏览器来使用互联网，所以它最开始瞄准的对象是广大的工薪阶层、白领群体，为其打造一个庞大而活跃的线上社交圈。开心网成立之后陆续开发了几个脍炙人口的网站组件，如“卖朋友”、“争车位”和“买房子”等，从此“种菜”、“偷菜”游戏红遍全国，成为人们半夜起床的原因。经过几年的发展，目前开心网上共有 440 多个组件，其中开心网自有研发组件 50 多个，第三方组件 300 多个。值得一提的是，开心网并没有像新浪一样成功买下 kaixin.com 域名，并因此引发法律诉讼。目前 kaixin.com 域名依然为其他公司所有。

4. 即时通信应用

1999 年，我国第一个网络即时通信软件腾讯 OICQ 诞生了。当时美国 AOL 公司的 ICQ 软件正是如日中天，所以腾讯在 2000 年就接到了 AOL 发来的律师函，要求 OICQ 更名，否则控诉其侵权。当时 OICQ 已经 100%占领了国内的即时通信软件市场，迫于压力，腾讯把 OICQ 改名成 QQ，标志依然是一只可爱的企鹅，如图 7-10 所示。时至今日，这只企鹅屹立依旧，2012 年的用户数突破 1.7 亿，而 ICQ 则因市场占有率太低而被 AOL 出售给 DST 公司。

图 7-10 腾讯 QQ 2013 登录界面

随着智能手机的快速发展，腾讯推出了手机版的QQ，让人们可以在手机上通过互联网来收发信息和图片，而且经过不断升级开发之后用户可在手机硬件和网络情况允许的前提下实现语音和视频交互。但是QQ 的初衷毕竟是一个给计算机设计使用的软件，它主要针对 QQ 上的联系人，在各种手机上的用户体验始终不尽如人意。然而腾讯在受到国外 kik、whatsapp 和国内米聊等手机通讯录社交软件的巨大压力后，于 2011 年推出了微信。微信完全兼容手机通讯录和 QQ 好友相互通信，让用户不用登录 QQ 即可与 QQ 好友交流，同时又可以类似手机短信形式与手机通讯录中的好友通信，而且支持文字、图片和语音片段等多种媒体形式。微信已经发布 iPhone 版，Android 版、Windows Phone 版、Blackberry 版、S60V3 和 V5 版，完美地实现了跨平台实时交互这一目标。另外由于 QQ 基础用户群体数量大，用户互相带动效应明显，截至 2013 年 1 月，微信用户数已突破 3 亿，真可谓青出于蓝而胜于蓝。

社交网络种类繁复，多姿多彩，它并不是一个单纯的个体，而是一个多硬件、多应用、多服务和多平台的合集，希望用户多体验，以得出自己的感受。

7.2 电 子 邮 件

7.2.1 电子邮件概述

1. 电子邮件

电子邮件（E-mail）是用户或用户组之间通过计算机网络收发信息的服务，使网络用户能够发送或接收文字、图像和语音等多种形式的信息。目前电子邮件已成为 Internet 用户之间快速、简便、可靠且成本低廉的现代通信手段，是 Internet 上使用最广泛、最受欢迎的服务之一。相比上述的社交网络，电子邮件通常会出现在一些比较正式的场合，如公司之间的商业联系、师生之间的学术讨论、提交作业和论文等情况。

2. 电子邮件协议

电子邮件在发送和接收过程中，要遵循一些基本协议和标准，这些协议和标准保证电子邮件在各种不同系统之间进行传输。常见的协议有：电子邮件传送（寄出）协议 SMTP、电子邮件接收协议 POP3 和 IMAP4 等。为了了解电子邮件传输系统，我们先了解以下几个基本概念：

（1）邮件传输代理（Mail Transfer Agent，MTA）是一种在服务器端执行的软件，也就是邮件服务器负责把邮件由一个服务器传到另一个服务器。广泛使用的 MTA 程序有 Sendmail、Postfix、Qmail 等。

（2）邮件用户代理（Mail User Agent，MUA）是一种客户端软件，它可提供用户读信、回信、写信及处理邮件等功能。它和 MTA 不同的是，一个系统中可以同时存在多个 MUA 程序。一般常见的 MUA 程序有 Outlook、Foxmail 等。

（3）邮件投递代理（Mail Delivery Agent，MDA）通常与 MTA 一同运行，将 MTA 接收的邮

件按照目的位置做出判断，以决定该邮件是放在本机账户下的邮箱，或是再经过 MTA 将此邮件转发到下个 MTA。

邮件从发送者到接收者的流程如下：

(1) 发件人 MUA 先利用 TCP 连接端口 25，将电子邮件传送到发件人隶属的邮件服务器，即本地 MTA，此时发件人必须正确定义本身与收件人的电子邮件地址，然后这些邮件会先保存在队列中。

(2) 经过服务器的判断，如果收件人跟发件人属于本地邮件服务器的用户，则此邮件就会交由本地 MDA 进行处理，之后直接传送到收件人邮箱。如果收件人跟发件人不属于同一个邮件服务器的用户，则此服务器会先向 DNS 服务器要求解析远程邮件服务器的 IP 地址。

(3) 如果名称解析失败，则无法进行邮件的传递。如果成功解析远程邮件服务器的 IP 地址，则本地的邮件服务器将利用 SMTP 将邮件传送到远程(这就是邮件转发功能)。

(4) SMTP 将尝试和远程的邮件服务器连接，如果远程服务器目前无法接受邮件，则这些信件会继续停留在队列中，然后在指定的重试间隔再次尝试连接，直到发送成功或放弃传送为止。

(5) 如果传送成功，则远程 MTA 就会将此邮件交由远程 MDA 进行处理，并放入收件人邮箱。之后收件人即可利用 POP 或 IMAP 软件连接到收件人隶属的邮件服务器，下载或读取电子邮件，而整个邮件传递过程也随之完成。整个流程如图 7-11 所示。

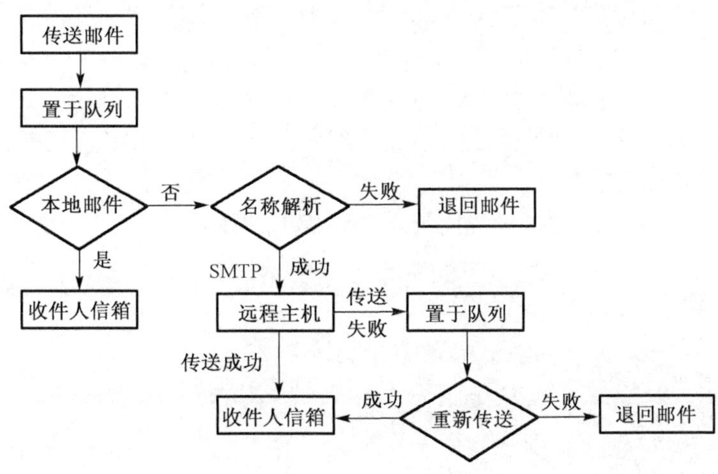

图 7-11　邮件传输流程图

3. 电子邮件地址的格式

使用 Internet 提供的电子邮件服务，用户首先要申请自己的电子邮箱，以便接收和发送电子邮件。每个用户的电子信箱都有一个唯一的标识，这个标识通常被称为 E-mail 地址。电子邮件地址的格式如下：

用户名@域名

“用户名”是用户申请的账号，对于同一个邮件接收服务器来说，这个账号必须是唯一的；“域名”是用户信箱的邮件接收服务器域名，用以标志其所在的位置。这两部分中间用“@”隔开，如liming@gdou.com或zhangsan@126.com。

7.2.2 基于 Web 收发电子邮件

基于 Web 的电子邮件是通过 Web 浏览器提供电子邮件账户访问的技术，它用起来与浏览网站一样容易。用 Web 浏览器作为电子邮件客户程序，能够从任何连接到 Internet 的计算机访问电子邮件账户，不需要配置客户端软件。这种方式比较适合在别人的计算机上收发电子邮件。

目前国内免费提供 Web 电子邮件服务的知名网站有 www.163.com、www.sohu.com、www.sina.com 等。这些网站也专门为高端用户推出了付费的 VIP 邮箱账号，跟免费账号相比，这些 VIP 邮箱账号一般不会收到非定制的广告邮件或垃圾邮件，而且邮箱容量和所能发送的附件大小也比免费账号大很多。

申请免费 Web 方式电子邮箱的方法在各个提供免费邮箱的网站上都有详细说明，用户只需要访问相应的网站，如 www.163.com，单击“注册免费邮箱”或相关的链接，然后按向导要求输入必填信息即可获得一个免费的电子邮箱。本文为了后续步骤的需要，在网易主页上注册了 textbook2013@163.com 邮箱。

7.2.3 配置 Outlook

目前用得比较广泛的电子邮件客户端软件有 Outlook、Foxmail 等。它允许我们脱机阅读邮件，当设置成在服务器上不保留或保留指定时间段的邮件副本时，可以避免出现邮箱空间不足而无法接收邮件的情况。本节以 Outlook 为例说明电子邮件客户端软件的使用。

Outlook 是 Office 2010 标准版里自带的一个电子邮件收发程序，安装 Office 2010 标准版后可以在“开始”→“所有程序”→Microsoft Office 中单击 Microsoft Outlook 2010 来启动 Outlook。Outlook 第一次启动之后会执行一个配置向导，用户可以直接把自己的邮箱账号通过配置向导设置到 Outlook 中去。

(1) 启动 Outlook 2012，进入设置向导，如图 7-12 所示。

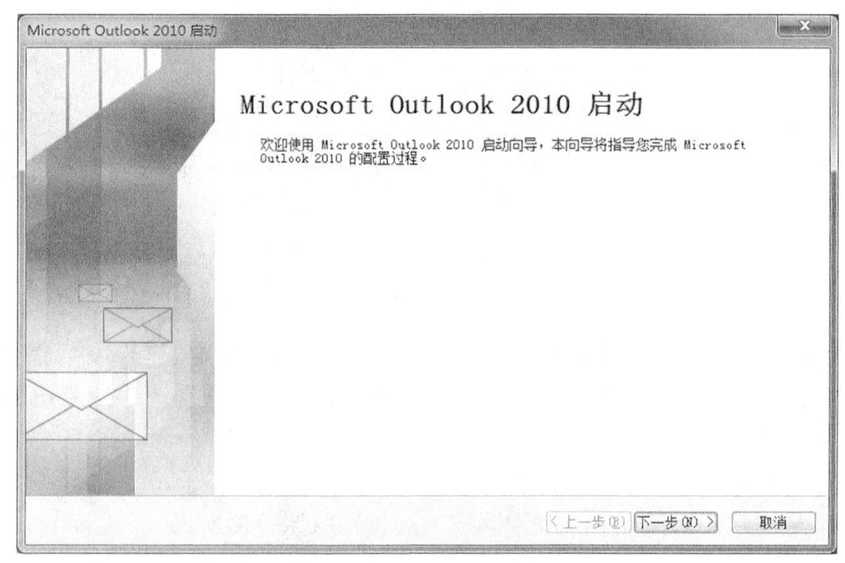

图 7-12 Outlook 2010 设置向导

(2) 选择“电子邮件账户”然后进入“添加新账户”对话框。由于电子邮件账户配置中会涉及 POP/IMAP/SMTP 协议设置，它们涉及电子邮件服务供应商的网络安全问题，所以通常直接输入电子邮件账户是很难通过设置向导并完成设置的，所以选择“手动配置服务器设置或其他服务器类型”选项，如图 7-13 所示。

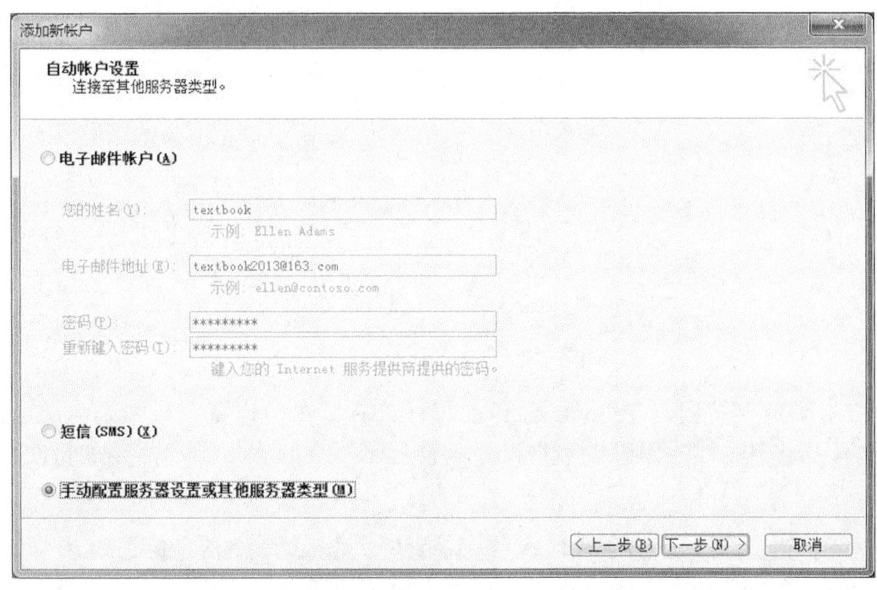

图 7-13 “添加新账户”对话框

(3) 填入相应的邮箱和密码，文中使用 textbook2013@163.com 为例子，如图 7-14 所示。

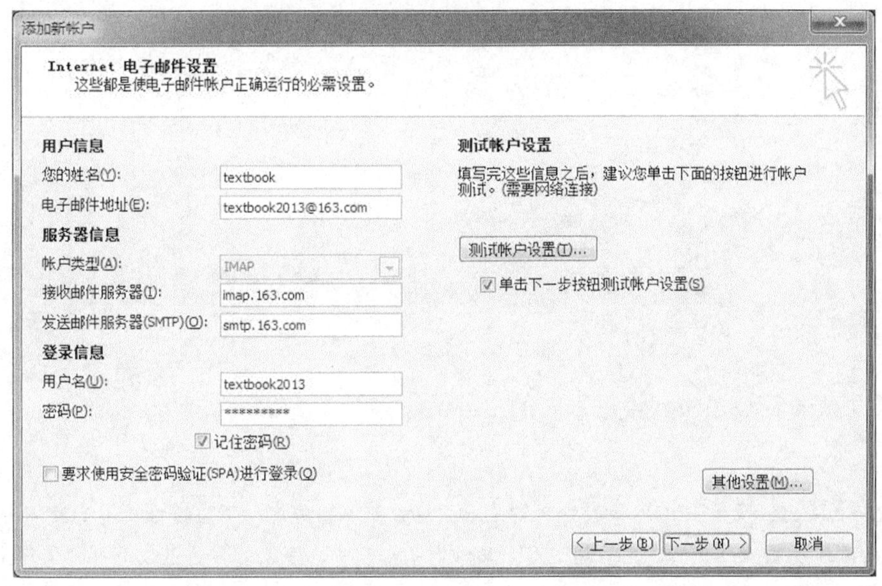

图 7-14 设置电子邮件

(4) 单击“其他设置”按钮，在“Internet 电子邮件设置”对话框中选择“发送服务器”选项卡，勾选“我的发送服务器(SMTP)要求验证”复选框，并填入对应的用户名和密码，勾选“记住密码”复选框，以后发送邮件就不用每次再输入密码了，如图 7-15 所示。

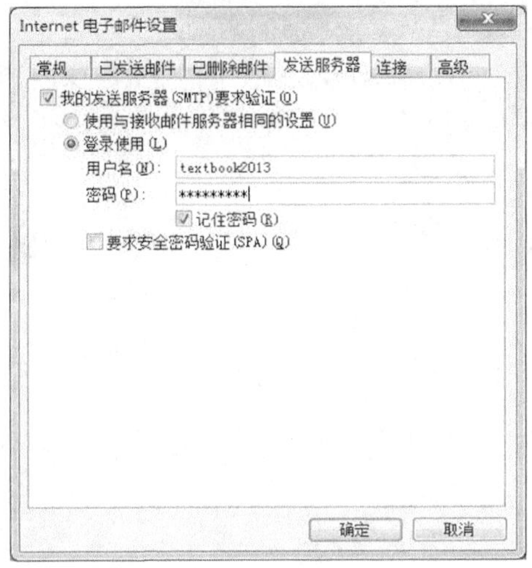

图 7-15 “发送服务器”选项卡

(5)单击“确定”按钮，Outlook 会自动执行“测试账户设置”，如果全部正常，在任务状态中会显示“已完成”；如果设置有误，则会显示“失败”，用户需要重新设置账户信息，如图 7-16 所示。

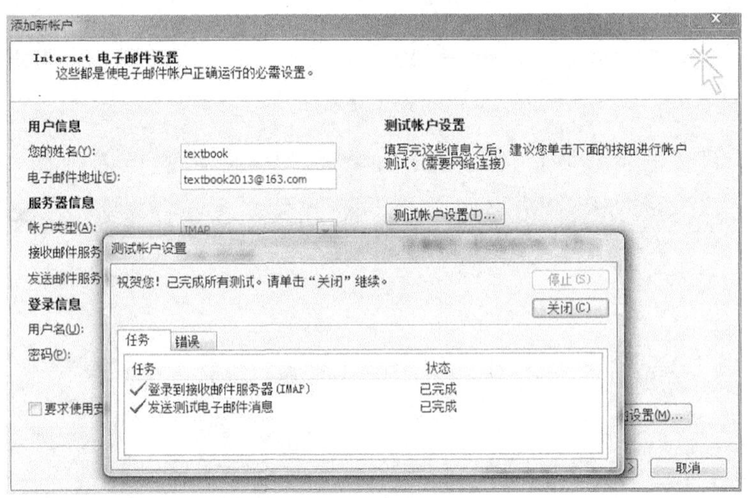

图 7-16 测试账户设置

(6)通过测试后 Outlook 会进入它的主界面，如图 7-17 所示。

 Tips

POP/IMAP/SMTP 设置：POP 和 IMAP 均是用于接收邮件的协议，不同的地方是 POP 不会把用户对邮件的操作反馈到服务器上。例如，用户通过客户端收取了邮箱中的 3 封邮件并移动到其他文件夹，邮箱服务器上的这些邮件是不会同时被移动的。而 IMAP 则提供与 Web 电子邮件一样的双向通信，客户端的操作都会反馈到服务器上。所以如果用户同时使用 Web 电子邮件、智能手机和计算机上的 Outlook 等来管理电子邮箱，使用 IMAP 是一个明智的选择。SMTP 则是发送邮件的协议，无论用户使用何种接收邮件的协议，SMTP 都是需要配置的。具体的配置参数可以在不同的邮件服务提供商的网页上查询。

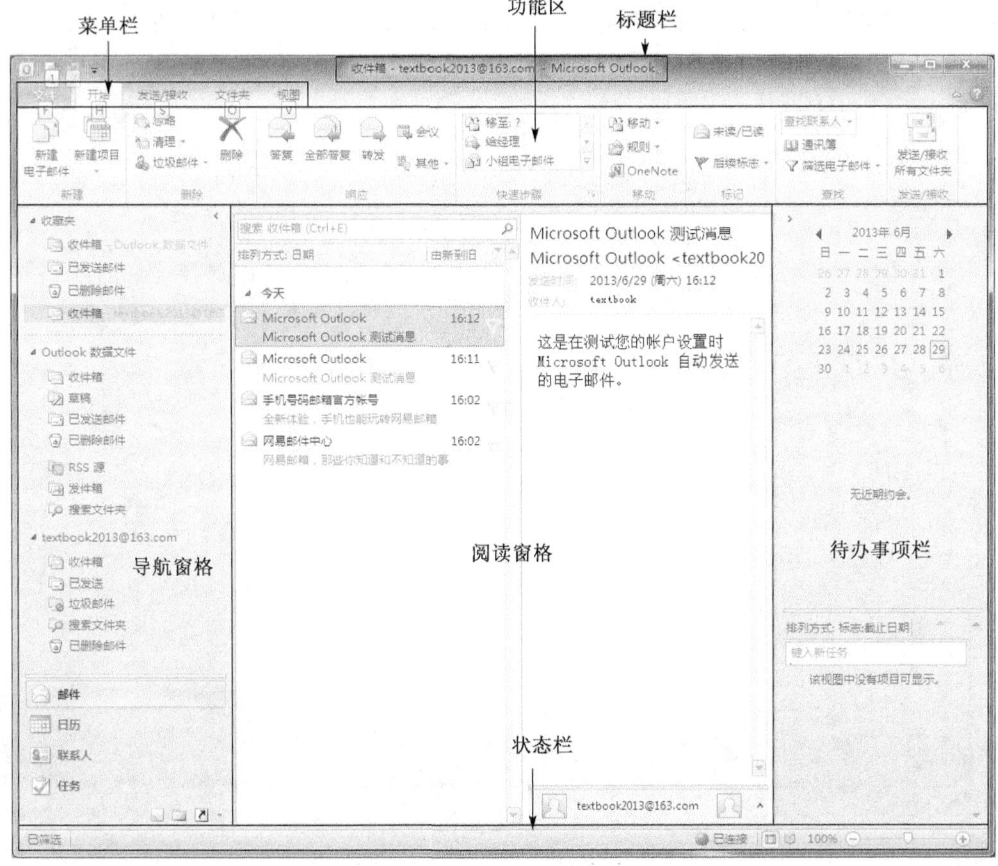

图 7-17 Outlook 2010 主窗口

Outlook 2010 主窗口上面是标题栏、菜单栏、功能区，下面是状态栏，中间部分分为 4 个区域：左边包含文件夹列表、日历、联系人和任务列表的导航窗格，中间两个区域包含邮件列表栏和邮件预览的阅读窗格，右边区域则是待办事项栏。窗口的组成可以由用户在菜单“视图”→“布局”中定制，大部分设置跟 Office 2010 一样，此处不再赘述。

7.2.4 使用 Outlook 收发电子邮件

1. 发送邮件

当用户需要发送电子邮件时，应先新建电子邮件。下面是新建电子邮件的一般步骤：

(1) 启动 Outlook。

(2) 单击“开始”菜单，在功能区上单击“新建电子邮件”图标打开“未命名-邮件”窗口，如图 7-18 所示。

(3) 输入收件人邮箱地址，当同时给多人发送同一封邮件时，可以输入多个收件人的邮箱地址，各个邮箱地址之间用英文的分号或逗号分隔。

(4) 在“主题”栏中输入该邮件的主题。

(5) 在邮件的正文区输入邮件的具体内容。

(6) 在邮件中插入附件：如果你发送的电子邮件需要附带一些其他的信息，如程序文件、声音文件或图像、照片等，可以使用“附加文件”功能。操作方法如下：在“未命名-邮件”

窗口中单击功能区上的“附加文件”按钮或选择菜单“插入”→“附加文件”选项，打开“插入文件”对话框。在该对话框中找到需要作为附件发送的文件，并选定它，单击“插入”按钮即可完成附件的插入。

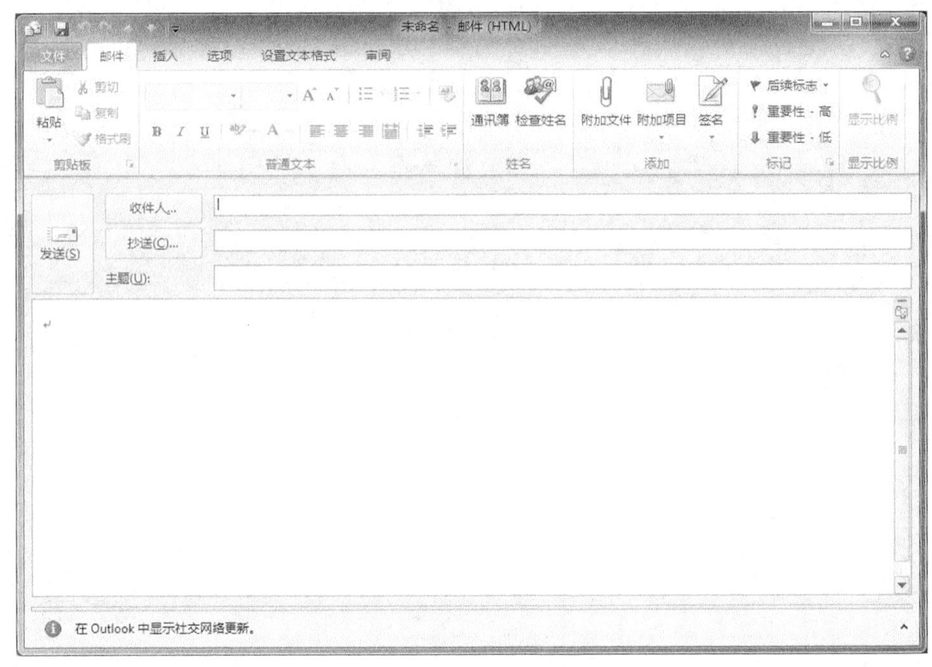

图 7-18 “新邮件”窗口

其中收件人、主题是必须填写的信息，抄送人、正文、附件等可根据情况选填或留空。此时，一封电子邮件创建完毕，单击工具栏上的“发送”按钮便可发送邮件。

2. 接收邮件

在 Outlook 窗口中单击功能区上的“发送/接收所有文件夹”按钮，可以发送当前保存在发件箱中未发送的邮件，然后接收当前已配置的所有账号中的邮件。

在 Outlook 的文件夹列表中的“收件箱”图标后会提示有多少封邮件尚未阅读。单击“收件箱”图标，会在邮件列表栏中列出所有收到的邮件，从收件箱的邮件列表可以简单了解每封邮件的优先级、是否有附件、是否有标记、发件人、主题、接收时间等信息，用户可以单击相应的列名按列名排序。

3. 阅读邮件正文

Outlook 提供的阅读方式有两种：在预览窗口中阅读和在单独窗口中阅读。打开收件箱，在邮件列表中，未打开过的新邮件标题以黑体字显示，旁边有一个未打开的信封图标；打开过的邮件旁边是一个打开的信封图标。在邮件列表中，用鼠标单击某个邮件，则该邮件的内容显示在邮件预览窗口；如果双击某个邮件，则打开一个新窗口显示邮件内容。

4. 查看附件

当用户通过 Outlook 接收一个带有附件的邮件后，附件文件名会排列在邮件主题下方，同时在邮件正文之后，会有附件文件名和下载链接显示，用户可以根据自己的需要单击链接，然后将附件通过“另存为”保存到计算机的其他位置。

5. 删除邮件

在邮件列表中，选择要删除的邮件，单击功能区上的“删除”按钮，这时邮件被转移到“已删除邮件”文件夹。这些邮件并没有被真正删除，要彻底删除邮件，还要将“已删除邮件”文件夹里的邮件再次删除，在出现的询问框中单击“是”按钮，才能永久地(不可恢复)删除这些邮件。

6. 使用邮件规则

使用 Outlook 的邮件规则，可以将接收到的邮件自动分类并放入不同的文件夹中，以及以彩色突出显示特定的邮件、自动回复或转发特定的邮件等。

所谓的邮件自动分拣，就是设置邮件规则，然后根据设定的规则条件将邮件分别存放在不同的目录里，以方便管理。详细步骤如下：

(1) 在没有选中任何邮件的状态下，单击功能区的“规则”按钮，然后选择“管理规则和通知”选项。

(2) 在“规则和通知”对话框中选择“电子邮件”，然后单击“新建规则”进入“规则向导”的目的选项，如图 7-19 所示。

(3) 选择所需到达的目的，然后单击“下一步”按钮进入“规则向导”的条件选项，如图 7-20 所示。在这个选项卡中，用户要把勾选了的条件中带下划线部分填充完整。

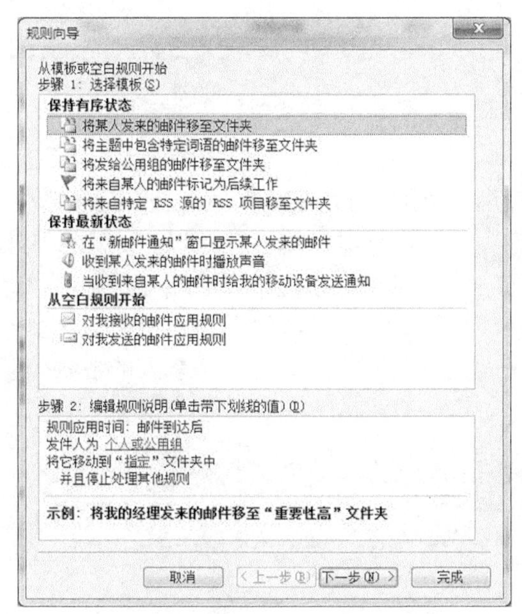

图 7-19　规则向导-目的选项

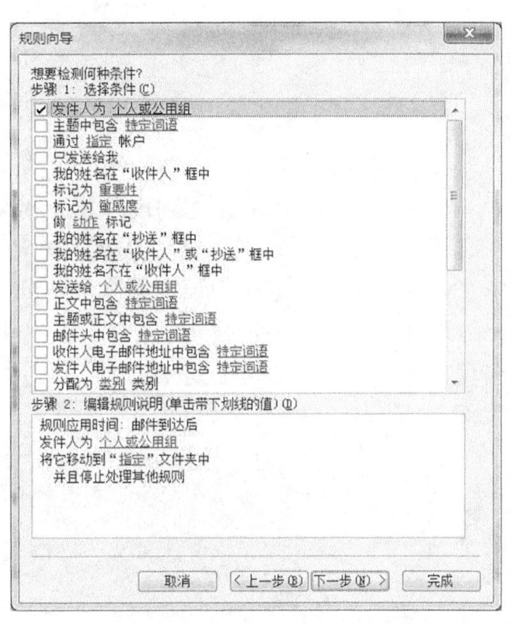

图 7-20　规则向导-条件选项

(4) 完成条件选项之后单击“下一步”按钮进入“规则向导”的附加动作选项，如图 7-21 所示。如果没有需要附加的动作，可以直接单击“完成”按钮跳出“规则向导”，单击“确定”按钮即生成规则。

(5) 按需要完成附加动作选项这一步骤之后单击“下一步”按钮，进入“规则向导的”的例外选项，如图 7-22 所示。如果规则没有例外的情况，则可以直接单击“完成”按钮跳出“规则向导”，单击“确定”按钮即可生成规则。

(6)确定好需要例外的情况后单击“完成”按钮生成规则。

由于 Outlook 邮件规则功能强大，涉及的选项多，用户可以根据自己的需求一一尝试，这里就不再重复介绍了。

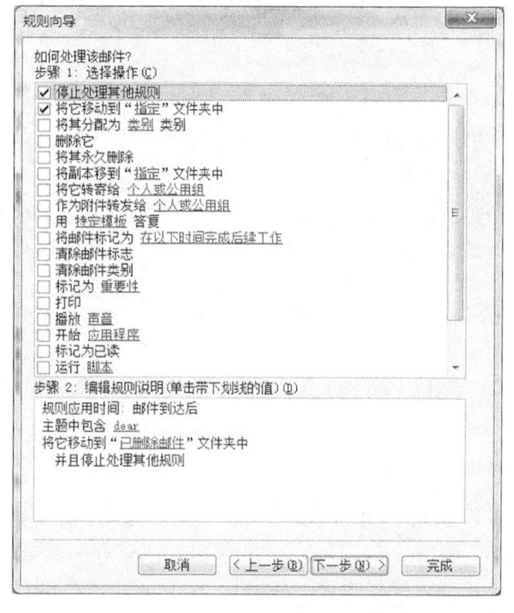

图 7-21　规则向导-附加动作选项

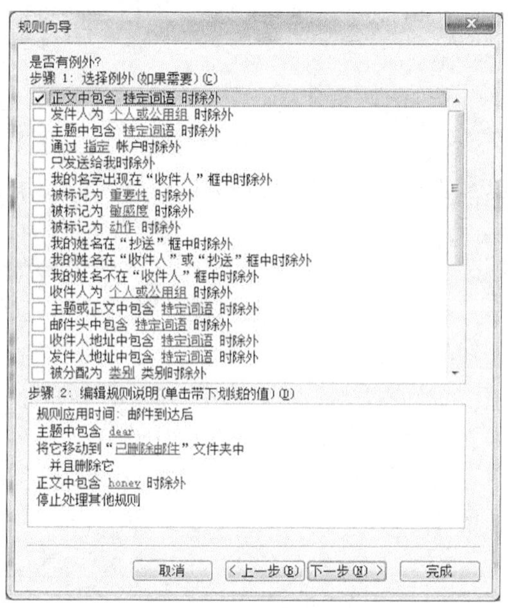

图 7-22　规则向导-例外选项

7. 使用通讯簿

使用 Outlook 的通讯簿功能，用户可以将经常联系的朋友的电子邮件地址放在通讯簿中。发送邮件时就只需从通讯簿中选择地址，不需要每次都输入。通讯簿不但可以记录联系人的电子邮件地址，还可以记录联系人的工作信息、电话号码、地址等信息。单击功能区中的“通讯簿”打开“通讯簿：联系人”窗口，如图 7-23 所示。在“文件”菜单中选择“添加新地址”选项，然后选择“新建联系人”选项，用户便可在“联系人”窗口中输入联系人的各种信息并保存，如图 7-24 所示。

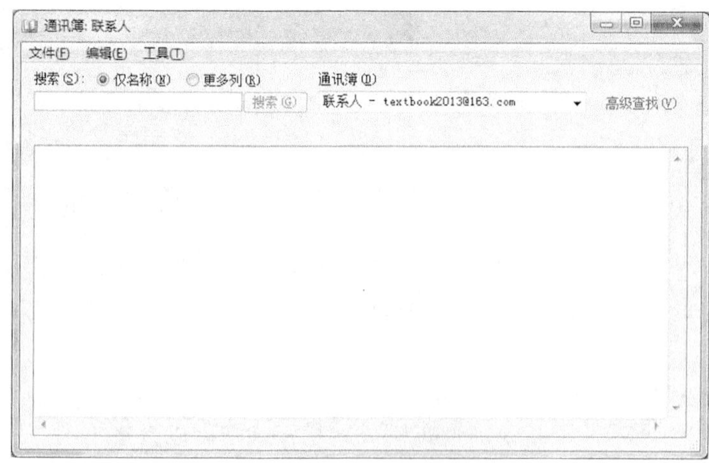

图 7-23　Outlook 通讯簿

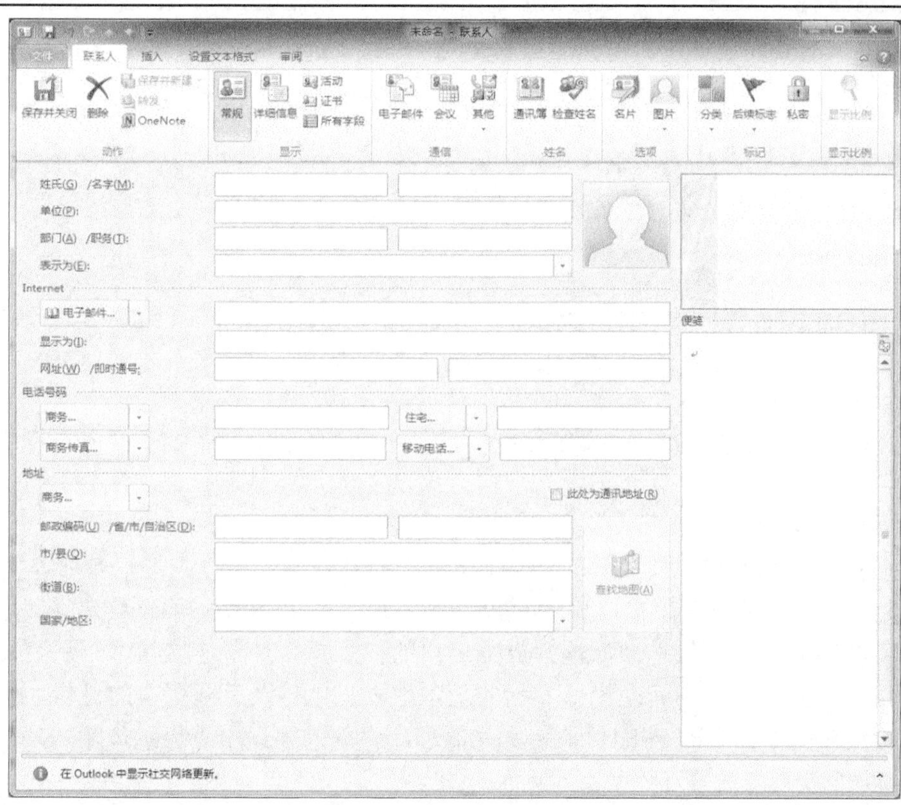

图 7-24　编辑联系人窗口

7.3　FTP

7.3.1　文件传输的概念

FTP(File Transfer Protocol)用于 Internet 上控制文件的双向传输，是文件传输协议的简称。同时，在很多操作系统上它也是一个使用 FTP 协议来传输文件的应用程序的名字。用户可以通过它把自己的计算机与世界各地所有运行 FTP 协议的服务器相连，访问服务器上的大量信息和资源。简单地说，FTP 的任务目的就是完成两台计算机之间的文件复制。从远程计算机复制文件至本地计算机上，称为下载(download)；将文件从本地计算机复制至远程计算机上，则称为上载(upload)。

访问 FTP 服务器下载或上传文件的用户可分为实名用户和匿名用户。实名用户由 FTP 服务器的管理员建立，并分配了相应的权限(包括列表、读取、写入、修改、删除等)和登录密码。这样实名用户使用该账号和密码登录到服务器后，就可以在管理员所分配的权限范围内操作。

为了方便 Internet 上大量用户下载 FTP 服务器上的文件，大多数公开的 FTP 服务器都设置成允许匿名访问。这样，Internet 上的任何用户都可以通过匿名账号 anonymous 登录，同时用任意一个电子邮件地址作为密码。为了避免耗尽 FTP 服务器上的磁盘空间，匿名用户一般只允许从服务器下载。

Tips

Windows 7 操作系统自带的 FTP 客户端应用FTP.exe 位于 Windows 安装目录下的 system32目录下。由 FTP.exe是面向命令行模式设计的，启动 Windows 7 的命令提示符后即可使用。但是使用该客户端需要熟悉相关命令，本文不作详细描述，有兴趣的用户可以自学，以更深入地了解 FTP 协议。

7.3.2　FileZilla

图形界面的 FTP 客户端软件种类繁多，常用的有 FileZilla、FlashFXP 等。一些非专用的 FTP 软件也可以用来完成 FTP 操作，如网页浏览器、快车、迅雷等。本节以 FileZilla 为例，介绍 FTP 客户端软件的使用。

FileZilla 是一款免费软件。安装 FileZilla 后，一般会在“开始”菜单的所有程序列表中创建快捷方式。

1. FileZilla 主窗口

FileZilla 的主窗口如图 7-25 所示。快速连接工具栏让用户可以直接输入要连接的 FTP 信息，一键完成连接。消息日志窗口显示 FTP 命令及所登录 FTP 站点的连接信息，用户可以通过此窗口了解当前的连接状态，如该站点给用户的信息是否处于连接状态，是否支持断点续传和正在传输的文件等。中间左窗口显示的是本地硬盘上传及下载所在的目录，中间右窗口显示的是所连接的 FTP 服务器的目录和文件信息，底部的窗口用于显示传输队列信息以及传输的完成状况等。

快速连接工具栏

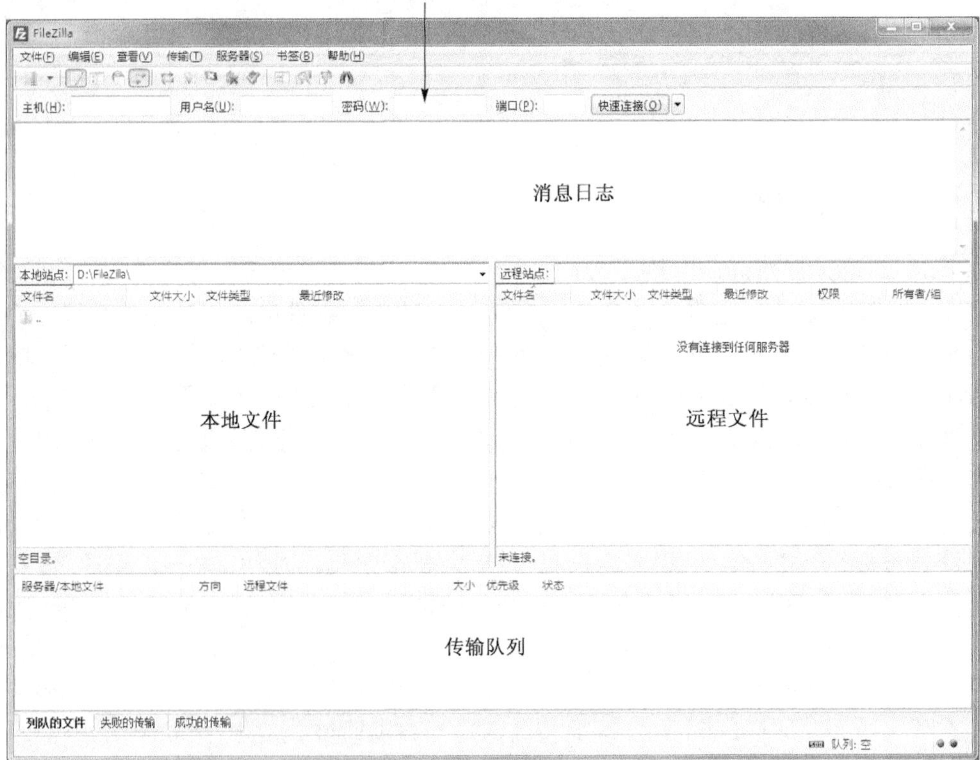

图 7-25　FileZilla 主窗口

2. 连接到服务器

连接到 FTP 服务器的方法主要有以下两种：

(1) 直接在快速连接工具栏的“主机”输入框中输入要访问的 FTP 服务器的 IP 地址或域名，在“用户名”和“密码”输入框中分别输入访问该 FTP 服务器所用的用户名和密码。如果没有特别说明，端口栏中留空或输入 21。然后单击“快速连接”按钮或按 Enter 键。

(2) 在 FileZilla 主窗口中，单击“文件”→“站点管理器”菜单或单击工具栏中的“站点管理器”图标打开“站点管理器”窗口，如图 7-26 所示。在站点管理器窗口中单击“新站点”按钮，为新站点起个有意义的名称；在“主机”输入框中输入要访问的 FTP 服务器的 IP 地址或域名；在端口栏中留空或输入 21；在登录类型中如果是用匿名用户登录 FTP 服务器则按默认设置，如果是用实名用户登录则选择“一般”；然后在“用户名”和“密码”输入框中分别输入访问该 FTP 服务器所用的实名用户名和密码。设置好后直接单击“连接”命令按钮。用该方式建立的新站点信息会保存起来，下次再访问该 FTP 服务器时，无需输入任何信息，直接打开“站点管理器”窗口，双击相应的站点名即可。

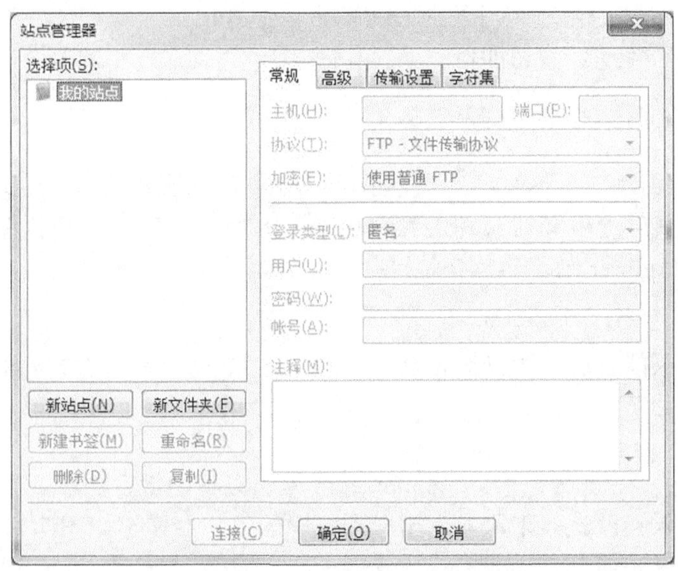

图 7-26　“站点管理器”窗口

连接成功后，在主窗口“远程服务器”区域将显示 FTP 服务器上相应用户的文件和目录列表。

要断开连接可选择菜单“服务器”→“断开连接”命令。

要重新连接可选择菜单“服务器”→“重新连接”命令。

3. 文件传输

FileZilla 有几种方法可以实现文件的下载和上传。文件传输过程中，主窗口底部的传输队列窗口中会显示传输速度、剩余时间、已用时间和完成传输的百分比等信息。以下几种操作都需要登录用户拥有相应的权限才能执行。

1) 用鼠标拖曳传输文件

在 FileZilla 主窗口中，单击鼠标左键选中要传输的文件，将文件从左窗口中拖曳到右窗口的指定目录中，实现上传；将文件从右窗口拖曳到左边窗口的指定目录中，实现下载。

2)双击文件实现传输

在选定文件上双击，可以实现文件传输，但每次只能传输一个文件。

3)使用快捷菜单传输文件

选中需要传输的文件，单击鼠标右键，在弹出的快捷菜单中选择“上传”或“下载”命令。

4)修改文件名

FileZilla 可以为服务器端的文件或文件夹重命名。方法是：在选定的文件或文件夹上右键单击，在快捷菜单中选择“重命名”命令，在文件或文件夹的名称反白显示后输入新的名称，然后按 Enter 键即可。

5)创建目录

FileZilla 也可以在服务器端创建新目录。在 FileZilla 主窗口中的远程服务器区域右键单击，选择“创建目录”命令，在弹出的对话框中的反白区域内输入新目录名称，单击“确认”按钮即可在服务器端指定位置新建一个子目录。

6)删除已上传的文件

选定要删除的对象，在选定对象上右键单击，在弹出的快捷菜单中选择“删除”命令，在确认对话框中单击“是”按钮即可。

7.3.3　在 IE 浏览器中使用 FTP

使用浏览器不但能访问 WWW 主页，也可以访问 FTP 服务器，进行文件传输。但使用浏览器传输文件时，传输速度和对文件的管理功能要比专用的 FTP 客户软件差。

启动 Internet Explorer 浏览器，在地址栏中输入格式如下的地址：

```
ftp://[用户名]:[密码]@[FTP 服务器地址]:[端口]
```

此处“ftp://”不能省略，否则浏览器会用默认的 http 协议访问服务器。

FTP 地址示例如下：

```
ftp://temp:pmet@ftp.gdou.com
```

其中 temp 为用户名，pmet 为密码，ftp.gdou.com 为服务器地址，默认端口为 21，使用默认端口的话，可以不输入端口。如果账号、密码不正确的话，会弹出如图 7-27 所示的窗口，让用户再次输入账号和密码信息。

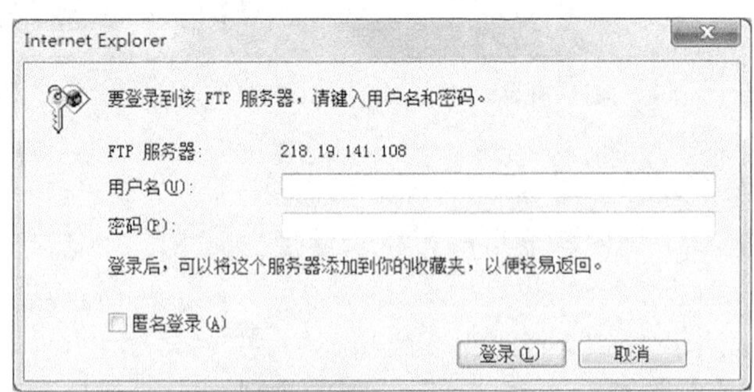

图 7-27　登录对话框

连接到服务器后，在浏览器的窗口将显示 FTP 服务器允许该账号访问的文件和目录。文件管理方法与资源管理器类似。选中文件或文件夹后单击鼠标右键，在弹出的快捷菜单中，选择“复制到文件夹”选项，指定本地文件夹后单击“确定”按钮，就可以下载文件。如果登

录的用户有权限执行快捷菜单中的其他命令，则可对文件和文件夹进行重命名、删除等操作。

同时使用多个浏览器窗口(或标签)可以连接到多个 FTP 服务器，要断开浏览器的 FTP 的连接，只需要关闭浏览器即可。

7.4　P2P

7.4.1　P2P 概述

P2P 中文名称为对等网络，是 peer-to-peer 的简称。

1. P2P 的特征

互联网最基本的协议 TCP/IP 并没有规定客户端和服务器，所有设备都是平等的通信端，从这个意义上说，P2P 并不是新概念，而是互联网的基础架构。

Tips

以往 P2P 被称为点对点技术，其实这是笼统的说法，VPN 中经常会提到点对点隧道协议(Point-to-Point Tunneling Protocol，PPTP)。为避免混淆，根据 P2P 无主从之分的实际含义，应将其称为对等网络或者对等计算。

P2P 是依靠用户群(peers)交换信息的互联网体系，网络上的每台(或群)计算机既可以作为服务器，又可以作为客户端，称为节点。P2P 一个重要的特征就是所有节点都能提供资源，包括带宽、存储空间和运算能力。

由于 P2P 不需依托服务器而运行，通过多节点上复制数据，增强了 P2P 防故障的健壮性，在这种结构下即使一个节点崩溃，也不会对整个系统造成影响。P2P 除了不需专门的服务器，也不需要其他组件来提高性能，组网成本很低，适合大范围分布，构建极其便利。

P2P 直接将人们联系起来，让个人计算机的工作方式得到了延伸，网络上的沟通也变得更容易、更直接，信息交流也更高效。

2. P2P 的运用

P2P 技术在文件共享领域得到了广泛的应用，传统 FTP 协议使用的是“客户端/服务器”(Client/Server，C/S)式的网络结构模型，在这种结构下客户端数量的增加会造成数据传输速度的下降，使用 P2P 技术则可以很好地解决这个问题。

有机构调查显示，P2P 已经彻底统治了当今的互联网，超过 60%的流量都来自于 P2P 应用程序。P2P 在视频、音频、数据交换方面的应用是非常普遍的，在即时通信(IM)和 VoIP 实时媒体业务领域已经成为主流。而在协同计算以及数据检索方面，P2P 也渗透其中。许多大型的网络游戏，依托 P2P 形成了百万甚至千万用户同时在线，近年流行的比特币等虚拟化数字货币也是建立在 P2P 网络上的。

采用纯粹 P2P 技术的应用并不多见，绝大多数 P2P 应用都或多或少混合了各种非对等单元，例如加入服务器架构、采用 DNS 解析等，这种混合也是 P2P 成为互联网主流的主要体现。

3. P2P 的优缺点

1) 优点

(1) 由于 P2P 可以集合大量的节点进行资源处理，所以采用 P2P 技术可以拥有较佳的并发处理能力、更低的资源消耗以及更大的存储空间。

(2) P2P 的分布特性显示，多个节点上数据是复制的，能有效地防止节点离线后的故障，从而持续保持网络资源的提供。

(3) P2P 不需要专人对每个节点进行维护，不用投资大量金钱来提高硬件设备的性能。采用 P2P 可以在现有网络环境的基础上使传输速度成倍增加，提高了资源获取的效率，节约了成本。

(4) P2P 技术和非对等单元的混合使用，不仅可以建立完善的中心索引，还可以高效、快速地定位可用资源，便于精确检索。

2) 缺点

(1) P2P 一个明显的缺点就是占用大量的网络带宽，对 Internet 服务提供商(Internet Service Provider，ISP)造成极大压力。许多 ISP 为了保障网络顺畅运行，会推出针对 P2P 的限制措施。

(2) P2P 技术的使用需要开发专门的客户端，安装在节点计算机上(基于 Web 的 Flash P2P，也是通过 Flash 播放器这个客户端来实现 P2P 数据交换的)。相对来说，P2P 技术的运用会稍显复杂，需要专门的开发。

(3) P2P 尚没有统一的标准，各个 P2P 应用开发都是根据自身的需要加入 P2P 功能，如果一个节点运行两个以上 P2P 应用，就会造成资源争抢的局面。

(4) 由于资源分布极其分散，即使混合了中心索引服务器，依然会有资源分布繁乱、管理较难，以及存在安全隐患等问题。

4. 法律和安全问题

众多法律问题一直伴随着 P2P 的发展过程，可以说其实 P2P 技术本身并不存在法律问题，而是由于该种技术的开放性，使得 P2P 网络上共享的内容大多数为具有版权的流行音乐、电影和软件等，多数发行公司据此对 P2P 进行指责，认为是这种技术的发展对现有的发行模式造成了巨大的威胁。

一方面唱片协会和电影工作者通过法律手段维护自己的版权作品，甚至有机构花费大量资金去游说立法者为此订立法律限制 P2P 传播；另一方面则是匿名 P2P 网络发布的资源因不确定其发布目的而无法判定其行为是否合法，也难于在法律上追究相关责任。

P2P 技术在国内处于法律真空状态，只是各大 ISP 采取了针对 P2P 的限制措施，例如封锁协议、限制带宽和限制链接数等。在国外，已经有国家政府开始监控用户是否下载盗版资源，一旦下载则视为侵权，并追究其法律责任。有些国家甚至已经展开针对个别软件的信息侦听(如 eMule)，以此阻止盗版行为发生。

尽管存在各种问题，但是 P2P 长足的发展已是不争的事实。在合法领域，P2P 也取得了瞩目的成果。即时通信领域的 QQ 和旺旺等软件，就是通过 P2P 实现文件共享、语音对话、文字交流和用户桌面共享等功能。VoIP 实时媒体业务领域，例如 Skype 等软件，则把视频会议和语音通话带到了互联网，降低使用专线的比例，节省成本。

从长远来看，除了法律在逐步完善之外，P2P 业务也会为媒体从业者带来新机会，众多版权官司的背后就是合作和妥协，已经有不少的发行商就开始逐步利用 P2P 网络发行有版权的内容，这种低成本、传播速度快的发行方式，逐渐成为新的媒体渠道。

在安全方面，P2P 网络容易受到持续的攻击，这些攻击体现在：

最常见的就是仿冒资源攻击，攻击者提供内容与其描述不相符的资源，让资源的获取者误以为通过 P2P 得到了想要的资源，却不小心被恶意程序感染，造成安全问题。还有就是过滤攻击，不管是 ISP 还是小型局域网的管理者，都会因担忧 P2P 占用大量网络带宽而对其进行直接过滤，这种攻击主要体现在禁止 P2P 数据的传递，从而达到让 P2P 无法使用的目的。另外还有利用 P2P 占用大量网络带宽的特性，对被攻击者采取拒绝服务攻击。而至于一些 P2P 软件本身就带有病毒或者木马，又或是在传输的数据中插入病毒、木马，这也是颇为常见的。此外，P2P 网络上只获取而不提供资源的行为，也被认为是吸血(Leech)攻击，有违 P2P 的使用初衷。

虽然有各种各样的安全问题，但是使用加密技术(例如 SSL)和文件校验技术(如 MD5、SHA1)，则可以改善 P2P 资源的安全状况。对于吸血攻击，则可通过其下载/上传比例来限制其获取资源的速度。

Tips

在获取 P2P 资源的时候，一般都能看到资源提供者或者其他获取者对资源的评价，可以将这些评价作为参考从而避免安全问题。也可以在资源获取之后，通过 MD5 或者 SHA1 进行文件校验，使其与提供者提供的内容保持完整一致。

5. 标志性软件和事件

P2P 的概念早在互联网的发展早期已经被提及，但是获得长足发展却是缘起于美国的一场著名版权官司。1999 年底，美国唱片协会(RIAA)以违反版权保护法为由将 Napster 公司告上法庭。当时 Napster 公司利用 P2P 网络提供的下载软件，在最高峰时拥有 8000 万注册用户，这场官司被视为 P2P 进入互联网视野的标志事件。

2002 年，BitTorrent(BT)发布，这是架构在 TCP/IP 协议之上的 P2P 应用，它能大大降低服务器的网络资源负担。BT 采用了信息服务器(Tracker)和种子文件(.torrent)结合的方式，使下载者之间互相连接，互相交换各自所需资源的部分，增加传输文件速度。BT 最具争议的地方就是一方面使用者利用 BT 传播盗版文件造成了版权问题，另外一方面 BT 又能为商业发行商(特别是游戏服务商)提供程序文件传输便利。

2004 年，eDonkey2000(eD2K)成为互联网上最普遍的文件共享网络，这是一种基于服务器的 P2P 文件分享网络，用户可以在服务器上方便地检索自己想要的资源。2005 年 RIAA 再次进行版权控告，MetaMachine 公司被迫关闭 eD2K 网络，并被法庭禁止继续开发。

从 2002 年就开始开发的 eMule，能够支持 eD2K 和 Kad 这两种 P2P 网络，而且成为开源的免费软件，影响逐渐扩大。截至 2009 年 9 月，eMule 的官方下载点击数已超过 5 亿次。

需要特别指出的是，人们对 P2P 的认识其实就是从一部分有名的 P2P 软件客户端开始的。

Tips

在 eDonkey 和 eMule 进入中国的时候，人们都习惯地称呼 eDonkey 为“电驴”，eMule 为“电骡”。但是接下来由于 eMule 改版 Mod 的发行和推广，在宣传方面“驴”“骡”不分，因此人们常常会认为 eMule 就是电驴，而本身的名称电骡则被淡忘了。

在文件共享领域，现阶段比较出名的 P2P 软件有以下几种。

- BT 客户端：BitComet、μTorrent。
- eD2K 客户端：eMule 及其各种改版(Mod)。
- 融合 BT、eD2K 的客户端：快车、迅雷。

除了 PC 端的 P2P 得到了长足发展外，在移动网络发展的今天，手机端的 P2P 软件也逐渐增加，在此不赘述。接下来，本书将从使用范围及方法等角度，对几个比较有名的 P2P 客户端软件进行详细的介绍。

7.4.2 μTorrent

μTorrent 又被称为 uTorrent，是一款基于 BT 的 P2P 下载客户端。

1. 软件主窗口

启动 μTorrent 后，界面如图 7-28 所示。主要包含了工具栏、侧边栏、任务区、详细信息以及状态栏。

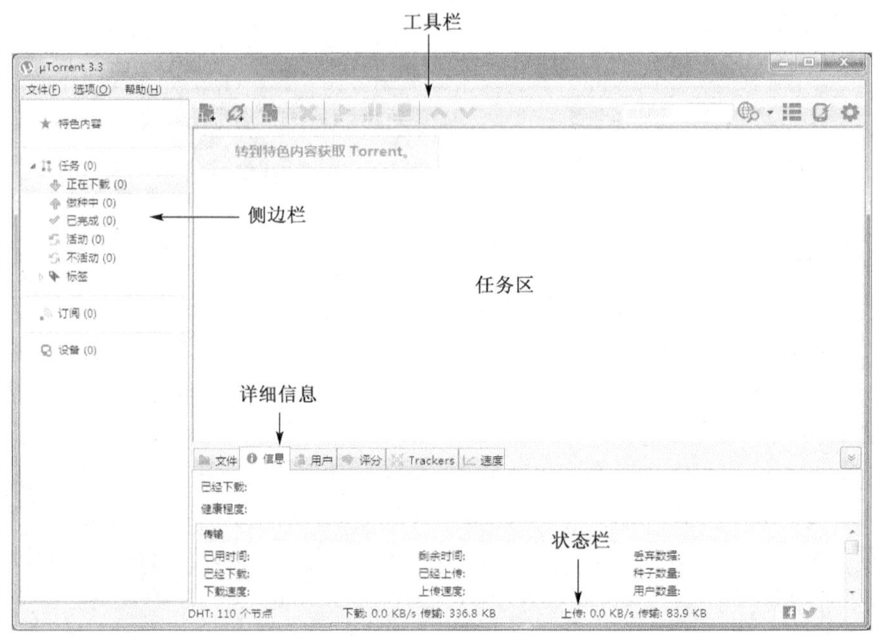

图 7-28 μTorrent 主窗口

1) 工具栏

工具栏包含“添加 Torrent”按钮，也包含“添加 Torrent 链接”按钮，用户还可以自行“制作 Torrent”文件。如果下载的是视频资源，μTorrent 内嵌了一个播放器支持预览观看。搜索框用于搜索互联网上的 Torrent 文件。用户可以“切换任务视图”，在工具栏直接打开“设置”选项。

2) 侧边栏

侧边栏包含“特色内容”，相当于推广性质的 BT 资源。“任务”菜单下则是显示各种任务的状态。“标签”相当于给下载的内容分类。“订阅”则是提供一个 RSS 订阅的选项，让用户不打开网站就能获得 Torrent 信息。

3) 任务区

任务区用于显示每一个任务的详细信息，包括文件名称、大小、状态、健康度、下载速度、上传速度、剩余时间、评分、播放(如果可以的话)、种子数、标签、添加日期和完成时间。

4) 详细信息

详细信息包含了 6 个选项卡，分别是文件、信息、用户、评分、Trackers、速度。每个选项卡下面都有对任务区选中的文件所作的详细说明。

5) 状态栏

状态栏用于显示有多少个 DHT 节点、上传下载的速度和已经下载了多少内容。同时还能显示当前机器的网络状况是否健康，如果网络未连通则会出现感叹号。

2. 种子(.torrent)文件

一般来说，一个 Torrent 文件就被称为一个种子，种子文件以.torrent 作为文件后缀名。种子文件是信息文件，并不包含要下载的资源本身。种子的文件信息可以是一个文件的下载信息，也可以是多个文件下载信息的集合。

选择“添加 Torrent”按钮，或者把种子文件拖放到任务区，就会弹出“添加新 Torrent”对话框，如图 7-29 所示。

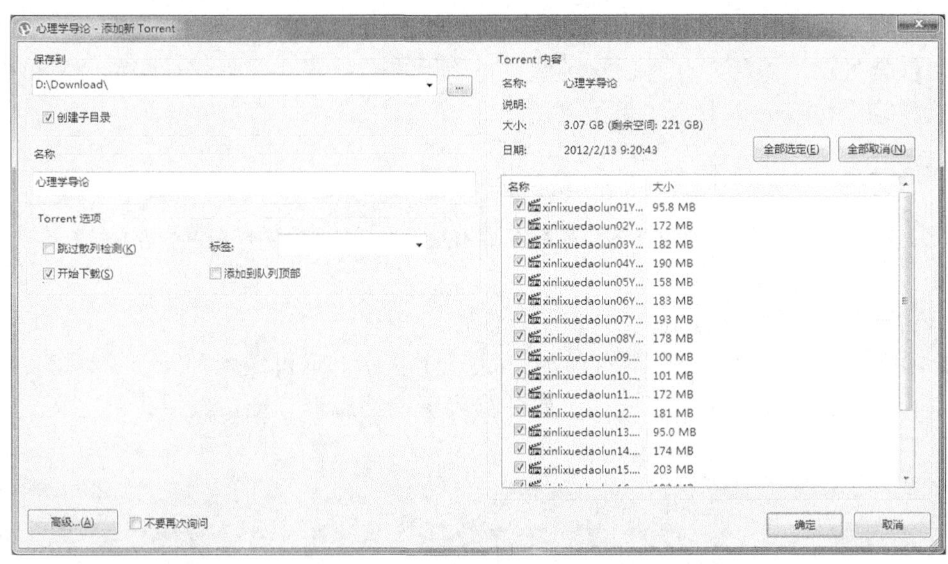

图 7-29　“添加新 Torrent”对话框

在对话框中，用户可以选择文件保存的位置，重新设定文件目录的名称，以及可以看到即将下载的内容的文件列表和大小、多个文件合集等情况，还可以只选择某几个需要的文件进行下载。

3. Tracker 和 DHT

Tracker 是 BT 网络上的一种应用程序或脚本，可以传输特定 Torrent 的用户连接信息。Tracker 的形式通常与 Internet 网址相似。如果没有 Tracker，BT 客户端将不知道如何找到其他共享相同资源的客户端。μTorrent 通过读取 Torrent 文件中公告的 URL 来获知要连接到哪个 Tracker。

DHT(Distributed Hash Table，分布式散列表)用来将一个关键值(key)的集合分散到所有在 P2P 网络上的节点，并且可以有效地将消息转送到唯一一个拥有查询者提供的关键值的节点，μTorrent 可以通过它在无 Tracker 的情况下查找更多的共享用户。

使用 μTorrent 可以添加更多的 Tracker 和连接到 DHT 网络，来连接更多共享同样资源的用户。如图 7-30 所示显示了 Tracker 和 DHT 在 μTorrent 中的属性。

图 7-30　“Torrent 属性”对话框

4. 文件下载

用户需要获得.torrent文件来进行μTorrent的下载。通过搜索引擎(如百度或Google)，添加“torrent”一词进行搜索，就有机会获得自己需要的资源。因为μTorrent已经支持磁力链接(Magnet URL)，所以也可以通过搜索引擎找到磁力链接，直接添加到μTorrent下载。

磁力链接示例如下：

```
magnet:?xt=urn:btih:RGQLTKLAN6YDDYGIIZ6TPL2R4MJHDLA7
```

“做种”的意思是当μTorrent客户端处于打开状态，用户需要下载的资源已经下载完成后，该种子文件会处于“做种”状态，这种状态显示用户在下载完成后继续帮助分发该资源。用户可以选择删除torrent以取消“做种”。

7.4.3 eMule

eMule是一款开源的基于eD2K(同时兼容Kad)的P2P下载客户端。在下载前必须要连接到一个资源索引服务器。

1. 连接到eD2K服务器

eMule的软件主窗口为服务器窗口，如图7-31所示。通过选择不同的工具条可以切换到其他窗口。服务器窗口包括了工具栏、服务器列表、消息框、连接按钮、自定义区域、我的信息及状态栏。

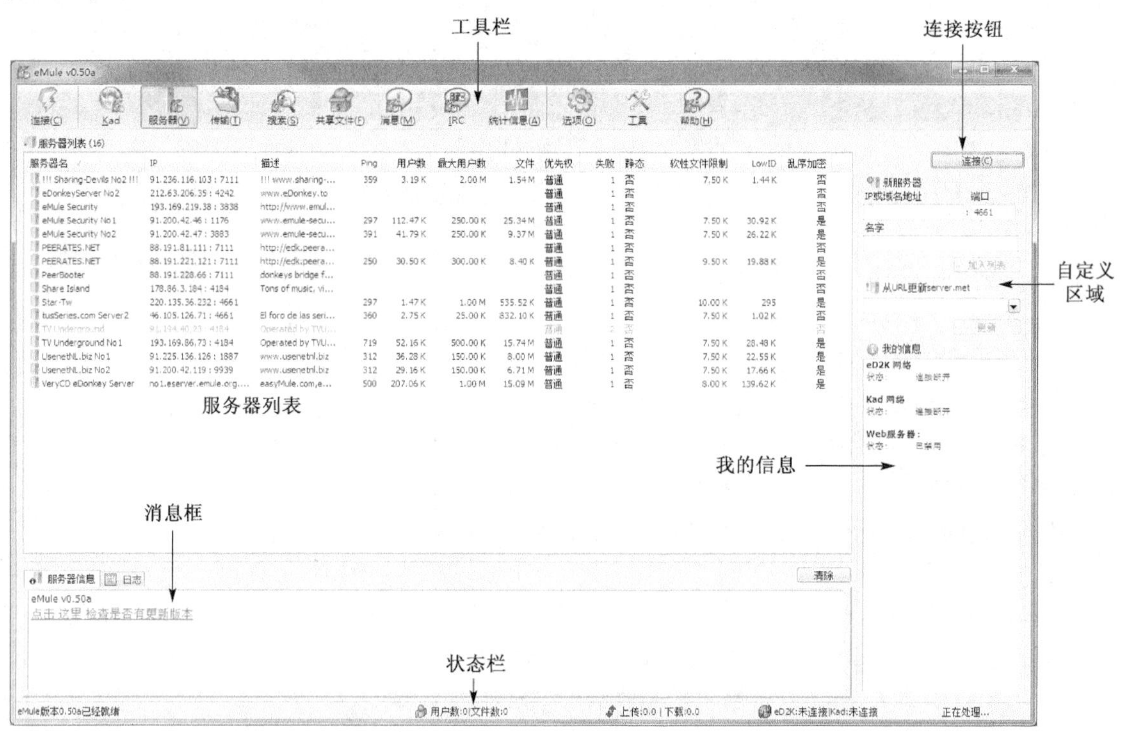

图7-31　eMule服务器窗口

1)连接服务器

从服务器列表中选择一个服务器，或者从“连接”按钮下方手动输入服务器地址，然后单击“连接”按钮，即可以尝试连接到一个eD2K服务器。当连接到一个eD2K或者Kad服务器时，在“我的信息”中会显示出来，同时“消息框”中也会有提示。

2) 更新服务器列表

在自定义区域，除了可以手动输入服务器地址外，还能自定义更新服务器列表，这相当于取得一个更新源，使服务器列表保持可用。一般通过搜索引擎可以找到更新源，在“从 URL 更新 server.met”框中输入之后，单击“更新”按钮即可。

3) 查看连接状态

当用户连接上一个服务器后，可以通过消息框、我的信息以及状态栏查询到当前的连接状态，而“连接”按钮也会变成“断开连接”按钮。

在“我的信息”窗口中，可以查询到当前用户的连接 ID，也可以看到服务器的用户数和文件数。需要注意的是，服务器会给用户一个标注，要么是 HighID，要么就是 LowID，这将会视用户的网络状况而定。网络通畅的用户一般都能获得 HighID；而在受限局域网内或者端口被封闭的情况下，用户只能获得 LowID。HighID 比 LowID 优越的地方就是用户可以获得更多的连接数，从而能更快地获得资源。

2. *搜索*

单击工具栏的“搜索”按钮，就可以打开搜索窗口，如图 7-32 所示。搜索窗口包括搜索框、自定义搜索区、搜索结果和下载按钮。

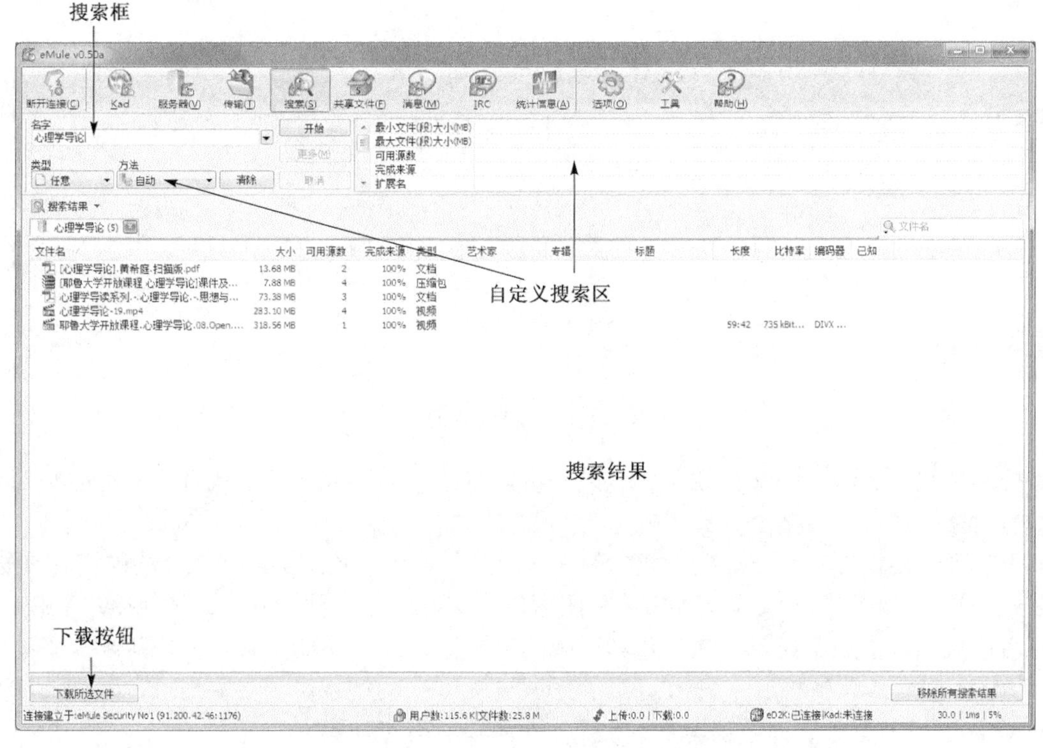

图 7-32　eMule 搜索窗口

需要注意的是，当多次输入关键词搜索的时候，搜索结果是以选项卡的形式出现的，可以分别打开不同的选项卡查看每次搜索的结果。选中搜索出来的某个结果，单击“下载所选文件”或者右键选择“下载”，就能下载所选文件。

搜索结果中比较健康的资源，软件会用蓝色高亮显示出来。用户可以根据“可用源数”对搜索结果进行排序，优先选择来源比较多的文件进行下载。

除了进行软件内的搜索，还可以通过搜索互联网上的 eD2K 资源进行下载，互联网上的 eD2K 资源以链接的形式存在。

eD2K 链接示例如下：

```
ed2k://|file|eMule0.50a-Installer.exe|3389035|3D366ED505B977FC61C9A6EE01E96329|/
```

3. 传输

单击工具栏的“传输”按钮，就可以打开下载窗口，如图 7-33 所示。传输窗口主要包含控制按钮、下载列表以及用户队列。

图 7-33　eMule 传输窗口

控制按钮用于给资源文件设定优先级，可以暂停、继续或删除下载资源，也能快速查看资源的相关信息。

下载列表会根据资源添加到下载的顺序，列出所正在下载的资源和在“做种”中的资源。与 BT 一样，如果用户下载完文件后不关闭窗口，文件就作为种子分享给其他用户下载。

用户队列除了用于显示正在上传和下载的客户端之外，还能查看正在排队未能下载的用户。eMule 引入排队的机制是与 ID 相结合的，HighID 的用户可以更快地抢占队列的前端，而 LowID 用户唯有等队列中的客户端一个一个排上去才能下载。

4. 文件共享及其他

除了服务器、搜索和传输 3 个比较重要的窗口以及设置窗口之外，其他的窗口都比较少用到。软件设置一般都用默认即可，文件共享窗口则是通过 eMule 将本机中的文件，通过 eD2K 链接共享给别人。消息则是下载同个文件的用户可以互相发送消息，IRC 是指 eMule 内嵌了一个 mIRC 客户端。还有其他窗口，用户可以一个个点开来查看，在此不赘述。

7.4.4　迅雷

前面介绍的两款软件都分别使用各自独立的文件传输协议。迅雷为迅雷公司(Thunder Network)开发的一款下载软件，同时支持 FTP、BT 以及 eD2K 等多种下载协议。虽然支持的协议众多，但是迅雷是一个带广告的软件，成为其付费会员才可以关闭软件中的广告。

1. 软件主窗口

启动迅雷，软件界面如图 7-34 所示。与 μTorrent 相似，迅雷的主窗口也主要包含了工具栏、侧边栏、任务区以及状态栏，不同的是迅雷引入了会员选项和比较方便的软件皮肤切换按钮。

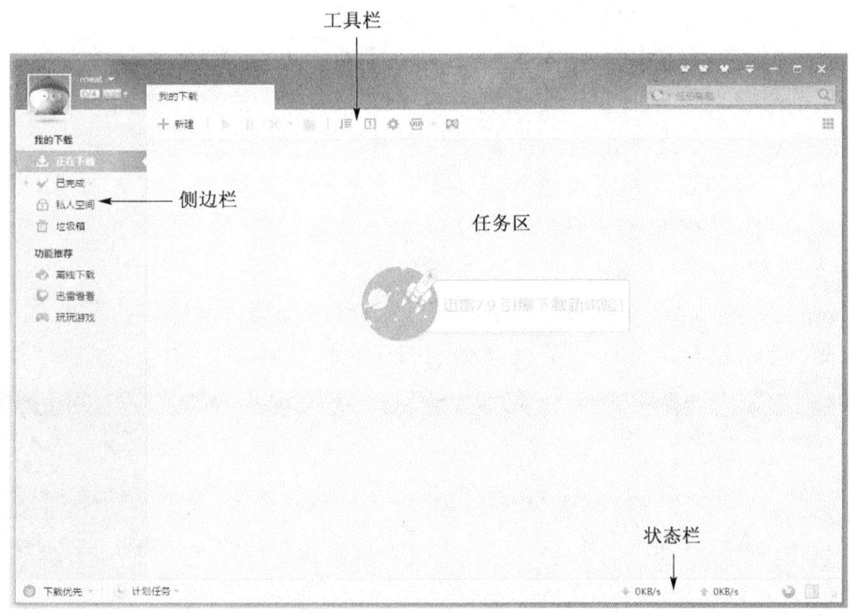

图 7-34　迅雷主窗口

2. 迅雷下载

迅雷除了支持普通的 HTTP 下载之外，还支持 FTP、BT、eD2K 和磁力链接等下载协议，另外迅雷公司还开发了迅雷链接供用户分享下载。如图 7-35 所示为迅雷“新建任务”窗口。

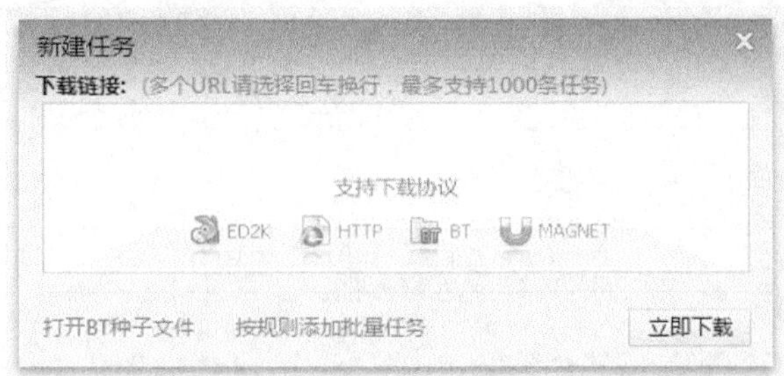

图 7-35　迅雷“新建任务”窗口

迅雷链接示例如下：

thunder://QUFodHRwOi8vYXBwbGRubGQuYXBwbGUuY29tL21PUzYuMS8wNDEtNTkwMi4yMDEzMDEy0
C5iaH1ONi9pUGhvbmUOLDFfNi4xXzEwQjEOM19SZXNOb3J1Lm1wc3daWg==

3. 离线下载和高速通道

迅雷面向会员提供了离线下载和高速通道。

离线下载是迅雷下载的一种云下载服务，在需求资源来源过少或者用户本机资源有条件限制的情况下，迅雷会员可以通过离线下载，把要下载的资源先下载到迅雷提供的存储空间上，等服务器下载完该资源之后，再从迅雷服务器把资源取回到本地计算机。用户可以通过迅雷直接添加离线下载任务。

由于采用了文件校验技术，迅雷可以自动比对用户下载的离线资源，如果一些比较热门的资源已经有人添加了任务并下载过，那么后来的用户在添加离线下载任务的时候，离线下载便能瞬间完成，用户只需要执行取回即可。

高速通道是帮助会员快速取回下载资源的一种途径。迅雷软件对用户位置先进行判断，然后在迅雷公司遍布全国各地的分布式资源服务器群中，抽选并指派给用户最快速有效的下载该资源的服务器地址。这样，用户只要下载带宽充足，就能快速获取到资源。

注意：离线下载和高速通道可以同时使用。根据会员级别的不同，离线下载和高速通道分别会有存储空间限制和流量限制。

4. 迅雷云播放

跟 μTorrent 类似，迅雷也在软件内嵌了媒体播放器，支持多媒体内容的边下载边观看。要使用云播放功能需要有比普通会员更高级别的白金会员。如图 7-36 所示为云播放任务窗口。

图 7-36 迅雷云播放任务窗口

而通过普通下载完成的多媒体内容，也能通过迅雷播放器观看，不需要会员权限。相比之下，云播放节省了用户的下载时间和存储空间。

迅雷的优点是功能强大，支持协议多，后台资源服务器数量充足，能给付费会员提供高速的下载服务。但同时缺点也很明显，免费用户必须忍耐其广告众多的问题，而且会耗费网络和计算机资源。建议普通用户在没有文件需要下载的时候不要启动迅雷软件，以避免其在后台消耗各种资源，提高计算机和网络效能。

第 8 章　计算机安全

学习目标：

- 了解计算机安全的概念和内容
- 了解计算机病毒和恶意软件的定义及常见表现
- 了解计算机病毒和恶意软件的预防和删除
- 了解网络安全的特征、主动攻击和被动攻击的区别
- 了解数据加密、身份认证、访问控制技术的基本概念
- 了解防火墙的基本知识

8.1　计算机安全的基本知识

8.1.1　计算机安全的内容

国际标准化组织对“计算机安全”的定义为“为数据处理系统建立和采取的技术的和管理的安全保护，保护计算机硬件、软件、数据不因偶然的或恶意的原因而遭破坏、更改、泄漏”。我国公安部计算机管理监察司对计算机安全的定义是“计算机安全是指计算机资产安全，即计算机信息系统资源和信息资源不受自然和人为有害因素的威胁和危害”。

从这些定义中可看出计算机安全不仅涉及技术和管理问题，还涉及有关法学、犯罪学和心理学等方面的问题。

1. 实体安全

系统设备及相关设施运行正常。包括环境、建筑、设备、电磁辐射、数据介质安全及灾害报警等。

2. 运行安全

系统资源和信息资源使用合法。包括电源、空调、人事管理、机房管理、出入控制、数据与介质管理、运行管理等。

3. 数据安全

系统拥有的和产生的数据或信息完整、有效，使用合法，不被破坏或泄漏。包括输入/输出数据安全、进入识别、访问控制、加密、审计与追踪、备份与恢复等。

4. 软件安全

软件(网络软件、操作系统、资料)完整。包括软件开发规程、软件安全测试、软件的修改与复制等。

5. 通信安全

计算机通信和网络的安全。包括线路、传输、接口、终端与工作站、路由器的安全。

8.1.2 信息安全的属性

计算机安全的核心体现是信息安全，在 ISO/IEC 27002:2005 标准中，信息安全是保持信息的保密性、完整性和可用性；另外也可以包括例如真实性、可核查性、不可否认性和可靠性。

保密性、完整性、可用性是信息安全最重要的 3 个属性，国际上称之为信息的 CIA 属性。

(1) 保密性(Confidentiality)：确保信息在存储、使用、传输过程中不会泄漏给非授权用户或实体。

(2) 完整性(Integrity)：确保信息在存储、使用、传输过程中不会被非授权用户篡改，同时还要防止授权用户对系统及信息进行不恰当的篡改，保持信息内、外部表示的一致性。

(3) 可用性(Availability)：确保授权用户或实体对信息及资源的正常使用不会被异常拒绝，允许其可靠而及时地访问信息及资源。

Tips

个人计算机预防信息泄漏的措施

(1) 台式机主机机箱应该上锁，避免被他人打开机箱盖，拆走内存和硬盘等容易取走的部件。

(2) 携带笔记本电脑外出尽量不要使用专用笔记本提包，可考虑用普通背包，以便伪装。

(3) 计算机 BIOS 设置中启用密码保护，包括 BIOS setup 密码、BIOS user 密码和硬盘加密保护密码。

(4) Windows 操作系统本身的用户密码要启用，超级管理员用户的密码也要设置。

(5) Windows 的屏幕保护程序中，应选中“在恢复时显示登录屏幕”复选框。

(6) Windows 的“电源选项”中，确认休眠后“唤醒时需要密码”。

(7) 一些重要的 Office 文档也可以开启文档本身的密码保护。

8.1.3 计算机安全服务的主要技术

1. 网络攻击

网络攻击可以分为主动攻击和被动攻击。

(1) 被动攻击指威胁信息保密性的攻击，如窃听和流量分析都属于被动攻击。在被动攻击中，攻击者的目的只是获取信息，不会篡改信息或危害系统，但攻击可能会危害信息的发送者或接收者。被动攻击较难察觉但可通过对信息进行加密而避免。

(2) 主动攻击通常会威胁信息完整性和可用性，同时主动攻击还可能改变信息或危害系统。主动攻击多种多样，虽易于探测但却难于防范。

2. 网络安全技术

为保护网络资源免受威胁和攻击，计算机专家开发出一系列的安全技术，常见的有数据加密、身份认证、访问控制、入侵检测和防火墙技术。

(1) 数据加密是网络中最基本的安全技术，主要是通过对网络中传输的信息进行数据加密来保障其安全性，这是一种主动安全防御策略，用很小的代价即可为信息提供相当大的安全保护。例如，互联网上的网络银行交易都是通过加密技术进行的。

“加密”是一种对传输的数据限制访问权的技术。原始数据(也称为明文)被加密设备(硬件或软件)和密钥加密产生经过编码的数据(也称为密文)。将密文还原为明文的过程称为解密，它是加密的反向处理，但解密者必须利用相同类型的加密设备和对应的密钥对密文进行解密。

(2)身份认证是计算机系统用户在进入系统或访问不同保护级别的系统资源时，系统确认该用户的身份是否真实、合法和唯一的过程。身份认证的主要目的是验证信息的发送者或接收者是否真实，同时还可验证信息的完整性。用户名和密码认证是最常用的一种身份认证方式。

(3)访问控制是对信息系统资源进行保护的重要措施。访问控制决定了谁能够访问系统，能访问系统的何种资源以及如何使用这些资源。适当的访问控制能够阻止未经允许的用户有意或无意地获取数据。访问控制的手段包括用户识别代码、口令、登录控制、资源授权、授权核查、日志和审计。

(4)入侵检测，顾名思义就是对入侵行为的发觉。它通过收集计算机网络或计算机系统中若干关键点的信息并加以分析，从中发现网络或系统中是否有违反安全策略的行为和被攻击的迹象。

(5)防火墙，又称为网络防火墙，是指安置在不同网络(如可信任的企业内部网和不可信的公共网)或网络安全域之间的一系列部件的组合。它通过监测、限制和更改通过防火墙的数据流，尽可能地对网络外部屏蔽网络内部的信息、结构和运行状况，由此实现网络的安全保护，防止非法闯入。

防火墙可以是软件，也可以是硬件，它能够检查来自 Internet 或网络的信息，然后根据防火墙设置阻止或允许这些信息通过。防火墙的工作原理如图 8-1 所示。

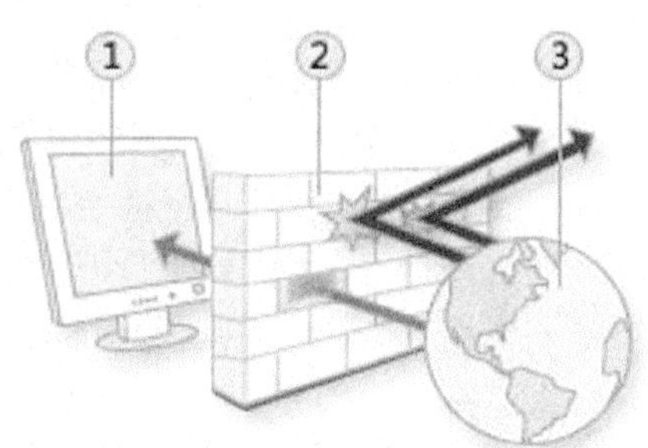

①计算机　②防火墙　③Internet

图 8-1　防火墙工作原理

与砖墙可以创建物理屏障一样，防火墙可以在 Internet 和计算机之间创建屏障。注意，防火墙并不等同于防病毒程序。为了帮助全面保护计算机，用户可能需要同时使用防火墙以及防病毒软件。

8.2　计算机病毒

8.2.1　病毒的定义和特征

“计算机病毒”这一术语通常与“恶意软件”替换使用，尽管这两个词含义并不真正相同。

恶意软件一般指专门用来控制并危害设备或网络的不良软件。

恶意软件包括以下几种：

(1)病毒。一种可自我复制并感染计算机造成破坏的程序。

(2)蠕虫。一种可自我复制的恶意计算机程序，它会通过计算机网络向网络上的其他计算机发送自身副本。

(3)间谍软件。可在用户不知情的情况下收集一些与用户相关信息的软件。

(4)广告软件。可在计算机中自动播放、展示广告，或将广告下载到计算机的软件。

(5)特洛伊木马。一种伪装成有用应用的破坏性软件。该软件最初表现为可执行一些有用功能的软件，一旦安装，它就会窃取信息或控制并危害系统。

计算机病毒主要的特征是传染性和破坏性，其他特征还有隐蔽性、潜伏性、寄生性、欺骗性和表现性。

1）传染性

它能自我复制并感染一台计算机，从一个文件传播到另一个文件，然后随着文件被复制或共享，而从一台计算机传到另一台。

2）破坏性

某些威力强大的病毒，运行后直接格式化用户的硬盘数据，还有些病毒会破坏引导扇区甚至硬件，某些病毒会对 Windows 操作系统或部分程序造成损坏。

3）隐蔽性、潜伏性、寄生性、欺骗性

有些病毒很小巧，仅有 1KB 左右，这样除了传播快速之外，隐蔽性也极强。部分病毒使用“无进程”技术或插入到某个系统必要的关键进程当中，在任务管理器中找不到它的单独运行进程。而病毒自身一旦运行后，就会自己修改自己的文件名并隐藏在某个用户不常去的系统文件夹中，这样的文件夹通常有上千个系统文件，单凭手工查找很难找到病毒。病毒在运行前的伪装技术也值得用户注意，将病毒和一个对用户有吸引力的文件捆绑合并成一个文件，那么运行这个文件时，病毒也在操作系统中悄悄运行了（具有寄生性和欺骗性）。部分病毒还有一定的“潜伏期”，在特定的日子，如某个节日或者星期几按时爆发，如同生物病毒一样，这样可令计算机病毒可以在爆发之前广为散播。

4）表现性

病毒运行后，可能会有一定的表现特征，如 CPU 占用率高导致系统反应缓慢，在用户无任何操作下读写硬盘数据，蓝屏死机，鼠标键盘无法使用等。但这样明显的表现特征，反倒让用户意识到计算机可能感染病毒，隐蔽性就不存在了。

8.2.2 预防计算机病毒

1. 了解计算机感染恶意软件的表现

在计算机上打开运行被感染的程序或附件后，用户可能不会意识到已感染了病毒，直到他们注意到一些东西不对劲。

以下是计算机可能被感染的一些指标：

（1）计算机的运行速度比平常慢。

（2）计算机经常停止响应或死机。

（3）计算机每隔数分钟就会崩溃，然后重新启动。

（4）计算机会自动重新启动，然后无法正常运行。

（5）计算机上的应用程序无法正常运行。

（6）无法访问磁盘或 USB 闪存盘。

（7）无法正确打印。

（8）看到异常错误消息。

（9）看到变形的菜单和对话框。

这些是计算机感染病毒的常见信号，但是它们也可能表示计算机有与病毒完全没有任何关系的硬件或软件问题。在计算机上安装最新的专业标准防病毒软件是一个确定计算机是否被病毒感染的可靠方法。

我们无法完全保证计算机的安全，但是用户可以做很多事情，以降低被病毒感染的机会。最关键的是保持使用最新版本的防病毒软件，及时更新其防病毒定义，这样能够识别和删除最新的威胁。遵循以下一些做法，可以提高计算机的安全性。

Tips

由于任何安全方法都无法 100%保证计算机上的数据安全，因此最好**定期备份重要文件**。

2. 安全地浏览网页和下载

防范恶意软件和其他不需要的软件的最好办法是一开始便不去下载它们。用户可采取以下一些简单的措施来保护自己免受恶意软件的危害：

(1) 仅从信任的网站下载程序。 如果用户不确定是否应该信任正在考虑下载的程序，可将该程序的名称输入搜索引擎中查询看是否有人举报它包含恶意软件。

(2) 下载共享文件时要小心谨慎。许多网站对恶意软件的监管力度很低，因此，假如从这些网站下载内容时要小心谨慎。恶意软件可以伪装成热门电影、专辑或程序等。

(3) 恶意软件可能还会以浏览器插件的形式出现，因此只安装可信任的扩展程序。

(4) 切勿相信电子邮件中任何看似可疑的内容。即使电子邮件来自认识的人，也有可能包含恶意软件链接或附件，因为他们的账户很可能已经被黑客入侵了。单击电子邮件中的链接时务必小心谨慎。最好直接在浏览器中输入要访问的网站地址。

(5) 有一种名为流氓安全软件的间谍软件，它会导致用户的计算机上弹出假病毒警报窗口，或声称用户计算机处于危险状态，下载其中的软件就可以修复计算机和确保安全等。千万不要相信这些软件。

(6) 如果文件类型未知或者浏览器显示了不熟悉的提示或警告，切勿打开相关文件。

(7) 阅读与下载的软件相关的所有安全警告、许可证协议和隐私声明。

(8) 切勿单击弹出式窗口内的“同意”或“确定”等按钮来关闭可疑窗口，可疑窗口右上角的红色“x”也不要单击，稳妥的做法是按键盘上的 Alt + F4 键关闭可疑窗口。

(9) 有时恶意软件可能会在用户打开某个页面后阻止用户离开当前页面，例如不断提示用户进行下载。如果出现这种情况，可使用计算机的任务管理器来结束浏览器进程。

Tips

用户可能会收到某电子邮件，警告说“用户发送了包含病毒的电子邮件”，这不一定意味着计算机感染了病毒，因为该邮件可能是欺骗性邮件，用户的电子邮件地址也可能经过伪造。

3. 预防间谍软件和广告软件

有时用户认为是病毒的东西实际上可能是间谍软件或广告软件。

间谍软件是一个概括性的术语，用来描述未事先适当征求用户同意便执行某些行为的软件，如，发布广告、收集个人信息和更改计算机的配置等。间谍软件通常与显示广告的软件(称为广告软件)或者跟踪敏感信息的软件相关。

这并不意味着所有提供广告或跟踪用户在线活动的软件都是不良软件。例如，用户可能注册了一个免费电子邮箱服务，但是通过同意接收针对性的广告来“支付”服务的费用。如果用户了解相关的条款并且同意，那么这就是一个公平的交易。用户可能还同意让该公司跟踪自己在线活动以便确定向用户显示哪些广告，这是以跟踪换取服务。

此时这些“间谍软件”是有益的，因为它们有助于一些不错的软件按照预期的方式运行，或者使一些优秀软件能够在含广告的前提下免费使用。

其他类型的间谍软件会对用户的计算机进行更改，这可能非常令人讨厌并且可能会导致计算机速度变慢或发生崩溃。这些程序可能会更改网络浏览器主页或搜索页，或者在浏览器中添加用户不需要的组件，它们还使得用户很难将设置改回原来的状态。所以，请了解将要安装的软件和内容，在一般情况下，关键在于用户是否了解该软件的作用并同意在计算机上安装该软件。一种常见的欺骗方式是在用户安装想要的软件(如中文输入法、音乐或视频播放器等)的同时偷偷地安装了间谍软件。

每次在计算机上安装程序时，请确保仔细阅读了所有的披露信息，包括许可证协议和隐私声明。有时候，在指定的软件安装过程中已经注明包含“不需要的软件”，但可能是出现在许可证协议或隐私声明的末尾。有些软件安装过程中，复选框已默认选中“不需要的软件”、“更改浏览器主页”等，如果用户没有手工“取消”复选框而直接单击“下一步”，就会自动安装这些不需要的软件和更改浏览器主页或搜索页。

Tips

国内大多免费软件比较流氓，默认安装过程不显示能取消“用户不需要的软件或设置”复选框界面，这些复选框仅出现在“自定义安装”过程中。

8.2.3 Windows 7 的安全

用户应该利用 Windows 7 系统的全部安全功能使计算机尽可能安全。

1. 操作中心

使用“操作中心”可以确保防火墙已经打开、防病毒软件处于最新状态，并且计算机设置为自动安装更新。操作中心检查计算机中多个与安全和维护相关的项，这些项可帮助用户了解计算机的总体安全状态。

当受监视项的状态发生更改(如防病毒软件过期)时，操作中心将在任务栏上的通知区域中发布一条消息来通知用户，操作中心中受监视项的状态颜色也会改变以反映该消息的严重性，同时还会建议用户应采取的操作，如图 8-2 所示。

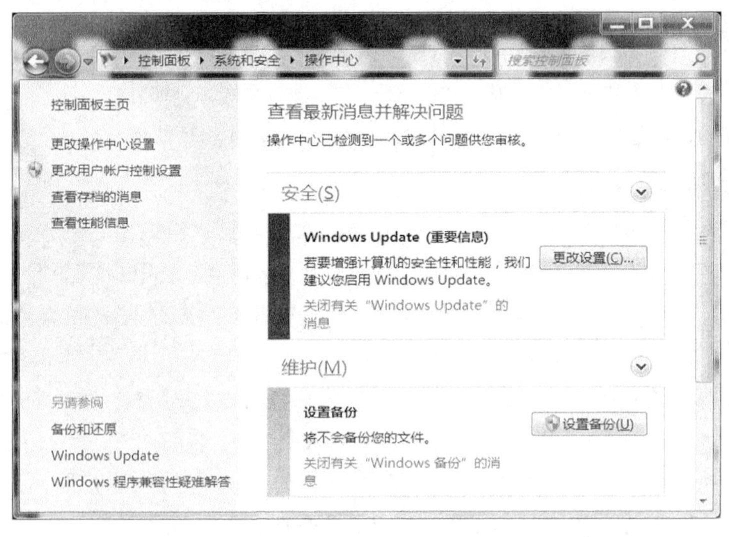

图 8-2　操作中心

更改操作中心检查项的步骤如下：

(1) 依次单击“开始”→“控制面板”，然后在“系统和安全”界面单击“查看您的计算机状态”，打开“操作中心”界面。

(2) 单击“更改操作中心设置”选项。

(3) 选中某个复选框可使“操作中心”检查相应项是否存在更改或问题，清除复选框可停止检查该项，如图 8-3 所示。

在“更改操作中心设置”界面上清除某项的复选框后，便不会收到任何消息，也不会在操作中心看到该项的状态。建议检查所有列出项的状态，因为其中很多项的状态都有助于用户了解计算机的安全水平。

图 8-3　“更改操作中心设置”界面

2. Windows Defender

Windows Defender 会自动在后台运行而不需要用户干预，帮助避免间谍软件和其他可能不需要的软件在用户不知情的情况下安装到计算机上。由于 Windows 7 操作系统中这个程序仅能对付间谍软件，大多用户都会安装其他防病毒软件以确保安全。

最新的 Windows 8 操作系统中，Windows Defender 功能更强大了，集成了 Microsoft Security Essentials 的病毒防护功能，用户一般不需要另外安装第三方防病毒软件。

3. 用户账户控制

“用户账户控制”(UAC，User Account Control) 会在计算机安装软件或者打开某些可能会危害其安全的程序之前进行提示，然后在得到用户的许可之后才会让计算机执行相关的操作。Windows 7 默认的 UAC 设置会在程序尝试对计算机进行更改时通知用户，如图 8-4 所示。用户也可以自行更改 UAC 的通知频率。

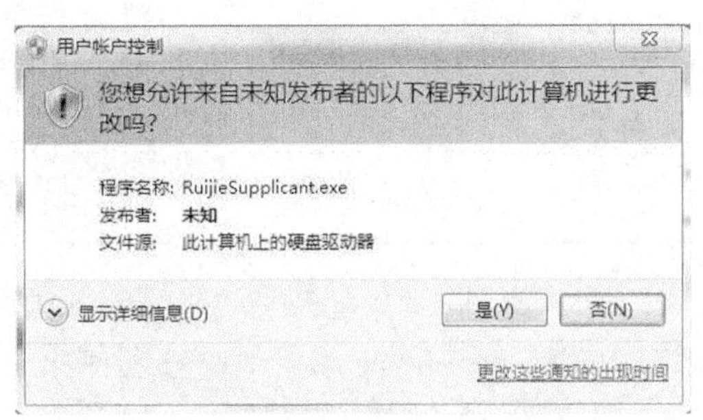

图 8-4　“用户账户控制”通知

“更改用户账户控制设置”步骤如下：

(1)依次单击“开始”→“控制面板”，然后在“系统和安全”界面单击“查看您的计算机状态”选项，打开“操作中心”。

(2)单击“更改用户账户控制设置”选项，如图 8-5 所示。

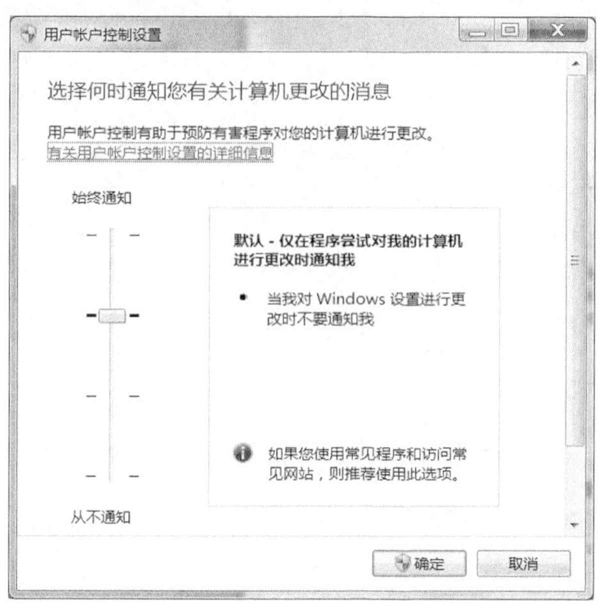

图 8-5 “用户账户控制设置”界面

表 8-1 描述了 UAC 设置以及其中每个设置对计算机安全的影响。

表 8-1 UAC 用户账户控制设置

设　置	描述和安全影响
始终通知	在程序对计算机或 Windows 设置进行更改(需要管理员权限)之前，用户都会收到通知。 发出通知后，桌面将会变暗，用户必须先批准或拒绝 UAC 对话框中的请求，然后才能在计算机上执行其他操作。变暗的桌面称为“安全桌面”，因为其他程序在桌面变暗时无法运行。 这是最安全的设置，但发送通知频率很高
仅在程序尝试对我的计算机进行更改时通知我(默认)	如果用户尝试更改 Windows 设置(需要管理员权限)，将不会收到通知。 在程序对计算机进行更改(需要管理员权限)之前，用户将收到通知。 如果 Windows 之外的程序尝试更改 Windows 设置，用户将收到通知。 发出通知后，系统会启动“安全桌面”(桌面将会变暗)
仅当程序尝试更改计算机时通知我(不降低桌面亮度)	是否收到通知跟以上“默认”设置一样，收到通知时不会启用“安全桌面”且可以在计算机上执行其他操作
从不通知	在对计算机进行任何更改之前，用户都不会收到通知。如果用户以管理员的身份登录，则程序可以在用户不知道的情况下对计算机进行更改，这是“最不安全的设置”。 如果选择此设置，则需要重新启动计算机来完成关闭 UAC 的过程。UAC 关闭后，以管理员身份登录的人员将始终具有管理员权限

用户收到 UAC 通知后，应该先仔细阅读对话框中的内容，然后才决定是否允许计算机执行此操作，还可以单击“显示详细信息”查看程序发布者证书等信息。

4. 备份和还原

定期备份文件和设置，以便在发现病毒或其他硬件故障时可以恢复文件，这一点非常重要。

Windows 7 系统还原功能可帮助用户将计算机的系统文件及时备份并设立还原点，在用户有需要的时候可以还原到指定的还原点以恢复系统。此方法可以在不影响个人文件(如电子邮件、文档或照片)的情况下，撤销对计算机所进行的系统更改。

有时，安装某个程序或驱动程序可能会导致意外地更改计算机系统设置，或导致 Windows 发生不可预见的错误。通常情况下，卸载该程序或驱动程序可以解决此问题。如果卸载并没有修复错误，则可以尝试将计算机还原到一个系统运行正常的日期。

系统还原使用“系统保护”功能定期在计算机上创建和保存还原点，这些还原点中包含注册表设置和 Windows 系统还原所需要使用的信息。当然，用户也可以按需要自行手动创建系统还原点。

系统还原并不是用来备份个人文件的，因此它无法帮助用户恢复已删除或损坏的个人文件。用户应该使用备份程序定期备份个人文件和重要数据，如可以将个人文件和重要数据复制到 DVD 光盘和移动硬盘上，或者保存到各大 ICP 提供的免费网盘中去。

打开“系统还原”操作窗口的步骤是：依次单击“开始”按钮→“控制面板”→“系统和安全”选项，在“操作中心”界面单击“将计算机还原到一个较早的时间点”选项，结果如图 8-6 所示。

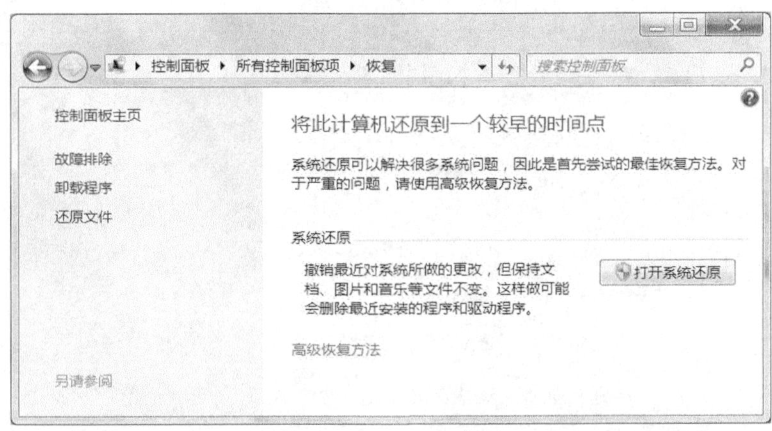

图 8-6　系统还原

5. Windows Update 系统更新

Windows Update 是 Microsoft 提供的一个工具，专门为 Windows 操作系统、Microsoft 软件和基于 Windows 的硬件提供更新程序或驱动。Windows Update 可以升级系统组件，解决已知的问题并可帮助修补已知的安全漏洞，还可以扩展系统功能，让系统支持更多的软、硬件，解决各种兼容性问题，让系统更稳定。

若要让 Windows 自动获取并安装这些更新，可启用“自动更新”。其中，“重要更新”可以让计算机获得更高的安全性和可靠性；“推荐更新”可以处理非关键性问题，并帮助增强用户的体验；而“可选更新”则不会自动下载或安装，用户可根据自己的实际需要手工选择更新。

打开 Windows Update 设置窗口的步骤是：依次单击“开始”→“控制面板”→“系统和安全”→Windows Update，结果如图 8-7 所示。

图 8-7　Windows Update

在左窗格中，单击“更改设置”选项，系统目前的设置如图 8-8 所示。

- 重要更新：选择“自动安装更新(推荐)”选项。
- 推荐更新：选中“以接收重要更新的相同方式为我提供推荐的更新”复选框。
- Microsoft Update：选中“更新 Windows 时，提供 Microsoft 产品的更新并检查新的可选 Microsoft 软件”复选框，这样可以确保 Microsoft Office 办公软件等 Microsoft 产品也会自动获得更新。

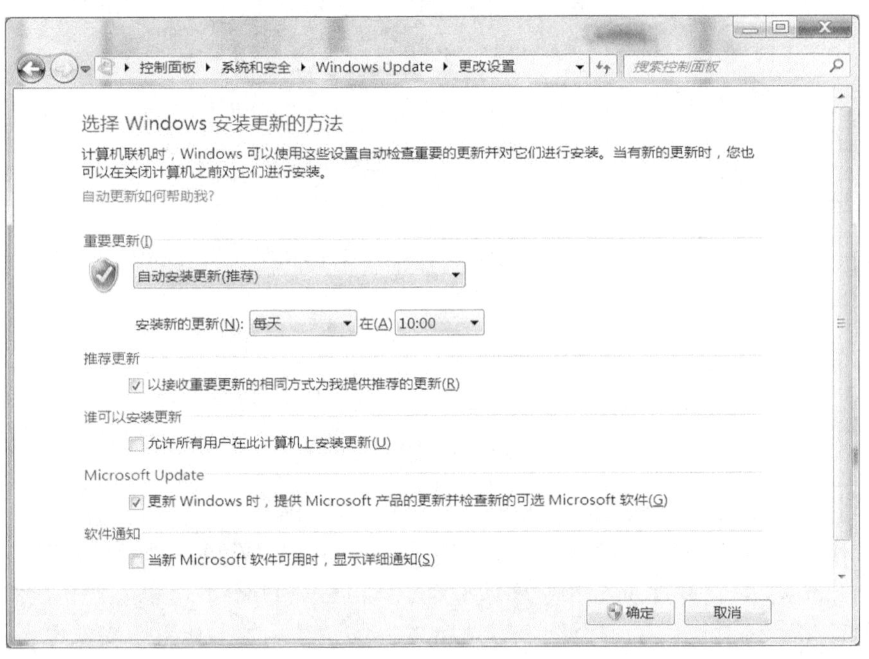

图 8-8　“更改设置”界面

6. Windows 防火墙

开启 Windows 防火墙有助于防止计算机黑客和恶意软件(如蠕虫等)通过内部网络或 Internet 访问计算机。同时，防火墙还有助于防止计算机因受恶意软件控制而向其他计算机发出网络攻击。

打开“Windows 防火墙”设置窗口的步骤如下：依次单击“开始”→“控制面板”→“系

统和安全”→“Windows 防火墙”，结果如图 8-9 所示。注意，默认情况下 Windows 防火墙是处于开启状态，这样会使系统更安全。

图 8-9 “Windows 防火墙”界面

8.3 常见防病毒软件的使用

8.3.1 个人计算机安全软件

个人计算机的安全软件种类繁多，功能基本上已经模块化，其关键模块是反病毒模块(包括查杀病毒、蠕虫、木马)和反间谍软件模块，除此之外还有防火墙模块和反垃圾邮件模块(可集成到 Outlook 等电子邮件客户端中过滤垃圾邮件)。

个人计算机系统中最重要的安全软件是防病毒软件，也就是日常生活中我们常说的“杀毒软件”。所谓的“安全套装”可能全部包含了以上 4 个模块，而行业标准的防病毒软件至少要包含反病毒模块，例如 Microsoft 公司出品的 Microsoft Security Essentials(MSE，又称为 Microsoft 杀毒或 Microsoft 安全软件)包含了反病毒和反间谍软件两大模块。

8.3.2 Microsoft Security Essentials

Microsoft Security Essentials 的主要特点有：抵御病毒、间谍软件以及其他恶意软件，为计算机提供实时保护。MSE 支持 Windows 7、Windows Vista 和 Windows XP，具有 33 种语言版本，免费下载和免费使用。MSE 的安装和使用都十分简单，还可以在系统后台运行和自动更新。

下载 Microsoft Security Essentials 并安装的步骤如下：

在必应搜索引擎网站 http://www.bing.com 中输入“Microsoft 杀毒”，单击搜索结果第一项 Microsoft Security Essentials，进入网站后，在“免费获取 Microsoft Security Essentials”下方单击“立即下载”按钮，下载后的安装文件是 mseinstall.exe。执行此文件，多次单击“下一步”按钮默认安装即可。

安装成功后，第一次运行 Microsoft Security Essentials 时需要更新病毒和间谍软件等恶意软件的定义，如图 8-10 所示。定义常常被人们叫作“病毒库”，其实就是恶意软件的数据库文件，里面记录着恶意软件的种种“相貌特征”，防病毒软件一般以此来区分恶意程序和普通程序或文档，定义需要经常更新才能确保计算机不会被最新恶意软件所侵害。

图 8-10　Microsoft Security Essentials 更新

定义更新完成后，Microsoft Security Essentials 会自动快速扫描用户的计算机，如图 8-11 所示。

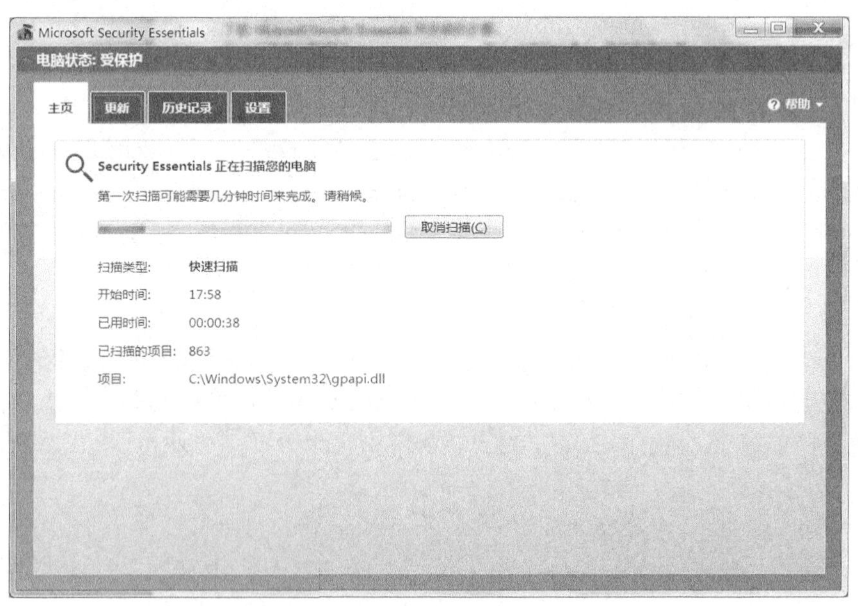

图 8-11　Microsoft Security Essentials 快速扫描

在一切正常的情况下打开 Microsoft Security Essentials 窗口，结果如图 8-12 所示。

图 8-12　Microsoft Security Essentials 主页

Microsoft Security Essentials 用简单、直观的“主页”显示计算机的安全状态。

• 绿色图标表示计算机的安全状态良好。当计算机出现需要注意的安全问题时，MSE 主页的外观会根据问题需关注的程度不同而变化，同时会在页面显示一个操作按钮，并提示所建议的操作。

• 黄色图标表示状态一般，计算机可能未受保护，用户应采取一些措施，如更新定义库或运行系统扫描等。

• 红色图标表示计算机处于危险之中，用户最好单击该按钮以采取建议操作，如启动实时保护等。

在主页中，用户可以手动扫描计算机，扫描类型如下：

• 快速扫描：默认选项，快速扫描可快速检查恶意软件极有可能感染的区域，如在内存中运行的程序、系统分区中的文件和注册表等。

• 完全扫描：完全扫描可检查计算机上的所有磁盘/分区的文件、注册表和所有当前正在运行的程序。

• 自定义扫描：自定义扫描允许用户仅扫描自己选定的磁盘区域/位置。

“历史记录”选项卡可以查看 Security Essentials 检测到的具有潜在危害的项目，以及用户对它们执行的操作，如图 8-13 所示。

•“隔离的项目”：已阻止运行但尚未从计算机中删除的项目，将来可以恢复(还原)。

•“允许的项目”：已允许在计算机上运行的项目。因为误报或其他原因，用户特许某程序在计算机中运行。

•“检测到的所有项目”：已在计算机上检测到的项目。

“设置”选项卡如图 8-14 所示。

•“计划的扫描”：默认情况下，Microsoft Security Essentials 每周对计算机运行一次扫描。如果要进行调整，在“计划的扫描”下，可以更改日期、时间以及扫描类型。计划扫描能确保计算机更安全。

图 8-13　Microsoft Security Essentials 历史记录

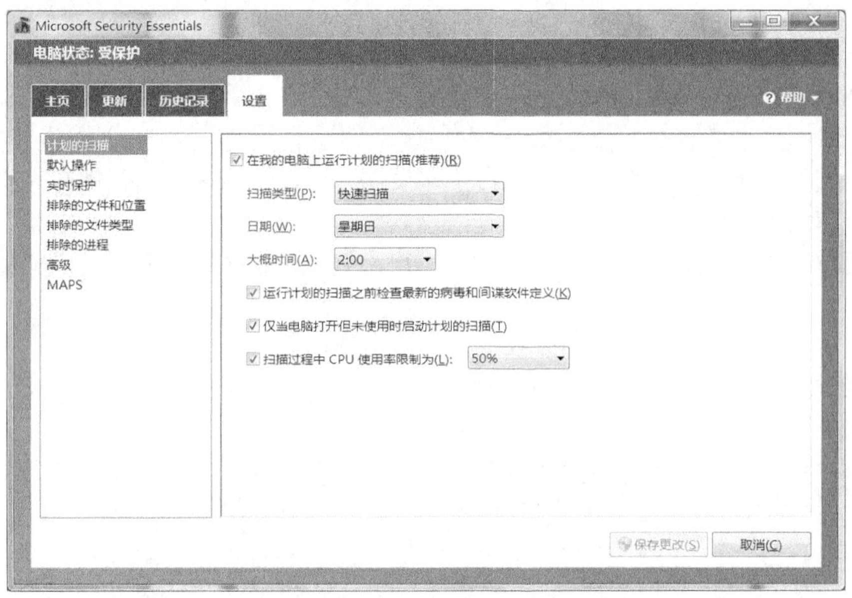

图 8-14　Microsoft Security Essentials 设置

- “默认操作”：设置检测到不同警告级别的潜在威胁时默认显示或执行的操作，可以选择删除、隔离或允许。
- “实时保护”：设置是否“启用实时保护”。默认启用，可实时发现威胁和警告用户。
- “排除的文件和位置”：排除不希望扫描的位置。
- “排除的文件类型”：排除不希望扫描的文件类型。
- “排除的进程”：排除不希望扫描的进程。
- “高级”：设置是否扫描“存档压缩文件”或扫描“移动驱动器”等。
- MAPS：隐私设置。

Microsoft Security Essentials 提供了两种方法帮助阻止恶意软件和其他可能不需要的软件侵害计算机：

• 实时保护。当恶意软件、间谍软件或其他可能不需要的软件试图在计算机上安装或运行时，它会发出警报。如果程序试图更改重要的 Windows 设置，它也会发出警报。

• 扫描选项。使用本功能可以扫描可能已安装到计算机上的威胁、病毒、间谍软件和其他可能不需要的软件。可以定期计划扫描，还可以自动删除扫描过程中检测到的任何恶意软件。Microsoft Security Essentials 还提供了一个 Windows 外壳扩展，允许用户随时扫描特定文件或目录，操作方法是右击目标，选中“使用 Microsoft Security Essentials 扫描...”选项。

如果检测到恶意软件，本产品将会自动执行某些操作，以删除恶意软件，并防止计算机受到潜在的其他感染。删除恶意软件后，本产品还会重置某些 Windows 设置(例如浏览器主页和加载的搜索程序)。

8.3.3　360 安全卫士

360 安全卫士界面如图 8-15 所示。

图 8-15　360 安全卫士界面

360 安全卫士的主要功能如下。

• 电脑体检：对系统进行全面检查然后汇总情况。但慎用“一键修复”功能，建议逐项检查再做修复、优化和清理等操作。

• 木马查杀：查杀木马和间谍软件等。

• 漏洞修复：功能与 Windows Update 相同。

• 系统修复：系统有莫名故障或问题时可以试试修复。

• 电脑清理：可清理计算机中的 Cookie、垃圾文件和上网痕迹等。

• 优化加速：优化开机启动项目，加快系统启动速度和运行速度等。

· 电脑专家：五花八门的计算机问题都可以尝试在这里找到答案和解决方法。

· 软件管家：查找软件、安装软件、升级软件和卸载软件等。

注意，360 安全卫士缺少关键的防病毒模块，个人计算机应另外安装其他符合行业标准的防病毒软件才能确保安全。

8.3.4 其他技巧

(1) 无法安装或启动杀毒软件。计算机感染恶意软件之后可能无法安装某款防病毒软件，此时可尝试安装其他杀毒软件。有些中毒计算机可能无法启动杀毒软件进行扫描操作，此时可尝试在 Windows 安全模式下启动杀毒软件。用户还可以尝试在安全软件厂商官方网站下载免安装的查杀工具来扫描病毒。

(2) 无法启动 Windows 系统。中毒可能造成 Windows 操作系统无法启动，此时可以尝试在其他正常计算机的安全软件中制作生成启动杀毒光盘或 USB 闪存盘，利用这些启动盘来启动计算机再扫描杀毒。需要注意的是，无法启动操作系统不一定是由计算机病毒造成的，也有可能是计算机硬件或 Windows 操作系统本身出现了故障。

(3) 病入膏肓。计算机中毒太深查杀病毒的过程可能长达几个小时，删除病毒后计算机可能还因中毒产生的遗留问题而无法恢复到正常状态。如果之前做过恰当的备份，用户就没有必要浪费时间进行查杀病毒，而可以直接尝试还原备份或重新安装 Windows 操作系统，这样更安全高效。

(4) 保护“恶意软件”。用户想要永久保留特殊的“恶意软件”而不被杀毒软件删除，可以尝试用压缩管理工具将此“恶意软件”打包并添加压缩保护密码，这样防病毒软件的完全扫描也对该“恶意软件”无可奈何了。

Tips

就算所有的杀毒软件均没有报告某文件可疑，也不能说明这文件不是一个新生的病毒、木马或其他恶意软件。同样的，就算有部分杀毒软件报告某文件感染了某病毒、木马或是其他恶意软件，也不能断定此文件就一定有问题，因为这可能是杀毒引擎的错误警报或各安全厂家之间的“维权”行为。

8.4 网络道德

网络道德与传统道德一样，没有所谓的统一标准。一般认为，网络道德是指以善恶为标准，通过社会舆论、内心信念和传统习惯来评价人们的上网行为，调节网络时空中人与人之间以及个人与社会之间关系的行为规范。

(1) 匿名性是网络数字化环境特征的外在表现。在这里，人与人之间的交往已不是面对面的直接交往，没有了现实社会直接交往所具有的互相监督和道德约束，这样就使一些人在网上随心所欲，可以干自己想干的任何事。这样就产生了一个误区，许多人认为网络是虚拟的，不是现实的，从而把网络看成是一个不需要任何约束的公共场所。

(2) 网络和现实应该是一致的。网络仅仅是一种信息化的联络工具，网络交往是现实社会的人借助互联网工具发生的行为和交往。虽然从技术的角度看，网络行为是数据的传递交换，但是每一个虚拟角色的背后都隐藏着一个真实的行为主体。网络是现实社会的延伸，是现实

社会的一个重要组成部分，网络虽然给了个人极大的空间和自由度，但不可以随心所欲，也绝不意味着网上个人行为与他人毫无关系。

(3) 网络与现实是互动的。因为现实与网络存在着相互作用关系，网上的不道德问题不仅影响网络空间，而且会直接影响现实社会。现实中的一些不道德问题也会反映到网络上并被放大，网络空间的不道德现象反过来会对现实社会产生严重影响。如果网络空间允许存在与现实社会道德规范冲突的道德，最终会危及社会现有道德体系的维系。

(4) 一个有道德的人就能够做到自律，其在互联网上的行为必定是自尊自重自爱的。一般认为，上网的道德底线是“于己无害、于人无损”。

(5) 常见的网络不文明行为有传播谣言、散布虚假信息，炒作低俗内容；制作、传播网络病毒，传播垃圾邮件；网络谩骂，网络欺诈，网络色情聊天；传播他人隐私，盗用他人网络账号；非法使用或复制商业软件等。

第 9 章　计算机多媒体技术

学习目标：

- 了解多媒体计算机的基本组成和常见多媒体设备
- 掌握 Windows 画图工具的基本操作
- 掌握 Windows Media Player 的基本操作
- 了解图片、音频和视频文件的类别和格式
- 了解数据压缩的基本知识
- 掌握无损压缩工具 WinRAR 的基本操作

9.1　多媒体技术的基本知识

9.1.1　多媒体技术的概念

在计算机科学中，两种或两种以上媒体信息的组合称为多媒体，这些媒体包括文字、声音、图片、动画和视频等。个人计算机中，键盘、鼠标输入和控制信息，显示器呈现文字、图片、动画和视频信息，麦克风输入声音，音箱输出声音，打印机打印文档，各种各样的外设如扫描仪、数码相机、网络摄像头等的运行，都通过计算机程序来实现。因此，个人计算机也可称为多媒体计算机。计算机处理和呈现多媒体信息的应用技术称为多媒体技术。

目前为止，多媒体的应用已涉及艺术、教育、娱乐、工程、医药、数学、商业和科学研究等领域。利用多媒体网页，商家可以将单方向传播的静态广告变成有声音和画面的互动式广告，更吸引客户之余，也能够向准买家提供更多商品的消息。利用多媒体作教学用途，除了可以增加自学过程的互动性，更可以吸引学生学习，提升学习兴趣，以及利用视觉和听觉等反馈信息来增强学生对知识的吸收。网络教育就是依靠现代通信技术和多媒体技术发展起来的。

9.1.2　多媒体设备的种类

现在多媒体设备经常被叫作数码设备，常见的有数码相机、网络摄像头、摄像机、扫描仪、打印机、投影机和触摸显示屏等。多媒体设备拥有各种各样的接口，可能需要通过相应的数据线才能与计算机或其他设备连接，从而实现数据的输入和输出。常见的数据线有 USB 电缆、1394 电缆，还有 VGA、DVI 和 HDMI 电缆。

9.1.3　常用数码设备的连接

1. 数码相机

近年来，数码相机十分普及，与传统胶卷相机相比它有以下优势：不需要胶卷，可边拍边欣赏，不满意可随意删除而不必破费，一次可储存成百上千张的影像图片，还可以直接录制视频，导入计算机后就能长期保存。

将数码相机的照片或视频导入计算机的方法一般有两种。

(1)使用相机的 USB 电缆将数码相机连接到计算机。打开数码相机电源，选择浏览相片模式(有些相机可省略此步骤或必须切换到特殊连接模式)。计算机会提示发现新设备，等一会再双击打开“计算机”，会看到相机的图标。双击打开之后可以把相机存储器里面的所有文件复制到本地硬盘。有时计算机会弹出向导窗口，引导用户将数据传输到计算机中。

(2)若数码相机利用可移动存储卡(例如 SD 或 CF 闪存卡)保存数据，可拔出存储卡后将其插到读卡器中再连接到计算机，存储卡和读卡器的组合体会被计算机系统识别成“USB 闪存盘”，这样就可以复制数据了。

2. 网络摄像头

远程视频会议系统或即时通讯软件(例如腾讯 QQ)经常要用到网络摄像头。一般情况下，将摄像头的 USB 电缆插入计算机就能被 Windows 系统识别并直接使用。若要使用摄像头的所有功能，则必须安装官方驱动程序。注意，在计算机中安装官方驱动程序之前，最好先不要连接摄像头，这个要求在摄像头的使用说明书中会提及。

9.2　多媒体基本应用工具的使用

9.2.1　画图工具基本使用

“画图”是 Windows 中的一项功能，使用该功能可以绘制、编辑图片，以及为图片着色。可以像使用数字画板那样使用“画图”来绘制简单图片，或者将文本和设计图案添加到其他图片，如用数码相机拍摄的照片。通过依次单击“开始”→“所有程序”→“附件”→“画图”打开它，打开后界面如图 9-1 所示。

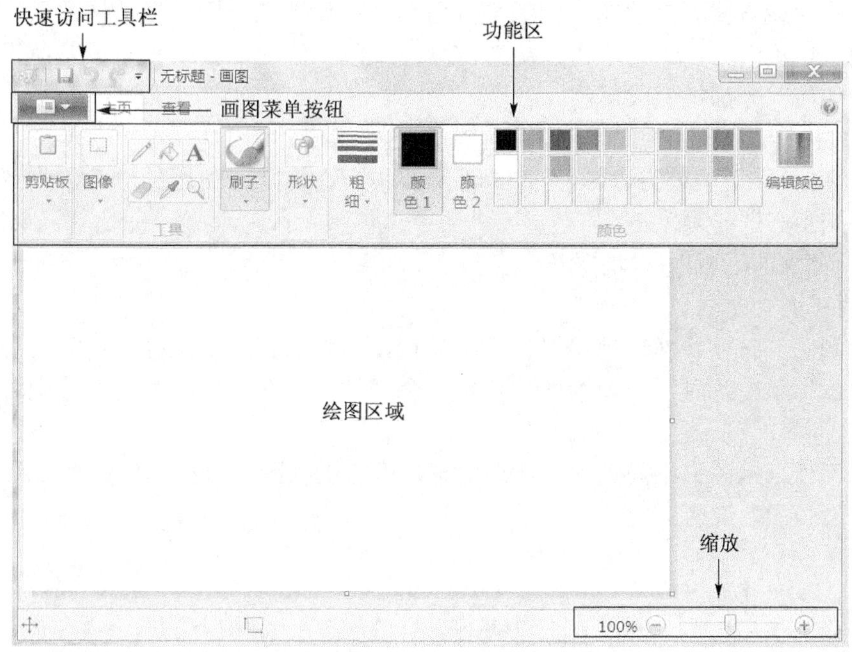

图 9-1　“画图”界面

画图中的功能区包括绘图工具的集合，使用起来非常方便。可以使用这些工具创建徒手画或向图片中添加各种形状。

1. 绘制线条

使用某些工具和形状(如铅笔、刷子、直线和曲线)可以绘制多种直线和曲线。所绘制的内容取决于绘图时移动鼠标的方式。例如，使用直线工具可以绘制直线。

(1)在“主页”选项卡中的“形状”组中单击“直线”选项。

(2)在“颜色”组中，单击“颜色 1”，然后单击要使用的颜色。

(3)若要绘图，在绘图区域拖动指针即可。

2. 绘制形状

使用画图可以绘制不同的形状。例如，可以绘制已定义的现成形状，如矩形、圆形、正方形、三角形和箭头。此外，还可以通过使用“多边形”来生成自己的自定义形状，该多边形可以具有任意数目的边。

(1)在“主页”选项卡中的“形状”组中，单击现成的形状，如“矩形”。

(2)若要添加现成形状，在绘图区域拖动指针生成该形状即可。

3. 添加文本

用户还可以将文本添加到图片中。使用文本工具，可以添加简单的消息或标题。

(1)在“主页”选项卡中的“工具”组中单击“文本”工具。

(2)在希望添加文本的绘图区域拖动指针。

(3)在“文本工具”下，在“文本”选项卡中的“字体”组中单击字体、大小和样式。

(4)在“颜色”组中单击“颜色 1”，然后单击某种颜色作为文本颜色。

(5)输入要添加的文本。

4. 擦除图片中的某部分

如果有失误或者需要更改图片中的部分内容，可使用橡皮擦。默认情况下，橡皮擦将所擦除的任何区域更改为白色，但可以更改橡皮擦颜色。例如，如果将背景颜色设置为黄色，则所擦除的任何部分都将变成黄色。

(1)在“主页”选项卡中的“工具”组中单击“橡皮擦”工具。

(2)在“颜色”组中单击“颜色 2”，然后单击要在擦除时使用的颜色。如果要在擦除时使用白色，则不必选择颜色。

(3)在要擦除的区域内拖动指针。

5. 保存图片

单击“画图”按钮，然后单击“保存”按钮，这将保存上次保存之后对图片所做的全部更改。首次保存新图片时，需要给图片指定一个文件名，在“保存类型”框中可选择需要的文件格式。

有关如何使用画图中不同工具的详细信息，可点击画图窗口右上角的“画图帮助 F1”按钮打开“使用画图”说明。

截图技巧：复制整个屏幕的内容只需按键盘上的 Print Screen 打印屏幕按钮；复制当前活动窗口的内容就按键盘上的 Alt + Print Screen 组合键，之后粘贴到“画图”工具中就可以使用或者保存了。更多功能请用附件中的“截图工具”。

9.2.2　音频播放和视频播放

Windows Media Player 是 Windows 操作系统自带播放器，能够播放数字媒体文件，整理数字媒体收藏，刻录音乐 CD 等。

若要打开 Windows Media Player，单击“开始”按钮，单击“所有程序”选项，然后单击 Windows Media Player 选项，如图 9-2 所示。

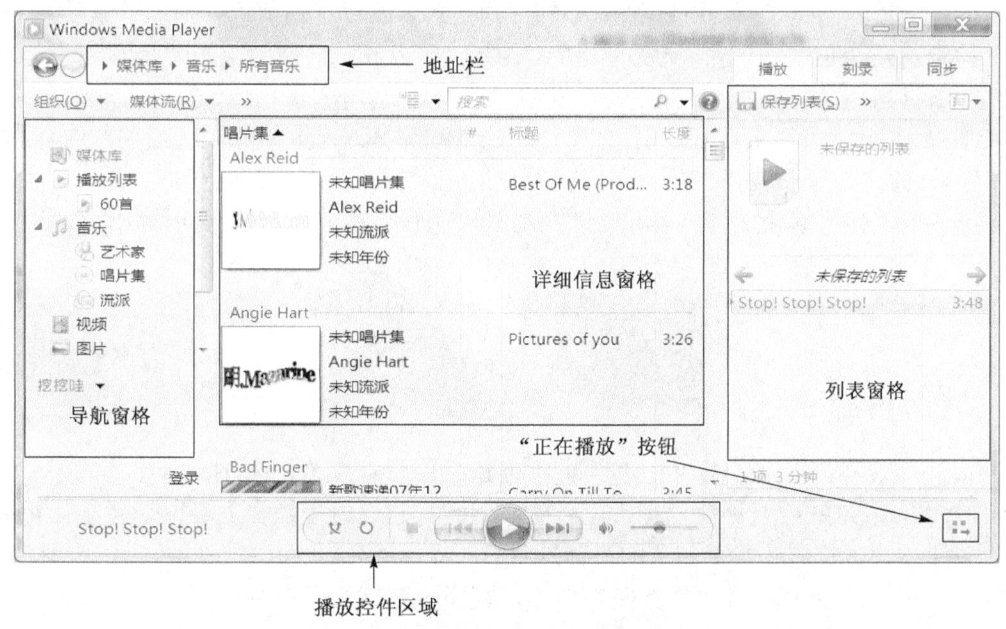

图 9-2　“媒体库”模式

用户可以选择两种模式来播放媒体：“媒体库”模式和“正在播放”模式。“媒体库”模式可以全面控制播放机的众多功能；“正在播放”模式可以简化媒体视图以适用于播放。通过“开始”菜单打开 Windows Media Player 默认是“媒体库”模式，此时单击播放器右下角的“切换到正在播放”按钮，即可从“媒体库”模式转到“正在播放”模式。若要返回“媒体库”模式，单击播放器右上角的“切换到媒体库”按钮即可，如图 9-3 所示。

图 9-3　“正在播放”模式

在播放器“媒体库”模式中，用户可以访问并整理数字媒体收藏集。在导航窗格中，可选择要在细节窗格中查看的类别(如音乐、图片或视频)。例如，若要查看所有按流派整理的音乐，双击“音乐”按钮，然后单击“流派”按钮。然后，将项目从详细信息窗格拖动到列表窗格，以创建播放列表、刻录 CD 或 DVD 等。

在播放器媒体库中的各种视图之间进行转换时，可以使用播放器左上角的“返回”和“前进”按钮，以返回到之前的视图。

在“正在播放”模式中，可以观看 DVD 和视频，或查看当前正在播放的音乐。 用户可以仅查看当前正在播放的项目，也可以通过右键单击播放机，然后单击“显示列表”来查看可播放的项目集。

某些视频文件(大多来自互联网)在 Windows Media Player 上可能无法正常播放(例如有声音无图像)，此时必须安装相应的解码器软件才能正常播放，或者直接安装内置多种解码器的第三方播放器，如“暴风影音”等。注意，这些“免费”播放器可能含间谍软件或广告软件。

9.3 多媒体文件类别和格式

9.3.1 图片格式

Windows 系统中常见的图片文件类型包括 JPEG、PNG、GIF 和 BMP。

多数情况下，JPEG 是最好的图片文件类型，因为它通过压缩数据可以创建小体积的高质量图片文件。它是存储和共享图片的最佳选择。

注意，每次以 JPEG 格式重新保存图片，视觉质量就会稍微降低一些，这就好比是在复制相片复制品。质量降低多少取决于图像的压缩程度。通常这种质量的降低很难看出，但如果对同一图片重复进行更改并以中等质量级别保存，则最终可能会使得清晰度和颜色精度有所降低。为获得最佳的视觉质量，应该以可能的最高质量级别保存 JPEG 图片，或以其他无损方式保存图片。

9.3.2 音频格式

常见音频文件格式如下：

(1) MP3 能够在音质损失很小的情况下把文件压缩到更小的程度。由于历史原因，MP3 到目前为止还是最流行的音频文件格式。

(2) WMA 全称为 Windows Media Audio，此格式来自 Microsoft 公司，它是以减少数据流量但保持音质的方法来达到比 MP3 压缩率更高的目的。音质好的 WMA 可与 CD 媲美，压缩率较高的 WMA 则可用于网络广播。

(3) WAV 格式也来自 Microsoft 公司，音质与 CD 相差无几。但 WAV 格式对存储空间需求太大，不便于交流和传播。

(4) OGG 是一种先进的有损音频压缩技术，免费且开源。OGG 编码格式远比 20 世纪 90 年代开发成功的 MP3 先进，它可以在相对较低的数据速率下实现比 MP3 更好的音质。

9.3.3 视频格式

常见视频文件格式如下：

(1) AVI 全称为 Audio Video Interleaved(音频视频交错)，是将音频和视频同步组合在一起的多媒体文件格式。AVI 对视频文件采用了一种有损压缩方式，压缩比较高，应用广泛。

(2) ASF 全称为 Advanced Streaming Format(高级流媒体格式)，是 Microsoft 公司针对 Real 公司开发的一种使用了 MPEG-4 压缩算法的、可以在网上实时观看的流媒体格式。该压缩算法可以兼顾高保真以及网络传输的要求。

(3) WMV 全称为 Windows Media Video，是 Microsoft 公司在 ASF 基础上推出的一种媒体格式，具有体积小、可进行高速网络传输等特点。

(4) MOV 是 Apple(苹果)公司开发的一种流媒体文件格式。在某些方面来说 MOV 比 WMV 更优秀。MOV 早期使用在 MAC 机上，如今可以在 Windows 中使用 QuickTime 等播放器来播放 MOV 文件。

(5) MPEG 全称为 Moving Picture Experts Group(运动图像专家组)，是一种从数字音频和视频发展起来的压缩编码标准，包括 MPEG 音频、MPEG 视频和 MPEG 系统 3 个部分。在多媒体数据压缩标准中，采用比较多的 MPEG 标准有 MPEG-1(VCD 采用该标准)、MPEG-2(DVD 采用该标准)和 MPEG-4。

(6) Flash 是 Adobe 公司开发的流式视频格式，它不仅具有质量好、可在线播放、体积小巧等优点，还可整合到网页上，从而给视频传播带来了极大便利。目前大多视频网站的视频都是通过 Flash 格式发布的。

9.4　数 据 压 缩

9.4.1　数据压缩的概念

在计算机科学和信息论中，数据压缩是按照特定的编码机制，用比未经编码少的数据位(或其他信息相关的单位)表示信息的过程。数据的压缩和解压缩常被称为编码与解码。

1. 无损压缩

无损数据压缩指数据经过压缩后，信息不受损失，还能完全恢复到压缩前的原样。用 WinRAR、7-ZIP 等软件来压缩文件都是无损压缩，通常叫作“把文件打包”。

2. 有损压缩

有损数据压缩是指经过压缩、解压的数据与原始数据不同但是非常接近的压缩方法。有损数据压缩又称破坏型压缩，即将次要的信息数据舍弃，牺牲一些质量来减少数据量，提高压缩比。有损数据压缩技术经常用于图像、声音以及视频。画图工具和 Photoshop 编辑图片后另存为 JPEG 文件的过程就应用了有损压缩方法。注意，图片、音频和视频格式本身也有无损压缩的技术，不过一般用户很少接触到。

9.4.2　WinRAR 的使用

WinRAR 是一个强大的压缩文件管理工具。它能减小文件的大小，以便占用更少的存储空间，更易于用电子邮件发送。WinRAR 可以解压缩从 Internet 上下载的 RAR、ZIP 和其他格式的压缩文件，并能创建 RAR 和 ZIP 等格式的压缩文件。

1. 解压缩文件(提取文件)

从压缩格式解压缩文件或提取文件。提取文件时，该文件的解压缩副本会释放到指定的文件夹中，原始文件仍位于压缩文件中。

(1)快捷操作：在压缩文件上右击，在弹出的菜单中选择“解压到‘压缩文件名’”选项，文件会自动解压缩到以压缩文件原始名称命名的目录当中，这样就不会与当前文件夹的其他文件混淆了。

(2)高级操作：在压缩文件上右击，在弹出的菜单中选择“解压文件”选项，出现“解压路径和选项”窗口，其中“目标路径”可设定解压缩后的文件存放在磁盘上的位置，然后单击“确定”按钮即可。

2. 压缩文件(打包文件)

(1)快捷操作：右击文件/文件夹，选择“添加到‘文件/文件夹名称.rar’”选项，会自动在当前目录中生成压缩文件。

(2)高级操作：右击文件/文件夹，选择“添加到压缩文件”选项，在“压缩文件名和参数”窗口设定“压缩包文件名”等其他参数，然后单击“确定”按钮即可。

3. 压缩成 zip 格式

在“压缩文件名和参数”窗口的“压缩文件格式”中选择“ZIP”，即可压缩成 zip 通用格式。注意：一般文件压缩成 RAR 格式比 ZIP 格式更小，但是 ZIP 格式比 RAR 格式更通用。

4. 存储压缩(最快的打包方法)

有些类型的文件本身就是以压缩格式存储的，很难对其再进行无损压缩，如 JPEG 图片文件、MP3 音频和 MPEG-4 视频文件。在“压缩文件名和参数”窗口的“压缩方式”中选择“存储”选项，可大大节省压缩时间。例如，硬盘上有 1000 个 JPEG 数码照片文件共约 500M，标准压缩花费超过 10 分钟仅能压缩到 495M，“存储”压缩不用 2 分钟可将这么多文件变成一个 500M 的压缩文件。把上述的 1000 个 JPEG 文件直接复制到 U 盘需要 8 分钟，而把一个 500M 的压缩文件复制到 U 盘仅需 2 分钟。综上所述，当需要批量传输很难再进行无损压缩的文件时，可考虑使用“存储”方式将其打包成一个文件后再传输。

5. 创建自解压格式压缩文件

在“压缩文件名和参数”窗口的“压缩选项”中选中“创建自解压格式压缩文件”选项，生成的压缩包是一个 exe 执行文件。此文件在任何 Windows 系统上运行都能自动解压缩文件，即使该系统没有安装 WinRAR 程序也行。

6. 加密压缩文件

在“压缩文件名和参数”窗口的“高级”选项中可为压缩文件设置密码，生成的压缩文件要正常解压缩必须输入正确的密码才行。

7. 文件分割

在“压缩文件名和参数”窗口单击“压缩为分卷，大小”下拉列表框，从中选择或输入分卷大小，可将文件分割压缩成多个文件。例如，用户需要将 100 张 JPEG 数码照片(共约 49MB)通过电子邮件发送给他人，而该邮箱系统仅支持最大单个 12MB 的附件。直接把每张照片分别添加到邮件附件中发送非常麻烦，若将这 100 个 JPEG 文件使用“存储”方式打包，输入每个分卷的大小为 10MB，单击“确定”按钮以后，WinRAR 将会生成 5 个压缩包，大小依次为是 10MB、10MB、10MB、10MB、9MB。把这 5 个压缩包都通过邮件附件发送给对方，对方接收下载后放在同一目录下解压缩即可。

8. 把 WinRAR 当成文件管理器

WinRAR 是一个压缩和解压缩工具，同时也是一款相当优秀的文件管理器软件。只要在其主程序窗口的地址栏中选择一个文件夹，那其下的所有文件都会被显示出来，甚至连隐藏的文件和文件的扩展名也能够看见，而且可以像在“资源管理器”中一样复制、删除、移动和运行这些文件。

9.4.3　处理 ZIP 文件

WinRAR 不是免费软件，有些计算机中可能没有安装或安装了开源免费的压缩软件 7-zip。其实 Windows 7 系统自带了 ZIP 压缩管理工具，使用起来也非常简单。

1. 压缩文件(打包为 ZIP 格式文件)

右击需要压缩的文件/文件夹，依次选择“发送到”→“压缩(zipped)文件夹”选项，就会在当前目录中自动生成一个扩展名为 zip 的压缩文件。

2. 解压缩 ZIP 文件

在没有安装 WinRAR 等第三方压缩软件的 Windows 7 系统中，右击 ZIP 文件，菜单中会显示“全部提取”，选中后在弹出的对话框中单击“确定”按钮就自动解压缩了。注意，若 Windows 系统安装过 WinRAR 等第三方压缩软件，则可能不会显示“全部提取”菜单。

附录　Windows 8 简介

1. Windows 8 新的特点

注意，Windows 8 还在改进中，有些功能或操作方法可能会发生变化。

(1) Windows 8 取消了左下角传统“开始”菜单，代之以“动态磁贴”开始屏幕，所有应用程序都在这个开始屏幕中，如附图 1 所示。

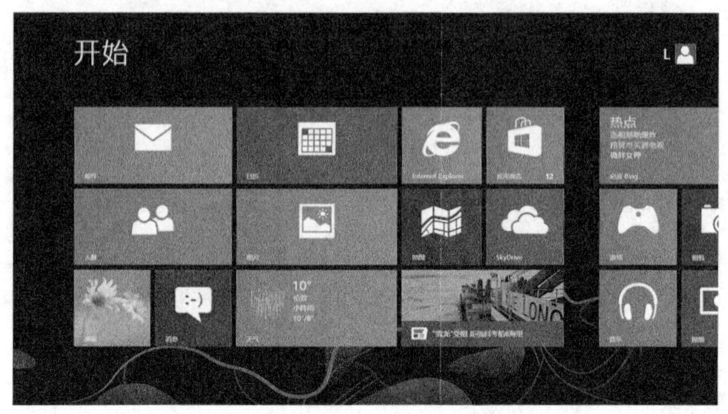

附图 1　Windows 8 开始屏幕

(2) Windows 8 新增了应用商店。从“开始”屏幕打开“应用商店”可以浏览和下载烹饪、照片、运动、新闻以及其他方面的应用，其中很多应用免费。

(3) 用户利用 Microsoft 账户登录任意一台运行 Windows 8 的计算机，即可看到自己之前在其他 Windows 8 上保存的桌面背景，可同步设置和个人文档。这些都是通过云存储技术实现的，用户拍摄的照片、编写的个人文件等几乎随处都可访问。

(4) Windows 8 拥有增强的触控功能，特别适用于平板等触控屏幕操作。

(5) Windows 8 的 Windows Defender 中集成了更多病毒防护功能，不需要再安装第三方安全软件。

2. 应用(APP 或 application)

应用也就是程序，运行后的应用程序就叫任务(task)，同时打开几个窗口的状态叫多任务处理。Windows 系统中，大多情况下可认为“应用=程序=任务”。

3. Windows 8 键盘鼠标操作

(1) 屏幕左侧能“切换”打开的应用和“磁贴”开始界面。屏幕右侧隐藏了以下“超级按钮”:“搜索”、“共享”、“开始”、“设备”和“设置”。

(2) 鼠标移动到屏幕 4 个角再垂直返回可调出“超级按钮”或“切换应用”。

(3) Windows 徽标键可切换传统 Windows 界面和新版“磁贴”开始界面。

(4) “磁贴”界面中，右键单击屏幕任意位置，单击右下角的“所有应用”按钮可查看计算机上所有应用程序。

(5) 关闭应用：鼠标移动到屏幕顶部边缘，出现“手掌”图标后单击并将其拖动到屏幕底部即可。

4．Windows 8 触控操作(以 Surface 为例)

(1) 从四周“屏外非显示区域”往“屏内显示区域”滑动手指可启动相应功能/菜单。

(2) 切换应用：左边屏外往屏内滑动，可切换同时运行中的后台应用。

(3) 关闭应用：自上而下滑动手指垂直“切”过设备表面。

(4)“磁贴”界面中，单击可运行应用，单击“应用图标”后向上/向下滑动些许会选择/取消选择，同时屏幕底部会显示可操作的属性。

5．Windows 8 常用键盘快捷键(也适用于其他 Windows 操作系统)

· 关机：按 Ctrl + Alt + Del 组合键，再选择关机/图标。

· 打开桌面：按 Windows 徽标键 + D 组合键。

· 切换应用：按 Alt + Tab 组合键。

· 关闭应用：按 Alt + F4 组合键。

· 复制、粘贴：按 Ctrl + C、Ctrl + V 组合键。

习　　题

第 1 章　计算机基础知识

选择题

1．目前使用最广泛、发展最快的计算机是(　　)。

A．巨型机　　B．中型机　　C．小型机　　D．微型机

2．自计算机问世至今已经经历了四个时代，划分时代的主要依据是计算机的(　　)。

A．规模　　B．功能　　C．性能　　D．构成元件

3．世界上第一台电子数字计算机采用的电子器件是(　　)。

A．电子管.　　B．晶体管　　C．集成电路　　D．大规模集成电路

4．一个完整的微型计算机系统应包括(　　)。

A．主机和外设　　B．硬件系统和软件系统

C．系统软件和应用软件　　D．运算器、控制器、存储器、输入输出设备

5．计算机硬件系统一般是由(　　)构成的。

A．CPU、键盘、鼠标和显示器

B．运算器、控制器、存储器、输入设备和输出设备

C．主机、显示器、打印机和电源

D．主机、显示器和键盘

6．Intel 公司使用 LSI 率先推出微处理器 4004，宣布第四代计算机问世是在(　　)。

A．1946 年　　B．1958 年　　C．1965 年　　D．1971 年

7．决定微型计算机性能的主要因素是(　　)。

A．CPU　　B．分辨率　　C．硬盘容量　　D．内存容量

8．下列叙述中，正确的是(　　)。

A．CPU 能直接读取硬盘上的数据　　B．CPU 能直接与内存储器交换数据

C．CPU 主要由存储器和控制器组成　　D．CPU 主要用来存储程序和数据

9．把硬盘上的数据传送到计算机的内存中去，称为(　　)。

A．打印　　B．写盘　　C．输出　　D．读盘

10．计算机可分为数字计算机、模拟计算机和混合计算机，这种分类的依据是计算机的(　　)。

A．功能和价格　　B．性能和规律

C．处理数据的方式　　D．使用范围

11．微型计算机在工作时电源突然中断，则(　　)全部丢失，再次通电后也不能恢复。

A．内存中的信息　　B．ROM 中的信息

C．RAM 中的信息　　D．硬盘中的信息

12．电子计算机按使用范围分类，可以分为(　　)。

A．电子数字计算机和电子模拟计算机

B．科学与过程计算计算机、工业控制计算机和数据计算机

C．通用计算机和专用计算机

D．巨型计算机、大中型机、小型计算机和微型计算机

13．下列存储器中读写速度最快的是（　　）。

A．U 盘　　B．光盘　　C．硬盘　　D．内存

14．下列术语中，属于显示器性能指标的是（　　）。

A．精度　　B．分辨率　　C．速度　　D．可靠性

15．显示器的分辨率的含义是（　　）。

A．显示屏幕光栅的列数和行数

B．在同一幅画面上显示的字符数

C．可显示的颜色总数

D．显示器分辨率是指显示器水平方向和垂直方向显示的像素点数

16．既可以接收、处理和输出模拟量，也可以接收、处理和输出数字量的是（　　）。

A．电子数字计算机　　B．电子模拟计算机

C．数模混合计算机　　D．通用计算机

17．若某显示器的分辨率为 1024×768，其中的 1024 含义为（　　）。

A．每行输出的字符数　　B．每屏输出的行数

C．每行的像素点数　　D．每列的像素点数

18．计算机的软件系统一般分为（　　）两大部分。

A．系统软件和应用软件　　B．操作系统和计算机语言

C．程序和数据　　D．DOS 和 Windows

19．电子数字计算机的运算对象是（　　）。

A．模拟量　　B．混合量　　C．脉冲　　D．不连续量

20．将计算机分为巨型计算机、微型计算机和工作站的分类标准是（　　）。

A．计算机处理数据的方式　　B．计算机的使用范围

C．计算机的规模和处理能力　　D．计算机出现的时间

21．软件系统中最重要的软件是（　　）。

A．操作系统　　B．编程语言的处理程序

C．数据库管理系统　　D．故障诊断程序

22．为解决某一特定问题而设计的指令序列称为（　　）。

A．文档　　B．语言　　C．程序　　D．系统

23．在计算机内部，一切信息的存取、处理和传送都是以（　　）形式进行的。

A．十进制码　　B．ASCII 码　　C．十六进制码　　D．二进制码

24．微机中 1K 字节表示的二进制位数有（　　）。

A．1024　　B．2×1024　　C．8×1024　　D．1024×1024

25．一个字符的标准 ASCII 码用（　　）位二进制位表示。

A．6　　B．7　　C．8　　D．16

26．在标准 ASCII 码中，一个英文或数字占用（　　）字节。

A．8 个　　B．2 个　　C．16 个　　D．1 个

27．与十六进制数 AC 等值的十进制数是（　　）。

A．170　　B．171　　C．172　　D．173

28．用键盘录入汉字时，输入的是汉字的(　　)。

A．内码　　B．外码　　C．字型码　　D．交换码

29．计算机病毒是可以造成计算机故障的(　　)。

A．一种微生物　　B．一种特殊的程序

C．一块特殊芯片　　D．一个程序逻辑错误

30．下列关于计算机病毒的描述中，正确的是(　　)。

A．制造计算机病毒不是犯罪行为

B．计算机病毒具有传染性、隐蔽性、破坏性

C．病毒是一种特殊的生物病素，能够传染给人

D．计算机病毒发作是没有条件的，随时都可能发作

31．下列叙述中，(　　)是正确的。

A．反病毒软件通常是滞后于计算机新病毒的出现

B．反病毒软件总是超前于病毒的出现，它可以查、杀任何种类的病毒

C．感染过计算机病毒的计算机具有对该病毒的免疫性

D．有的计算机病毒会直接影响计算机用户的健康

32．下列四项中，不属于计算机病毒特征的是(　　)。

A．潜伏性　　B．破坏性　　C．免疫性　　D．传播性

33．网络的“黑客”是指(　　)。

A．用户的别名　　B．非授权侵入别人站点的用户

C．一种网络病毒　　D．一种网络协议

34．自计算机问世至今已经经历了四个时代，划分时代的主要依据是计算机的(　　)。

A．规模　　B．功能　　C．性能　　D．构成元件

35．计算机进行数值计算时的高精确度主要决定于(　　)。

A．计算速度　　B．内存容量　　C．外存容量　　D．基本字长

36．计算机的“逻辑判断能力”是指(　　)。

A．计算机拥有很大的存储装置

B．计算机是由程序规定其操作过程

C．计算机的运算速度很高，远远高于人的计算速度

D．计算机能够进行逻辑运算，并根据逻辑运算的结果选择相应的处理

37．计算机应用中最诱人、也是难度最大且目前研究最为活跃的领域之一是(　　)。

A．人工智能　　B．信息处理　　C．过程控制　　D．辅助设计

38．当前气象预报已广泛采用数值预报方法，这种预报方法会涉及计算机应用中的(　　)。

A．科学计算和数据处理　　B．科学计算与辅助设计

C．科学计算和过程控制　　D．数据处理和辅助设计

39．利用计算机对指纹进行识别、对图像和声音进行处理属于的应用领域是(　　)。

A．科学计算　　B．自动控制　　C．辅助设计　　D．信息处理

40．计算机最主要的工作特点是(　　)。

A．存储程序与自动控制　　B．高速度与高精度

C．可靠性与可用性　　D．有记忆能力

41．下列字符中ASCII码值最小的是(　　)。

A. a　　B. A　　C. f　　D. Z

42．已知英文字母 m 的 ASCII 码值为 109，那么英文字母 p 的 ASCII 码值为(　　)。

A. 111　　B. 112　　C. 113　　D. 114

43．固定在计算机主机箱箱体上的、起到连接计算机各种部件的纽带和桥梁作用的是(　　)。

A. CPU　　B. 主板　　C. 外存　　D. 内存

44．微型计算机中的“i3”或“i5”指的是(　　)。

A. CPU 的型号　　B. 显示器的型号

C. 打印机的型号　　D. 硬盘的型号

45．决定微处理器性能优劣的重要指标是(　　)。

A. 内存的大小　　B. 微处理器的尺寸

C. 主频　　D. 内存储器

第 2 章　Windows 操作系统及其应用

一、选择题

1．“Windows 是一个多任务操作系统”指的是(　　)。

A. Windows 可同时管理多种资源

B. Windows 可运行多种类型各异的应用程序

C. Windows 可同时运行多个应用程序

D. Windows 可提供多个用户同时使用

2．在 Windows 菜单中常有一些命令右侧带有“…”标记，该类命令的执行特点是(　　)。

A. 执行时要求用户确认　　B. 执行时会弹出一个子菜单

C. 执行时将打开一个对话框　　D. 当前情况下该命令无效

3．在 Windows 中，全角方式下输入的数字应占的字节数是(　　)。

A. 1　　B. 2　　C. 3　　D. 4

4．当一个程序窗口最小化后(　　)。

A. 该程序的运行终止　　B. 该程序的运行暂停

C. 该程序依然运行，但转入后台　　D. 运行速度更快

5．下列关于 Windows 窗口的叙述中，错误的是(　　)。

A. 窗口的大小可以改变

B. 同时打开的多个窗口可以重叠排列

C. 窗口的位置可以改变

D. 窗口的位置可以移动，但大小不能改变

6．鼠标指针被移动到某窗口边沿时，若指针变成(　　)标记，则表明可以改变窗口的大小。

A. 指向左上方的箭头　　B. 手形

C. 竖直且闪烁的竖线　　D. 双箭头

7．以下是 Windows 合法的文件名有(　　)。

A. chap_2.TXT　　B. A??.DOC　　C. A/B/C　　D. ABDC*.TXT

8．A?B.TXT 表示所有文件名含有字符个数是(　　)。

A. 2 个　　B. 3 个　　C. 4 个　　D. 不能确定

9．通常在 Windows 的【附件】中不包含的应用程序是(　　)。

A．记事本　　B．画图　　C．IE 浏览器　　D．计算器

10．在 Windows 系统中，回收站用于（　　）。

A．接收网络传来的信息　　B．临时存放使用的资源

C．临时存放删除的文件夹及文件　　D．接收输出的信息

11．回收站中的文件（　　）。

A．可以还原　　B．只能清除　　C．可以直接打开　　D．可以复制

12．实现多个应用程序窗口之间切换的组合键是（　　）。

A．【Alt】+【Tab】　　B．【Ctrl】+【Tab】

C．【Tab】　　D．【Shift】+【Tab】

13．在 Windows 中，为结束陷入死循环的程序，应首先按的键是（　　）。

A．【Ctrl】+【Alt】+【Delete】　　B．【Ctrl】+【Delete】

C．【Alt】+【Delete】　　D．【Delete】

14．在 Windows 系统中，在按住键盘上（　　）键的同时，可选择多个连续的文件或文件夹。

A．【Alt】　　B．【Ctrl】　　C．【Shift】　　D．【Tab】

15．在 Windows 系统中，在按住键盘上（　　）键的同时，可选择多个不连续的文件或文件夹。

A．【Alt】　　B．【Ctrl】　　C．【Shift】　　D．【Tab】

16．在“我的电脑”或者“资源管理器”中，若要选定全部文件或文件夹，按（　　）键。

A．【Ctrl】+A　　B．【Shift】+A

C．【Alt】+A　　D．【Tab】+A

17．要把当前屏幕上的所有内容复制到剪贴板中，可按（　　）。

A．【Shift】+【PrintScreen】　　B．【PrintScreen】

C．【Ctrl】+【PrintScreen】　　D．【Alt】+【PrintScreen】

18．要把当前活动窗口的内容复制到剪贴板中，可按（　　）。

A．【Shift】+【PrintScreen】　　B．【PrintScreen】

C．【Ctrl】+【PrintScreen】　　D．【Alt】+【PrintScreen】

19．在 Windows 中，打开“资源管理器”窗口后，要改变文件或文件夹的显示方式，应选用（　　）。

A．“文件”菜单　　B．“编辑”菜单

C．“查看”菜单　　D．“帮助”菜单

20．在 Windows 菜单中常有一些菜单项的右边带有一个黑色“ ▸ “标记，这说明（　　）。

A．存在下级子菜单　　B．该选项当前有效

C．执行该命令将打开一个对话框　　D．该选项当前无效

21．删除 Windows 桌面上某个应用程序的图标，意味着（　　）。

A．该应用程序连同其图标一起被删除

B．只删除了图标，对应的应用程序被保留

C．只删除了该应用程序，对应的图标被隐藏

D．该应用程序连同其图标一起被隐藏

22．当选定文件或文件夹后，不将文件或文件夹放到“回收站”中，而直接删除的操作是（　　）。

A．按【Delete】键

B．用鼠标直接将文件或文件夹拖放到“回收站”中

C．按【Shift+Delete】键

D．用“我的电脑”或“资源管理器”窗口中的“文件”菜单中的删除命令

23．下列有关快捷方式的叙述，错误的是（　　）。

A．快捷方式改变了程序或文档在磁盘上的存放位置

B．快捷方式提供了对常用程序或文档的访问捷径

C．快捷方式图标的左下角有一个小箭头

D．删除快捷方式不会对源程序或文档产生影响

24．不可能在任务栏上的内容为（　　）。

A．对话框窗口的图标　　B．正在执行的应用程序窗口图标

C．已打开文档窗口的图标　　D．语言栏对应图标

25．在 Windows 中，关于文件夹的描述不正确的是（　　）。

A．文件夹是用来组织和管理文件的

B．“计算机”是一个系统文件夹

C．文件夹中可以存放驱动程序文件

D．同一文件夹中可以存放两个同名文件

26．关于 Windows 窗口的概念，以下叙述正确的是（　　）。

A．屏幕上只能出现一个窗口，这就是活动窗口

B．屏幕上可以出现多个窗口，但只有一个是活动窗口

C．屏幕上可以出现多个窗口，但不止一个活动窗口

D．当屏幕上出现多个窗口时，就没有了活动窗口

27．在 Windows 中，剪贴板是用来在程序和文件间传递信息的临时存储区，此存储区是（　　）。

A．回收站的一部分　　B．硬盘的一部分

C．内存的一部分　　D．软盘的一部分

28．资源管理器中的库是（　　）。

A．一个特殊的文件夹

B．一个特殊的文件

C．硬件的集合

D．用户快速访问一组文件或文件夹的快捷路径

29．在文件系统的树形目录结构中，从根目录到任何数据文件，其通路有（　　）。

A．二条　　B．唯一的一条　　C．三条　　D．多于三条

30．在 Windows 启动汉字输入法后，选定一种汉字输入法，屏幕上就会出现一个与该输入法相应的（　　）。

A．汉字字体列表框　　B．汉字字号列表框

C．汉字输入编码框　　D．汉字输入法状态框

二、操作题

（说明：做本练习前请将光盘中的 WINEX.RAR 解压到 D 盘根目录，练习文件夹为 D:\WINEX）

1．请在练习文件夹下建立”计算机应用基础练习”文件夹，完成后在此文件夹下建立“文本”、“图片”、“多媒体”三个子文件夹。

2．查找练习文件夹下的图片文件 fish.jpg，并将它复制到“图片”文件夹中，然后改名为“海底世界.jpg”，并将其设为“只读”属性。

3．将桌面背景设置为考生文件夹下 fish.jpg 的画面，显示方式为居中。

4．在“文本”文件夹中，用记事本建立一个名为 note.txt 的文件，文件内容为(内容不含空格或空行)：
学号：
姓名：
专业：
关闭记事本。

5．新建一个名为“简历.DAT”的文件，输入内容“个人简历”，并将其保存在练习文件夹。

6．删除练习文件夹下的文件 happy.jpg。

7．把练习文件夹下的\DA1\DA11 中所有文件大小为 4KB 的文件移动到练习文件夹下\MY 中。

8．把练习文件夹下所有 A 开头创建时间为 2009 年的文本文件复制到练习文件夹下\MY 中。

9．在练习文件夹下查找所有 JPG 图片文件，并将它复制到“图片”文件夹中，然后按日期排列“图片”文件夹中所有文件。

10．请将所有*.mp3 文件，压缩为 music.rar 文件，并保存到“多媒体”文件夹。

11．请使用画图工具画一个六角形，文件名为“六角形.bmp”。

12．为练习文件夹下的文件 CALC.EXE 创建快捷方式图标，放在练习文件夹下，快捷图标名称为“计算器”。

13．为“附件”中的“记事本”创建桌面快捷方式图标，快捷方式名称为“打开记事本”。

14．请将练习文件夹下\AG 文件夹用压缩软件压缩为 AG.zip，保存到练习文件夹\文本下。

15．将练习文件夹下的 DA11 文件夹设置为“隐藏”属性(仅将更改应用于所选文件)。

第 3 章　Word 2010 文字编辑

一、选择题

1．在 Word 中，要将文档中选取部分的文字进行中、英文字体，字形，字号，颜色等各项设置，应通过(　　)下的“字体”组完成。

A．“开始”选项卡
B．“文件”选项卡
C．“页面布局”选项卡
D．“插入”选项卡

2．在 Word 中，如果要调整文档中的字间距，可使用“开始”选项卡的(　　)组完成。

A．剪贴板　　B．字体　　C．段落　　D．样式

3．在 Word 中，如果要调整行距，可使用“开始”选项卡的(　　)组完成。

A．剪贴板　　B．字体　　C．段落　　D．样式

4．在 Word 中，使用“开始”选项卡的“段落”组中的(　　)按钮，可以使选取的文档内容处于水平方向的中间位置。

A．两端对齐　　B．居中　　C．左对齐　　D．右对齐

5．在 Word 中，系统默认的中文字体是(　　)。

A．黑体　　B．宋体　　C．仿宋体　　D．楷体

6．在 Word 中，系统默认的中文字体的字号是(　　)号。

A．三　　B．四　　C．五　　D．六

7．在 Word 中查找和替换文字时，若操作错误则(　　)。

A．可用“撤消”来恢复　　B．必须手工恢复

C．无可挽回　　　　　　　　　D．有时可恢复，有时就无可挽回

8．在 Word 中，如果要在文档中选定的位置添加一些 Word 专有的符号，可使用（　　）选项卡中的”符号”组完成。

A．开始　　B．视图　　C．插入　　D．审阅

9．在 Word 中，如果当前光标在表格中某行的最后一个单元格的外框线上，按【Enter】键后，（　　）。

A．光标所在行加高　　　　　　B．光标所在列加宽

C．在光标所在行下增加一行　　D．对表格不起作用

10．在 Word 中，如果要在文档中选定的位置添加另一个 DOC 文件的全部内容，可使用“插入”选项卡文本组中的（　　）命令，从下拉列表中选择“文件中的文字”。

A．文本框　　B．文档部件　　C．艺术字　　D．对象

11．在 Word 中，如果要在文档中选定的位置加入一幅图片，可使用（　　）选项卡“插图”组完成。

A．开始　　B．引用　　C．插入　　D．开发工具

12．在 Word 中，如果想为文档加上页眉和页脚，可使用（　　）选项卡的“页眉和页脚”组完成。

A．开始　　B．引用　　C．插入　　D．开发工具

13．在 Word 中，（　　）视图方式下，可以查看到插入的页眉和页脚。

A．大纲　　B．普通　　C．页面　　D．全屏显示

14．在 Word 文档中输入复杂的数学公式，可使用（　　）选项卡“符号”组的“公式”按钮完成。

A．插入　　B．开始　　C．文件　　D．开发工具

15．利用 Word 的替换命令，可以替换文档的（　　）。

A．字符格式　　B．艺术字　　C．剪贴画　　D．表格

16．在 Word 中，如果使用了项目符号或编号，则项目符号或编号在（　　）时会自动出现。

A．每次按回车键　　　　　　B．按【Tab】键

C．一行文字输入完毕并回车　　D．文字输入超过右边界

17．在 Word 编辑时，文字下面有红色波浪下划线表示（　　）。

A．已修改过的文档　　　　　B．对输入的确认

C．可能是拼写错误　　　　　D．可能是语法错误

18．在 Word 的编辑状态，设置了标尺，可以同时显示水平标尺和垂直标尺的视图方式是（　　）。

A．普通方式　　B．页面方式　　C．大纲方式　　D．全屏显示方式

19．在 Word 中，设定打印纸张大小时，应当通过（　　）选项卡“页面设置”组完成。

A．文件　　B．页面布局　　C．引用　　D．视图

20．在 Word 中，要将页面大小规格由默认的 A4 改为 B5，则应该选择“页面设置”组中的（　　）按钮。

A．页边距　　B．文档网格　　C．版式　　D．纸张大小

21．在 Word 的“文件”选项卡中，“最近所用文件”项下显示文档名的个数最多可设置为（　　）。

A．10 个　　B．20 个　　C．25 个　　D．50 个

22．在 Word 的编辑状态，为文档设置页码，首先应该使用（　　）。

A．“开始”选项卡　　　　　B．“视图”选项卡

C．“文件”选项卡　　　　　D．“插入”选项卡

23．在 Word 中，下述关于分栏操作的说法，正确的是（　　）。

A．可以将指定的段落分成指定宽度的两栏

B．任何视图下均可看到分栏效果

C．设置的各栏宽度和间距与页面宽度无关

D．栏与栏之间不可以设置分隔线

24．在 Word 编辑状态下，对于选定的文字不能进行的设置是(　　)。

A．加下划线　　B．加着重号　　C．动态效果　　D．自动版式

25．在 Word 编辑状态下，对于选定的文字(　　)。

A．可以移动，不可以复制　　B．可以复制，不可以移动

C．可以进行移动或复制　　D．可以同时进行移动和复制

26．Word 具有的功能是(　　)。

A．表格处理、无线通信　　B．发送邮件、自动更正

C．绘制图形、浏览网页　　D．表格处理、绘制图形、自动更正

27．在 Word 编辑状态下，绘制文本框命令所在的选项卡是(　　)。

A．“插入”　　B．“开始”　　C．“引用”　　D．“视图”

28．Word 的替换命令所在的选项卡是(　　)。

A．“文件”　　B．“开始”　　C．“插入”　　D．“邮件”

29．在 Word 编辑状态下，若要在当前窗口中绘制自选图形，则可选择的前两步操作依次是单击(　　)。

A．“文件”选项卡、“新建”项

B．“开始”选项卡、“粘贴”命令按钮

C．“审阅”选项卡、“新建批注”命令按钮

D．“插入”选项卡、“形状”命令按钮

30．在 Word 的编辑状态，执行“复制”命令后(　　)。

A．插入点所在的段落内容被复制到剪贴板

B．被选择的内容被复制到剪贴板

C．光标所在的段落内容被复制到剪贴板

D．被选择的内容被复制到插入点处

二、操作题

1．打开 WORD01.docx，完成以下操作：

(1)将标题设置为小二号、字体颜色(蓝色，强调文字颜色 1)、阴影(外部、右下斜偏移)、黑体、倾斜、居中、字符间距加宽 2 磅，并为标题文字添加黄色阴影边框(应用范围为文字)。

(2)将正文分为三栏，第 1 栏栏宽为 3 厘米，第 2 栏栏宽为 4 厘米，栏间距均为 0.75 厘米，栏间加分隔线。

(3)选择 01.JPG 图片，设置为文档背景图片。完成以上操作后，将该文档以原文件名保存。

2．打开 WORD02.docx，完成以下操作：

(1)将标题字体设置为“华文行楷”，字形设置为“常规”，字号设置为“小初”，带下划线，且居中显示。

(2)将“--陶渊明”的字体设置为“隶书”、字号设置为“小三”，将文字右对齐，加双曲线边框(应用范围为文字)，线型宽度应用系统默认值显示。

(3)将正文行距设置为固定值 25 磅。完成以上操作后，将该文档以原文件名保存。

3．打开 WORD03.docx，完成以下操作：

(1)设置第一段首字下沉，下沉行数 3 行，距正文 1 厘米，字体隶书。段后间距设为 16 磅。

(2)在正文任意位置插入一幅剪贴画，加 3 磅红色双实线边框，将图片的版式设置为“紧密型”，水平居中对齐，调整大小为 2.4cm×2.4cm，取消锁定纵横比。

(3)将第二段正文的首行设为缩进 3 字符。完成以上操作后，将该文档以原文件名保存。

4．打开 WORD04.docx，完成以下操作：

(1)将文中所有错词“款待”替换为“宽带”。

(2)将标题段文字设置为小三号、楷体 GB_2312、红色、加粗、居中，并添加黄色阴影边框(应用范围为段落)，浅绿色底纹(应用范围为段落)。

(3)将正文段落左右各缩进 1 厘米。首行缩进 0.8 厘米，行距为 1.5 倍行距。将正文第一行文字加波浪线，第二行文字加着重号。完成以上操作后，将该文档以原文件名保存。

5．打开 WORD05.docx，完成以下操作：

(1)设置页面纸张 A4，左右页边距 3.5 厘米，上下页边距 3 厘米。

(2)添加页码：位置页面底端普通数字 1 样式(格式为 a，b，c…)。

(3)在文档末尾插入自选图形“椭圆”(插入→形状→基本形状→椭圆)，填充红色，边线黑色，并添加文字“椭圆”，椭圆大小 1.5cm×3cm，设置为“四周型”环绕，水平对齐居中。完成以上操作后，将该文档以原文件名保存。

6．打开 WORD06.docx，完成以下操作：

(1)在文档开始处插入艺术字：内容“感谢父母”，艺术字样式(渐变填充-紫色，强调文字颜色 4，映象)，字体：隶书，字号：36，字形：加粗；艺术字格式：文字环绕方式：上下型，艺术字对齐方式：居中。

(2)将文本“传阅”作为水印插入文档。

(3)将文中除标题外所有“父母”一词格式化为红字，加黄色双波浪线。(提示：使用查找替换功能快速格式化所有对象)完成以上操作后，将该文档以原文件名保存。

7．打开 WORD07.docx，完成以下操作：

(1)在“游记”后插入尾注(同时要求学会脚注的插入)，位置：文档结尾。编号格式：“①，②，③…”，起始编号：①，内容：“云台山游记”。

(2)插入页眉页脚：页眉内容为“游记”，页脚插入“第 X 页共 Y 页”格式页码，页眉页脚设置为小五号字、宋体、页眉左对齐，页脚左对齐。

(3)对该文档中红色字体的内容进行项目符号和编号格式设置。格式化为“项目符号”选项卡中的左起第一行第三类样式“■”。其余没有要求的项目请不要更改。完成以上操作后，将该文档以原文件名保存。

8．打开 WORD08.docx，完成以下操作：

(1)设置该文档纸张为 B5(宽 18.2 厘米、高 25.7 厘米)。

(2)设置奇数页页眉为“名作欣赏”，右对齐，偶数页页眉为“看海”，左对齐。

(3)将文档中的项目符号删除。完成以上操作后，将该文档以原文件名保存。

9．打开 WORD09.docx，完成以下操作：

(1)将标题“素数与密码”置于横排文本框中，框线颜色(蓝色，强调文字 1)，填充(白色背景 1 深色 25%)。

(2)设置文本框内文字“素数与密码”为隶书、二号、加粗、文字颜色(蓝色，强调文字 1)。文本框高 1.5cm×宽 5cm，四周环绕，左对齐。

(3)在文档末尾插入自选图形“笑脸”，设为“四周型”环绕，调整大小 3cm×3cm，线条颜色选红色，无填充色。完成以上操作后，将该文档以原文件名保存。

10．打开 WORD10.docx，完成以下操作：

(1)设置标题文字为隶书、二号、加粗、蓝色、居中。

(2)正文第一段段落设置左右各缩进 0.8 厘米、首行缩进 2 个字符、行距设置为单倍行距，并定义成样式，命名为“考试样式”，设置第二段格式采用“考试样式”。

(3) 设置苹果艺术型页面边框(宽度 20 磅)。完成以上操作后，将该文档以原文件名保存。

11．打开 WORD11.docx，完成以下操作：

(1) 在文档最后另起一段，创建建如下图所示表格，列宽 2.5cm，行高 0.65 厘米，表格水平居中，单元格内容水平和垂直居中对齐，并输入相应内容：

姓名	计算机	英语
张三	90	87
李四	84	95
陈五	73	88

(2) 在表格的最后列增加一列，列标题为“总分”。在表格的最后行增加一行，行标题为“平均分”。用 word 中提供的公式计算各考生的总成绩和各科及总评平均成绩并插入相应单元格内。

(3) 表格自动套用格式选用“流行型”，居中对齐。完成以上操作后，将该文档以原文件名保存。

12．打开 WORD12.DOCX，完成以下操作：

(1) 将文档所提供的 5 行文字转换为一个 5 行 5 列的表格，设置单元格对齐方式为靠下居中对齐。将整个表格居中对齐。

(2) 在表格最上面插入一行，合并该行中的单元格，在新行中输入“课程表”，并居中。

(3) 在表格最后插入一行，合并该行中的单元格，在新行中输入“午休”，并居中，字体为五号、红色、隶书。

(4) 设置表格列宽 2 厘米，行高 0.65 厘米。表格外边框及首行边框为红色实线 1.5 磅，其余为黑色实线 1.5 磅，表格底纹为浅黄色。完成以上操作后，将该文档以原文件名保存。

13．打开 WORD13.docx，完成以下操作：

(1) 将标题处理成艺术字的效果，样式(填充-蓝色，强调文字颜色 1，金属棱台，映象)。

(2) 将文档中的表格一转换成文字，文字分隔符为逗号，再加上红色阴影边框(1 磅)和蓝色底纹，应用范围为段落。

(3) 将文档中的表格二进行格式化：添加斜线表头，行标题：“特点”，列标题：“种类”。第 1 行第 2 列的内容垂直居中。

风筝的种类

特点 种类	特色
硬翅	翅膀坚硬，吃风大，飞的高
软翅	柔软，飞不高，但飞的远

(4) 在文档末尾插入以下的组织结构图：并将文字格式化为宋体，14 号字。

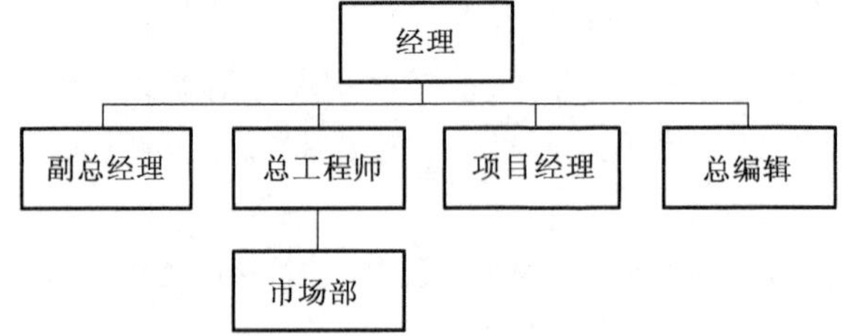

完成以上操作后，将该文档以原文件名保存。

14．打开 WORD14.docx，完成以下操作：

(1) 给标题添加批注，批注的内容为全文的字数。

(2) 将正文分为等宽的两栏，栏宽为 18 字符，栏间加分隔线。完成以上操作后，将该文档以原文件名保存。

第 4 章　Excel 2010 电子表格

一、选择题

1．Excel 2010 中的电子工作表具有(　　)。

A．一维结构　　B．二维结构　　C．三维结构　　D．树结构

2．在 Excel 2010 主界面窗口中不包含(　　)。

A．“输出”选项卡　　B．“插入”选项卡

C．“开始”选项卡　　D．“数据”选项卡

3．启动 Excel 2010 后自动建立的工作簿文件的名称为(　　)。

A．Bookl　　B．工作簿文件　　C．工作簿 1　　D．BookFilel

4．Excel 2010 工作表中，在单元格中建立公式时，必须要以(　　)开头。

A．～　　B．=　　C．∝　　D．≈

5．通常，在 Excel 2010 工作表的单元格内出现“####”符号时，表明(　　)。

A．显示的是字符串“####”　　B．列宽不够，无法显示数值数据

C．数值溢出　　D．计算错误

6．为了区别“数字”与”数字字符串”数据，Excel 2010 要求在数字字符串输入项前添加(　　)符号来区别。

A．”　　B．'　　C．#　　D．@

7．在 Excel 2010 中，移动单元格中的数据到其它位置时，需要先(　　)。

A．按【Ctrl+C】键　　B．按【Deleteete 键】

C．执行开始→删除命令　　D．按【Ctrl+X】键

8．在 Excel 2010 工作表的 A2 单元格输入 4.2，在 A3 单元格输入 4.4，然后选中 A2:A3 区域，拖动填充柄，得到的数字序列是(　　)。

A．等差序列　　B．等比序列　　C．小数序列　　D．数字序列

9．在 Excel 2010 中，建立等比序列时，需要使用(　　)进行操作。

A．填充对话框　　B．序列对话框　　C．选项对话框　　D．填充柄

10．当向 Excel 2010 工作表单元格输入公式时，使用单元格地址 A$2 引用 A 列 2 行单元格，该单元格的引用称为(　　)。

A．交叉地址引用　　B．混合地址引用

C．相对地址引用　　D．绝对地址引用

11．在 Excel 2010 中，下列(　　)是输入正确的公式形式。

A．>=b2*d3+1　　B．='c7+c1　　C．= =sum(d1:d2)　　D．=8^2

12．在向 Excel 2010 工作表的单元格里输入公式，运算符有优先顺序，下列(　　)说法是错误的。

A．百分比优先于乘方　　B．乘和除优先于加和减

C．字符串连接优先于关系运算　　D．乘方优先于负号

13．在 Excel 2010 中，某公式中引用了一组单元格，它们是(C3:D6,A2,F2)，该公式引用的单元格总数为(　　)。

A．6　　B．8　　C．10　　D．14

14．在 Excel 2010 工作表中，=AVERAGE(A4:D16) 表示求 A4:D16 单元格区域的(　　)。

A．平均值　　B．和　　C．最大值　　D．最小值

15．在 Excel 2010 工作表中，已知 D2 单元格的内容为=B2*C2，当 D2 单元格被复制到 E3 单元格时，E3 单元格的内容为(　　)。

A．=B2*C2　　B．=B3*C3　　C．=C2*D2　　D．=C3*D3

16．在 Excel 中，若要在其他工作表中使用 Sheeet2 工作表中 B7 单元格，通常写成（　　）形式。

A．Sheet2!B7　　B．B7　　C．!$B$7　　D．Sheet2.B7

17．在 Excel 单元格中输入“=average(10,-3)-pi()”，则该单元格显示的值（　　）。

A．大于零　　B．小于零　　C．等于零　　D．不确定

18．在 Excel 中，在打印学生成绩单时，对不及格的成绩用醒目的方式表示(如用红色表示等)，当要处理大量的学生成绩时，利用（　　）命令最为方便。

A．查找　　B．条件格式　　C．数据筛选　　D．定位

19．在 Excel 中，一个数据清单包括：（　　）。

A．公式、记录和数据库　　B．记录行和字段行

C．工作表、数据和工作簿　　D．数据、公式和函数

20．在 Excel 中，使用“高级筛选”命令前，必须为之指定一个条件区域，以便显示出符合条件的行；如果要对于不同的列指定一系列不同的条件，则所有的条件应在条件区域的（　　）输入。

A．同一行中　　B．不同的行中　　C．同一列中　　D．不同的列中

21．作为数据的一种表示形式，图表是动态的，当改变了其中（　　）之后，Excel 会自动更新图表。

A．X 轴上的数据　　B．所依赖的数据

C．Y 轴上的数据　　D．标题的内容

22．当只需要对某一组数据进行各个数据点与整体的关系及比例情况的分析时，采用 Excel 的（　　）图表类型比较适宜。

A．环形图　　B．折线图　　C．面积图　　D．饼图

23．Excel 2010 的每个工作表中，最小操作单元是（　　）。

A．单元格　　B．一行　　C．一列　　D．一张表

24．在 Excel 2010 的页面设置中，不能够设置（　　）。

A．页面　　B．每页字数　　C．页边距　　D．页眉/页脚

25．在 Excel 2010 中，从工作表中删除所选定的一列，则需要使用”开始”选项卡中的（　　）。

A．“删除”按钮　　B．“清除”按钮

C．“剪切”按钮　　D．“复制”按钮

26．在一个 Excel 2010 的工作表中，第 5 列的列标为（　　）。

A．C　　B．D　　C．E　　D．F

27．在 Excel 2010 中，假定一个单元格的地址表示为$D25，则该单元格的行地址为（　　）。

A．D　　B．25　　C．30　　D．45

28．在 Excel 2010 的工作表中，假定 C4:C6 区域内保存的数值依次为 5、9 和 4，若 C7 单元格中的函数公式为=AVERAGE(C4:C6)，则 C7 单元格中的值为（　　）。

A．6　　B．5　　C．4　　D．9

29．在 Excel 2010 中，假定单元格 B2 和 B3 的值分别为 5 和 10，则公式=AND(B2>5,B3<8)的值为（　　）。

A．FALSE　　B．TRUE　　C．T　　D．F

30．在 Excel 2010 的“开始”选项卡的“剪贴板”组中，不包含的按钮是（　　）。

A．剪切　　B．粘贴　　C．字体　　D．复制

二、操作题

1．打开工作簿文件 Excel01.xlsx，完成以下操作：

(1) 将 Sheet1 工作表重命名为 debug1。

(2) 利用数据的填充功能根据 A1 和 A2 的数据填充 A3:A20 区域。完成以上操作后将该工作簿以原文件名保存。

2．打开工作簿文件 Excel02.xlsx，完成以下操作：

(1) 复制 Sheet1 工作表，并重命名为“代码”。

(2) 将“代码”工作表中表格数据加内外边框，线条颜色红色，并为单元格填充浅黄色底纹。完成以上操作后将该工作簿以原文件名保存。

3．请打开工作簿文件 Excel03.xlsx，完成以下操作：

(1) 将 G2:G13 的数据格式化为带人民币货币符号的格式，小数位 2 位。

(2) 将“姓名”列以转置方式复制粘贴到以 A15 开始的区域。完成以上操作后将该工作簿以原文件名保存。

4．请打开工作簿文件 Excel04.xlsx，完成以下操作：

(1) 将 A4:D14 的格式设置成与区域 A2:D3 相同的格式。

(2) 删除名为“备份”的工作表。

(3) 插入新工作表“sheet2”，将工作表标签 sheet2 的颜色设为红色。完成以上操作后将该工作簿以原文件名保存。

5．新建一个 Excel 工作簿，完成以下操作：

(1) 在 Sheet1 工作表的 A1:F8 区域中建立和编辑如下所示的数据表：

成绩表					
序号	姓名	语文	数学	英语	政治
001	李小红	72	66	45	72
002	黄芳	97	82	98	93
003	陈强	58	74	68	63
004	王静怡	100	84	20	35
005	袁健锋	87	90	61	35
制表日期:	2014/7/1		制表人:	王芳	

(2) 表格数据全部居中对齐，列宽 10，设置首行“成绩表”加粗、字号 16，外边框及首末两行的上下边框样式用右 5 样式，内边框样式用系统默认样式。完成以上操作后将该工作簿以 excel05.xlsx 文件名保存。

6．请打开工作簿文件 Excel06.xlsx，完成以下操作：

(1) 将 A1:F1 设置为跨列并居中，20 磅的字号，黄色底纹蓝色字体。

(2) 设置价格 1 属性列的 4 个数值为货币格式，同时应选取货币符号为“￥”，小数点位数为 2；对价格 2 属性列的 4 个数值设置为千位分隔格式，小数点位数为 2；对价格 3 属性列的 4 个数值设置为货币格式，同时应选取货币符号为“$”，小数点位数为 3；完成以上操作后将该工作簿以原文件名保存。

7．请打开工作簿文件 Excel07.xlsx，完成以下操作：

(1) 删除“性别”列。

(2) 试利用求和函数 SUM 计算出每位职工的应发工资(应发工资=基本工资+补贴+奖金)。完成以上操作后将该工作簿以原文件名保存。

8．请打开工作簿文件 Excel08.xlsx，完成以下操作：

(1) 请在 1 号同学后插入新的一行，并分别在相应列输入数据：2，杜鹏，78，90。

(2) 将 B 列数据水平分散对齐，其余列居中对齐。完成以上操作后将该工作簿以原文件名保存。

9．请打开工作簿文件 Exce09.xlsx，完成以下操作：

(1) 把“应发工资”和“扣款”列的格式设置为保留 2 位小数、使用千位分隔符、负数用红色带负号的数值表示。

(2)第 2 行格式设置为楷体_GB2312，加粗、字号 11，字体深蓝色，并带单下划线。完成以上操作后将该工作簿以原文件名保存。

10．请打开工作簿文件 Excel10.xlsx，完成以下操作：对基本工资列按不同的条件设置显示格式，其中基本工资小于 1000(不含 1000)的，采用红色字体、蓝色底纹；应发工资在 1200(含)以上的采用金色(R:255,G:204,B:0)文字。完成以上操作后将该工作簿以原文件名保存。

11．请打开工作簿文件 Excel11.xlsx，完成以下操作：

(1)合并 A7:B7 单元格区域，并输入“平均分”。

(2)在 C7:E7 区域中的每个单元格使用函数计算各科目的平均成绩，并使用 Round 函数取整。完成以上操作后将该工作簿以原文件名保存。

12．请打开工作簿文件 Excel12.xlsx，完成以下操作：

(1)利用公式计算出每种商品的“总价”，它等于“单价”乘以“数量”。

(2)在 A8 单元格中输入“统计”，在 B8 单元格中计算出所有商品的种数，在 C8 和 D8 单元格中分别计算出单价和数量的平均值(保留 2 位小数)，在 E8 单元格中计算出总价之和。完成以上操作后将该工作簿以原文件名保存。

13．请打开工作簿文件 Excel13.xlsx，完成以下操作：

(1)在 Sheet1 工作表的 B2 单元格内输入一个公式，通过拖曳填充在 B2:J10 区域内产生一个乘法九九表。

(2)在 Sheet2 工作表的 B2 单元格内输入一个公式，通过拖曳填充在 B2:J10 区域内产生一个具有上三角矩阵结构的乘法九九表。

(3)在 Sheet3 工作表的 B2 单元格内输入一个公式，通过拖曳填充在 B2:J10 区域内产生一个具有下三角矩阵结构的乘法九九表。完成以上操作后将该工作簿以原文件名保存。

14．请打开工作簿文件 Excel14.xlsx，完成以下操作：

(1)在 I1 单元格中用函数计算出年龄不超过 40 岁(包括 40 岁)的人数。

(2)在 I2 单元格中用函数求出最大年龄。

(3)在 I3 单元格中用函数求出论文最少篇数。完成以上操作后将该工作簿以原文件名保存。

15．请打开工作簿文件 Excel15.xlsx，完成以下操作：

(1)在单元格 G3 用公式计算“平均分”(不用函数公式不得分)，然后分别复制公式到 G4：G10 区域中。

(2)在单元格 G11 用公式计算“组平均分”。

(3)在单元格 H3 用公式计算个人“平均分”与“组平均分”的“差值”，然后分别复制公式到 H4：H10 区域中。完成以上操作后将该工作簿以原文件名保存。

16．请打开工作簿文件 Excel16.xlsx，完成以下操作：在单元格 G3 用公式计算“及格否”(其中“平均分”大于等于 60 的以“是”表示，“平均分”小于 60 的以“否”表示)，然后把公式分别复制到 G4：G9 区域中。完成以上操作后将该工作簿以原文件名保存。

17．请打开工作簿文件 Excel17.xlsx，完成以下操作：

(1)当用户选中“职务”列的任一单元格时，在其右则显示一个下拉列表框箭头，并提供“副处长”，“处长”和“科长”的选择项供用户选择(提示：通过“数据”选项卡“数据工具”组的“数据效性”进行设置，有效性条件为序列)。

(2)当选中“年龄”列的任一单元格时，显示“请输入 1-100 的有效年龄”，其标题为“年龄”，当用户输入某一年龄值时，即进行检查，如果所输入的年龄不在指定的范围内，错误信息提示“年龄必须在 1-100 之间”，“停止”样式，同时标题为“年龄非法”。以上单元格均忽略空值。完成以上操作后将该工作簿以原文件名保存。

18．请打开工作簿文件 Excel18.xlsx，完成以下操作：

(1)建立“工资表”的副本“工资表（2）”，并移至最后。

(2)利用自动套用格式“表样式浅色 12”格式化副本的 A2:H7。完成以上操作后将该工作簿以原文件名保存。

19．请打开工作簿文件 Excel19.xlsx，完成以下操作：请在 A2：A11 区域输入倍数是 3 的等比序列(提示：通过“开始”选项卡“编辑”组“填充”按钮完成)。完成以上操作后将该工作簿以原文件名保存。

20．请打开工作簿文件 Excel20.xlsx，完成以下操作：

(1)请使用函数和公式在 J 列计算每位学员的平均成绩。

(2)在 L 列根据总分结果计算每位学员的排名。(提示：通过字段名右上角批注，可查看函数使用的提示和帮助)完成以上操作后将该工作簿以原文件名保存。

21．请打开工作簿文件 Excel21.xlsx，使用函数和公式在 J 列计算每位职工的应发工资。计算公式为：应发工资=基本工资+职务津贴+基本工资*加班天数/20。完成以上操作后将该工作簿以原文件名保存。(说明：字段名右上角批注，可查看函数使用的提示和帮助)

22．请打开工作簿文件 Excel22.xlsx，按下列要求排序：数据区域：A1:F16；有标题行，方向：按列排序；主要关键字：累计净值，降序；次要关键字：单位净值，升序。完成以上操作后将该工作簿以原文件名保存。

23．请打开工作簿文件 Excel23.xlsx，按下列要求排序：请按籍贯首字的笔画数由少到多划重排数据清单，有标题行。完成以上操作后将该工作簿以原文件名保存。

24．请打开工作簿文件 Excel24.xlsx，按下列要求排序：请使用自定义序列的方式，按教授、副教授、讲师的次序重排数据清单，有标题行。完成以上操作后将该工作簿以原文件名保存。

25．请打开工作簿文件 Excel25.xlsx，采用自动筛选功能“Sheet1”工作表筛选出所有年龄在 20 到 40 岁之间的男职工记录。完成以上操作后将该工作簿以原文件名保存。

26．请打开工作簿文件 Excel26.xlsx，在利用 A2:E6 区域数据建立图表(柱形图-簇状圆柱图)，标题为“2013 年硬件销售额”，图表嵌入原表内。完成以上操作后将该工作簿以原文件名保存。

27．请打开工作簿文件 Excel27.xlsx，根据 A2:A5 以及 H2:H5 的数据，建立分离型饼图以显示电脑、空调、风扇销售状况，数据系列产生在列，图表标题为“2013 年上半年合计销售情况对比图”，位置：上方，在快速布局中选择“布局 2”格式。建立的图表嵌入当前工作表中。完成以上操作后将该工作簿以原文件名保存。

28．请打开工作簿文件 Excel28.xlsx，将图表改为描述四个季度的广州、北京、厦门三个城市的销售情况图。完成以上操作后将该工作簿以原文件名保存。

29．请打开工作簿文件 Excel29.xlsx，对数据清单按姓名(升序)分类，统计每位员工的销售总数量和总销售额。汇总结果显示在数据的下方。完成以上操作后将该工作簿以原文件名保存。

30．请打开工作簿文件 Excel30.xlsx，按下列要求作高级筛选：将“金额”在 7000 元(含 7000 元)以下的组装机筛选出来。数据区域：A2:F15；条件区域：以 A17 为左上角单元；将筛选结果复制到以 A20 为左上角单元的区域。完成以上操作后将该工作簿以原文件名保存。

31．请打开工作簿文件 Excel31.xlsx，按下列要求作高级筛选：筛选出星际出版社的文学或绿地出版社的文学书，并把筛选出来的记录保存到 G5 开始的区域中，条件区域左上角为 G1。完成以上操作后将该工作簿以原文件名保存。

32．请打开工作簿文件 Excel32.xlsx，在 G1 为左上角的区域做一透视表：按不同的年度、季度、车间和小组统计利润的总和，其中年作为页字段，季度作为列标签，车间和小组作为行标签。设置该透视表名称为车间总利润透视表。（提示：多于一个统计项的时候，请按题目给出的先后次序对数据进行布局）。完成以上操作后将该工作簿以原文件名保存。

G	H	I	J	K	L	M
年度	(全部)					
求和项:利润		季度				
车间	小组	一	二	三	四	总计
⊟第1车间	1	112	155	87	72	426
	2	110	141	104	102	457
第1车间 汇总		222	296	191	174	883
⊟第2车间	1	116	113	130	115	474
	2	104	80	141	89	414
第2车间 汇总		220	193	271	204	888
⊟第3车间	1	96	94	98	116	404
	2	90	92	86	100	368
第3车间 汇总		186	186	184	216	772
总计		628	675	646	594	2543

第 5 章　PowerPoint 2010 演示文稿

一、选择题

1．演示文稿的基本组成单元是(　　)。

A．文本　　B．图形　　C．超链点　　D．幻灯片

2．PowerPoint 提供了多种(　　)，它包含了相应的配色方案、母版和字体样式等，可供用户快速生成风格统一的演示文稿。

A．版式　　B．模板　　C．母版　　D．幻灯片

3．PowerPoint 2010 演示文稿文件的默认扩展名是(　　)。

A．ppsm　　B．pptx　　C．ppt　　D．pps

4．PowerPoint 演示文稿设计模板的扩展名是(　　)。

A．.PPTX　　B．.PWTX　　C．.POTX　　D．.PPSM

5．要使双击某个演示文稿时会自动播放，应将该演示文稿保存为(　　)格式的文件。

A．.wmf　　B．.pptx　　C．.ppsx　　D．.htm

6．(　　)模式，是可以很方便地使用鼠标拖动方法改变幻灯片顺序的首选视图模式。

A．幻灯片视图　　B．备注页视图

C．幻灯片浏览视图　　D．幻灯片放映

7．下列视图中可对幻灯片进行删除、添加、移动、复制等操作，但不能编辑幻灯片内容的是(　　)。

A．普通视图　　B．幻灯片视图　　C．幻灯片浏览视图　　D．大纲视图

8．如果要想使某个幻灯片与其母版默认的字体格式不同，(　　)。

A．是不可以的　　B．设置该幻灯片不使用母版

C．直接修改该幻灯片　　D．修改母版

9．如果要从一个幻灯片淡入到下一个幻灯片，应使用(　　)选项卡下完成。

A．开始　　B．动画　　C．切换　　D．插入

10．PowerPoint 在幻灯片中建立超链接有两种方式：一是把某对象作为“超链点”，二是设置为(　　)。

A．文本框　　B．文本　　C．图形　　D．动作按钮

11．如要终止幻灯片的放映，可直接按(　　)键。

A．【Ctrl+C】　　B．【Esc】　　C．【End】　　D．【Alt+F4】

12．在 PowerPoint 中，(　　)不是合法的“打印内容”选项。

A．幻灯片　　B．备注页　　C．讲义　　D．幻灯片浏览

13．在 PowerPoint 幻灯片中，直接插入*.swf 格式 Flash 动画文件的方法是(　　)。

A．“插入”选项卡中的“对象”命令

B．设置按钮的动作

C．设置文字的超链接

D．“插入”选项卡中的“视频”命令，选择“文件中的视频”

14．在 PowerPoint 2010 中，要设置幻灯片循环放映，应使用的选项卡是(　　)。

A．开始　　B．视图　　C．幻灯片放映　　D．审阅

15．对于幻灯片中文本框内的文字，设置项目符号可以采用(　　)。

A．“格式”选项卡中的“编辑”按钮

B．“开始”选项卡中的“项目符号”按钮

C．“格式”选项卡中的“项目符号”按钮

D．“插入”选项卡中的“符号”按钮

16．PowerPoint 2010 中，要方便地隐藏某张幻灯片，应使用(　　)。

A．选择“开始”选项卡中的“隐藏幻灯片”命令项

B．选择“插入”选项卡中的“隐藏幻灯片”命令项

C．单击该幻灯片，选择“隐藏幻灯片”

D．右击该幻灯片，选择“隐藏幻灯片”

17．PowerPoint 幻灯片浏览视图中，若要选择多个不连续的幻灯片，在单击选定幻灯片前应该按住(　　)。

A．Shift 键　　B．Alt 键　　C．Ctrl 键　　D．Enter 键

18．在 PowerPoint 2010 中，“文件”选项卡中的“新建”命令的功能是建立(　　)。

A．一个新演示文稿　　B．插入一张新幻灯片

C．一个新超链接　　D．一个新备注

19．在 PowerPoint 2010 中，设置幻灯片背景格式的填充选项中包含(　　)。

A．字体、字号、颜色、风格

B．设计模板、幻灯片版式

C．纯色、渐变、图片和纹理、图案

D．亮度、对比度和饱和度

20．幻灯片母版设置可以起到的作用是(　　)。

A．设置幻灯片的放映方式

B．定义幻灯片的打印页面设置

C．设置幻灯片的片间切换

D．统一设置整套幻灯片的标志图片或多媒体元素

二、操作题

1．请打开演示文稿 pp01.pptx 文件，并按要求完成以下操作：

(1)在幻灯片选项卡中第 1 张幻灯片后插入一张仅标题的新幻灯片，并输入标题内容“多媒体素材的收集及处理”，字体设置为黑体，字号为 54，加粗，字体颜色为红色(注意：颜色设置可使用自定义标签设置 RGB 值为红色：255，绿色：0，蓝色：0)。

(2)删除第 1 张幻灯片。

(3)将电子演示文稿的全部幻灯片片间切换方案设置为“门”，效果：“垂直”，且片间间隔 3 秒。

(4)进行幻灯片放映并观察效果。完成以上操作后，将该文件以原文件名保存。

2．请打开演示文稿 pp02.pptx 文件，并按要求完成以下操作：

(1)在第 1 张幻灯片中插入剪贴库中的任意声音文件(并设置为自动播放)；并设置声音图标隐藏。

(2)在第 2 张幻灯片下方插入艺术字，样式(渐变填充-深青，强调文字颜色 4，映象)，内容为“声音的获取”，字号 60，字体宋。

(3)将第 3 张幻灯片背景效果设为“白色大理石”纹理。

(4)第 4 张幻灯片背景效果设为“实心菱形”图案。

(5)进行幻灯片放映并观察效果。完成以上操作后，将该文件以原文件名保存。

3．请打开演示文稿 pp03.pptx 文件，并按要求完成以下操作：

(1)在第 1 章幻灯片中插入“五角星”自选图形；大小 10 厘米*10 厘米，在图形上添加文字“动画播放”。

(2)设置“五角星”自选图形自定义动画样式“飞入”，效果选项：“自底部”，中速。

(3)将第 2 张幻灯片的版式改为“垂直排列标题与文本”。

(4)在最后插入 1 张幻灯片，使用“空白”版式，用垂直文本框输入文字“多媒体素材的收集”，字号 36，字体楷体_GB2312。

(5)进行幻灯片放映并观察效果。完成以上操作后，将该文件以原文件名保存。

4．请打开演示文稿 pp04.pptx 文件，并按要求完成以下操作：

(1)利用幻灯片母板为演示文稿添加幻灯片编号。

(2)将标题文字格式设成：隶书、36 号、粗体、带阴影、分散对齐格式。

(3)在幻灯片浏览视图中复制第 1 张和第 3 张幻灯片并粘贴到幻灯片最后。

(4)自定义放映演示文稿中第 2、4、6 张幻灯片。

(5)进行幻灯片放映并观察效果。完成以上操作后，将该文件以原文件名保存。

5．请打开演示文稿 pp05.pptx 文件，并按要求完成以下操作：

(1)在第 2 张幻灯片中插入 3 行 5 列的表格。

(2)将表格中第 1 行合并单元格；设置表格边框外侧为 3 磅红色单线。

(3)在演示文稿的第 3 张幻灯片中插入图片 fish.jpg。

(4)设置图片尺寸为高度与宽度为 10 厘米和 14 厘米。完成以上操作后，将该文件以原文件名保存。

6．请打开演示文稿 pp06.pptx 文件，并按要求完成以下操作：

(1)在第 2 张幻灯片中插入视频 movie.wmv；设置视频单击时播放；并将视频的窗口高度调至 12 厘米。

(2)在第 4 张幻灯片中插入 Flash 文件 1.swf。

(3)设置演示文稿放映方式为“循环放映，按 ESC 键终止”。

(4)设置换片方式为“鼠标单击时”。进行幻灯片放映并观察效果。完成以上操作后，将该文件以原文件名保存。

7．请打开演示文稿 pp07.pptx 文件，并按要求完成以下操作：

(1)将幻灯片标题文字动画效果设置为：幻灯片播放时，1 秒钟自动从右侧快速飞入的效果。

(2)将第 1 张幻灯片的设计模板设置为“暗香扑面”。

(3)第 2 至第 5 张幻灯片设计模板设置为“跋涉”；进行幻灯片放映并观察效果。

(4)进行幻灯片放映并观察效果。完成以上操作后，将该文件以原文件名保存。

8．请打开演示文稿 pp08.pptx 文件，并按要求完成以下操作：

(1)将幻灯片中超链接文字的颜色改为红色(255，0，0)；将已经访问过的超链接文字颜色改为绿色(0，255，0)。

(2)设置第 5 张幻灯片中图片超级链接到文件夹下的 rain.gif。

(3)为第 3 张幻灯片插入自定义动作按钮，按钮文字为“上一张”；设置动作为链接到上一张幻灯片。

(4)为最后一张幻灯片插入动作按钮“结束”并结束幻灯片放映。

(5)进行幻灯片放映并观察效果。完成以上操作后，将该文件以原文件名保存。

9．请打开演示文稿 pp09.pptx 文件，并按要求完成以下操作：

(1)将幻灯片设计主题更换为“波形”，并应用于所有幻灯片。

(2)设计幻灯片切换方案为“蜂巢”；换片持续时间为 4.0 秒；换片方式为“每隔 3 秒”自动换片。

(3)将切换效果应用于所有幻灯片。

(4)进行幻灯片放映并观察效果。完成以上操作后，将该文件另存为 pp09.ppsx。

第 6～9 章　计算机网络基础、Internet 的应用、计算机安全、计算机多媒体技术

一、选择题

1．计算机网络按使用范围划分为(　　)。

A．广域网 局域网　　B．专用网 公用网

C．低速网 高速网　　D．部门网 公用网

2．在下列网络拓扑结构中，中心节点的故障可能造成全网瘫痪的是(　　)。

A．星型拓扑　　B．总线型拓扑　　C．环型拓扑　　D．树型拓扑

3．两个不同类型的计算机网络能够相互通信是因为(　　)。

A．它们使用了统一的网络协议

B．它们使用了交换机互联

C．它们使用了兼容的硬件设备

D．它们使用了兼容的软件

4．计算机网络最突出的优点是(　　)。

A．运算速度快

B．联网的计算机能够相互通信共享资源

C．计算精度高

D．内存容量大

5．LAN 通常是指(　　)。

A．广域网　　B．局域网　　C．资源子网　　D．城域网

6．局域网常用的网络设备是(　　)。

A．路由器　　B．程控交换机

C．以太网交换机　　D．调制解调器

7．支持局域网与广域网互联的设备称为(　　)。

A．转发器　　B．以太网交换机

C．路由器　　D．网桥

8．Internet 是由(　　)发展而来的。

A．局域网　　B．ARPANET　　C．标准网　　D．WAN

9．1994 年 4 月 20 日我国被国际上正式承认为接入 Internet 的国家，所使用专线的带宽为(　　)。

A．32Kbps　　B．64Kbps　　C．128Kbps　　D．256Kbps

10．中国教育科研网的缩写为(　　)。

A．ChinaNet　　B．CERNET　　C．CNNIC　　D．ChinaEDU

11．提供不可靠传输的传输层协议是(　　)。

A．TCP　　B．IP　　C．UDP　　D．PPP

12．下列选项中属于 Internet 专有的特点为(　　)。

A．采用 TCP/IP 协议　　B．采用 ISO/OSI 7 层协议

C．采用 http 协议　　D．采用 IEEE 802 协议

13．IPv4 地址有(　　)位二进制数组成。

A．16　　B．32　　C．64　　D．128

14．合法的 IP 地址书写格式是(　　)。

A．202:196:112:50　　B．202、196、112、50

C． 202,196,112,50　　D．202.196.112.50

15．配置 TCP/IP 参数的操作主要包括三个方面：(　　)、指定网关和域名服务器地址。

A．指定本地机的 IP 地址及子网掩码

B．指定本地机的主机名

C．指定代理服务器

D．指定服务器的 IP 地址

16．域名服务 DNS 的主要功能是(　　)。

A．解析主机的 IP 地址　　B．查询主机的 MAC 地址

C．为主机自动命名　　D．合理分配 IP 地址

17．网址 www.zzu.edu.cn 中 zzu 是在 Internet 中注册的(　　)。

A．硬件编码　　B．密码　　C．软件编码　　D．域名

18．WWW 的描述语言是(　　)。

A．FTP　　B．E-Mail　　C．BBS　　D．HTML

19．HTTP 协议称为(　　)。

A．网际协议　　B．超文本传输协议

C．Network 内部协议　　D．中转控制协议

20．发送电子邮件时，如果接收方没有开机，那么邮件将(　　)。

A．丢失　　B．保存在邮件服务器上

C．退回给发件人　　D．开机时重新发送

21．调制调解器(modem)的功能是实现(　　)。

A．数字信号的编码

C．模拟信号的放大

B．数字信号的整形

D．模拟信号与数字信号的转换

22．某用户配置静态 IP 地址通过局域网接入 Internet，聊天工具使用正常，但是打不开网页，原因有可能是（　　）。

A．没有配置 DNS 服务器地址　　B．没有安装 TCP/IP 协议

C．网卡故障　　D．系统版本不支持

23．使用代理服务器时，所有用户对外占用 IP 数目一般为（　　）。

A．多个　　B．一个

C．和用户数据一样　　D．不确定

24．下面（　　）命令可以查看网卡的 MAC 地址。

A．ipconfig/release

B．ipconfig/renew

C．ipconfig/all

D．ipconfig/registerdns

25．下面（　　）命令用于测试网络是否连通。

A．telnet　　B．nslookup　　C．ping　　D．ftp

26．Internet 中 URL 的含义是（　　）。

A．统一资源定位器　　B．Internet 协议

C．简单邮件传输协议　　D．传输控制协议

27．www.cemet.edu.cn 是 Internet 上一台计算机的（　　）。

A．IP 地址　　B．域名

C．协议名称　　D．命令

28．在浏览网页时，下列可能泄露隐私的是（　　）。

A．HTML 文件　　B．文本文件　　C．Cookie　　D．应用程序

29．如果在浏览网页时，发现了自己感兴趣的网页，想要把该网页的地址记住，以便以后访问，最好的办法是（　　）。

A．用笔把该网页的地址记下来　　B．在心里记住该网页的地址

C．把该网页添加到收藏夹　　D．把该网页以文本的形式保存下来

30．在 Internet 中，协议（　　）用于文件传输。

A．HTML　　B．SMTP　　C．FTP　　D．POP

31．电子邮件地址的一般格式为（　　）。

A．用户名@域名

B．域名@用户名

C．IP 地址@域名

D．域名@IP 地址名

32．Outlook 的主要功能是（　　）。

A．创建电子邮件账户

B．搜索网上信息

C．接收、发送电子邮件

D．电子邮件加密

33．使用 Outlook 的通讯簿，可以很好管理邮件，下列说法正确的是（　　）。

A．在通讯簿中可以建立联系人组

B. 两个联系人组中的信箱地址不能重复

C. 只能将已收到邮件的发件人地址加入到通讯簿中

D. 更改某人的信箱地址，其相应的联系人组中的地址不会自动更新

34. 下面说法正确的是(　　)。

A. 信息的泄露只在信息的传输过程中发生

B. 信息的泄露只在信息的存储过程中发生

C. 信息的泄露在信息的传输和存储过程中都会发生

D. 信息的泄露在信息的传输和存储过程中都不会发生

35. 计算机病毒是(　　)。

A. 一种有破坏性的程序　　B. 使用计算机时容易感染的一种疾病

C. 一种计算机硬件系统故障　　D. 计算机软件系统故障

36. 信息安全属性不包括是(　　)。

A. 保密性　　B. 可靠性　　C. 可审性　　D. 透明性

37. 被动攻击其所以难以被发现，是因为(　　)。

A. 它一旦盗窃成功，马上自行消失

B. 它隐藏在计算机系统内部大部分时间是不活动的

C. 它隐藏的手段更高明

D. 它并不破坏数据流

38. 下面最难防范的网络攻击是(　　)。

A. 计算机病毒　　B. 假冒　　C. 修改数据　　D. 窃听

39. 密码技术主要是用来(　　)。

A. 实现信息的可用性　　B. 实现信息的完整性

C. 实现信息的可控性　　D. 实现信息的保密性

40. 下列情况中，破坏了数据的完整性的攻击是(　　)。

A. 木马攻击　　B. 不承认做过信息的递交行为

C. 数据在传输中途被窃听　　D. 数据在传输中途被篡改

41. 认证技术包括(　　)。

A. 消息认证和身份认证　　B. 身份认证和 DNA 认证

C. 压缩技术和身份认证　　D. 数字签名和 IP 地址认证

42. 计算机安全属性不包括(　　)。

A. 信息不能暴露给未经授权的人

B. 信息传输中不能被篡改

C. 信息能被授权的人按要求所使用

D. 信息的语义必须客观准确

43. 流量分析是指通过对截获的信息量的统计来分析其中有用的信息，它(　　)。

A. 属于主动攻击，破坏信息的可用性

B. 属于主动攻击，破坏信息的保密性

C. 属于被动攻击，破坏信息的完整性

D. 属于被动攻击，破坏信息的保密性

44. 计算机病毒通常要破坏系统中的某些文件或数据，它(　　)。

A．属于主动攻击，破坏信息的可用性

B．属于主动攻击，破坏信息的可审性

C．属于被动攻击，破坏信息的可审性

D．属于被动攻击，破坏信息的可用性

45．计算机安全中的实体安全主要是指(　　)。

A．计算机物理硬件实体的安全　　B．操作员人身实体的安全

C．数据库文件的安全　　D．应用程序的安全

46．访问控制中的“授权”是用来(　　)。

A．限制用户对资源的访问权限　　B．控制用户可否上网

C．控制操作系统是否可以启动　　D．控制是否有收发邮件的权限

47．Windows 操作系统在逻辑设计上的缺陷或者编写时产生的错误称为(　　)。

A．系统垃圾　　B．系统漏洞

C．系统插件　　D．木马病毒

48．下面对 Windows 系统“日志”文件，说法错误的是(　　)。

A．日志文件通常不是 TXT 类型的文件

B．日志文件是由系统管理的

C．用户可以任意修改日志文件

D．系统通常对日志文件有特殊的保护措施

49．以下关于多媒体技术的描述中，错误的是(　　)。

A．多媒体技术将多种媒体以数字化的方式集成在一起

B．多媒体技术是指将多种媒体进行有机组合而成的一种新的媒体应用系统

C．多媒体技术就是能用来观看的数字电影技术

D．多媒体技术与计算机技术的融合开辟出一个多学科的崭新领域

50．下列对多媒体计算机的描述中，较为全面的一项是(　　)。

A．只能用于编辑音频功能的计算机

B．带有高分辨率显示设备的、具有大容量内存和硬盘的、包含功能强大中央处理器(CPU)的，并具有音视频处理功能的计算机

C．只能用于编辑视频功能的计算机

D．带有磁带机的计算机

51．以下接口中，一般不能用于连接扫描仪的是(　　)。

A．USB　　B．SCSI　　C．并行接口　　D．VGA 接口

52．声音文件中，具有较好的压缩效果并保持较好的音质是(　　)。

A．WAV 文件　　B．MIDI 文件　　C．MP3 文件　　D．AU 文件

53．以下关于 WinRAR 的描述中，错误的是(　　)。

A．使用 WinRAR 可以进行分卷压缩

B．使用 WinRAR 进行解压缩时，必须一次性解压缩压缩包中的所有文件，而不能解压缩其中的个别文件

C．使用 WinRAR 可以制作自解压的 EXE 文件

D．双击 RAR 压缩包打开 WinRAR 窗口后，一般可以直接双击其中的文件进行查看

54．以下格式中，属于音频文件格式的是(　　)。

A．WAV 格式　　B．JPG 格式　　C．DAT 格式　　D．MOV 格式

55．把一台普通的计算机变成多媒体计算机，要解决的关键技术不包括（　　）。

A．多媒体数据压缩编码技术　　B．多媒体数据压缩解码技术

C．网络包分发技术　　D．视频音频数据的输出技术

56．以下关于多媒体技术的描述中，错误的是（　　）。

A．多媒体技术将多种媒体以数字化的方式集成在一起

B．多媒体技术是指将多种媒体进行有机组合而成的一种新的媒体应用系统

C．多媒体技术与计算机技术的融合开辟出一个多学科的崭新领域

D．多媒体技术可以不进行数模转化，直接压缩模拟音乐

57．以下对音频设备的描述中，正确的是_________。

A．功放机是完成合成音乐的设备

B．声卡用于进行图形输出的设备

C．音频卡是处理视频媒体的设备

D．功放机是用于把来自信号源的微弱电信号进行放大的设备

58．多媒体信息在计算机中的存储形式是（　　）。

A．二进制数字信息　　B．十进制数字信息

C．文本信息　　D．模拟信号

59．以下对多媒体技术的描述中，正确的是（　　）。

A．只能够展示一种类型信息媒体或处理两种不同类型信息媒体的技术

B．能够同时获取、处理、编辑、存储和展示两种以上不同类型信息媒体的技术

C．不能够同时获取、处理、编辑、存储和展示两种以上不同类型信息媒体的技术

D．只能够同时获取、处理、编辑、存储和展示两种不同类型信息媒体的技术

60．视频信息的采集和显示播放是通过（　　）。

A．视频卡、播放软件和显示设备来实现的

B．音频卡实现的

C．三维动画软件生成实现的

D．计算机运算实现的

二、操作题

1．请运行 Internet Explorer，并完成下面的操作：

(1) 打开华南师范大学主页，地址是：http://www.scnu.edu.cn，通过对 IE 浏览器参数进行设置，使其成为 IE 的默认主页。

(2) 打开此主页，并将其添加到收藏夹中，名称为“华师大”。

(3) 在 IE 收藏夹中新建文件夹“电脑学习”，将洪恩在线学习网http://www.hongen.com/以“洪恩在线”为名称，添加收藏到“电脑学习”中。

(4) 设置网页在历史记录中保存 10 天。

(5) 查找最近访问过的网页。

2．利用搜索引擎 Google (网址为：http://www.google.cn/) 查找“计算机统考”的资料。将搜索到的第一个网页内容以文本文件的格式保存到考生文件夹下，命名为 kaoshi.txt。

3．通过 IE 打开网址 http://news.sina.com.cn/，选择某张图片保存到文件夹下，命名为 tu.jpg，并将该网页设置为脱机工作。

4．请运行 Internet Express，在 IE 收藏夹中找到“网易邮箱”，将其从收藏夹中删除。

5．请按照下列要求，利用 Outlook Express 发送邮件：

收件人邮箱地址为：a@163.com

并抄送给：b@163.com

c@163.com

邮件主题：小行的邮件

附件：考生文件夹下的 1.jpg 图片

邮件内容：朋友们，这是我的邮件，有空常联系！你的朋友小行。

6．请按照下列要求，在通讯簿里新添加一个联系人：

姓：王

名：明

电子邮件地址：wanglaoshi@sina.com.cn

7．请按照下列要求，利用 Outlook Express 新建邮件，最后将该邮件保存到草稿中。

收件人邮箱地址为：abc@163.com

邮件主题：问题解答

邮件内容：参考教科书第 56 页

8．请按照下列要求，利用 Outlook Express 转发邮件：

进入信箱，打开“收件箱”中的主题为“报箱”的邮件，将此邮件转发给王老师，王老师的电子邮件地址为：wanglaoshi@sina.com.cn。

(考生单击窗口下方“打开[Outlook]应用程序”启动 Outlook)

9．请按照下列要求，利用 Outlook Express 删除邮件：

进入信箱，删除“收件箱”中的主题为“目录”的邮件。

10．请按照下列要求，利用 Outlook Express 创建一个工作小组，名称为“考试”，请将下面 3 个成员添加到工作小组：

需要添加的小组成员地址为：a@163.com(张三)、b@163.com(李四)和 c@sina.com(陈五)

并给该小组发送邮件：

邮件主题：通知

邮件内容：请于本周四下午在教研室开会。

参 考 文 献

恒盛杰资讯．2011．Office 2010 高校办公三合一实战应用宝典．北京：科学出版社

李丽萍，潘战生等．2009．计算机应用基础．北京：科学出版社

全国高校网络教育考试委员会办公室组编．2013．计算机应用基础．北京：清华大学出版社

叶惠文，杜炫杰，李丽萍，沈云云．2010．大学计算机应用基础．北京：高等教育出版社